职业教育应用化工类专业教材系列

化工安全与生产技术

（修订版）

主　编　吴济民
副主编　杜卫新　郑晓广　李建修
主　审　陈聚良

科学出版社

北京

内 容 简 介

本书从介绍化工生产特点、重大危险源和危险化学物质开始，重点介绍了重要化学反应和化工单元操作中的安全生产技术，系统介绍了化工防火防爆、工业毒物、电气安全、化工设备及检修安全、化工装置运行安全技术等化工安全生产控制技术，最后介绍了化工安全管理基础知识，并配有大量的化工事故案例及相关的应用实例，具有较强的实用性和可操作性。

本书可作为化工操作人员、化工工艺技术管理人员、化工安全管理人员、化工班组长的安全技术操作及安全技术管理的培训教材，亦可供化工检修、电气仪表、化工安全管理及相关工程技术人员和大专院校师生参考。

图书在版编目（CIP）数据

化工安全与生产技术/吴济民主编. —北京：科学出版社，2013.1
（职业教育应用化工类专业教材系列）
ISBN 978-7-03-036174-5

Ⅰ. ①化… Ⅱ. ①吴… Ⅲ. 化工安全－高等职业教育－教材
Ⅳ. ①TB496

中国版本图书馆 CIP 数据核字（2012）第 269944 号

责任编辑：沈力匀/责任校对：刘玉靖
责任印制：吕春珉/封面设计：耕者设计工作室

科 学 出 版 社 出版
北京东黄城根北街 16 号
邮政编码：100717
http://www.sciencep.com

天津翔远印刷有限公司印刷
科学出版社发行　各地新华书店经销
*
2013 年 1 月第 一 版　开本：787×1092　1/16
2020 年 1 月修 订 版　字数：19 1/2
2021 年 2 月第五次印刷　字数：463 000
定价：45.00 元
（如有印装质量问题，我社负责调换〈翔远〉）
销售部电话 010-62136131　编辑部电话 010-62135235（VP04）

前　　言

　　本书从加强化工从业人员安全生产技术培训工作出发，按照"安全第一、预防为主"的工作方针，运用化学工业的基本原理和方法，结合化工安全生产的特点，系统地分析了化工生产过程中各种危险因素，预测发生事故或造成职业危害的可能性及其严重程度，提出了科学、合理、可行的安全生产预防措施及控制方法，确保化工生产稳定。本书内容包括化学反应、化工单元操作、危险化学品、电气安全、化工设备及维修、生产运行等化工安全生产管理技术，对常用危险化学品的防火防爆进行了较详细的说明，并配有相应的化工事故案例及相关的应用实例，具有较强的实用性和可操作性。

　　本书可作为化工操作人员、化工工艺技术管理人员、化工安全管理人员、化工班组长的安全技术操作及安全技术管理的培训教材，亦可供化工检修、电气仪表、化工安全管理及相关工程技术人员和大专院校师生参考。

　　全书共分为十个模块，平顶山工业职业技术学院吴济民编写模块一、二、三、五、七、九，杜卫新编写模块六，李建修编写模块四，中国平煤神马集团神马实业股份有限公司副总经理、中国平煤神马集团公司研究院郑晓广副院长编写模块十，河南神马尼龙化工有限责任公司高级工程师王留栓编写模块八。全书由吴济民负责统稿，河南神马尼龙化工有限责任公司陈聚良总工程师担任本书的主审。

　　本书在编写过程中，中国平煤神马集团公司天宏焦化公司、尼龙化工公司、氯碱化工公司、奔腾化工公司等安全技术管理人员给予了大力支持和帮助，在此一并表示衷心的感谢。

　　由于编者水平有限，书中的错误和不妥之处在所难免，恳切读者批评指正。

目　录

模块一　化工安全与生产技术总述

应知

(1) 知晓化工生产的特点；

(2) 熟知安全在化工生产中的地位；

(3) 会描述化工事故的分类和化工生产事故的特征；

(4) 知晓化工生产中的重大危险源；

(5) 熟知危险源的危险、危害因素。

应会

(1) 能够掌握化工安全生产的基础知识；

(2) 能够根据化工生产的特点，具备按程序处置化工生产事故程序的能力；

(3) 能够掌握所在化工企业中重大危险源存在的危险以及危害因素。

任务一

化工生产的特点与安全

一、化工生产的特点

化工生产具有易燃、易爆、易中毒、高温、高压、有腐蚀性等特点，与其他工业部门相比具有更大的危险性。

1. 化工生产中涉及的危险品繁多

化工生产中使用的原料、半成品和成品种类繁多，绝大部分是易燃、易爆、有毒、有腐蚀的化学危险品。在生产、使用、运输中如果管理不当，就会发生火灾、爆炸、中毒和烧伤事故，从而给安全生产带来重大隐患。

2. 化工生产要求的工艺条件苛刻

第一，化学工业是多品种、技术密集型的行业，每一种产品从投料到生产出产品都有其特定的工艺流程、控制条件和检测方法；第二，化学工业发展迅速，新产品层出不穷，老产品也不断改型更新，每一种新产品推出都要经过设计准备、工艺准备和试制；

第三，化工生产过程多数在高温、高压、密闭或深冷等特定条件下进行。没有严格的管理工作和相应的技术措施是无法安全、正常的生产，也不可能在生产过程中做好防爆炸、防燃烧、防腐蚀、防污染的工作。

3. 生产规模大型化

近几十年来，国际上化工生产采用大型生产装置是一个明显的趋势。以合成氨为例，20 世纪 60 年代初合成氨生产规模为 12 万 t/年，60 年代末达到 30 万 t/年，70 年代发展到 50 万 t/年以上，90 年代以后发展到 60 万 t 以上，21 世纪达到了 90 万 t/年。采用大型装置可以明显降低单位产品的建设投资和生产成本，有利于提高劳动生产率。

4. 生产过程连续化、自动化

现代化工企业的生产方式已经从过去的手工操作、间歇生产转变为高度自动化、连续化生产；生产设备由敞开式变为密闭式；生产装置由室内走向露天；生产操作由分散控制变为集中控制，同时也由人工手动操作发展到计算机控制。如年产 35 万 t 合成氨、44 万 t 尿素的日本鹿岛氨厂只有 100 个人；美国联合化学公司年产 60 万 t 乙烯的工厂，全厂有 20 台裂解炉、1000 多台仪表和 1 台计算机，全部集中在控制室操作，每班也只有 7 个人。

5. 高温、高压设备多

许多化工生产离不开高温、高压设备，这些设备能量集中，如果在设计制造中，不按规范进行，质量不合格，就会发生灾害性事故。

6. 工艺复杂，操作要求严格

一种化工产品的生产往往由几个车间（工段）组成，在每个车间又由多个化工单元操作和若干台特殊要求的设备和仪表联合组成生产系统，形成工艺流程长、技术复杂、工艺参数多、要求严格的生产线。这就要求在生产过程中任何人不得擅自改动工艺参数和技术，要严格遵守操作规程，操作时要注意巡回检查、认真记录，纠正偏差，严格执行交接班制度，注意上下工序联系，及时消除隐患，否则将会导致不幸事故的发生。

7. "三废"多，污染严重

化学工业在生产中产生的废气、废水、废渣多，是环境污染中的大户。在排放的"三废"中，许多物质具有可燃、易燃、有毒、有腐蚀及有害性，这都是生产中不安全的因素。

8. 事故多，损失重大

化工行业每年都有重大事故发生，事故中约有 70% 以上是因为违章指挥和违章作业造成的。因此，在职工队伍中开展技术学习，提高职工素质，进行安全教育和专业技能教育是非常重要的工作。

二、安全在化工生产中的地位

1. 安全生产是化工生产的前提条件

化工生产具有易燃、易爆、易中毒，高温、高压、有腐蚀的特点，与其他行业相比，其危险性更大。操作失误、设备故障、仪表失灵、物料异常等，均会造成重大安全事故。无数的事故事实告诉人们，没有一个安全的生产基础，现代化工就不可能健康正常地发展。

2. 安全生产是化工生产的保障

只有实现安全生产，才能充分发挥现代化工生产的优势，确保装置长期、连续、安全的运行。发生事故，必然使装置不能正常运行，造成经济损失。生产装置规模越大，停产 1d 的损失也越大，如年产 30 万 t 的合成氨装置停产 1d，就少生产合成氨 1000t。开停车越频繁，经济损失越大，同时还会丧失了大型化装置的优越性，也会造成装置本身设备的损坏，发生事故的可能性就越大。

3. 安全生产是化工生产的关键

化工新产品的开发、新产品的试生产必须解决安全生产的问题，否则就不能投入实际生产。

总之，化工企业的重大灾害事故会造成人员伤亡，引起生产停顿、供需失调、社会不安，因此安全生产是化工生产的关键问题。安全和危险是对立统一的，所谓安全是预测危险并消除危险，取得不使人身受到伤害，不使财产遭到损失的自由。安全生产的任务主要有以下两个方面：

(1) 在生产过程中保护职工的安全和健康，防止工伤事故和职业性危害。

(2) 在生产过程中防止其他各类事故的发生，确保生产装置连续、正常运转。

三、安全生产管理原理

安全生产是为了使生产过程在符合物质条件和工作秩序下进行，防止发生人身伤亡和财产损失等生产事故，消除或控制危险、有害因素，保障人身安全与健康，使设备和设施免受损坏，使环境免遭破坏的总称。

安全生产管理是管理的重要组成部分，是安全科学的一个分支。所谓安全生产管理，就是针对人们生产过程的安全问题，运用有效的资源，发挥人们的智慧，通过人们的努力，进行有关决策、计划、组织和控制等活动，实现生产过程中人与机器设备、物料、环境的和谐，达到安全生产的目标。

安全生产管理的目标是：减少和控制危害，减少和控制事故，尽量避免生产过程中由于事故造成的人身伤害、财产损失、环境污染以及其他损失。

安全生产管理的基本对象是企业的员工，涉及企业中的所有人员、设备设施、物料、环境、财务、信息等各个方面。安全生产管理的内容包括：安全生产管理机构和安全生产管理人员、安全生产责任制、安全生产管理规章制度、安全生产策划、安全培训教育、安全生产档案等。安全生产管理的原理主要有以下几个方面。

1. 系统原理

1) 含义

所谓"系统"，它是由相互作用、相互依存的若干部分（子系统），按照特定的功能有机的结合起来的综合整体。系统原理是指人们在从事管理工作时，运用系统的理论、观点和方法，对管理活动进行充分的系统分析，以达到管理的优化目标，即运用系统论的观点、理论和方法来认识和处理管理中出现的问题。

2) 运用系统原理的原则

（1）动态相关性原则。动态相关性原则告诉我们，构成管理系统的各要素是运动和发展的，它们相互联系又相互制约。显然，如果管理系统的各要素都处于静止状态，就不会发生事故。

（2）整分和原则。高效的现代安全生产管理必须在整体规划下明确分工，在分工基础上有效综合，这就是整分合原则。运用该原则，要求企业管理者在制定整体目标和进行宏观决策时，必须将安全生产纳入其中，在考虑资金、人员和体系时，必须将安全生产作为一项重要的内容考虑。

（3）反馈原则。反馈是控制过程中对控制机构的反作用。成功、高效的管理，都离不开灵活、准确、快速的反馈，企业生产的内部条件和外部环境在不断变化，所以必须及时捕获、反馈各种安全生产信息，以便及时采取行动。

（4）封闭原则。在任何一个管理系统内部，管理手段、管理过程等必须构成一个连续封闭的回路，才能形成有效的管理活动，这就是封闭原则。封闭原则说明在企业安全生产中，各管理机构之间、各种管理制度和方法之间，必须具有紧密的联系，形成相互制约的回路，才能有效。

2. 人本原理

1) 含义

在管理中必须把人的因素放在首位，体现以人为本的指导思想，这就是人本原理。以人为本有两层含义：一是一切管理都是以人为本展开的，人既是管理的主体，又是管理的客体，每个人都处于一定的管理层面上，离开人就无所谓管理；二是管理活动中，作为管理对象的要素和管理系统的各个环节，都是需要人掌管、运作、推行和实施的。

2) 运用人本原理的原则

（1）动力原则。推动管理活动的基本力量是人，管理必须有能够激发人的工作能力的动力，这就是动力原则。对于管理系统，有三种动力，即物质动力、精神动力和信息动力。

（2）能级原则。现代管理认为，单位和人具有一定的能量，并且可按照能量的大小顺序排列，形成管理的能级，就像原子中电子的能级一样。在管理系统中，建立一套合理能级，根据单位和个人能量的大小安排工作，发挥不同能级的能量，保证结构的稳定性和管理的有效性，这就是能级原则。

（3）激励原则。管理中的激励就是利用某种外部诱因的刺激，调动人们的积极性和创造性。以科学的手段，激发人们的内在潜力，使其充分发挥积极性、主动性和创造性，这就是激励原则。人的工作动力来源于内在的动力、外部动力和工作吸引力。

3. 预防原理

1）含义

安全生产管理工作应该做到预防为主，通过有效的管理和技术手段，减少和防止人的不安全行为和物的不安全状态，这就是预防原理。

2）运用预防原理的原则

（1）偶然损失原则。事故后果以及后果的严重程度都是随机的、难以预测的。反复发生的同类事故，并不一定产生相同的后果，这就是事故损失的偶然性。偶然损失原则告诉人们，无论事故损失的大小，都必须做好预防工作。

（2）因果关系原则。事故的发生是许多因素互为因果连续发生的最终结果，只要诱发事故的因素存在，发生事故是必然的，只是时间或迟或早而已，这就是因果关系原则。

（3）3E原则。造成人的不安全行为和物不安全状态的原因可归纳为四个方面：技术原因、教育原因、身体和态度原因以及管理原因。针对这四方面的原因，可以采取三种防治对策，即工程技术（engineering）对策、教育（education）对策和法制（enforcement）对策，也就是所说的3E原则。

（4）本质安全化原则。本质安全化原则是指从一开始和从本质上实现安全化，从根本上消除事故发生的可能性，从而达到预防事故发生的目的。本质安全化原则不仅可以应用于设备、设施，还可以应用于建设项目。

4. 强制原理

1）含义

采取强制管理的手段控制人的意愿和行为，是个人的活动、行为等受到安全生产管理要求的约束，从而实现有效的安全生产管理，这就是强制原理。所谓强制就是绝对服从，不必经被管理者同意便可采取控制行动。

2）运用强制原理的原则

（1）安全第一原则。安全第一就是要求在进行生产和其他工作时把安全工作放在一切工作的首要位置。当生产和其他工作与安全发生矛盾时，要以安全为主，生产和其他工作要服从于安全，这就是安全第一原则。

（2）监督原则。监督原则是指在安全工作中，为了使安全生产法律法规得到落实，必须设立安全生产监督管理部门，对企业生产中的守法和执法情况进行监督。

四、安全生产方针

《中华人民共和国安全生产法》明确规定："安全生产管理，坚持安全第一，预防为主的方针。"安全生产方针为中国安全生产确定了总原则。如何正确理解安全生产方针呢？

　　劳动安全卫生工作贯穿于生产劳动的全过程。所谓"安全第一"，就是在劳动各个环节中，把劳动安全卫生管理作为生产劳动管理的重要组成部分；就是在生产劳动过程中，把劳动安全卫生工作，特别是劳动者的生命安全与健康放在首位，作为生产劳动顺利运行的前提和保证。对于各级领导层管理者来说，就是要牢记"以人为本"，在计划、布置、总结、检查、评比生产工作的同时，要首先计划、布置、总结、检查、评比安全工作。只有在保证劳动者安全与健康的前提下，才可去改进工艺、技术、设备；去增加产品品种、提高产量和质量；去提高产值和销售收入；去减少消耗、降低成本、增加利润。绝不能不顾安全，片面追求高产量和高产值；片面追求低消耗和低成本；片面追求利润的增加。对于广大劳动者来说，则要珍惜自己和他人的生命与健康，在进行每项工作时，首先要考虑在工作中可能存在哪些危险因素或事故隐患，应该采取哪些措施来防止事故的发生。同时要严格遵守、执行安全操作规程，杜绝违章操作，以避免伤害自己和他人。绝不能"要钱不要命"，抱有麻痹、侥幸心理或莽撞行事，把自己和他人的生命和健康当儿戏。

　　古人说："防患于未然"，"凡事预则立，不预则废"。做任何工作都是如此，劳动安全卫生工作当然也不例外。"预防"是实现安全生产、劳动保护的基础，它要求有关单位在整个生产劳动过程中提供符合劳动安全卫生规程和标准的劳动工具及劳动条件和环境，确保"物"处于安全状态；同时通过经常性的宣传、教育、培训提高所有成员（包括各级领导、管理者和劳动者）的安全素质，尽可能减少人的不安全行为和管理缺陷。"预防为主"就是要求把预防事故及职业危害、职业病作为劳动卫生工作的重点和目标，变事后处理为事前预防，从立法执法、组织管理、教育培训、技术、设备等方面，采取各种有效措施，发现和治理事故隐患，防止因为生产劳动中存在的物的不安全状态、人的不安全行为以及管理缺陷而导致事故和职业危害、职业病的发生。

任务二

化工生产事故

一、化工事故的分类及发生原因

化工生产使用和接触的化学危险物质种类繁多，生产工艺复杂，事故种类也千变万化。

1. 化工装置内产生的新的易燃物、爆炸物

　　某些反应装置和贮罐在正常情况下是安全的，如果在反应和贮存过程中混入或掺入某些物质而发生化学反应产生新的易燃物或爆炸物，在条件成熟时就可能发生事故。如粗煤油中的硫化氢、硫醇含量较高，有可能引起油罐腐蚀，使构件上黏附着锈垢。而由于天气突变、气温骤降，油罐的部分构件因急剧收缩和由于风压的改变使油罐晃动，因而造成构件脱落并引起冲击或摩擦致使产生火种并引起油罐起火。

2. 在工艺系统中积聚某种新的易燃物

某氯碱厂使用相邻合成氨厂的废碱液精制盐水。因废碱液中含氨量高，在加盐酸中和时，产生大量氯化铵随盐水进入电解槽，生成三氯化氮夹杂在氯气中。经过冷却塔、干燥器后未被分解的三氯化氮随氯气一起进入液化槽，再进入热交换器的内管与冷凝器的液氯混合。由于液氯的不断气化，使三氯化氮逐渐积累下来。后来因倒换热交换器，积存有三氯化氮的热交换器停止使用，但是温度较高的气体氯仍从热交换器中经过，使热交换器中的残余液氯进一步蒸发，最后留下的基本上都是三氯化氮。因氯气温度高及其他杂质反应发热的影响，最终引起了三氯化氮的爆炸。

3. 高热物料喷出自燃

生产过程中有些反应物料的温度超过了自燃点，一旦喷出与空气接触就着火燃烧。例如，催化裂化装置热油泵口取样时，由于取样管堵塞，将取样阀打开用蒸汽加热，当凝油熔化后，40℃左右的热油喷出立即会起火燃烧。

4. 高温下物质气化分解

许多物质在高温下会气化分解产生高压而引起爆炸。如用联苯醚作载热体的加热过程中，由于管道被结焦物堵塞，局部温度升高，会使联苯醚气化分解产生高压，从而引起管道爆裂，使高温可燃气体冲出，遇空气燃烧。

5. 物料泄漏遇高温表面或明火

如果放空位置安装不当，放空时油喷落到附近250℃高温的阀体上会引起燃烧。

6. 反应热骤增

参加反应的物料，如果配比、投料速度和加料顺序控制不当，会造成反应剧烈，产生大量的热，如果不能及时导出，就会引起超压爆炸。如苯与浓硫酸混合进行磺化反应，物料进入后由于搅拌迟开，反应热骤增，超过了反应器的冷却能力，器内未反应的苯很快气化，就会导致塑料排气管破裂，可燃蒸气排入厂房内遇明火就会燃烧。

7. 杂质含量过高

有许多化学反应过程中对杂质含量要求是很严格的，有的杂质在反应过程中可以生成危险的副反应产物。例如乙炔和氯化氢的合成反应，氯化氢中游离氯的含量不能过高（控制在0.005%以下），这是由于过量的游离氯存在，氯与乙炔反应会立即燃烧爆炸生成四氯乙烷。

8. 生产运行系统和检修中的系统串通

在正常情况下，易燃物的生产系统不允许有明火作业。某一区域、设备、装置或管线如果停产进行动火检修，必须采取可靠的隔离措施，使生产系统和检修系统有效隔绝，否则极易发生事故。

9. 装置内可燃物与生产用空气混合

生产用空气主要有工艺用压缩空气和仪表用压缩空气，如果进入生产系统和易燃物混合或生产系统易燃物料进入压缩空气系统，遇明火都可能导致燃烧爆炸事故。例如某合成氨装置，由于天然气混入仪表气源管线，逸出后遇明火即刻发生爆炸。

10. 系统形成负压

如发酵罐通入大量蒸汽后，若又将大量的冷液迅速加入罐内，冷的液体会使蒸汽很快凝结，罐内形成负压，发酵罐就会吸瘪。

11. 选用传热介质和加热方法不当

选择传热介质时必须事先了解被加热物料的性质，除满足工艺要求之外，还要掌握传热介质是否会和被加热物料发生危险性的反应。选择加热方法时，如果没有充分估计物料的性质、装置的特点等也易发生事故。

12. 系统压力变化造成事故

系统压力的变化可以造成物料倒流，或者负压系统变成正压从而造成事故。例如某厂通往柴油汽提塔的蒸汽管线和灭火蒸汽管线相连，由于蒸汽压力降低，低于汽提塔内的压力，中间又没有设置止逆装置，当用蒸汽灭火时，汽提塔内的炼油气窜入蒸汽管线，喷出的可燃气体反而使火势更大。

13. 危险物质处理不当

很多化学品性能不稳定，具有易燃、易爆、腐蚀、有毒和放射性等特性。在生产、使用、装卸、运输和贮存过程中，要掌握物质的特性，了解可能和其他化学物质接触会发生什么样的变化，采取相应的措施，否则就可能发生事故。如某厂铝粉布袋输送机发生故障，当用铁棒撬动铁轮时产生的火花引起铝粉燃烧，之后又错误地用二氧化碳进行扑救，结果发生爆炸。这是因为铝粉能在二氧化碳中燃烧，采用二氧化碳不但不能灭火，反而导致铝粉飞扬引起爆炸。

二、化工生产事故的特征

化工事故的特征基本上由所用原料特性、加工工艺、生产方法和生产规模决定，为预防事故的发生，必须了解这些特征。

1. 火灾、爆炸、中毒事故多，且后果严重

很多化工原料的易燃性、反应性和毒性本身会造成恶性事故的频繁发生。有资料表明，我国化工企业火灾爆炸事故的死亡人数占因公死亡总人数的 13.8%，居第一位；中

毒窒息事故致死人数占死亡总人数的 12%，居第二位。反应器、压力容器的爆炸，以及燃烧传播速度超过音速时的爆轰，都会造成破坏力极强的冲击波，冲击波超压达 20kPa 时会使砖木结构建筑物部分倒塌、墙壁崩裂。

由于管线破裂或设备损坏，大量易燃气体或液体瞬间泄放，会迅速蒸发形成蒸气云团，与空气混合达到爆炸下限，随风漂移。如果飞到居民区一遇明火即爆炸，后果难以想象。据估计，50t 的易燃气体泄漏会造成直径 700m 的云团，在其覆盖下的居民，会被爆炸火球或扩散的火焰灼伤，其辐射强度可达 14W/cm² （人可承受安全辐射强度仅为 0.5W/cm²），同时人还会因缺乏氧气窒息而死。

多数化学品对人体有害，生产中由于设备密封不严泄漏容易造成操作人员的急性和慢性中毒。如一氧化碳、硫化氢、氮气、氮氯化物、氨、苯、二氧化碳、二氧化硫、光气、氯化钡、氯气、甲烷、氯乙烯、磷、苯酚、砷化物 16 种物质在化工厂都很常见，这些物质造成中毒、窒息的死亡人数占中毒死亡总人数的 87.9%。

化工生产装置的大型化使大量化学物质处于工艺过程中或贮存状态，一些比空气重的液化气体，如氯，在设备或管道破口处，可以以 15°～30° 呈锥形扩散，在扩散宽度达 100m 左右时，人们还容易察觉并迅速逃离。但当毒气影响宽度达 1000m 及以上，在距离较远而毒气浓度尚未稀释到安全值时，人则很难逃离并导致中毒。

2. 正常生产时发生事故多

化工生产中伴随许多副反应，有些机理尚不完全清楚；有些在危险边缘（如爆炸极限）附近进行生产，例如乙烯制环氧乙烷、甲醇氧化制甲醛等，生产条件稍有波动就会发生严重事故，间歇生产更是如此。

影响化工生产各种参数的干扰因素很多，设定的参数很容易发生偏移，参数的偏移是发生事故的根源之一。即使在自动调节过程中也会产生失调或失控现象，人工调节更容易发生事故。

由于人的因素或人机工程设计欠佳，往往会造成误操作，如看错仪表、开错阀门等。而在现代化的化工生产中，人是通过控制台进行操作，发生误操作的危险性更大。

3. 材质和加工缺陷以及腐蚀的影响

化工企业的工艺设备一般都是在非常苛刻的生产条件下运行的。腐蚀介质的作用、振动、压力波动造成的疲劳、高温、低温对材质性质的影响都是安全方面应重视的问题。

化工设备的破损与应力腐蚀裂纹有很大的关系。设备材质受到制造时残余应力和运转时拉伸应力的作用，在腐蚀的环境中会产生裂纹并发展长大，在特定条件下，如压力波动、严寒天气就会引起脆性破裂，如果焊接缝不良或未经过热处理则会使焊区附近引起脆性破裂，造成灾难性事故。

制造化工设备时，除了选择正确的材料外，还要求实施正确的加工方法。以焊接为例，如果焊缝不良或未经热处理则会使焊区附近材料性能恶化，易产生裂纹，使设备破损。

4. 事故的集中和多发

化工生产遇到的事故多发的情况会给生产带来被动。许多关键设备,特别是高负荷的塔槽、压力容器、反应釜、经常开闭的阀门等,运转一定的时间后,常会出现多发故障的情况。这是因为设备进入到寿命周期的故障频发阶段,所以必须采取预防措施,加强设备检测和监护措施,及时更换到期的设备。

三、化工生产事故的处置

1. 抢险与救护

企业发生事故,必须积极抢险救治,妥善处理,以防事故的蔓延扩大。发生重大事故时,企业领导要现场亲自指挥,各职能部门领导及有关人员应协助做好现场抢救和警戒工作。抢救时应注意保护现场;因抢救伤员或防止事故扩大需移动现场物件时,必须做好标志。

对有害物质大量外泄或火灾爆炸事故的现场,必须设警戒线,及时疏导人员,清查人数;抢救消防人员应佩戴好防护器具,对中毒、烧伤、烫伤人员要及时进行现场救治处理,再送医院。

2. 事故的报告程序

(1)事故的最先发现者,应立即组织最近处人员处理,应以快速的方法通知领导或电话报告调度部门,而后逐级上报。发生事故的基层单位按规定填写事故报告书。一般事故 3d 内报企业主管部门。

(2)发生重大事故,企业应立即用快速方法在当天将事故发生的时间、地点、原因、事故类别、伤亡情况、损失估计等概况报告企业的主管部门及其他部门(如劳动、工会、环保、检察等部门)。企业在上级机关的安排下,组织有关部门和人员配合进行事故调查。对重大责任事故,因工死亡事故,破坏事故应报告当地检察机关或公安机关。

(3)外单位人员,在企业劳动、实习培训、公出时发生的伤亡事故,企业按外表进行统计上报。

(4)凡因公负伤者,从发生事故受伤起,一个月后,由轻伤转为重伤,或由重伤转为死亡,按原受伤类别报,不再改报。

3. 责任的划分

(1)企业安全管理实行厂长负责制同分管领导分工负责相结合的责任制。

(2)企业规章制度不健全、不科学的,由总工程师和分管厂长负责。

(3)设计有缺陷或不符合设计规范的,由设计者及审批者负责。

(4)凡转让、应用、推广的科技成果,必须经过技术鉴定。科技成果中未提出防尘、防毒、防火、防爆及"三废"处理措施以及安全操作规程的,要追究科研设计单位的责任。

（5）制造、施工部门，未严格按图纸进行制造、施工，未经设计或修改设计未经批准而施工者，要对由此发生的事故负责。

（6）持安全作业证违章发生事故，由违章者负责；无安全作业证，擅自作业发生事故，由本人负责。被委派作业而发生事故，由委派者负主要责任。

（7）学徒工在学徒期间，必须在师傅的带领下工作，不听师傅指导擅自操作而造成事故，由本人负责，在师傅指导下操作发生的事故，由师傅负主要责任。

（8）因管理不善，纪律涣散，违章违纪严重而发生的重大事故，要追究主要领导责任。

4. 事故调查和处理

（1）企业发生事故要按"四不放过"（事故原因不查清不放过、事故责任者得不到处理不放过、整改措施不落实不放过、教训不吸取不放过）的原则办理。

（2）对一般事故或重大未遂事故，应在事故发生后由车间和有关部门领导组织调查并召开事故分析会。

（3）对一般重大事故，企业或企业主管部门领导，应组织有关部门人员参加的事故调查和处理。

（4）伤亡事故的调查处理按《企业职工伤亡事故报告和处理规定》（1991.3 国务院75 号）执行。

（5）由于不服从管理，违反规章制度，或强令工人违章冒险作业，而发生重大事故，构成重大责任事故罪或玩忽职守罪的人员，由司法部门依法惩处。

（6）对事故责任者的处分，可根据事故大小、损失多少、情节轻重，以及影响程度等，令其赔偿损失或予以行政警告、记过、记大过、降职、降薪、撤职、留厂察看、开除出厂，直至追究刑事责任。

（7）对各类事故隐瞒不报、虚报或有意拖延报告者，要追究责任，从严处理。

（8）对防止或抢救事故有功人员，企业应给予表彰、奖励。

（9）各级化工主管部门，应对安全管理和安全生产搞得好、成绩突出的单位和个人，授予各种荣誉称号或奖励。

任务三

化工生产中的重大危险源

一、重大危险源的定义

危险的根源是贮存、使用、生产、运输过程中存在易燃、易爆及有毒物质，具有引发灾难性事故的能量。造成重大工业事故的可能性及后果的严重度既与物质的固有特性有关，又与设施或设备中危险物质的数量或能量的大小有关。重大危险源是指企业生产活动中客观存在的危险物质或能量超过临界值的设施、设备或场所。

重大危险源与重大事故隐患是有区别的。前者强调设备、设施或场所本质的、固有的物质能量的大小；后者则强调作业场所、设备及设施不安全状态、人的不安全行为和管理上的缺陷。

二、重大危险源的类型

从危险性物质的生产、贮运、泄漏等事故案例分析，根据事故类型重大危险源可分为泄放型危险源和潜在型危险源。

1. 泄放型危险源

（1）连续性气体。包括气体管道、阀门、垫片、视镜、腐蚀孔、安全阀等的泄放，如果气体呈正压状态，泄放的基本形态为连续气体流。

（2）爆炸性气体。包括气体贮罐、汽化器、气相反应器等爆炸性泄放，基本形态是大量气体瞬间释放并与空气混合形成云团。

（3）爆炸性压力液化气体。包括压力液化气贮罐、钢瓶、计量槽、罐车等爆炸性泄放。基本形态是大量液化气体在瞬间泄放，由于闪蒸导致大量空气夹带，液化气液滴蒸发导致云团温度下降，形成冷云团。

（4）连续压力液化气体。包括压力液化气贮罐的液相孔、管道、阀门等的泄漏，基本形态是压力液化气迅速闪蒸，混入空气并形成低温烟云。

（5）非爆炸性压力液化气体。包括压力液化气贮罐气相孔、小口径管道和阀门等的泄放，基本形态是产生气体喷射，泄放速度随罐内压力而变化。

（6）非爆炸性冷冻压力液化气体。包括半冷冻液化器贮罐的液相通道和阀门等的泄放，基本形态是泄放物部分闪蒸，部分在地面形成液池。

（7）冷冻液化气体。包括冷冻液化气贮罐液位以下的孔、管道、阀门等的泄放，基本形态是地面形成低温液池。

（8）两相泄放池。包括压力液化气体罐气相中等孔泄放，基本形态是产生变化的"雾"状或泡沫流。

2. 潜在型危险源

（1）阀门和法兰泄漏。因阀门和法兰加工缺陷、腐蚀、密封件失效、外部载荷或误操作引起的气体、压力液化气、冷冻液化气或其他液体的泄漏。

（2）管道泄漏。因管道接头开裂、脱落、腐蚀、加工缺陷或外部载荷引起气体、压力液化气、冷冻液化气及其他液体泄放。

（3）贮罐泄漏。因贮罐材质缺陷、附件缺陷、腐蚀或局部加工不良而引起的气体压力液化气、冷冻液化气及其他液体泄放。

（4）爆炸性贮罐泄放。因贮罐加工和材质缺陷并超温、超压作业或外部载荷引起的压力液化气和冷冻液化气爆炸性泄放。

（5）钢瓶泄放。因超标充装、超温使用或附件缺陷引起的压力液化气或压力气体泄放。

三、危险源的危险、危害因素

危险、危害因素是指能使人造成伤亡，对物造成突发性损坏，或影响人的身体健康导致疾病，对物造成慢性损坏的因素。为了区别客体对人体不良作用的特点和效果，分为危险因素（强调突发性和瞬间作用）和危害因素（强调在一定时间范围内的积累作用）。

根据 GB/T13816—1992《生产过程危险和危害因素分类与代码》的规定，按导致事故和职业危害的直接原因，将生产过程中的危险、危害因素分为六类。

1. 物理性危险、危害因素

物理性危险、危害因素包括设备、设施缺陷（强度不够、刚度不够、稳定性差、密封不良、应力集中、外形缺陷、外露运动件、制动器缺陷、控制器缺陷、设备设施其他缺陷）；防护缺陷（无防护、防护装置和设施缺陷、防护不当、支撑不当、防护距离不够、其他防护缺陷）；电危害（带电部位裸露、漏电、雷电、静电、电火花、其他电危害）；噪声危害（机械性噪声、电磁性噪声、流体动力性噪声、其他噪声）；振动危害（机械性振动、电磁性振动、流体动力性振动、其他振动）；电磁辐射（电离辐射：X射线、γ射线、α粒子、β粒子、质子、中子、高能电子束等；非电离辐射：紫外线、激光、射频辐射、超高压电场）；运动物危害（固体抛射物、液体飞溅物、反弹物、岩土滑动、堆料垛滑动、气流卷动、冲击地压、其他运动物危害）；明火；能造成灼伤的高温物质（高温气体、高温固体、高温液体、其他高温物质）；能造成冻伤的低温物质（低温气体、低温固体、低温液体、其他低温物质）；粉尘与气溶胶（不包括爆炸性、有毒性粉尘与气溶胶）；作业环境不良（作业环境不良、基础下沉、安全过道缺陷、采光照明不良、有害光照、通风不良、缺氧、空气质量不良、给排水不良、涌水、强迫体位、气温过高、气温过低、气压过高、气压过低、高温高湿、自然灾害、其他作业环境不良）；信号缺陷（无信号设施、信号选用不当、信号位置不当、信号不清、信号显示不准、其他信号缺陷）；标志缺陷（无标志、标志不清楚、标志不规范、标志选用不当、标志位置缺陷、其他标志缺陷）；其他物理性危险和危害因素。

2. 化学性危险、危害因素

化学性危险、危害因素包括：易燃易爆性物质（易燃易爆性气体、易燃易爆性液体、易燃易爆性固体、易燃易爆性粉尘与气溶胶、其他易燃易爆性物质）；自燃性物质；有毒物质（有毒气体、有毒液体、有毒固体、有毒粉尘与气溶胶、其他有毒物质）；腐蚀性物质（腐蚀性气体、腐蚀性液体、腐蚀性固体、其他腐蚀性物质）；其他化学性危险、危害因素。

3. 生物性危险、危害因素

生物性危险、危害因素包括：致病微生物（细菌、病毒、其他致病微生物）；传染病媒介物、致害动物、致害植物；其他生物性危险、危害因素。

4. 心理、生理性危险、危害因素

心理、生理性危险、危害因素包括：负荷超限（体力负荷超限、听力负荷超限、视力负荷超限、其他负荷超限）；健康状况异常；从事禁忌作业；心理异常（情绪异常、冒险心理、过度紧张、其他心理异常）；辨析功能缺陷（感知延迟、辨识错误、其他辨识功能缺陷）；其他心理、生理危险、危害因素。

5. 行为性危险、危害因素

行为性危险、危害因素包括：指挥错误（指挥失误、违章指挥、其他指挥错误）；操作失误（误操作、违章作业、其他操作失误）；监护失误；其他错误；其他行为性危险和有害因素。

6. 其他危险、危害性因素

其他危险、危害性因素省略。

任务四

事故应急救援预案

事故应急救援预案是在事故中为保护人员和设施的安全而制定的行动计划，也可以称为"应急计划"。事故应急救援预案是为了加强对重大事故的应急处理能力，根据实际情况预计未来可能发生的重大事故，所制定的限制事故发生的应急对策。即认为事故可能发生并估计事故的后果，有针对性的制定一旦事故发生时需要执行的预计紧急处理步骤。

一、建立事故应急救援体系的必要性

为加强事故应急救援、减少事故损失，多年来国家在消防、核事故、海上搜救、矿山和化工、森林、地震、洪水等方面相继建立了应急救援体系和应急救援队伍，发挥了很大作用。

虽然各级安全生产监督管理部门采取过很多防范措施，但始终没有依法建立一种适合中国国情的事故应急救援体系。随着中国经济总量的不断增长，各类生产安全事故频繁发生，应急救援不力成为严重事故后果的重要原因之一。这方面存在的突出问题，一是建立事故救援体系的重要性和紧迫性缺乏足够的认识，忽视了应急救援在预防事故、及时处理事故和避免、减少人员伤亡和财产损失等方面的积极作用，存在着侥幸麻痹思想和重事前、轻事后，重处理、轻应急的倾向。二是缺乏事故应急救援的总体思路和具体措施，没有建立统一、高效的国家应急救援体系。发生重大、特大生产安全事故特别是跨行业、跨部门、跨地区的事故时，由于不能统一调动社会应急救援资源，往往是措手不及，临时抱佛脚，结果是扩大了人员伤亡和财产损失。三是没有科学的整合各种事故应急救援资源，救援力量分散，应急救援指挥职能交叉，缺乏必要的应急救援设备，救援能力不能够满足需要。四是法律没有对从事开采、建筑施工和危险物品生产等高危经营生产单位内部建立应急救援制度做出规定，发生重大特大安全事故因不能及时有效施救，导致死伤众多、死伤惨重，为将生产安全事故的预防与事后处理有机结合，建立事故应急救援体系，发挥应急救援在事前预防和事中抢救的重要作用，《中华人民共和国安全生产法》对此做出了明确规定。

事故应急救援体系是一个庞大的系统，其基本框架应当包括政府的事故应急救援和高危生产经营单位的事故应急救援系统。政府的应急救援系统是公益性的体系，高危生产经营单位的事故应急救援是自救性的体系，两者缺一不可。

二、事故应急救援的基本任务

事故应急救援是最近几年国内开发的一项社会性减灾工作，其主要任务是通过建立应急救援体系，预防和减少生产安全事故，具体任务主要有以下四条：

（1）营救受害人员。抢救受害人是应急救援的最重要任务。在紧急救援行动中，及时、有序、有效地实施现场急救，及时、安全转运伤员是降低伤亡率、减少事故损失的关键。

（2）控制事态发展。及时控制造成事故的危险源，是应急救援工作的重要任务之一。只有及时控制住危险源，防止事故的继续扩大，才能快速、有效地控制住事态的发展，进行有条不紊的救援工作。

（3）尽快缩短事故造成的混乱，恢复平静。

（4）查找事故原因并评估事故造成的损失。

通过事故应急救援的基本任务可以看来，事故应急救援的特点是迅速、准确、有效。

三、化学事故应急救援预案的制定

事故应急救援涉及诸多部门、行业和企业，事故应急救援预案应当自下而上的分级制定。依照法律规定，事故应急救援预案应当在各级人民政府的统一组织领导下，由安全生产监督管理部门会同公安、铁道、交通、民航、建筑、质检和卫生等有关部门共同制定和实施，其基本内容如下：

（1）应急救援的指挥机构及其职责。

（2）有关部门的职责及分工。

（3）应急救援组织的建设。

（4）应急救援组织的训练和演习。

（5）事故预警和应急响应。

（6）事故的现场控制、交通管制、人员疏散、医疗救急、工程抢险等应急救援措施。

（7）应急救援设施、设备、器械、交通工具及其他物质的贮备和调用。

（8）应急救援的通信保障。

（9）应急救援的经费保障。

（10）应急救援的信息发布。

化学事故应急救援预案是指为了减少事故后果而预先制定的抢险救灾方案，是进行事故救援活动的行动指南。事故救援应急预案通常包括现场预案（企业预案）和场外预案（区域预案）。生产、经营、贮存、运输、使用危险化学药品的单位，都应该建立并实施化学事故应急救援预案，以减轻危险化学品事故的后果。

1. 制定目的

化学事故应急救援预案的目的主要有以下三个方面：

（1）使任何可能引起的紧急情况不蔓延与扩大，并尽可能予以消除。

（2）准备应急反应，减轻事故后果，限制事故严重程度及事故对公众健康和环境的影响。

（3）通过组织职工对应急救援预案的学习和锻炼，加强职工对岗位及其周围危险性的认识，提高事故应急处理的能力。

2. 制定依据

为了使化学事故应急救援预案达到上述目的，可以依据以下几个方面的内容进行编制。

（1）国家法律、法规、规范、标准及其他规定和要求。主要有《中华人民共和国安全生产法》、《中华人民共和国职业病防治法》、《中华人民共和国消防法》、《危险化学品安全管理条例》、《特种设备安全监察条例》、《使用有毒物品作业场所劳动保护条例》、《关于特大安全事故行政责任追究的规定》等。

（2）地方政府部门危险化学品应急服务的可用情况，应急响应及已达成的协商计划等。

（3）国内外、行业内外典型事故，以及本企业以往事故、事件和紧急情况的经验和教训。

（4）企业进行危险源辨识、风险评价和风险控制的结果及其控制措施。

（5）岗位工人的合理化建议。

（6）对事故应急处理演练和事故应急响应进行评审的结果，以及针对评审所采取的后续改进措施。

3. 制定步骤

企业事故应急救援的制定主要包括资料收集、重大危险源的辨识和风险评价、预案编制和评估审定四个阶段。

1）资料收集

该阶段的主要任务是为事故应急救援预案的编制提供法律法规和技术支持。需要收集的资料包括：国家有关法律、法规、规范、标准及其他要求，地方政府部门应急救援服务的可用信息，国内外、行业内外的典型事故案例以及同类事故应急处理的成功案例，本企业以往的事故、事件的紧急情况的经验和教训等。

2）重大危险源的辨识和风险评价

企业首先应对所属的重大危险源进行辨识，然后确定和评估重大危险源可能发生的事故和可能导致的紧急事件，根据分析结果编制应急救援预案。企业对重大危险源进行潜在事故分析时，不但要分析哪些事故容易发生事故，还应该分析虽不易发生却会造成严重后果的事故。潜在事故分析应包括以下内容：

（1）可能发生的重大事故。

（2）导致重大事故的过程。

（3）非重大事故可能导致重大事故需要经历的时间。

（4）可能发生重大事故的破坏程度如何。

（5）事故之间的联系如何。

（6）每一个可能发生的事故后果。

与此同时，还要分析重大危险源所存在的危险性物质的危险性，以便在化学品管理和处置方面完善事故应急处理预案，可从生产厂家索取危险化学品安全技术说明书以获得危险物质的特性。

3）事故应急处理预案的编制

在重大危险源辨识和风险评价、潜在事故分析的基础上，可以着手编制事故应急救援预案。编制时应该注意以下几点：

（1）对每一个重大危险源都应该编制一个现场事故应急救援预案，包括所有生产装置、要害部位、重大危险设备、重大变更项目、重大危险作业和可能发生环境污染事故的场所，都应编制事故应急预案。

（2）对潜在事故危害的性质、规模、后果，以及紧急发生时的可能关系进行预测和评估。

（3）对于有复杂设备的重大危险源，事故应急救援预案应详细具体，应充分考虑每一个可能发生的重大危险，以及它们之间可能发生的相互作用。同时还应包括以下内容：

① 制定与场外应急救援预案实施机构进行联系的计划，包括与紧急救援服务机构的联系。

② 在存在重大危险设施的危险源内外，报警和通信联络的步骤。

③ 明确事故救援现场指挥和副指挥以及他们的职责。

④ 确定应急控制中心的地点和组成。

⑤ 在事故发生后，现场工人的行动步骤、撤离程序等。

⑥ 在事故发生后事故现场外工人和其他人的行为规定。

（4）在存在危险设施的危险源内外，应制定现场工人应采取的紧急补救措施。特别应包括在突发事故发生初期能采取的紧急措施，如紧急停车等。

（5）处理预案应包括召集危险源其他部位或非现场的主要人员到达事故现场的规定。

（6）一旦发生事故企业应保证有足够的人员和应急物资以满足应急救援预案的要求。

（7）事故应急救援预案应充分考虑一些可能发生的意外情况，如由于生病、节假日等原因工人不在岗位时，应配备足够的人员以预防和处理事故。

（8）在事故应急救援预案制定过程中，应广泛征求岗位工人的意见，有条件时可让他们参加制定。

4）评估审定

按照上述步骤编制出来的事故应急救援预案，仅仅是初稿，要得到一个切实可行的应急预案，还必须对其进行评估和审定。评估和审定应包括以下三个方面的内容：

（1）专家组评估审定。事故应急救援预案编制出来后，企业应组织工程技术人员、安全技术及安全管理人员、有丰富实践经验的操作人员等组成专家组，对它的合理性、适应性进行全面评估审定，提出改进意见并加以修正。

（2）组织演练。企业应根据事故应急救援预案的要求，组织职工演练，通过演练及时发现问题并加以改进。

（3）对实际执行应急救援预案处理事故时所暴露出来的不足，企业应及时进行总结并采取修正措施加以完善。

此外，在危险设施和危险源发生变化时，企业应及时修改事故应急救援预案，并把修改情况及时通知与事故应急救援预案有关的人员。

4. 制定内容

制定化学事故应急救援预案的内容一般应包括：应急救援组织机构及其职责；事故应急处理的基本原则；应急救援的程序和步骤，避灾、消除和控制险情的措施，包括警戒与紧急疏散、报警求援等几个方面。

当然，由于事故的类型、规模、性质和严重程度不同，其应急救援预案的具体内容和侧重点应有所不同。下面给出了灾害性事故和一般生产、设备事故应急预案的主要内容要点。

（1）灾害性事故应急救援预案的内容：

① 应急机构的组成与职责。

② 灾害事故的应急救援原则。

③ 报警与报告。

④ 生产、技术处理。

⑤ 灾害的补救与控制。

⑥ 伤员救护。

⑦ 警戒、疏散与交通管制。

⑧ 应急物资的准备与供应。

⑨ 救援求助。

⑩ 生产恢复。

⑪ 应急演练。

（2）一般生产、设备事故应急救援预案的主要内容：

① 应急处理组织。

② 事故部位和类型。

③ 引发事故的原因。

④ 事故处理的原则。

⑤ 主要操作程序与要点。

⑥ 报警、报告与救护。

⑦ 生产恢复。

5. 化学事故应急救援预案的演练、检查与完善

（1）应急救援预案的演练事故应急救援预案批准公布后，企业应及时将应急救援预案发放到有关单位、岗位职工和相关方，并定期组织演练。在演练过程中，企业应让熟悉危险设施的工人包括相关的安全管理人员一起参与。

（2）应急处理预案的检查每一次演练后，企业应对事故应急救援预案规定的内容进行检查，找出其中的不足并加以改进。检查主要包括以下内容：

① 通信指挥系统能否正常运行。

② 生产处理步骤是否安全。

③ 应急救援步骤是否安全、有效。

④ 应急救援物资是否贮备充足、品种齐全、保管完好。

⑤ 应急救援设备、设施是否处于完好备用状态。

⑥ 应急救援人员对应急处理预案是否完全掌握。

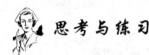 **思考与练习**

一、问答题

1. 化工生产有哪些特点？

2. 化工事故产生的类型有哪些？

3. 化工生产事故的特征是什么？

4. 化工生产事故的处置程序是什么？

5. 什么是危险、危害因素？

6. 危险、危害因素分为哪几类？

7. 重大危险源的定义是什么？

8. 根据事故类型重大危险源可分为哪两种？

二、选择题

1. "3E 原则"认为可以采取（　　）三种对策防止事故的发生。

　　A. 工程技术对策、教育对策、法制对策

　　B. 安全管理对策、监督与监察对策、法规对策

　　C. 工程技术对策、教育对策、监督与监察对策

　　D. 预防对策、教育对策、法制对策

2. 安全生产管理的目标是，减少和控制危害，减少和控制事故，尽量避免生产过程中由于（　　）所造成的人身伤害、财产损失及其他损失。

    A. 事故　　　　　B. 危险　　　　　C. 管理不善　　　　　D. 违章

3. 我国安全生产工作的基本方针是（　　）。

    A. "安全第一，预防为主"　　　　　B. "防消结合，预防为主"

    C. "及时发现，及时治理"　　　　　D. "以人为本，持续改进"

4. "三同时"是指生产性基本建设项目中的劳动安全卫生设施必须与主体工程（　　）。

    A. 同时立项、同时审查、同时验收

    B. 同时设计、同时施工、同时投入生产和使用

    C. 同时立项、同时设计、同时验收

    D. 同时设计、同时施工、同时验收

5. 《重大危险源辨识》（GB18218—2000）中队重大危险源进行了分类，分为（　　）。

    A. 生产场所重大危险源和加工场所重大危险源

    B. 生产场所重大危险源、贮存场所重大危险源和加工场所重大危险源

    C. 生产场所重大危险源和贮存场所重大危险源

    D. 贮存场所重大危险源和加工场所重大危险源

6. 《中华人民共和国安全生产法》规定，生产经营单位应当在较大危险因素的生产经营场所和有关设施、设备上，设置明显的（　　）。

    A. 安全宣传标语　　B. 安全宣教挂图　　C. 安全警示标志　　D. 警示颜色

7. 根据《生产过程危险和有害因素分类与代码》（GB/T13861—1992）的规定，将生产过程中的危险、有害因素分为（　　）大类，共（　　）小类。

    A. 6　　　　B. 7　　　　C. 8　　　　D. 36　　　　E. 37

8. 可造成人员死亡、伤害、职业病、财产损失或其他损失的意外事件称为（　　）。

    A. 事故　　　　　B. 不安全　　　　　C. 危险源　　　　　D. 事故隐患

9. 人本原理体现了以人为本的指导思想，包括三个原则，下列不包括在人本原理中的原则是（　　）。

    A. 激励原则　　　　B. 动力原则　　　　C. 能级原则　　　　D. 安全第一原则

10. 以下措施不属于重大事故应急管理"准备"阶段的有（　　）。

    A. 应急队伍的建设和应急物资的准备

    B. 应急预案的编制和演练

    C. 应急现状的评价工作

    D. 应急机构的设立和职责的落实

11. 《危险化学品安全管理条例》所称重大危险源，是指生产、运输、使用、贮存危险化学品或处置废弃危险化学品，且危险化学品数量等于或超过（　　）的单元。

    A. 安全量　　　　B. 贮存量　　　　C. 临界量　　　　D. 危险量

12. 如下保障安全生产的要素中，不属于安全生产"五要素"的是（　　）。

    A. 安全文化　　　　B. 安全责任　　　　C. 安全法制　　　　D. 安全工程

13. 应急救援预案在应急救援中的重要作用表现在（　　）。

A. 明确了应急救援的范围和体系

B. 有利于做出及时的应急响应，完全消除事故后果的危害

C. 成为各类常发事故的应急基础

D. 当发生超过应急能力的重大事故时，便于与下级应急部门协调

14. 某单位的下述各项投入哪些属于安全生产投入（　　）。

A. 办公室安装空调系统　　　　　B. 工会组织职工度假修养

C. 购买消防器材　　　　　　　　D. 更新除尘系统

E. 消防器材的维护

模块二 危险化学品安全管理

应 知

(1) 掌握危险化学品的概念及主要分类;

(2) 列举危险化学品造成化学事故的主要特性及影响危险化学品危险性的主要因素;

(3) 知晓危险化学品贮存及分类贮存的安全要求;

(4) 知晓危险化学品的运输安全要求。

应 会

(1) 能够掌握危险化学品造成化学事故的基本防范对策;

(2) 能够掌握危险化学品贮存、运输过程中的危险因素、安全要求。

任务一

危险化学品的分类和特性

随着科学技术的进步,越来越多的化学物质造福于人类,但同时也为人类与环境带来了极大地威胁。目前,在已存在的化学物品中,大约 3 万余种具有明显或潜在的危险性。这些威胁化学品在一定的外界条件下是安全的,但当其受到某些因素的影响时,就可能发生燃烧、爆炸、中毒等严重事故,给人们的生命、财产造成重大危害。因而人们应该更清楚地去认识这些危险化学品,了解其类别、性质及其危害性,应用相应的科学手段进行有效的防范管理。

一、危险化学品及其分类

危险化学品是指具有燃烧、爆炸、毒害、腐蚀等物质,以及在生产、贮存、装卸、运输等过程中易造成人身伤亡和财产损失的任何化学物质。

1. 我国危险化学品的分类

《常用危险化学品的分类及标志》(GB13690—1992)和《危险货物分类和品名编号》(GB6944—1986)作为我国危险性分类的两个国家标准,可以将危险化学品按其危险性划分为 8 类、21 项。

第一类　爆炸品　本类物品是指在外界作用下（如受热、撞击），能发生剧烈的化学反应，瞬间时产生大量的气体和热量，使周围压力急剧上升，发生爆炸，对周围环境造成破坏的物品。也包括无整体爆炸危险，但具有燃烧、抛射及较小爆炸危险的物品，或仅产生热、光、声响或烟雾等一种或几种作用的烟火物品。

第二类　压缩气体和液化气体　本类物品是指压缩、液化或加热溶解的气体，或符合下述两种情况之一者。

（1）临界温度低于 50℃，或在 50℃时，其蒸气压力大于 249kPa 的压缩或液化气体。

（2）温度在 21.1℃时，气体的绝对压力大于 294kPa；或在 54.4℃，气体的绝对压力大于 715kPa 的压缩气体；或在 37.8℃时，雷德蒸气压［reid vapour pressure：汽油挥发度表示方法之一种，指汽油在 37.8℃（华氏 100°F），蒸气油料体积比为 4∶1 时之蒸气压。测定：将汽油放在一密封容器内，上面有 4 倍于液体容积的大气容积，在温度为 37.8℃时测出的油蒸气压力。GB8017—1987 石油产品蒸气压测定法（雷德法）。本方法适用于测定汽油、易挥发性原油及其他易挥发性石油产品的蒸气压；本方法不适用于测定液化石油气的蒸气压］大于 275kPa 的液化气体或加压溶解气体。

本类物品当受热、撞击或强烈震动时，容器内压力会急剧增大，致使容器破裂爆炸，或致使气瓶阀门松动漏气、酿成火灾或中毒事故。按其性质分为三项。

① 易燃气体：如氢、一氧化碳、甲烷等。

② 不燃气体（无毒不燃气体，包括助燃气体）：如压缩空气、氮气等。

③ 有毒气体（毒性指标同第六类）：如一氧化碳、氯气、氨气等。

第三类　易燃液体　本类物品是指闭杯（口）闪点（closed cup flash point，闭口闪点的测定原理是把试样装入油杯中到环状标记处，把试样在连续搅拌下用很慢的、恒定的速度加热，在规定的温度间隔，同时中断搅拌的情况下，将一小火焰引入杯中，试验火焰引起试样上的蒸气闪火时的最低温度作为闭口闪点）等于或低于 61℃ 的液体、液体混合物或含有固体物质的液体，但不包括由于其他危险性已列入其他类别的液体，本类物质在常温下易挥发，其蒸气与空气混合物能形成爆炸性混合物，分为三类：

（1）低闪点液体：闪点<−18℃，如乙醚（闪点为−45℃）、乙醛（闪点为−38℃）等。

（2）中闪点液体：−18℃≤闪点<23℃，如苯（闪点为−11℃）、乙醇（闪点为 12℃）等。

（3）高闪点液体：23℃≤闪点≤61℃，如丁醇（闪点为 35℃）、氯苯（闪点为 28℃）等。

第四类　易燃固体、自燃物品和遇湿易燃物品　按其燃烧特性分为三项：

（1）易燃固体：指燃点低，对热、撞击、摩擦敏感，易被外部火源点燃，燃烧迅速，并可能散发出有毒烟雾或有毒气体的固体。如红磷、硫磺等。

（2）自燃物品：指燃点低，在空气中易于发生氧化反应，放出热量而自行燃烧的物品。如白磷、三乙基铝等。

（3）遇湿易燃物品：指遇水或受潮时，发生剧烈化学反应，放出大量的易燃气体和热量的物品。有些不需要明火，即能燃烧或爆炸，如钾、钠、电石等。

第五类　氧化剂和有机过氧化物　本类物品具有强氧化性，易引起燃烧、爆炸，按其组成分为以下两项：

（1）氧化剂。指处于高氧化态，具有强氧化性，易分解并放出氧和热量的物质。包括含有过氧基的无机物，其本身不一定可燃，但可能导致可燃物的燃烧；与松软的粉末状可燃物能组成爆炸性混合物，对热、震动或摩擦较为敏感。如过氧化钠、高氯酸钾等。由于危险性大小，可分为一级氧化剂和二级氧化剂。

（2）有机过氧化物。指分子组成中含有过氧化物的有机物，其本身易燃易爆，极易分解，对热、震动和摩擦极为敏感。如过氧化苯甲酰、过氧化甲乙酮等。

第六类　毒害品和感染性物品　本类物品是指进入人的肌体后，累积达到一定的量，能与体液和器官组织发生生物化学作用或生物物理学作用，扰乱或破坏机体的正常生理功能，引起某些器官暂时性或持久性的病理改变，甚至危及生命的物品。

该类分为毒害品、感染性物品两项。其中毒害品按其毒性大小分为一级毒害品和二级毒害品。如氰化钠、氰化钾、砷酸盐、农药、酚类、氯化钡、硫酸甲酯等均属毒害品。

第七类　放射性物品　是指放射性比活度〔放射性比活度：某种核素的放射性比活度是指：物质中的某种核素放射性活度除以该物质的质量而得的商。表达式：$C=A/m$，式中，C 为放射性比活度，单位为 Bq/kg（贝克/千克）；A 为核素放射性活度，单位为 Bq（贝克）；m 为物质的质量，单位为 kg（千克）〕大于 7.4×10^4 Bq/kg 的物品。按其放射性大小细分为一级放射性物品、二级放射性物品和三级放射性物品，如金属铀、六氟化铀、金属钍等。

第八类　腐蚀品　是指能灼伤人体组织并对金属等物品造成损坏的固体或液体。与皮肤接触在 4h 内出现可见坏死现象，或温度在 55℃ 时，对 20 号钢的表面均匀年腐蚀率超过 6.25mm/a 的固体或液体。按化学性质分为三类：

（1）酸性腐蚀品：如硫酸、硝酸、盐酸等。

（2）碱性腐蚀品：如氢氧化钾、氢氧化钠、乙酸钠等。

（3）其他腐蚀品：如次氯酸钠溶液、氯化铜、氧化锌等。按照腐蚀性的强弱又可分为一级腐蚀品和二级腐蚀品。

2. 国外危险化学品分类

世界各国相关机构对化学品的危险性进行了分类。如加拿大 WHMIS（workplace hazardous materials information system，工作场所有害物质信息系统）将化学品危险性分为 6 类，欧共体分为 15 类，日本消防法分为 6 类，美国环保局分为 4 类。

联合国危险货物运输专家委员会将危险货物分为如下 9 类：

第一类　爆炸品；

第二类　压缩、液化、加压溶解或冷冻气体；

第三类　易燃液体；

第四类　易燃固体、易于自燃的物质、遇水放出易燃气体的物质；

第五类　氧化性物质、有机过氧化物；

第六类　有毒和感染性物质；

第七类　放射性物质；

第八类　腐蚀性物质；

第九类　杂项危险物质。

二、危险化学品造成化学事故的主要特性

危险化学品之所以有危险性，能引起事故甚至灾难性事故，与其本身的特性有关。主要特性如下。

1. 易燃易爆性

易燃易爆的化学品在常温常压下，经撞击、摩擦、热源、火花等火源的作用，能发生燃烧与爆炸。

燃烧爆炸的能力大小取决于这类物质的化学组成。化学组成决定着化学物质的燃点，闪点的高低、燃烧范围、爆炸极限、燃速、发热量等。

一般来说，气体比液体、固体易燃易爆，燃速更快。这是因为气体的分子间力小，化学键容易断裂，无须溶解、溶化和分解。

分子越小，相对分子质量越低，其物质化学性质越活泼，越容易引起燃烧爆炸。由简单成分组成的气体比复杂成分组成的气体易燃、易爆，含有不饱和键的化合物比含有饱和键的易燃、易爆，如火灾爆炸危险性 $H_2 > CO > CH_4$。

可燃性气体燃烧前必须与助燃气体先混合，当可燃气体从容器内外逸时，与空气混合，就会形成爆炸性混合物，两者互为条件，缺一不可。而分解爆炸性气体，如乙烯、乙炔、环氧乙烷等，不需与助燃气体混合，其本身就会发生爆炸。

有些化学物质相互间不能接触，否则将发生爆炸，如硝酸与苯，高锰酸钾与甘油等。由于任何物体的摩擦都会产生静电，所以当易燃易爆的化学危险品从破损的容器或管道口处喷出时能够产生静电，这些气体或液体中的杂质越多，流速越快，产生的静电荷越多，这是极危险的点火源。

燃点较低的危险品易燃性强，如黄磷在常温下遇空气即发生燃烧、某些遇湿易燃的化学物质在受潮或遇水后放出氧气引燃，如电石、五氧化二磷等。

2. 扩散性

化学事故中化学物质溢出，可以向周围扩散，比空气轻的可燃气体可在空气中迅速扩散，与空气形成混合物，随风飘荡，致使燃烧、爆炸与毒害蔓延扩大。比空气重的物质多漂流于地表、沟、角落等处，若长时间积聚不散，会造成迟发性燃烧、爆炸和引起人员中毒、这些气体的扩散性受气体本身密度的影响，相对分子质量越小的物质扩散越快。如氢气，其扩散速度最快，在空气中达到爆炸极限的时间最短。气体的扩散速度与其相对分子质量的平方根成反比。

3. 突发性

化学物质引发的事故，多是突然爆发，在很短的时间内或瞬间即产生危害。一般的火灾要经过起火、蔓延扩大到猛烈燃烧几个阶段，需经历几分钟到几十分钟，而化学危险物品一旦起火，往往是轰然而起，迅速蔓延，燃烧、爆炸交替发生，加之有毒物质的弥散，迅速产生危害。许多化学事故是高压气体从容器、管道、塔、槽等设备泄露，由于高压气体的性质，短时间内喷出大量气体，使大片地区迅速变成污染区。

4. 毒害性

有毒的化学物质，无论是脂溶性的还是水溶性的，都有进入机体与损坏机体正常功能的能力。这些化学物质通过一种或多种途径进入机体达到一定量时，便会引起机体结构的损伤，破坏正常的生理功能，引起中毒。

三、影响危险化学品危险性的主要因素

化学物质的物理、化学性质与状态可以说明其物理危险性和化学危险性。如气体、蒸气的密度可以说明该物质可能沿地面流动还是上升到上层空间，加热、燃烧、聚合等可使某些化学物质发生化学反应引起爆炸或产生有毒气体。

1. 物理性质与危险性的关系

（1）沸点。在101.3kPa大气压下，物质由液态转变为气态的温度。沸点越低的物质，气化越快，易迅速造成事故现场空气的高浓度污染，且越易达到爆炸极限。

（2）熔点。物质在101.3kPa下的溶解温度或温度范围。熔点反映物质的纯度，可以推断出该物质在各种环境介质（水、土壤、空气）中的分布。熔点的高低与污染现场的洗消、污染物处理有关。

（3）液体相对密度。环境温度（20℃）下，物质的密度与4℃时水的密度（水为1g/cm³）的比值。当相对密度小于1的液体发生火灾时。用水灭火将是无效的，因为水是沉至在燃烧着液面的下面，消防水的流动性可使火势蔓延。

（4）蒸气压。饱和蒸气压的简称。指化学物质在一定温度下与其液体或固体相互平衡时的饱和蒸气压力。蒸气压是温度的函数，在一定温度下，每种物质的饱和蒸气压可认为是一个常数。发生事故时的气温越高，化学物质的蒸气压越高，其在空气中的浓度相应增高。

（5）蒸气相对密度。指在给定条件下，化学物质的蒸气密度与参比物质（空气）密度的比值。根据《爆炸和火灾危险环境电力装置设计规范》（GB0058—1992），相对密度小于或等于0.75的爆炸性气体规定为轻于空气的气体趋向天花板移动或自敞开的窗户逸出房间。重于空气的气体，泄漏后趋向于集中至接近地面，能在较低处扩散到相当远的距离。若气体可燃，遇明火可能引起远处着火回燃。如果释放出来的蒸气是相对密度小的可燃气体，可以积在建筑物的上层空间，引起爆炸。常见气体的蒸气相对密度见表2-1。

表 2-1　常见气体的蒸气相对密度

气　体	蒸气相对密度	气　体	蒸气相对密度	气　体	蒸气相对密度
乙炔	0.899	氢	0.07	氧	1.11
氨	0.589	氯化氢	1.26	臭氧	1.66
二氧化碳	1.52	氰化氢	0.938	丙烷	1.52
一氧化碳	0.969	硫化氢	1.18	二氧化硫	2.22
氯	2.46	甲烷	0.553	—	—
氟	1.32	氮	0.969	—	—

（6）蒸气/空气混合物的相对密度。是指在与敞口空气相接触的液体或固体上方存在的蒸气与空气混合物相对于周围纯空气的密度。当相对密度值≥1.1时，该混合物可能沿地面流动，并可能在低洼处积累。当数值为0.9～1.1时，能与周围空气快速混合。

（7）闪点。在大气压力（101.3kPa）下，一种液体表面上方释放出的可燃蒸气与空气完全混合后，可以闪燃5s的最低温度。闪点是判断可燃性液体蒸气由于外界明火而发生闪燃的依据。闪点越低的化学物质泄漏后，越易在空气中形成爆炸混合物，引起燃烧与爆炸。

（8）自燃温度。一种物质与空气接触发生起火或引起自燃的最低温度，并且在此温度下无火源（火焰或火花）时，物质可继续燃烧。自燃温度不仅取决于物质的化学性质，而且还与物料的大小、形状和性质等因素有关。自燃温度对在可能存在爆炸性蒸气/空气混合物的空间中选择使用电气设备是非常重要的，对生产工艺温度的选择亦是至关重要的。

（9）爆炸极限。是指一种可燃气体或蒸气与空气的混合物能着火或引燃爆炸的浓度范围。空气中含有可燃气体（如氢、一氧化碳、甲烷等）或蒸气（如乙醇蒸气、苯蒸气）时，在一定浓度范围内，遇到火花就会使火焰蔓延而发生爆炸。其最低浓度成为下限，最高浓度称为上限，浓度低于或高于这一范围，都不会发生爆炸。一般用可燃气体或蒸气在混合物中的体积分数表示。根据爆炸下限浓度，可燃气体可分成两级，如表 2-2所示。

表 2-2　可燃性气体分级

级　别	爆炸下限（体积分数）	举　例
一级	<10%	氢、甲烷、乙炔、环氧乙炔
二级	≥10%	氨、一氧化碳

（10）临界温度与临界压力。气体在加温加压下可变为液体，压入高压钢瓶或贮罐中，能够使气体液化的最高温度称为临界温度，在临界温度下使其液化所需的最低压力称为临界压力。

2. 其他物理、化学危险性

电导性小于104PS/m的液体在流动、搅动时可产生静电，引起火灾与爆炸，如泵吸、搅拌、过滤等。如果该液体中含有其他液体、气体或固体颗粒物（混合物、悬浮物）时，这种情况更容易发生。

　　有些化学可燃物质呈粉末或微细颗粒物（直径小于 0.5mm）状时，与空气充分混合，经引燃可能发生燃爆，在封闭空间中，爆炸可能很猛烈。

　　有些化学物质在贮存时生成过氧化物，蒸发或加热后的残渣可能自燃爆炸，如醚类化合物。

　　聚合是一种物质的分子结合成大分子的化学反应。聚合反应通常放出较大的热量，使温度急剧升高，反应速度加快，有着火或爆炸的危险。

　　有些化学物加热可能引起猛烈燃烧或爆炸，如自身受热或局部受热时发生反应，将导致燃烧，在封闭空间内可能导致猛烈爆炸。

　　有些化学物质在与其他物质混合或燃烧时产生有毒气体释放到空间，如几乎所有的有机物的燃烧都会产生 CO 有毒气体；再如：还有一些气体本身无毒，但大量充满在封闭空间，造成空气中氧含量减少而导致人员窒息。

　　强酸、强碱在与其他物质接触时常发生剧烈反应，产生侵蚀等作用。

3. 中毒危险性

　　在突发的化学事故中。有毒化学物质能引起人员中毒，其危险性就会大大增加。有关化学物质的毒性作用详见模块六。

任务二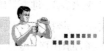

危险化学品的贮存安全管理

一、危险化学品贮存的安全要求

　　危险化学品仓库是贮存易燃、易爆等危险化学品的场所，仓库选址必须适当，建筑物必须符合规范要求，做到科学管理，确保其贮存、保管安全。故在危险化学品的贮存保管中要把安全放在首位。其贮存保管的安全要求如下：

　　（1）化学物质的贮存限量，由当地主管部门与公安部门规定。

　　（2）交替运输部门应在车站、码头等地修建专用贮存危险化学品的仓库。

　　（3）贮存危险化学品的地点及建筑结构，应根据国家有关规定设置，并充分考虑对周围居民区的影响。

　　（4）危险化学品露天存放时应符合防火、防爆的安全要求。

　　（5）安全消防卫生设施，应根据物品危险性质设置相应的防火、防爆、泄压、通风、温度调节、防潮防雨等安全措施。

　　（6）必须加强出入库验收，避免出现差错。特别是对爆炸物质、剧毒物质和放射性物质，应采取双人收发、双人记账、双人双锁、双人运输和双人使用的"五双制"方法加以管理。

　　（7）经常检查，发现问题及时处理，根据危险化学品库房物性及灭火办法的不同，应严格按表 2-3 的规定分类贮存。

表 2-3 危险化学品分类贮存原则

组　别	物质名称	贮存原则	附　注
爆炸性物质	叠氮铅、雷汞、三硝基甲苯、硝化棉（含氮量在 12.5% 以上）、硝铵炸药等	不准与任何其他种类的物质共同贮存，必须单独贮存	—
易燃和可燃气液体	汽油、苯、二硫化碳、丙酮、甲苯、乙醇、石油醚、乙醚、甲乙醚、环氧乙烷、甲酸甲酯、甲酸乙酯、乙酸乙酯、煤油、丁烯醇、乙醛、丁醛、氯苯、松节油、樟脑油等	不准与其他种类的物质共同贮存	如数量很少，允许与固体易燃物质隔开后共存
压缩气体和液化气体	可燃气体：氢甲烷、乙烯、丙烯、乙炔、丙烷、甲醚、氯乙烷、一氧化碳、硫化氢等	除不燃气体外，不准与其他种类的物质共同贮存	氯兼有毒害性
	不燃气体：氮、二氧化碳、氖、氩、氟利昂等	除可燃气体、助燃气体、氧化剂和有毒物质外，不准与其他种类物质共同贮存	
	助燃气体：氧、压缩空气、氯等	除不燃气体和有毒物质外，不准与其他种类的物质共同贮存	
遇水成空气能自燃物质	钾、纳、磷化钙、锌粉、铝粉、黄磷、三乙基铝等	不准与其他种类的物质共同贮存	钾、钠须浸入石油中，黄磷须浸入水中
易燃固体	赛璐珞、赤磷、萘、樟脑、三硝基苯、二硝基用苯、二硝基萘、三硝基苯酚等	不准与其他种类的物质共同贮存	赛璐珞须单独贮存
氧化剂	① 能形成爆炸性混合物的氧化剂：氯酸钾、氯酸钠、硝酸钾、硝酸钠、硝酸钡、次氯酸钙、亚硝酸钠、过氧化钠、过氧化钡、30%的过氧化氢等 ② 能引起燃烧的氧化剂：溴、硝酸、硫酸、铬酸、高锰酸钾、重铬酸钾等	除惰性气体外，不准与其他种类的物质共同贮存	过氧化物、有分解爆炸危险，应单独贮存。过氧化氢应贮存在阴凉处。表中的两类氧化剂应隔离贮存
毒害物质	氯化苦、光气、五氧化二砷、氰化钾、氰化钠等	除不燃气体和助燃气体外，不准与其他种类的物质共同贮存	—

二、危险化学品分类贮存的安全要求

1. 爆炸性物质贮存的安全要求

爆炸性物质的贮存按原公安、铁道、商业、化工、卫生和农业等部门关于"爆炸物品管理规则"的规定办理。

（1）爆炸性物质必须存放在专用仓库内。贮存爆炸性物质的仓库禁止设在城镇、市区和居民聚居的地方。并且应当与周围建筑、交通要道、输电线路等保持一定的安全距离。

（2）存放爆炸性物质的仓库，不得同时存放相抵触的爆炸物质。并不得超过规定的贮存数量。如雷管不得与其他炸药混合贮存。

（3）一切爆炸性物质不得与酸、碱、盐类以及某些金属、氧化剂等同库贮存。

（4）为了通风、装卸和便于出入检查，爆炸性物质堆放时，堆垛不应过高过密。

（5）爆炸性物质仓库的温度、温度应加强控制和调节。

2. 压缩气体和液化气体贮存的安全要求

（1）压缩气体和液化气体不得与其他物质共同贮存；易燃气体不得与助燃气体、剧毒气体共同贮存；易燃气体和剧毒气体不得与腐蚀性物质混合贮存，氧气不得与油脂混合贮存。

（2）液化石油气贮罐区的安全要求。液化石油气贮罐区，应布置在通风良好且远离明火或散发火花的露天地带。不宜与易燃、可燃液体贮罐同组布置，更不应设在一个土堤内。压力卧式液化气罐的纵轴，不宜对着重要建筑物、重要设备、交通要道及人员集中地场所。

液化石油气罐既可单独布置，也可成组布置。成组布置时，组内贮罐不应超过两排。一组贮罐的总容量不应超过 6000m³。

贮罐与贮罐组的四周可设防火堤。两相邻防火堤外侧的基脚线之间的距离不应小于 7m，堤高不超过 0.6m。

液化石油气贮罐的罐体基础的外露部分及贮罐组的地面应为非燃烧材料，罐上应设有安全阀、压力计、液面计、温度计以及超压报警装置。无绝热措施时，应设淋水冷却设施。贮罐的安全阀及放空管应接入全厂性火炬。独立贮罐的放空管应通往安全地点放空。安全阀和贮罐之间安装有截止阀，应常开并加铅封。贮罐应设置静电接地及防雷设施，罐区内的电气设备应防爆。

（3）对气瓶贮存的安全要求。贮存气瓶的仓库应为单层建筑，设置易揭开的轻质屋顶，地坪可以用沥青砂浆混凝土铺设，门窗都向内外开启，玻璃涂以白色。库温不宜超过 35℃，有通风降温措施。瓶库应用防火墙分隔为若干单独分间，每一分间有安全出入口。气瓶仓库的最大贮存量应按有关规定执行。

对直立放置的气瓶应设有栅栏或支架加以固定，以防止倾倒。卧放气瓶应加以固定，以防止滚动。盛气瓶的头尾方向在堆放时应一致。高压气瓶的堆放高度不宜超过五层。气瓶应远离热源并旋紧安全帽。对盛装易发生聚合反应气体的气瓶，必须规定贮存限期。随时检查有无漏气和堆垛不稳的情况，如检查中发现有漏气时，应首先做好人身保护，站立在上风处，向气瓶倾浇冷水，使其冷却后再去旋紧阀门。若发现气瓶燃烧，可以根据所盛气体的性质，使用相应的灭火器具。但最主要的是用雾状水去喷射，使其冷却再进行扑灭。

扑灭有毒气体气瓶的燃烧，应注意站在上风向，并使用防毒面具，切勿靠近气瓶的头部或尾部，以防发生爆炸造成伤害。

3. 易燃液体贮存的安全要求

（1）易燃液体应贮存于通风阴凉处，并与明火保持一定的距离，在一定区域内严禁烟火。

（2）沸点低于或接近夏季气温的易燃液体，应贮存于有降温设施的库房或贮罐内，盛装易燃液体的容器应保留不少于5％容积的空隙，夏季不可曝晒。易燃液体的包装应无渗漏，封口要严密，铁桶包装不宜堆放太高，防止发生碰撞、摩擦而产生火花。

（3）闪点较低的易燃液体，应注意控制库温。气温较低时容易凝结成块的易燃液体，受冻后易使容器胀裂，故应注意防冻。

（4）易燃、可燃液体贮罐分地上、半地上和地下三种类型。地上贮罐不应与地下或半地下贮罐布置在同一贮罐组内，且不宜与液化石油气贮罐布置在同一贮罐组内。贮罐组内贮罐的布置不应超过两排。地上和半地下的易燃、可燃液体贮罐的四周应设置防火堤。

（5）贮罐高度超过17m时，应设固定的冷却和灭火设备；低于17m时，可采用移动式灭火设备。

（6）闪点低、沸点低的易燃液体贮罐应设置安全阀并有冷却降温设施。

（7）贮罐的进料管应从罐体下部接入，以防止液体冲击飞溅产生静电火花引起爆炸。贮罐及其有关设施必须设有防雷击、防静电设施，并采用防爆电气设备。

（8）易燃、可燃液体桶装库应设计为单层仓库，可采用钢筋混凝土排架结构，设防火墙分隔数间，每间应有安全出口。桶装的易燃液体不宜于露天堆放。

4. 易燃固体贮存的安全要求

（1）贮存易燃固体的仓库要求阴凉、干燥，要有隔热措施，忌阳光照射，易挥发、易燃固体应密封堆放，仓库要求严格防潮。

（2）易燃固体多属于还原剂，应与氧和氧化剂分开贮存。有很多易燃固体有毒，故贮存中应注意防毒。

5. 自燃物质贮存的安全要求

（1）自燃物质不能与易燃液体、易燃固体、遇水燃烧物质混放贮存，也不能与腐蚀性物质混放贮存。

（2）自燃物质在贮存中，对温度、湿度的要求比较严格，必须贮存于阴凉、通风干燥的仓库中，并注意做好防火、防毒工作。

6. 遇水燃烧物质贮存的要求

（1）遇水燃烧物质的贮存应选用地势较高的地方，在夏令暴雨季节保证不进水，堆垛时要用干燥的枕木或垫板。

（2）贮存遇水燃烧物质的库房要求干燥，要严防雨雪的侵袭。库房的门窗可以密封。库房的相对湿度一般保持在75％以下，最高不超过80％。

（3）钾、钠等应贮存于不含水分的矿物油或石蜡油中。

7. 氧化剂贮存的安全要求

（1）一级无机氧化剂与有机氧化剂不能混放贮存；不能与其他弱氧化剂混放贮存；不能与压缩气体、液化气体混放贮存；氧化剂与有毒物质不得混放贮存。有机氧化剂不能与溴、过氧化氢、硝酸等酸性物质混放贮存。硝酸盐与硫酸、发烟硝酸、氯磺酸接触时都会发生化学反应，不能混放贮存。

（2）贮存氧化剂应严格控制温度、湿度。可以采取整库密封、分垛密封与自然通风向结合的方法。在不能通风的情况下，可以采用吸潮和人工降温的方法。

8. 有毒物质贮存的安全要求

（1）有毒物质应贮存在阴凉通风的干燥场所，要避免露天存放，不能与酸类物质接触。

（2）严禁与食品同存一库。

（3）包装封口必须严密，无论是瓶装、盒装、箱装或其他包装，外面均应贴（印）有明显名称和标志。

（4）工作人员应按规定穿戴防毒用具，禁止用手直接接触有毒物质。贮存有毒物质的仓库应有中毒急救、清洗、中和、消毒用的药物等备用。

9. 腐蚀性物质贮存的安全要求

（1）腐蚀性物质应贮存在冬暖夏凉的库房里，保持通风、干燥，防潮、防热。

（2）腐蚀性物质不能与易燃物质混合贮存，可用墙分隔同库贮存不同的腐蚀性物质。

（3）采用相应的耐腐蚀容器盛装腐蚀性物质，且包装封口要严密。

（4）贮存中应控制腐蚀性物质的贮存温度，防止受热或受冻造成容器胀裂。

任务三

危险化学品的运输安全管理

化工生产的原料和产品通常采用铁路、水路和公路运输的，使用的运输工具是火车、船舶和汽车等。由于运输的物质多数具有易燃、易爆的特征，运输中往往还会受到气候、地形及环境等的影响，因此，运输安全一般要求较高。

一、危险化学品运输的配装原则

危险化学品的危险性各不相同，性质相抵触的物品相遇后往往会发生燃烧爆炸事故，发生火灾时，使用的灭火剂和补救方法也不完全一样，因此为保证装运中的安全，应遵守有关配装原则。

包装要符合要求，运输应佩戴相应的劳动保护用品和配备必要的紧急处理工具。搬运时必须轻装轻卸，严禁撞击、震动和倒置。

二、危险化学品运输安全事项

1. 公路运输

汽车装运危险化学品时，应悬挂运送危险货物的标志。在行驶、停车时要与其他车辆、高压线、入口稠密区、高大建筑物和重点文物保护区保持一定的安全距离，按当地公安机关指定的路线和规定时间行驶。严禁超车、超速、超重，防止摩擦、冲击。车上应设置相应的安全防护设施。

2. 铁路运输

铁路是运送化工原料和产品的主要工具。通常对易燃、可燃液体采用槽车运输，装运其他危险货物使用专用危险品货车。

装卸易燃、可燃液体等危险物品的栈台应为非燃烧材料建造。栈台每隔 60m 设安全梯，以便于人员疏散和扑救火灾。电气设备应为防爆型。栈台应备有灭火设备和消防给水设施。

蒸汽机车不宜进入装卸台，如必须进入时应在烟囱上安装火星熄灭器，停车时应用木垫，而不用刹车，以防止打出火花。牵引车头与罐车之间应有隔离车。

装车用的易燃液体管道上应装设紧急切断阀。

槽车不应漏油。装卸油管流速也不易过快，连接管应良好接地，以防止静电火花的产生。雷雨时应停止装卸作业，夜间检查不能用明火或普通手电筒照明。

3. 水陆运输

船舶在装运易燃、易爆物品时应悬挂危险货物标志，严禁在船上动用明火，燃煤拖轮应装设火星熄灭器，且拖船尾至驳船首的安全距离不应小于 50m。

装运闪点小于 28℃ 的易燃液体的机动船舶，要经当地检查部门的认可，木船不可装运散装的易燃液体、剧毒物质和放射性等危险性物质。在封闭水域严禁运输剧毒品。

装卸易燃液体时，应将岸上输油管与船上输油管连接紧密，并将船体与油泵船（油泵站）的金属体用直径不小于 2.5mm 的导线连接起来。装卸油时，应先接导线，后接管装卸；当装卸完毕，先卸油管，后拆导线。

还应注意，卸货完毕后必须彻底进行清扫。对装过剧毒物品的船和车，卸货结束，立即洗刷消毒，否则严禁使用。

三、危险化学品的包装和标志

1. 包装

危险化学品的包装应遵照《危险货物运输规则》、《气瓶安全检查规则》和原化学工业部《液化气体铁路槽车安全管理规定》等有关要求办理。

2. 包装标志

为了给人们以醒目的提示和命令，便于安全管理，凡是出厂的易燃、易爆、有毒等产品，应在包装好的物品上牢固清晰印贴专用包装标志。包装标志的名称、使用范围、图形、颜色和尺寸等基本要求，应符合我国在《危险货物包装标志》（GB190—1990）中的规定。

任务四

事故案例分析及对策

【案例 2.1】 某年 10 月 20 日，某化工公司一运输电石车辆的防雨水安全措施未按相关规定执行，在等待卸车时发生着火事故，事故现场周围是氯乙烯、乙炔气柜和氨贮罐，虽然未造成大的损失，但是给生产造成极大的威胁。

【案例 2.2】 1978 年 3 月，某化肥厂从上海用槽车运回碳四液化气，在卸车过程中，因司机没有严格执行交接班制度，接班司机移动车辆时，没有考虑槽车出口与碳四贮罐相连接的情况，汽车猛一开动，拉断贮罐进口管铸铁阀门，使大量碳四液喷出，遇到距此只有 14m 的明火锅炉，引起猛烈爆燃，1 台 2t 的碳四计量罐受热也发生爆炸，将一套 2000t 合成氨系统几乎全部摧毁。设备损失严重，死亡 6 人，重伤 8 人，轻伤 47 人，损失 140 万元。

事故原因分析：在运输危险物品时没有负责到底，工作交接未到现场，没有把作业情况交代清楚；司机责任心不强，开始时未认真检查；阀门材质不符合要求；现场明火管理不严；明火与碳四贮罐间距不符合安全防火要求。

【案例 2.3】 2007 年 4 月 11 日 15 时 35 分，某化工厂罐区工段二班操作工姜某接班后巡检到液氨泵附近，发现现场停放一液氨槽车正从安全阀处向外挥发液氨，姜某立即打电话通知技术员马某，马某立即联系消防队。同时，岗位人员联系调度室及相关单位。为尽快控制泄漏，防止出现更恶性事故，姜某立即打开东侧路边消防炮，但水压太低，无法喷到车体。16 时，消防队赶到，用消防车上消防炮对槽车安全阀大量喷水进行降温降压，一直持续到 19 时 30 分，车内压力从 21kgf/cm² 降至 16kgf/cm²，液氨车停止泄漏，消防车停止喷水，中心化验室分析结果报到岗位，该车物料合格，19 时 40 分该车过磅、卸车。由于事故处理及时，未对生产和人员造成较大影响。

事故原因分析：直接原因——液氨槽车超载（核载 25t，实际 31.54t）引起液氨从安全阀处泄漏；间接原因——供应部门业务员与相对应的槽车司机联系不通畅，错过及时处理时机。

【案例 2.4】 某年 6 月，某集市上发生一起液氨槽车恶性爆炸事故，当场死亡 4 人，陆续死亡 10 人，受伤接受治疗者 62 人。

某化肥厂外借一台氨罐。去邻县化肥厂购买液氨，充装后在返回途中路经某个集市，氨罐尾部突然冒烟，接着一声巨响，氨罐爆炸，重 74.4kg 的后封头向后偏右飞出

64.4m，直径 800mm、长 3000mm、重约 770kg 的罐体挣断固定索，向前冲 95.7m，此过程前后撞死 3 人。罐内 790kg 液氨喷出，致使 87 名赶集的农民灼伤、中毒。附近树木、庄稼遭到不同程度的破坏。

事故原因分析：①液氨罐本体质量差，材质选用沸腾钢板，全部焊缝未开坡口，漏焊严重，经测量断裂的焊缝，10mm 厚的钢板只融合 4mm；封头无直边，封头与筒体错边 7.5～15mm；焊后未经退火处理；②该罐是固定盛装贮罐，不应作运输式贮罐。不符合国家有关液化气体汽车槽车的规定；③该化肥厂在使用液氨贮罐前，没有进行必要的检查；④行车路线和时间没有向当地公安部门申请。

【案例 2.5】　1986 年 4 月 9 日 14 时 30 分，某焦化分厂安全员陈某组织了洗车工彭某、后备工谢某，三人对轻苯槽车进行清扫（此槽车 2 月 17 日返回本厂，3 月 17 日进入洗罐站进行蒸煮，于 4 月 3 日结束，并将上部人孔盖打开放空至 4 月 9 日）。14 时 40 分，陈、谢下入槽内，分别由罐体两端向中部清渣，彭在槽上人孔处负责用桶提渣。工作约 10 分钟后，彭见作业时间过长，催促陈、谢二人上槽休息，但二人仍在继续工作，直到彭不再放桶后，陈、谢二人才上槽休息。此时，谢某感觉头晕，休息二三十分钟，即 15 时 10 分，彭在罐体端头听到响声，过去一看，陈已经晕倒，彭将陈拉到人孔下面，并上槽喊人，谢下车到硫胺工段打电话，随即陈被大家拉上槽车。此时，谢打电话回来途中晕倒。安环处闻讯后，火速联系消防车将陈、谢二人送医院，陈抢救无效死亡，谢经医疗后康复。

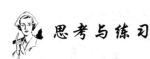

思考与练习

一、问答题

1. 危险化学品按其危险性质划分为哪几类？
2. 危险化学品事故有哪些特点？
3. 如何认识危险化学品安全生产的重要性？
4. 危险化学品的贮藏要求是什么？
5. 危险化学品的安全运输有哪些要求？

二、选择题

1. 《危险化学品安全管理条例》规定，生产、贮存、使用剧毒化学品的单位，应当对生产、贮存装置每年进行一次安全性评价；生产、贮存、使用其他危险化学品的单位应当对生产、贮存装置每（　　）年进行一次安全性评价。

　　A. 半　　　　　　　B. 1　　　　　　　C. 2　　　　　　　D. 3

2. 根据《常用化学危险品贮存通则》规定，下列贮存方式不属于危险化学品贮存方式的是（　　）。

　　A. 隔离贮存　　　B. 隔开贮存　　　C. 分离贮存　　　D. 混合贮存

3. 危险化学品存在的主要会造成（　　）。

　　A. 火灾、爆炸、中毒、灼伤及污染环境

B. 火灾、爆炸、中毒、腐蚀及污染环境

C. 火灾、爆炸、感染、腐蚀及污染环境

D. 火灾、失效、中毒、腐蚀及污染环境

4. 装卸危险化学试剂时，应轻拿轻放，严防（　　）。

A. 震动　　　　　　　　　B. 摩擦　　　　　　　　C. 重压

D. 撞击　　　　　　　　　E. 倾倒

5. 下面（　　）是化学品标签中的警示词。

A. 危险、警告、注意　　　　　　　B. 火灾、爆炸、自燃

C. 毒性、还原性、氧化性

6. 运输危险化学品的车辆的车顶灯和车尾部必须悬挂的标志的文字是（　　）。

A. 注意安全　　　　B. 危险品　　　　C. 保持车距

7. 应在危险化学品包装上拴挂或加贴与包装内危险化学品完全一致的（　　）。

A. 化学安全标签　B. 安全技术说明书　C. 使用说明

8. 贮存危险化学品的仓库的管理人员必须配备可靠的（　　）。

A. 劳动保护用品　B. 安全监测仪器　C. 手提消防器材

9. 危险化学品单位从事生产、经营、贮存、运输、使用危险化学品或者处置废弃危险活动的人员，必须接受有关法律、法规、规章和安全知识、专业技术、职业卫生防护救援知识的培训，并经（　　），方可上岗作业。

A. 培训　　　　　　B. 教育　　　　　　C. 考核合格　　　　D. 评议

10. 剧毒化学品以及贮存构成重大危险源的其他危险化学品必须在专用仓库内单独存放，实行（　　）收发、（　　）保管制度。

A. 双人、一人　B. 一人、双人　　C. 双人、双人　　D. 多人、多人

11. 对剧毒物品的管理应实行"五双"制度，"五双"制度是指（　　）、双人保管、双人发货、（　　）、（　　）。

A. 双人验收　　　　　　B. 双人记录　　　　　　C. 双层玻璃

D. 双把锁　　　　　　　E. 双本账

12. 按照《常用化学危险品贮存通则》（GB15603—1995）的规定，同一区域贮存两种或两种以上不同级别的危险品时，应按（　　）等级危险物品的性能标志。

A. 低　　　　　　B. 最低　　　　　　C. 高　　　　　　D. 最高

模块三 化学反应过程安全技术

应知

(1) 熟知化学反应的概念、基本类型、影响化学反应过程的危险因素;

(2) 掌握典型化学反应——氧化还原、卤化、硝化、磺化、催化、聚合、电解等安全生产的控制技术;

(3) 熟悉典型化学反应事故案例。

应会

(1) 能够掌握化学反应的危险性分类;

(2) 能够根据典型化学反应安全生产的特点,预防化工生产过程中化学反应的危险产生;

(3) 具备稳定化学反应操作过程和控制安全生产的工作能力。

任务一

概　　述

化工生产过程就是通过各种化学反应和非反应化工单元操作生产化工产品的动态过程。化学反应过程存在超温、超压危险性,化学反应所需原料和生成的物质会有燃烧、爆炸、腐蚀等危险性。通过认识各种化学反应过程的危险性质,可以有效地采取相应的安全措施。不同的化学反应,具有不同的原料、产品、工艺流程、控制参数等,其危险性和危险程度也不相同。

一、化学反应的危险性分类

在化工生产过程中,根据不同的危险性,化学反应一般分类如下:

(1) 含有本质上不稳定物质的化学反应,这些不稳定物质可能是原料、中间产物、成品、副产品、添加物或杂质等。

(2) 放热的化学反应。

(3) 含有易燃物料且在高温、高压下运行的化学反应。

(4) 含有易燃物料且在低温状况下运行的化学反应。

（5）在爆炸极限内或接近爆炸极限的化学反应。

（6）有可能形成尘雾爆炸性混合物的化学反应。

（7）有高毒物料存在的化学反应。

（8）高压或超高压的化学反应。

二、化学反应的危险性程度分类

按化学反应的危险性程度增加的顺序，可将化工过程分为四类。

1. 第一类化工过程

（1）加氢。将氢原子加到双键或三键的两侧。

（2）异构化。在一个有机物分子中原子重新排列，如直链分子变为支链分子。

（3）水解。化合物和水反应，如从硫或磷的氧化物生产硫酸或磷酸。

（4）磺化。通过与硫酸反应将 HSO_3^- 导入有机物分子。

（5）中和。酸与碱反应生产盐和水。

2. 第二类化工过程

（1）烷基化。将一个烷基原子团加到一个化合物上，形成某种有机化合物。

（2）氧化。某些物质与氧化合，反应控制在不生成 CO_2 及 H_2O 的阶段，采用强氧化剂。如氯酸盐、次氯酸及其盐时，危险性较大。

（3）酯化。酸与醇或不饱和烃反应，当酸是强活性物料时，危险性增加。

（4）聚合。分子连接在一起形成链或其他连接方式时的反应。

（5）缩聚。连接两种或更多的有机物分子的反应，析出水、HCl 或其他化合物。

3. 第三类化工过程

第三类化工过程包括卤化反应，将卤族原子（氟、氯、溴或碘）引入有机分子。

4. 第四类化工过程

第四类化工过程包括硝化反应，用硝基取代有机化合物中的氢原子。

化学反应过程危险性的识别，不仅应考虑主反应，还需考虑可能发生的副反应、杂质，或杂质积累所引起的反应、材料腐蚀反应等。

化工生产中最常见的化学反应有氧化反应、还原反应、卤化反应、硝化反应、磺化反应、催化反应、聚合反应、裂解反应、电解反应、烷基化反应和重氮化反应等。这些化学反应各有不同的工艺条件、操作规程和安全生产技术。

任务二

化学反应过程及安全

一、氧化反应

1. 氧化反应特点及反应过程不安全因素分析

氧化反应在化学工业中有广泛的应用，如氨氧化制硝酸；甲醇氧化制甲醛；乙烯氧化制环氧乙烷等。由于被氧化的物质大多都是易燃、易爆危险化学品，而反应过程中又常以空气或氧为氧化剂，反应体系随时都可能形成爆炸性混合物。例如，乙烯氧化制环氧乙烷，乙烯在氧气中的爆炸下限为91%，即含氧量9%。反应体系中氧含量要求严格控制在9%以下，其产物环氧乙烷在空气中的爆炸极限很宽，为3%～100%；同时，反应放出大量的热增加了反应体系的温度，在高温下，由乙烯、氧和环氧乙烷组成的循环气具有更大的爆炸危险性。

氧化反应是强放热反应，特别是完全氧化反应，放出的热量比部分氧化反应大8～10倍。所以及时、有效地移走反应热是一个非常关键的问题。

对于强氧化剂，如高锰酸钾、氯酸钾、铬酸钾、过氧化氢、过氧化苯甲酰等，由于具有很强的助燃性，遇高温或受撞击、摩擦以及与有机物、酸类接触，都能引起燃烧或爆炸。

有机过氧化物不仅具有很强的氧化性，而且大部分是易燃物质，有的对温度特别敏感，遇高温则爆炸。

2. 氧化反应过程安全控制技术

（1）氧化反应温度的控制。通常，氧化反应开始时需要加热，反应过程又会放热，特别是催化气相氧化反应，一般都是在较高温度（250～600℃）下进行。有的物质的氧化，例如氨在空气中的氧化合成硝酸和甲醇蒸气在空气中的氧化制甲醛，其物料配比接近爆炸下限，倘若配比失调，温度控制不当，极易爆炸起火。

（2）氧化物质的控制。被氧化的物质大部分是易燃、易爆物质，如乙烯氧化制取环氧乙烷。工业上采用加入惰性气体（如氮气、二氧化碳或甲烷等）的方法，来改变循环气的成分，偏离混合气的爆炸极限，增加反应体系的安全性；其次，这些惰性气体具有较高的热容，能有效地带走部分反应热，增加反应系统的稳定性。

还有甲苯氧化制取苯甲酸工艺中，甲苯是易燃液体，其蒸气易与空气形成爆炸性混合物，爆炸极限为1.2%～7%；甲醇氧化制取甲醛工艺中，甲醇是易燃液体，其蒸气与空气的爆炸极限是6%～36.5%。

氧化剂具有很大的火灾危险性，因此，在氧化反应中，一定要严格控制氧化剂的配料比，氧化剂的加料速度也不宜过快，要有良好的搅拌和冷却装置，防止升温过快、过高。另外，要防止因设备、物料含有的杂质为氧化剂提供催化剂，例如，有些氧化剂遇金属杂质会引起分解。使用空气时一定要净化，除掉空气中的灰尘、水分和油污等。

　　氧化产品有些也具有火灾危险性，在某些氧化反应过程中还可能生成危险性较大的过氧化物，如乙醛氧化生产醋酸的过程中有过醋酸生成，性质极不稳定，受高温、摩擦或撞击就会分解或燃烧。某些强氧化剂，如环氧乙烷是可燃气体；硝酸不仅是腐蚀性物质，也是强氧化剂；含有 36.7% 的甲醛溶液是易燃液体，其蒸气的爆炸极限为 7.7%～73%。

　　（3）催化氧化操作过程的控制。在催化氧化反应过程中，无论是均相或是非均相反应，都是以空气或纯氧为氧化剂，可燃的烃或其他有机物与空气或氧的气态混合物在一定的浓度范围内，如引燃，就会发生分支连锁反应，火焰迅速蔓延，在很短时间内，温度急速增高，压力也会剧增，引起爆炸。氧化过程中如以空气和纯氧作氧化剂时，反应物料的配比应控制在爆炸范围之外。空气进入反应器之前，应经过气体净化装置，清除空气中的灰尘、水气、油污以及可使催化剂活性降低或中毒的杂质，以保持催化剂的活性，减少起火和爆炸的危险。

　　氧化反应器有卧式和立式两种，内部填装有催化剂。一般多采用立式，因为这种形式的催化剂装卸方便，而且安全。

　　催化气相氧化反应一般都是在 250～600℃ 的高温下进行的，由于反应放热，应控制适宜的温度、流量，防止超温、超压和混合气处于爆炸范围内。为了防止氧化反应器在万一发生爆炸或燃烧时危及人身和设备安全，在反应器前后管道上应安装阻火器，阻止火焰蔓延，防止回火，使燃烧不致影响其他系统。为了防止反应器发生爆炸，还应装有泄压装置。对于工艺参数控制，应尽可能采用自动控制或自动调节以及警报连锁装置。

　　使用硝酸、高锰酸钾等氧化剂进行氧化时，要严格控制加料速度，防止多加、错加。固体氧化剂应该粉碎后使用，最好呈溶液状态使用，反应时要不间断地搅拌。

　　使用氧化剂氧化无机物，如使用氯酸钾氧化制备铁蓝颜料时，应控制产品烘干温度不超过燃点，在烘干之前用清水洗涤产品，将氧化剂彻底除净，防止未起反应的氯酸钾引起烘干物料起火。有些有机化合物的氧化，特别是在高温下的氧化反应，在设备及管道内可能产生焦化物，应及时清除以防自燃，清焦一般在停车时进行。

　　氧化反应使用的原料及产品，应按有关危险品的管理规定，采用相应的防火措施，如隔离存放、远离火源、避免高温和日晒、防止摩擦和撞击等。如是电介质的易燃液体或气体，应安装能消除静电的接地装置。在设备系统中宜设置氮气、水蒸气灭火装置，以便能及时扑灭火灾。

3. 过氧化物的特点及安全技术

　　不稳定和反应能力强是有机过氧化物的特点，因此处理有机过氧化物具有更大的危险性。在有机过氧化物分子中含有过氧基，过氧基不稳定，易断裂生成含有未成对电子的活泼自由基。自由基具有显著的反应性、遇热不稳定性和较低的活化能，且只能暂时存在。当自由基周围有其他基团和分子时，自由基就会与其作用，形成新的分子和基团。例如，当加热时以及在可变价金属离子、胺、硫化物等化合物作用下，有机过氧化物不仅在合成时，而且在使用时均会发生分解。由于过氧化物分解生成的自由基具有较高的能量，当在某一反应系统中大量存在时，自由基之间相互碰撞或自由基与器壁碰撞，就会释放出大量的热量。再加上有机过氧化物本身易燃，因此就会形成由于高温引起有机过氧化物的自燃，而自燃又产生更多的热量，致使整个反应体系的反应速度加快，体积迅速膨胀，最后导致反应体系爆炸。

有机过氧化物可分为 6 种主要类型：过氧化氢、过氧化物、羰基化合物的过氧化衍生物、过醚、二乙酚过氧化物和过酸。有机过氧化物的稳定性取决于它们的分子结构。各类过氧化物稳定性的变化程序为：酮的过氧化物＜二乙醚过氧化物＜过醚＜二羟基过氧化物。每一类过氧化物的低级同系物对不同类化合物的作用比高级同系物更敏感。

有机过氧化物是固态或液态产品，极少是气态产品，它们在常温下均会爆炸。各种有机过氧化物的爆炸能力很不一样，例如二甲基乙烯酮的过氧化物在－80℃时就会爆炸。

多数过氧化物很容易燃烧，是一类有着火灾危险性的化合物。过氧化物不具有直接易爆危险，其着火危险性通常是由它的分解产品造成的。所以最好对分解产品进行分析，以弄清它们的燃烧能力。加热、机械作用或传爆（detonation transmission）会引起分解自行加速。这时，过氧化物的易爆性会提高。

过氧化物易爆性的特点是具有爆炸力，并对机械和热的作用很敏感。过氧化物的爆炸力比通常的爆炸物要低得多。但是，过氧化物爆炸时的传爆扩散速度相当快，而某些过氧化物对冲击的敏感性与引爆物质相接近。

过氧化物的易燃、易爆性质取决于许多因素：过氧化物的类型、在过氧化物组成中活性氧的含量、过氧化物的浓度及其物态等。所以对每种过氧化物的生产、贮存、处理和包装的条件都应该单独研究。在工业规模中使用过氧化物以前，生产负责人就应该确认在操作过程中采用的有关处理过氧化物的措施不会导致爆炸和燃烧。生产和加工其他过氧化物也会产生因过热而爆炸的危险性，因为多数有机过氧化物的热稳定性都差。

过氧化物不应该与对它起分解作用很大的物质混合。夹杂有活性添加料的过氧化物应该从使用过程中取出并销毁。过氧化物输送和包装时，需要特别小心和认真。不应该采用不适用于这类产品的和不常用的包装容器。过氧化物最好保存在玻璃或聚乙烯包装容器中。保证出厂包装不会使产品污染。

在过氧化物中添加合适的溶剂是工业上减少爆炸危险最常用的方法。不燃的溶剂或燃烧性不如过氧化物的溶剂能降低过氧化物的易燃性，但是，即使以这种形式制备的过氧化物仍需要十分注意，因为当冷却、长期保存时或随溶液和糊状物带入其他物质时，会产生固体纯过氧化物沉淀。降低包装容器密封程度，如采用易泄爆容器，限制每个容器中的物料量，将能容纳若干容器的存柜中存放的各组容器分开和隔离，这些办法也可以降低危险性。

贮存和运输过氧化氢溶液和固体过氧化物必须记住：所有含活性氧的化合物在一定条件下均易分解。浓过氧化物具有很强的氧化性能，与有机物质接触时会着火。因为过氧化物被碱、盐、重金属化合物污染或与粗糙表面接触时均会加速分解，所以设备和容器应当非常清洁。贮存和运输过氧化物应该采用非金属材料（玻璃、陶瓷、石英等）容器。对过氧化氢作用最稳定的是玻璃。过氧化氢在光作用下能分解，所以必须保存在阴暗处或深色玻璃瓶中。过氧化氢最好存放在冷环境中。

二、还原反应

1. 还原反应及特点

还原反应种类很多，但多数还原反应的反应过程比较缓和。常用的还原剂有铁、硫化钠、亚硫酸盐（亚硫酸钠、亚硫酸氢钠）、锌粉、保险粉、分子氢等。有些还原反应会产生氢气或使用氢气，有些还原剂和催化剂有较大的燃烧、爆炸危险性。

2. 几种危险性大的还原反应及其安全技术

（1）利用初生态氢还原。利用铁粉、锌粉等金属和酸、碱作用产生初生态氢，起还原作用，如硝基苯在盐酸溶液中被铁粉还原成苯胺。

铁粉和锌粉在潮湿空气中遇酸性气体时可能引起自燃，在贮存时应特别注意。反应时酸、碱的浓度要控制适宜，浓度过高或过低均使产生初生态氢的量不稳定，使反应难以控制。反应温度也不易过高，否则容易突然产生大量氢气而造成冲料。反应过程中应注意搅拌效果，以防止铁粉、锌粉下沉。一旦温度过高，底部金属颗粒翻动，将产生大量氢气而造成冲料。反应结束后，反应器内残渣中仍有铁粉、锌粉在继续作用，不断放出氢气，很不安全，应放入室外贮槽中，加冷水稀释，槽上加盖并设排气管以导出氢气。待金属粉消耗殆尽，再加碱中和。若急于中和，则容易产生大量氢气和反应热，可能出现燃烧爆炸等危险。

（2）催化加氢还原。在有机合成反应过程中，常用雷尼镍（Raney-Ni）、钯炭等为催化剂使氢活化，然后加入有机物质的分子中进行还原反应。如苯在催化作用下，经加氢生成环己烷。

催化剂雷尼镍和钯炭在空气中吸潮后有自燃的危险，即使没有火源存在，也能使氢气和空气的混合物发生燃烧、爆炸。因此，用它们来活化氢气进行还原反应时，必须先用氮气置换反应器内的空气，经分析反应器内含氧量符合要求后，方可通入氢气。反应结束后，应先用氮气把反应器内的氢气置换干净，方能开阀出料，以免外界空气与反应器内的氢气相混，在雷尼镍催化作用下发生燃烧、爆炸。钯炭更易自燃，雷尼镍和钯炭平时不能暴露在空气中，而要浸在酒精中贮存。钯炭回收时要用酒精及清水充分洗涤，过滤抽真空时不得抽得太干，以免氧化着火。

无论是利用初生态氢还原，还是用催化加氢，都是在氢气存在下，并在加热、加压条件下进行。氢气的爆炸极限为 $4\% \sim 75\%$，如果操作失误或设备泄漏，都极易引起爆炸。操作中要严格控制温度、压力和流量。厂房的电气设备必须符合防爆要求，且应采用轻质屋顶，开设天窗或风帽，使氢气易于飘逸。尾气排放管要高出房顶并设阻火器。加压反应的设备要配备安全阀，反应中产生压力的设备要装设爆破片。

高温高压下的氢对金属有渗碳作用，易造成氢腐蚀，所以，对设备和管道的选材要符合要求，对设备和管道要定期检测，以防发生事故。

（3）使用其他还原剂还原。常用还原剂中火灾危险性大的还有硼氢类、四氢化锂铝、氢化钠、保险粉（连二亚硫酸钠）、异丙醇铝等。常用的硼氢类还原剂为硼氢化钾和硼氢化钠，硼氢化钾通常溶解在液碱中比较安全。它们都是遇水燃烧物质，在潮湿的空气中能自燃，遇水和酸即分解放出大量的氢，同时产生大量的热，可使氢气燃爆。要贮存于密闭容器中，置于干燥处。在生产中，调节酸、碱度时要特别注意防止加酸过多、过快。

四氢化锂铝有良好的还原性，但遇潮湿空气、水和酸极易燃烧，应浸没在煤油中贮存。使用时应先将反应器用氮气置换干净，并在氮气保护下投料和反应。反应热由油类冷却剂移走，不应用水，防止水漏入反应器内发生爆炸。

用氢化钠作还原剂与水、酸的反应与四氢化锂铝相似，它与甲醇、乙醇等反应相当剧烈，有燃烧、爆炸的危险。

保险粉是一种还原效果不错且较为安全的还原剂，它与水发热，在潮湿的空气中能分解析出黄色的硫磺蒸气。硫磺蒸气自燃点低，易自燃。使用时应在不断搅拌下，将保险粉缓缓溶于冷水中，待溶解后再投入反应器与物料反应。

异丙醇铝常用于高级醇的还原，反应较温和。但在制备异丙醇铝时需加热回流，将产生大量氢气和异丙醇蒸气，如果铝片或催化剂三氯化铝的质量不佳，反应就不正常，往往先是不反应，温度升高后又突然反应，引起冲料，增加了燃烧、爆炸的危险性。

还原反应的中间体，特别是硝基化合物还原反应的中间体具有一定的火灾危险。例如，邻硝基苯甲醚还原为邻氨基苯甲醚的过程中，产生氧化偶氮苯甲醚，该中间体受热到150℃能自燃。苯胺在生产中如果反应条件控制不好，可以生成爆炸危险性很大的环己胺。

在还原过程中采用危险性小而还原性强的新型还原剂对安全生产很有意义。例如，用硫化钠代替铁粉还原，可以避免氢气产生，同时也消除了铁泥堆积的问题。

三、卤化反应

卤族元素氟、氯、溴、碘具有重要的工业价值。氯的衍生物尤为重要。卤化反应为强放热反应，氟化反应放热最强。在液相、气相加成或取代中进行的链式反应在相当宽的浓度范围都能产生爆炸。另外卤素的腐蚀作用也是一个尚未解决的难题。

1. 氯化反应

以氯原子取代有机化合物中氢原子的过程称为氯化反应。化工生产中的这种取代过程是直接用氯化剂处理被氯化的原料。

在被氯化的原料中，比较重要的有甲烷、乙烷、戊烷、天然气、苯、甲苯及萘等。被广泛应用的氯化剂有：液态或气态的氯、气态氯化氢和各种浓度的盐酸、磷酰氯（三氯氧化磷）、三氯化磷、硫酰氯（二氯硫酰）、次氯酸钙（漂白粉）等。

在氯化过程中，不仅原料与氯化剂发生反应，而且所生成的氯化衍生物与氯化剂也发生反应，因此，在反应物中除一氯取代物之外，总是含有二氯及三氯取代物。所以氯化反应的产物是各种不同浓度的氯化产物的混合物。氯化过程往往伴有氯化氢气体的生成。

影响氯化反应的因素有被氯化物及氯化剂的化学性质、反应温度及压力（压力影响较小）、催化剂向反应物的聚集状态等。氯化反应是在接近大气压下进行的，多数稍高于大气压或者比大气压稍低，为促使气体氯化氢逸出。通常在氯化氢排出导管上设置喷射器。

1）工业上采用的氯化方法

（1）热氯化法。热氯化法是以热能激发氯分子，使其分解成活泼的氯自由基，进而取代烃类分子中的氢原子，而生成各种氯衍生物。工业上甲烷氯化制取各种甲烷氯衍生物，丙烯氯化制取 α-氯丙烯，均采用热氯化法。

（2）光氯化法。光氯化是以光能激发氯分子，使其分解成氯自由基，进而实现氯化反应。光氯化法主要应用于液氯相氯化，例如，苯的光氯化制备农药等。

（3）催化氯化法。催化氯化法是利用催化剂以降低反应活化能，促使氯化反应的进行。在工业上，均相和非均相的催化剂均有采用。例如，将乙烯在 $FeCl_2$ 催化剂存在下与氯加成制取二氯乙烷，乙炔在 $HgCl_2$ 活性炭催化剂存在下与氯化氢加成制取氯乙烯等。

（4）氧氯化法。氧氯化法是以 HCl 为氯化剂，在氧和催化剂存在下进行的氯化反应，称为氧氯化反应。

生产含氯衍生物所用的化学反应有取代氯化和加成氯化。

2）氯化反应的安全技术要点

（1）氯气的安全使用。最常用的氯化剂是氯气。在化工生产中，氯气通常液化贮存和运输。常用的容器有贮罐、气瓶和槽车等。贮罐中的液氯在进入氯化器使用之前必须先进入蒸发器使其气化，在一般情况下不能把贮存氯气的气瓶或槽车当贮罐使用，因为这样有可能使被氯化的有机物质倒流进气瓶或槽车，引起爆炸。对于一般氯化器应装设氯气缓冲罐，防止氯气断流或压力减小时形成倒流。

（2）氯化反应过程的安全技术。氯化反应的危险性主要取决于被氯化物质的性质及反应过程的控制条件。由于氯气本身的毒性较大，贮存压力较高，一旦泄漏是很危险的。反应过程所用的原料大多是有机物，易燃易爆，所以生产过程同样有燃烧爆炸危险，应严格控制各种点火能源，电气设备应符合防火防爆的要求。

氯化反应是一个放热过程，尤其在较高温度下进行氯化，反应更为激烈。例如环氧氯丙烷生产中，丙烯预热至 300℃ 左右进行氯化，反应温度可升至 500℃，在这样高的温度下，如果物料泄漏就会造成燃烧或引起爆炸。因此，一般氯化反应设备有良好的冷却系统，并严格控制氯气的流量，以避免因氯流量过快，温度剧升而引起事故。

液氯的蒸发气化装置，一般采用汽水混合办法进行降温，加热温度一般不超过 50℃，汽水混合的流量可以采用自动调节装置。在氯气的入口处，应当备有氯气的计量装置，从钢瓶中放出氯气时可以用阀门来调节流量。但阀门开得太大，一次放出大量气体时，由于气化吸热的缘故，液氯被冷却了，瓶口处压力因而降低，放出速度则趋于缓慢，其流量往往不能满足需要，此时在钢瓶外面通常附着一层白霜，因此若需要气体氯流量较大时，可并联几个钢瓶，分别由各钢瓶供气，就可避免上述问题。若采用此法氯气量仍不足时，可将钢瓶的一端置于温水中加温。

由于氯化反应几乎都有氯化氢气体生成，因此所用的设备必须防腐蚀，设备应严密不漏。氯化氢气体可回收，这是较为经济的。氯化氢气体极易溶于水中，通过增设吸收和冷却装置就可以除去尾气中绝大部分氯化氢。除用水洗涤吸收之外，也可以采用活性炭吸附和化学处理方法。采用冷凝方法较合理，但要消耗一定的冷量。采用吸收法时，则需用蒸馏方法将被氯化原料分离出来，再次处理有害物质。为了使逸出的有毒气体不致混入周围的大气中，采用分段碱液吸收器将有毒气体吸收。与大气相通的管子上，应安装自动信号分析器，借以检查吸收处理进行的是否完全。

2. 氟化反应

氟是最活泼的卤素，与其有关的反应最难以控制。氟与烃类的直接反应很剧烈，常引起爆炸，并伴有不需要的 C—C 键的断裂。应特别注意，氟和其他物质间极易形成新键，并释放出大量的热。气相反应一般要用惰性气体稀释。

3. 溴化和碘化

溴化和碘化反应类似氯化反应，但反应条件要缓和得多。

四、硝化反应

有机化合物分子中引入硝基取代氢原子而生成硝基化合物的反应，称为硝化反应。常用的硝化剂是浓硝酸或浓硝酸与浓硫酸的混合物（俗称混酸）。硝化反应是生产染料、药物及某些炸药的重要反应。硝化反应使用硝酸作硝化剂，浓硫酸为催化剂，也有使用氧化氮气体作硝化剂的。一般的硝化反应是先把硝酸和硫酸配成混酸，然后在严格控制温度的条件下将混酸滴入反应器，进行硝化反应。

硝化过程中硝酸的浓度对反应温度有很大的影响。硝化反应是强烈放热的反应，因此硝化需在降温条件下进行。

对于难硝化的物质以及制备多硝基物时，常用硝酸盐代替硝酸。先将被硝化的物质溶于浓硫酸中，然后在搅拌下将某种硝酸盐（如硝酸钾、硝酸钠、硝酸铵等）逐渐加入浓酸溶液中。除此之外，氧化氮也可以作硝化剂。

1. 硝化反应的危险性分析

硝化剂是强氧化剂，硝化反应是放热反应，温度越高，硝化反应速率越快，放出的热量越多，极易造成温度失控而爆炸。所以硝化反应器要有良好的冷却和搅拌系统，不得中途停水断电，搅拌系统不能发生故障。

要有严格的温度控制系统及报警系统，遇到超温或搅拌故障，能自动报警并自动停止加料。反应物料不得有油类、酸酐、甘油、醇类等有机杂质，含水也不能过高，否则与酸易发生燃烧爆炸。

硝基化合物一般都具有爆炸危险性，特别是多硝基化合物，受热、摩擦、撞击都可能引起爆炸。所用的原料甲苯、苯酚等都是易燃易爆物质，硝化剂都具有强烈的氧化性和腐蚀性，硝化产物一般都具有强烈的爆炸性。硝酸蒸气对呼吸道有强烈的刺激作用，硝酸易分解出氧化氮（特别是二氧化氮），二氧化氮除对呼吸道有刺激作用外，还能使血压下降、血管扩张。一氧化氮对神经系统有麻醉作用。硝基化合物的蒸气和粉尘毒性都很大，不仅在吸入时能渗入人的机体，还能透过皮肤进入人体内。硝基化合物严重中毒时，会使人失去知觉。

硝化产物具有爆炸性，因此处理硝化物时要格外小心。应避免摩擦、撞击、高温、日晒，不能接触明火、酸、碱。泄料时或处理堵塞管道时，可用蒸汽慢慢疏通，千万不能用金属棒敲打或明火加热。拆卸的管道、设备应移至车间外安全地点，用水蒸气反复冲洗，刷洗残留物，经分析合格后，才能进行检修。

2. 混酸配制的安全技术

硝化反应多采用混酸，混酸中硫酸与水的比例应当计算正确，硝酸不应少于理论需要量，实际过量控制在 $1\% \sim 10\%$。

制备混酸时，应先用水将浓硫酸适当稀释（浓硫酸稀释时，不可将水注入酸中，因为水的密度比硫酸小，上层的水被溶解放出的热量加热而沸腾，引起四处飞溅，造成事故），稀释应在有搅拌和冷却情况下将浓硫酸缓缓加入水中，并控制温度。如温度升高过快，应停止加酸，否则易发生爆溅。

浓硫酸适当稀释后，在不断搅拌和冷却条件下加浓硝酸。在配制混酸时机械搅拌最好，其次也可用压缩空气进行搅拌或用循环泵搅拌。用压缩空气搅拌，有时会带入水或油类，并且酸易被夹带出去造成损失。所以不如机械搅拌好。酸类化合物混合时，放出大量的稀释热，温度可达到 90℃ 或更高，在这个温度下，硝酸部分分解为二氧化氮和水，如果有部分硝基物生成，高温下可能引起爆炸，所以必须进行冷却。一般要求控制温度在 40℃ 以下，以减少硝酸的挥发和分解。机械搅拌或循环搅拌可以起到一定的冷却作用。混酸配制过程中，应严格控制温度和酸的配比，直至充分搅拌均匀为止。配酸时要严防因温度猛升而冲料或爆炸。不能把未经稀释的浓硫酸与硝酸混合，因为浓硫酸猛烈吸收浓硝酸中的水分而产生高热，将使硝酸分解产生多种氮氧化物（NO_2、NO、N_2O_3），引起突沸冲料或爆炸。配制成的混酸具有强烈的氧化性和腐蚀性，必须严格防止触及棉、纸、布、稻草等有机物，以免发生燃烧爆炸。硝化反应的腐蚀性很强，要注意设备及管道的防腐性能，以防渗漏。

硝化反应器设有泄漏管和紧急排放系统，一旦温度失控，物料等可以紧急排放到安全地点。

3. 硝化器的安全技术

搅拌式反应器是常用的硝化设备，这种设备由釜体、搅拌器、传动装置、夹套和蛇管组成，一般是间歇操作。物料由上部加入釜体内，在搅拌条件下迅速地与原料混合并进行硝化反应。如果需要加热，可在夹套或蛇管内通入蒸汽；如果需要冷却，可通冷却水或冷冻剂。

为了扩大冷却面，通常是将侧面的器壁做成波浪形，并在设备的盖上装有附加的冷却装置。这种硝化器里面常有推进式搅拌器并附有扩散圈，设备底部制成一个凹形并装有压出管，以保证压料时能将物料全部泄出。

采用多段式硝化器可使硝化过程达到连续化。连续硝化不仅可以显著地减少能量消耗，单台硝化器投料少，减少爆炸中毒的危险，为硝化过程的自动化和机械化创造了条件。

　　硝化器夹套中冷却水压力呈微负压，在进水管上必须安装压力计，在进水管及排水管上都需要安装温度计。应严防冷却水因夹套焊缝腐蚀而漏入硝化物中，因硝化物遇到水后温度急剧上升，反应进行很快，可分解产生气体物质而发生爆炸。

　　为便于检查，在废水排出管中，应安装电导自动报警器，当管中进入极少量的酸时，水的电导率即会发生变化，此时，发出报警信号。另外，对流入及流出水的温度和流量也要特别注意。

　　4. 硝化过程的安全技术

　　为了严格控制硝化反应温度，应控制好加料速度，硝化剂加料应采用双阀门控制。温度控制是硝化反应的基础，应当安装温度自动调节装置，防止超温，发生爆炸。反应中应持续搅拌，保持物料混合良好。设置必要的冷却水源备用系统，并备有保护性气体搅拌和人工搅拌的辅助设施。搅拌机应当有自动启动的备用电源，以防止机械搅拌在突然断电时停止而引起事故。搅拌轴采用硫酸作润滑剂，温度套管用硫酸作导热剂，不可使用普通机械油或甘油，防止机油或甘油被硝化而形成爆炸性物质。

　　硝化器应附设相当容积的紧急放料槽，准备在万一发生事故时，立即将料放出。放料阀可采用自动控制的气动阀和手动阀并用。硝化器上的加料口关闭时，为了排出设备中的气体，应该安装可以移动的排气罩。设备应当采用抽气法或利用带有铝制透平的防爆型通风机进行通风。

　　温度控制是硝化反应安全的基础，应当安装温度自动调节装置，防止超温发生爆炸。

　　取样时可能发生烧伤事故。为了使取样操作机械化，应安装特制的真空仪器，此外最好还要安装自动酸度记录仪。取样时应当防止未完全硝化的产物突然着火。例如，当搅拌器下面的硝化物被放出时，未起反应的硝酸可能与被硝化产物发生反应等。

　　向硝化器加入固体物质，必须采用漏斗使加料工作机械化，或采用自动进料器将物料沿专用的管路加入硝化器中。为了防止外界杂质进入硝化器中，应仔细检查并密闭进料。自动加料器上部的平台上将物料沿专用的管子加入硝化器中。

　　对于特别危险的硝化物，则需将其放入装有大量水的事故处理槽中。为了防止外界杂质进入硝化器中，应仔细检查硝化器中的半成品。

　　由填料函落入硝化器中的油能引起爆炸事故，因此，在硝化器盖上不得放置用油浸过的填料。在搅拌器的轴上，应备有小槽，以防止齿轮上的油落入硝化器中。

　　硝化过程中最危险的是有机物质的氧化，其特点是放出大量氧化氮气体的褐色蒸气并使混合物的温度迅速升高，引起硝化混合物从设备中喷出而引起爆炸事故。仔细地配制反应混合物并除去其中易氧化的组分、调节温度及连续混合是防止硝化过程中发生氧化作用的主要措施。

　　进行硝化过程时，不需要压力，但在卸出物料时，须采用一定压力出料，因此，硝化器应符合加压操作容器的要求。加压卸料时可能造成有害蒸气泄入操作厂房空气中，为了防止此类情况的发生，应改用真空卸料。装料口经常打开或者用手进行装料以及在物料压出时不可能逸出蒸气，应当尽量采用密闭化措施。由于设备易腐蚀，必须经常检修更换零部件，这也可能引起人身事故。

由于硝基化合物具有爆炸性，因此，必须特别注意处理此类物质过程中的危险性。例如，二硝基苯酚甚至在高温下也无危险，但当形成二硝基苯酚盐时，则变为危险物质。三硝基苯酚盐（特别是铅盐）的爆炸力是很大的。在蒸馏硝基化合物（如硝基甲苯）时，必须特别小心。因蒸馏在真空下进行，硝基甲苯蒸馏后余下的热残渣能发生爆炸，这是由于热残渣与空气中氧相互作用的结果。

硝化设备应确保严密不漏，防止硝化物料溅到蒸气管道等高温表面上而引起爆炸或燃烧。如管道堵塞时，可用蒸气加温疏通，千万不能用金属棒敲打或用明火加热。

车间内禁止带入火种，电气设备要防爆。当设备需动火检修时，应拆卸设备和管道，并移至车间外安全地点，用水蒸气反复冲刷残留物质，经分析合格后，方可施焊。需要报废的管道，应专门处理后堆放起来，不可随便拿用，避免意外事故发生。

五、磺化反应

1. 磺化反应及其特点

磺化反应在有机化合物分子中引入磺酸基（—SO₃H）或它相应的盐或磺酰卤基的反应。常用的磺化剂有发烟硫酸、亚硫酸钠、亚硫酸钾、三氧化硫等。如用硝基苯与发烟硫酸生产间氨基苯磺酸钠、卤代烷与亚硫酸钠在高温加压条件下生产磺酸盐等均属磺化反应。

2. 磺化反应过程的危险性分析及安全控制技术

（1）三氧化硫是氧化剂，遇到比硝基苯易燃的物质时会很快着火；三氧化硫的腐蚀性很弱，但遇水则生成硫酸，反应时会放出大量的热，使反应温度升高，不仅会造成沸溢或使磺化反应导致燃烧反应而引起起火或爆炸，还会因硫酸具有很强的腐蚀性，增加了对设备的腐蚀破坏。

（2）由于生产所用原料苯、硝基苯、氯苯等都是可燃物，而磺化剂浓硫酸、发烟硫酸、氯磺酸（剧毒化学品）都是氧化性物质，而且有的是强氧化剂，所以两者在相互作用的条件下进行磺化反应是十分危险的，因为已经具备了可燃物与氧化剂作用发生放热反应的燃烧条件。这种磺化反应若投料顺序颠倒、投料速度过快、搅拌不良、冷却效果不佳等，都有可能造成反应温度升高，使磺化反应变为燃烧反应，引起着火或爆炸事故。

（3）磺化反应是放热反应，若在反应过程中得不到有效的冷却和良好的搅拌，都有可能引起反应温度超高，以致发生燃烧反应，造成爆炸或起火事故。

六、催化反应

催化反应是在催化剂的作用下进行的化学反应。例如，由二氧化硫和氧在催化剂作用下合成三氧化硫，氮和氢在催化剂作用下合成氨，由乙烯和氧合成环氧乙烷等都属于催化反应。在选择催化剂时，大体有以下几种类型：

（1）生产过程中产生水气的，一般采用具有碱性、中性或酸性的盐类、无机盐类、三氯化铝、三氯化铁、三氧化磷及二氧化镁等。

（2）反应过程中产生氯化氢的，一般采用碱、吡啶、金属、三氯化铝、三氯化铁等。

（3）反应过程中产生硫化氢的，一般采用盐基、卤素、碳酸盐、氧化物等。

（4）反应过程中产生氢气的，应采用氧化剂、空气、高锰酸钾、氧化物及过氧化物等。

1. 催化反应的危险性分析及安全技术

催化反应分为单相反应和多相反应两种。单相反应是在气态下或液态下进行的，反应过程中的温度、压力及其他条件易调节，危险性较小。在多相反应中，催化作用发生于相界面及催化剂的表面上，这时温度、压力较难控制，危险性较大。

在催化过程中若催化剂选择的不正确或加入不适量，易形成局部反应激烈；另外，由于催化大多需在一定温度下进行，若散热不良、温度控制不好等，很容易发生超温爆炸或着火事故。从安全要求来看，催化过程中主要应正确选择催化剂，保证散热良好，催化剂加入量适当，防止局部反应激烈，并注意严格控制温度。如果催化反应过程能够连续进行，采用温度自动调节系统，就可以减少其危险性。

在催化反应中，当原料气中杂质和催化剂发生反应，可能会生成爆炸性危险物，这是非常危险的。例如，在乙烯催化氧化合成乙醛的反应中，由于在催化剂体系中含有大量的亚铜盐，若原料气中含有乙炔过高，则乙炔与亚铜反应生成乙炔铜，其为红色沉淀，自燃点在 $260\sim270℃$，在干燥状态下极易爆炸，在空气作用下易氧化并燃烧。烃与催化剂中的金属盐作用生成难溶性的钯块，不仅使催化剂组成发生变化，而且钯块也极易引起爆炸。

在催化反应过程中有的产生氯化氢，有腐蚀和中毒危险；有的产生硫化氢，则中毒危险性更大。另外，硫化氢在空气中的爆炸极限较宽（ $4.3\%\sim45.5\%$ ），生产过程还有爆炸危险。在产生氢气的催化反应中，有更大的爆炸危险性，尤其高压下，氢的腐蚀作用使金属高压容器脆化，从而造成破坏性事故。

2. 催化重整过程的安全技术

在加热、加压和催化作用下进行汽油馏分重整，叫催化重整。所用的催化剂有钼铝催化剂、铬铝催化剂、铂催化剂、镍催化剂等。主要反应有脱氢、加氢、芳香化、异构化、脱烷基化和重烷基化等。粗汽油等馏分的催化重整，主要使原料油中脂肪烃脱氢、芳香化和异构化，同时伴有轻度的热裂化，可以提高辛烷值。其他烃类的催化重整，主要用于制取芳香烃。

催化重整反应器应当有附属部件热电偶管和催化剂引出管。反应器和再生器都需要采用绝热措施。为了便于观察壁温，常在反应器外表面涂上变色漆，当温度超过了规定指标就会变色显示。

催化剂在装卸时，要防破碎和污染，未再生的含碳催化剂卸出时，要预防催化剂自燃超温而烧坏。

加热炉是热的来源，在催化重整过程中，重整和预加氢的反应需要很大的炉子才能供应所需的反应热,所以加热炉的安全和稳定是很重要的。此外,过程中物料预热或塔底加热器、重沸器的热源,依靠热载体加热炉,热载体在使用过程中要防止局部过热分解,防止进水或进入其他低沸点液体造成水汽化超压爆炸。加热炉必须保证燃烧正常,调节及时。

加热炉出口温度的高低,是反应器入口温度稳定的条件,而炉温变化与很多因素有关,例如燃料流量、压力、质量等。为了稳定炉温,保证整个装置安全生产,加热炉应采用温度自动调节系统,操作室的温度指示由测温元件将感受信号通过温度变送器传送过来。

催化重整装置中,安全警报装置应用较普遍,对于重要工艺参数,温度、流量、压力、液位等都有报警装置,重要的液位显示器、指示灯、喇叭等警报装置如表 3-1 所示。重整循环氢和重整进料量对于催化剂有很大的影响,特别是低氢量和低空速运转,容易造成催化剂结焦,应备有自动保护系统。这个保护系统,就是当参数变化超出正常范围,发生不利于装置运行的危险状况时,自动仪表可以自行做出工艺处理,如停止进料或使加热炉灭火等,以保证安全。

表 3-1 催化重整主要报警点与参数范围

警 报 点	警 报 参 数	范 围	方 式
重整进料泵	低流量	低于正常量 1/2	喇叭
预分馏塔底	低液面	低于正常 25%	指示灯
预加氢汽提塔底	低液面	低于正常值 20%	指示灯
脱戊烷塔底	低液面	低于正常值 80%	指示灯
抽提塔底	低界面	低于正常值 25%	指示灯
汽提塔底	高液面	高于正常 90%	指示灯
重整循环氢	低流量	—	喇叭自动保护

除了警报和自动保护外,所有压力塔器都应装设"安全阀"。

3. 催化加氢过程的安全技术

催化加氢是多相反应,一般是在高压与固相催化剂存在下进行的。由于原料及成品(氢、氨、一氧化碳等)大都易燃、易爆或具有毒性,高压反应设备及管道易受到腐蚀或因操作不当带来危险,发生事故。

在催化加氢过程中,压缩工段的安全极为重要。氢气在高压下,爆炸范围加宽,燃点降低,从而增加了危险。高压氢气一旦泄漏,将立即充满压缩机室并因静电火花引起爆炸。压缩机各段都应安装压力表和安全阀。在最后一段上,安装 2 个安全阀和 2 个压力表,更为可靠。高压设备和管道的选材要考虑能防止氢腐蚀的问题,管材选用优质无缝钢管。设备和管线应按照有关规定定期进行检验。

为了避免吸入空气而形成爆炸危险,供汽总管压力需保持稳定在规定的数值。为了防止因高压致使设备损坏,氢气泄漏达到爆炸浓度,应有充足的备用蒸汽或惰性气体,以便应急。另外,室内通风应当良好,因氢气密度较轻,宜采用天窗排气。

为了避免设备上的压力表及玻璃液位计在爆炸时其碎片伤人,这些部位应包以金属网，液面测量器应定期进行水压试验。

冷却机器和设备用水不得含有腐蚀性物质。在开车或检修设备、管线之前必须用氮气吹扫。吹扫气体高空排放，防止工作人员窒息或中毒。

由于停电或无水而停车的系统，应保持余压，以免空气进入系统。无论在任何情况下，处于带压的设备不得进行拆卸检修。

七、聚合反应

将若干个分子结合为一个较大的、组成相同而相对分子质量较高的化合物的反应过程称为聚合反应。所以，聚合物就是由单体聚合而成的、相对分子质量较高的物质。相对分子质量较低的称作低聚物。例如三聚甲醛是甲醛的低聚合物。相对分子质量高达几千甚至几百万的称为高聚物或高分子化合物。例如聚氯乙烯是氯乙烯的高聚合物。

聚合反应的类型很多，按聚合物和单体元素组成和结构的不同，可分成加聚反应和缩聚反应两大类。单体加成而聚合起来的反应称为加聚反应。氯乙烯聚合成聚氯乙烯就是加聚反应。加聚反应产物的元素组成与原料单体相同，仅结构不同，其相对分子质量是单体相对分子质量的整数倍。

另外一类聚合反应中，除了生成聚合物外，同时还有低分子副产物产生，这类聚合反应称为缩聚反应。如己二胺和己二酸反应生成尼龙-66 的缩聚反应。缩聚反应的单体分子中都有官能团，根据单体官能团的不同，低分子副产物可能是水、醇、氨、氯化氢等。由于副产物的析出，缩聚物结构单元要比单体少若干原子，缩聚物的相对分子质量不是单体相对分子质量的整数倍。

在现代化学工业中，聚合方法的采用日益广泛。例如，在催化剂存在的条件下丁二烯聚合来制造合成橡胶，高压、中压、低压聚乙烯，聚丙烯及丙烯酸酯类的高聚物，聚氯乙烯等。

1. 聚合反应的分类及不安全因素分析

按照聚合方式聚合反应分类如下：

（1）本体聚合。本体聚合是在没有其他介质的情况下，用浸在冷却剂中的管式聚合釜（或在聚合釜中设盘管、列管冷却）进行聚合的一种方法。例如乙烯的高压聚合、甲醛的聚合等。这种聚合方法往往由于聚合热不易传导散出而导致危险。例如，在高压聚乙烯生产中，每聚合 1kg 乙烯会放出 3.8MJ 的热量，倘若这些热量未能及时移去，则每聚合 1% 的乙烯，即可使釜内温度升高 12～13℃，待升高到一定温度时，就会使乙烯分解，强烈放热，有发生爆聚的危险。一旦发生爆聚，会使设备堵塞，压力骤增，极易发生爆炸。

（2）悬浮聚合。悬浮聚合是用水作分散介质的聚合方法。它是利用有机分散剂或无机分散剂，把不溶于水的液态单体，连同溶在单体中的引发剂经过强烈搅拌，打碎成小珠状，分散在水中成为悬浮液，在极细的单位小珠液滴中进行聚合，因此又叫珠状聚合。在整个聚合过程中，必须严格控制工艺条件，若设备运转不正常，则易出现溢料，如果溢料，则水分蒸发后，未聚合的单体和引发剂遇火源极易引起燃烧或爆炸事故。

（3）溶液聚合。溶液聚合是选择一种溶剂，使单体溶成均相体系，加入催化剂或引发剂后生产聚合物的一种方法。这种聚合方法在聚合和分离过程中，易燃溶剂容易挥发和产生静电火花。

（4）乳液聚合。乳液聚合是在机械强烈搅拌或超声波振动下，引发剂溶在水里，利用乳化剂使液态单体分散在水中（珠滴直径 0.001～0.01μm），而进行聚合的一种方法。这种聚合方法常用无机过氧化物（如过氧化氢）作引发剂，如果过氧化物在介质（水）中配比不当，温度太高，反应速率过快，会发生冲料，同时在聚合过程中还会产生可燃气体。

（5）缩合聚合。缩合聚合也称缩聚反应，是具有 2 个或 2 个以上功能团的单体相互缩合，并析出小分子副产物而形成聚合物的聚合反应。缩合聚合是吸热反应，但如果温度过高，也会导致系统的压力增加，甚至引起爆裂，泄漏出易燃易爆的单体。

2. 聚合反应的危险性分析及安全技术

由于聚合物的单体大多是易燃、易爆物质，聚合反应多在高压下进行，本身又是放热过程，如果反应条件控制不当，很容易引起事故。所以在聚合过程中，必须采取相应的安全措施。聚合反应过程中的危险性因素有以下几点：

（1）单体、溶剂、引发剂、催化剂等大多属易燃、易爆物质，在压缩过程中或在高压系统中泄漏，容易发生火灾爆炸。

（2）聚合反应中加入的引发剂都是化学活泼性很强的过氧化物，一旦配料比控制不当，容易引起暴聚，反应器超压易引起爆炸。

（3）如搅拌发生故障、停电、停水，由于反应釜内聚合物粘壁作用，使反应热不能导出，造成局部过热或反应釜飞温，发生爆炸。

针对上述危险性因素，应设置可燃气体检测报警器，一旦发现设备、管道有可燃气体泄漏，将自动停车。

对催化剂、引发剂等要加强贮存、运输、调配、注入等工序的严格管理。

反应釜的搅拌合温度应有检测和连锁，发现异常能自动停止进料。

高压分离系统应设置安全阀、爆破片、导爆管，并有良好的静电接地系统，一旦出现异常能及时泄压。

3. 高压下乙烯聚合的安全技术

高压聚乙烯反应一般在 1300～3000kg/cm²（1kg/cm² ＝ 9.807×10⁴ Pa）压力下进行。反应过程流体的流速很快，停留于聚合装置中的时间仅为 10s 至数分钟，温度保持在 150～300℃。在该温度和高压下，乙烯是不稳定的，能分解成碳、甲烷、氢气等。一旦发生裂解，所产生的热量，可以使裂解过程进一步加速直到爆炸。国内外都发生过聚合反应器温度异常升高，分离器超压而发生火灾，压缩机爆炸、反应器管路中安全阀喷火而后发生爆炸等事故。因此，严格控制反应条件是十分重要的。

采用轻柴油裂解制取高纯度乙烯装置，产品从氢气、甲烷、乙烯到裂解汽油、渣油等，都是可燃性气体或液体，炉区的最高温度达 1000℃，而分离冷冻系统温度低到－169℃。反应过程以有机过氧化物作为催化剂，乙烯属高压液化气体，爆炸范围较宽，操作又是在高温、超高压下进行，而超高压节流减压又会引起温度升高，所有这些条件，都要求高压聚乙烯生产操作要十分严格。

高压聚乙烯的聚合反应在开始阶段或聚合反应阶段都会发生爆聚反应，应添加反应抑制剂或设备安装安全阀（放到闪蒸槽中去）。在紧急停车时，聚合物可能固化，停车再开车时，要检查管内是否堵塞。

高压部分应有两重、三重防护措施，要求远距离操作。由压缩机出来的油严禁混入反应系统，因为油中含有空气，进入聚合系统会形成爆炸性混合物。

采用管式聚合装置的最大问题是反应后的聚乙烯产物粘挂管壁发生堵塞。由于堵管引起管内压力与温度变化，甚至因局部过热引起乙烯裂解成为爆炸事故的诱因。解决这个问题可采用：①涂防黏剂的方法；②聚合装置各点温度反馈具有当温度超过限界时逐渐降低压力的作用，用此方法来调节管式聚合装置的压力和温度。可以采用振动器使聚合装置内的固定压力按一定周期有意地加以变动，利用振动器的作用使装置内压力很快下降 70～100atm（1atm＝101325Pa），然后再逐渐恢复到原来压力。用此法使流体产生脉冲可将黏附在管壁上的聚乙烯除掉，使管壁保持洁净。

在这一反应系统中，添加催化剂必须严格控制，应装设连锁装置。以使反应发生异常现象时，能降低压力并使压缩机停车。为了防止因乙烯裂解发生爆炸事故，可采用控制有效直径的方法，调节气体流速，在聚合管开始部分插入具有调节作用的调节杆，避免初期反应的突然暴发。

由于乙烯的聚合反应热较大，如果加大聚合反应器，单纯靠夹套冷却或在器内通冷却蛇管的方法是不够的。况且在器内加蛇管很容易引起聚合物黏附，从而发生故障。清除反应热较好的方法是采用使单体或溶剂气化回流，利用它们的蒸发潜热把反应热量带出。蒸发了的气体再经冷凝器或压缩机进行冷却冷凝后返回聚合釜再用。

4.氯乙烯聚合的安全技术

氯乙烯聚合属于连锁聚合反应，连锁反应的过程可分为三个阶段，即链的开始、链的增长、链的终止。

氯乙烯聚合所用的原料除氯乙烯单体外，还有分散剂、引发剂。

氯乙烯聚合是在聚合釜中进行的。聚合釜形状为一长形圆柱体，上下为蝶形盖底，上盖有各种物料管、排气管、平衡管、温度计套管、安全阀和人孔盖等。下底有出料管、排水管，壁侧有加热蒸汽和冷却水的进出管。

聚合反应中链的引发阶段是吸热过程，所以需加热。在链的增长阶段又放热，需要将釜内的热量及时移走，将反应温度控制在规定值。这两个过程分别向夹套通入加热蒸汽和冷却水。温度控制多采用串级调节系统。聚合釜的大型化，关键在于采用有效措施除去反应热。

为了及时移走热量必须有可靠的搅拌装置，搅拌器一般采用顶伸式。为了防止气体泄漏，搅拌轴穿出釜外部分必须密封，一般采用具有水封的填料函或机械密封。

氯乙烯聚合过程间歇操作及聚合物粘壁是造成聚合岗位毒性危害的最大问题，过去采用人工定期清理的办法来解决。劳动强度大、浪费时间，釜壁易受损。多年来，国内外对这个问题进行了各种聚合途径的研究，其中接枝共聚和水相共聚等方法较有效，通常也采用加水相阻聚剂或单体水相溶解抑制剂来减少聚合物的粘壁作用。常用的助剂有硫化钠、硫脲和硫酸钠。也可以采用"醇溶黑"涂在釜壁上，减少清釜的次数。

由于聚氯乙烯聚合是采用分批间歇式进行的，反应时主要调节聚合温度，因此聚合釜的温度自动控制十分重要。

5. 丁二烯聚合的安全技术

丁二烯聚合的过程需要使用酒精、丁二烯、金属钠等危险物质。酒精和丁二烯与空气混合都能形成有爆炸危险的混合物。金属钠遇水、空气剧烈燃烧并会爆炸，因此不能暴露于空气中，应贮存于煤油中。

丁二烯蒸发器的结构，应有利于消除在系统中猛烈生成聚合物的可能性，并备有安全装置，以防止压力升高而引起爆炸的危险。在蒸发器上应备有连锁开关，当输送物料的阀门关闭时（此时管道可能引起爆炸），该连锁装置可将蒸气输入切断。为了控制猛烈反应，应有适当的冷却系统，并需严格地控制反应温度。冷却系统应保证密闭良好，特别在使用金属钠的聚合反应中，最好采用不与金属钠反应的十氢化萘或四氢化萘作为冷却剂。如用冷水作冷却剂，应在微负压下输送，不可用压力输送。这样可减少水进入聚合釜的机会，避免可能发生的爆炸危险。

丁二烯聚合釜上应装爆破片和安全阀。在连接管上先安装爆破片，在其后再连接一个安全阀。这样可以防止安全阀堵塞，又能防止爆破片爆破时大量可燃气逸出而引起二次爆炸。

爆破片必须用铜或铝制作，不宜用铸铁，避免在爆破时铸铁产生火花引起二次爆炸事故。

聚合生产应配有氮气保护系统，所用氮气经过精制，用铜屑除氧，用硅胶或三氯化铝干燥，纯度保持在 99.5% 以上。生产开停车或间断操作过程都应该用氮气置换整个系统。如果生产过程中发生故障、温度升高或局部过热时，则将气体抽出，立即向设备充入氮气加以保护。

丁二烯聚合釜应符合压力容器的安全要求。聚合物卸出、催化剂更换，都应采用机械化操作，以利安全生产。

正常情况下，操作完毕后，从系统内抽出气体是安全生产的一项重要措施，可消除或减少爆炸的可能性。当工艺过程被破坏，发生事故不能降低温度或发现局部过热现象时，则将气体抽出，同时往设备中送入氮气。管道内积存热聚物是很危险的。因此，当管内气流的阻力增大时，应将气体抽出，并以惰性气体吹洗。在每次加新料之前必须清理设备的内壁。

八、裂解反应

1. 裂解反应及其特点

广义地说，凡是有机化合物在高温下分子发生分解的反应过程都称为裂解。而石油化工中所谓的裂解是指石油烃（裂解原料）在隔绝空气和高温条件下，分子发生分解反应而生成小分子烃类的过程。在这个过程中还伴随着许多其他的反应（如缩合反应），生成一些别的反应物（如由较小分子的烃缩合成较大分子的烃）。

裂解是总称，不同的情况可以有不同的名称。如单纯加热不使用催化剂的裂解称为热裂解；使用催化剂的裂解称为催化裂解；使用添加剂的裂解，随着添加剂的不同，有水蒸气裂解、加氢裂解等。

石油化工中的裂解与石油炼制工业中的裂化基本符合裂解的广义定义，但是也有不同之处。主要区别有：一是所用的温度不同，一般大体以 600℃ 为分界，在 600℃ 以上所进行的过程为裂解，在 600℃ 以下的过程为裂化；二是生产的目的不同，前者的目的产物为乙烯、丙烯、乙炔、联产丁二烯、苯、甲苯、二甲苯等化工产品，后者的目的产物是汽油、煤油等燃料油。

在石油化工中用的最广泛的是水蒸气热裂解，其设备为管式裂解炉。

裂解反应在裂解炉的炉管内并在很高的温度下（以轻柴油裂解制乙烯为例，裂解气的出口温度近 800℃）很短的时间内（0.7s）完成，以防止裂解气体二次反应而使裂解炉管结焦。

炉管内壁结焦会使流体阻力增加，影响生产。同时影响传热，当反应管内结焦层达到一定厚度时，因炉管壁温度过高，而不能继续运行下去，必须进行清焦，否则会烧穿炉管，裂解气外泄，引起裂解炉爆炸。

2. 裂解反应过程危险性分析及安全技术

裂解炉运转中，一些外界因素可能危及裂解炉的安全。这些不安全因素大致有以下几种：

（1）引风机故障。引风机的作用是排除炉内烟气。在裂解炉正常运行中，如果断电或机械故障使引风机突然停止工作，则炉膛内很快变成正压，会从窥视孔或烧嘴等处向外喷火，严重时会引起炉膛爆炸。为此，必须设置连锁装置，一旦引风机故障停车，则裂解炉自动停止进料并切断燃料供应，但应继续供应稀释蒸汽，以带走炉膛内的余热。

（2）燃料气压力降低。裂解炉正常运行中，如燃料系统大幅度波动，燃料气压力过低，则可能造成裂解炉烧嘴回火，使烧嘴烧坏，甚至会引起爆炸。

裂解炉采用燃料油作燃料时，如燃料油的压力降低，也会使油嘴回火。因此，当燃料油压降低时应自动切断燃料油的供应，同时停止进料。

当裂解炉同时用油和气为燃料时，若油压降低，则在切断燃料油的同时，将燃料气切入烧嘴，裂解炉可继续维持运转。

（3）其他公用工程故障。裂解炉其他公用工程（如锅炉给水）中断，则废热锅炉汽包液面迅速下降，如不及时停炉，必然会使废热锅炉炉管、裂解炉对流段锅炉给水预热管损坏。此外，水、电、蒸汽出现故障，均能使裂解炉造成事故。在这种情况下，应有连锁装置可使裂解炉自动停车。

九、电解反应

1. 电解反应及其特点

电流通过电解质溶液或熔融电解质时，在两个电极上所引起的化学变化，称为电解。电解过程中能量变化的特征是电能转变为电解产物蕴藏的化学能。

电解在工业生产中有广泛的应用。许多金属（钠、钾、镁、铅等）和稀有金属（锆、铪等）、有色金属（铜、锌、铅）等的冶炼与精炼，许多基本化学工业产品（氢、氯、烧碱、氯酸钾、过氧化氢等）的制备以及电镀、电抛光、阳极氧化等都是通过电解来实现的。

2. 食盐电解生产工艺

食盐溶液电解是化学工业中最典型的电解反应之一。食盐水电解可以制烧碱、氯气、氢气等产品。目前，我国采用的电解食盐方法有隔膜法、水银法、离子膜等电解法。电解食盐的简要工艺流程如图 3-1 所示。

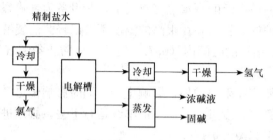

图 3-1　电解食盐水的简要工艺流程

首先溶化食盐，除去杂质，精制盐水送电解工段。在向电解槽送电前，应先将电解槽按规定的液面高度注入盐水，此时盐水液面超过阴极室高度，整个阴极室浸在盐水中。通直流电后，带有负电荷的氯离子向石墨阳极运动，在阳极上放电后成为不带电荷的氯原子，并结合成为氯分子从盐水液面逸出而聚集于盐水上方的槽盖内，氯气由排出管排送往氯气干燥、压缩工段。带有正电荷的氢离子向阴极运动，在阴极放电后成为不带电荷的氢原子，并结合成为氢分子而聚集于阴极槽内，氢气由氢气排出管送往氢气干燥、压缩工段。

立式隔膜电解槽生产的碱液约含碱 11%，而且含有氯化钠和大量的水。为此要经过蒸发浓缩工段将水分和食盐除掉，生成的浓碱液再经过熬制即得到固碱或加工成片碱。水银法生产的碱液浓度为 45% 左右，可直接送往固碱工段。将浓熔融烧碱再进行电解可得到金属钠。

电解产生的氢气和氯气，由于含有大量的饱和水蒸气和氯化氢气体，对设备的腐蚀性很强，所以氯气要送往干燥工段经硫酸洗涤，除掉水分，然后送入氯气液化工段，以提高氯气的纯度。氢气经固碱干燥、压缩后送往使用单位。

3. 食盐电解过程的危险性分析及安全技术

在食盐电解中，主要是氯气中毒、腐蚀、碱灼伤、氢气爆炸以及高温、潮湿和触电等危险。

在正常操作中，应随时向电解槽的阳极室内添加盐水，使盐水始终保持在规定液面，否则，如盐水液面过低，氢气有可能通过阴极网渗入到阴极室内与氯气混合。要防止个别电解槽氢气出口堵塞，引起阴极室压力升高，造成氯气含氢量过高，氯气内含氢量达 5% 以上，则随时可能在光照或受热情况下发生爆炸。在生产中，单槽氯含氢浓度一般控制在 2.0% 以下，总管氯含氢浓度控制在 0.4% 以下。如果电解槽的隔膜吸附质量差，石棉绒质量不好，在安装电解槽时碰坏隔膜，造成隔膜局部脱落或在送电前注入的盐水量过大将隔膜破坏，以及阴极室中的压力等于或超过阳极时的压力时就可能使氢气进入阳极室，这些都可能引起氢含量高，此时应该对电解槽进行全面检查。

盐水有杂质，特别是铁杂质，致使产生第二阴极而放出氢气；氢气压力过大，没有及时调整；隔膜质量不好，有脱落之处；盐水液面过低，隔膜露出；槽内阴阳极放电而烧毁隔膜；氢气系统不严密而逸出氢气等，都可能引起电解槽爆炸或着火事故。引起氢气与氯气的混合物燃烧或爆炸的点火源可能是槽体接地产生的电火花、氢气管道系统漏电产生电位差而发生的放电火花、排放碱液管道对地绝缘不好而发生放电火花、电解槽内部构件间由于较大的电位差或两极之间的距离缩小而发生放电火花、雷击排空管引起氢气燃烧以及其他点火源等。水银电解槽若盐水中含有铁、钙、镁等杂质时，能分解钠汞齐，产生氢气而引起爆炸。若解汞室的清水温度过低，钠汞齐来不及在解汞室还原完全，就可能在电解槽继续解汞生成大量氢气，这也是水银电解发生爆炸的原因之一。因此，加入的水温应能保持解汞室的温度接近于 $95℃$，解汞后汞中含钠量宜低于 0.01%。电解槽盐水不能装得太满，因为在压力下，盐水是要上涨的，为保持一定液面，采用盐水供料器，间断供给盐水。不仅可以避免电流的损失，而且可以防止盐水导管为电流所腐蚀。应尽可能采用盐水纯度自动分析装置，这样可以观察盐水成分的变化，随时调节碳酸钠、苛性钠、氯化钡或聚丙烯酰胺的用量。由于盐水中带入铵盐，在适宜的条件下，铵盐和氯作用而产生氯化铵，氯作用于浓氯化铵溶液生成黄色油状的三氯化氮，这是一种爆炸性物质。

$$3Cl_2 + NH_4Cl \longrightarrow 4HCl + NCl_3 \quad \Delta H = 229.03kJ/mol$$

三氯化氮和许多有机物质接触或加热至 $90℃$ 以上，以及被撞击时，即按下式以剧烈爆炸的形式分解：

$$2NCl_3 \longrightarrow N_2 + 3Cl_2 \quad \Delta H = -460.57kJ/mol$$

因此，在盐水配制系统要严格控制无机铵含量。

突然停电或其他原因突然停车时，高压阀门不能立即关闭，以避免电解槽中氯气倒流而发生爆炸。应在电解槽后安装放空管及时减压，并在高压阀上安装单向阀，可以有效地防止跑氯，避免污染环境。

水银电解法另一个突出的安全技术问题是防止汞害。其技术措施包括对电解槽内含汞封槽水、氯气和氢气的洗涤水、电解槽维修用的洗槽水、冲洗地板水、汞泵密封用水等废水的处理；电解槽及其附属设备产生汞蒸气的防止措施及通风措施；解汞塔排出碱液中含汞的处理以及盐泥及其他废弃材料、设备中汞的回收处理等。

所有设备的维护检修（例如拆卸电解槽及检查汞泵等），都应按检修规程进行作业，同时对操作人员要进行充分的教育和训练，使其懂得汞的危害。洗槽时要严格执行操作规程，刮槽时要用专门工具，一般不允许用盐酸洗槽，以防腐蚀槽底。

由于氢气存在，生产有燃烧爆炸危险。电解槽应安装在自然通风良好的单层建筑物内。在看管电解槽时所经过的过道上，应铺设橡皮垫。输送盐水及碱液的铸铁总管安装得应便于操作。盐水至各电解槽或每组电解槽中间连通的主管，应该用不导电材料制成或外部敷以不导电层。主管上阀门的手轮也应该是不导电的。

电解槽食盐水入口处和碱液出口处应考虑采取电气绝缘措施，以免漏电产生火花。氢气系统与电解槽的阴极箱之间也应有良好的电气绝缘。整个氢气系统应良好接地，并设置必要的水封或阻火器等安全装置。

电解食盐厂房应有足够的防爆泄压面积，并有良好的通风条件。应安装防雷设施，保护氢气排空管的避雷针应高出管顶 3m 以上。输电母线涂以油漆，为了使接触良好，电解槽的母线、电缆终端及分布线末端的接触面应该很平整，在接线之前，将其表面仔细擦拭干净。在生产过程中，要直接连接自由导线以切断一个或几个电解槽时，只能用移动式收电器，这种收电器在断开时不会产生火花。

十、烷基化反应

1. 烷基化反应

烷基化是在有机化合物中的氮、氧、碳等原子上引入烷基（R—）的化学反应。引入的烷基有甲基（—CH_3）、乙基（—C_2H_5）、丙基（—C_3H_7）、丁基（—C_4H_9）等。烷基化常用烯烃、卤代烃、醇等能在有机化合物分子中的碳、氧、氮等原子上引入烷基的物质做烷基化剂。如苯胺和甲醇作用制取二甲基苯胺。

2. 烷基化反应的安全技术

（1）被烷基化的物质大都具有燃烧、爆炸等危险。如苯是甲类液体，闪点 $-11℃$，爆炸极限 $1.5\%\sim9.5\%$；苯胺是丙类液体，闪点 71℃，爆炸极限 $1.3\%\sim4.2\%$。

（2）烷基化剂一般比被烷基化物质的燃烧危险性要大。如丙烯是易燃气体，爆炸极限 $2.0\%\sim11.0\%$；甲醇是甲类液体，爆炸极限 $6.0\%\sim36.5\%$；十二烯是乙类液体，闪点 35℃，自燃点是 220℃。

（3）烷基化过程所用的催化剂反应活性强。如氯化铝是忌湿物品，有强烈的腐蚀性，遇水或水蒸气分解放热，放出氯化氢气体，有时能引起爆炸，若接触可燃物，则易着火；三氯化磷是腐蚀性忌湿液体，遇水或乙醇剧烈分解，放出大量的热和氯化氢气体，有极强的腐蚀性和刺激性，有毒，遇水及酸（主要是乙酸、硝酸）发热、冒烟，有发生起火爆炸的危险。

（4）烷基化反应都是在加热条件下进行的。如果原料、催化剂、烷基化剂等加料次序颠倒、速度过快或者搅拌中断停止，就会发生剧烈反应，引起跑料，造成燃烧或爆炸事故。

（5）烷基化的产品有一定的火灾危险。如异丙苯是乙类液体，闪点 35.5℃，自燃点 434℃，爆炸极限 $0.68\%\sim4.2\%$；二甲基苯胺是类液体，闪点 61℃，自燃点 371℃；烷基苯是丙类液体，闪点 127℃。

十一、重氮化反应

1. 重氮化反应

重氮化反应是芳伯胺变为重氮盐的反应，通常是把含芳胺的有机化合物在酸性介质中与亚硝酸钠作用，使其中的氨基（—NH_2）转变为重氮基（—$N\!\!=\!\!N$—）的化学反应，如二硝基重氮酚的制取等。

2. 重氮化反应的安全技术

（1）重氮化反应的主要火灾危险性在于所产生的重氮盐，如重氮盐酸盐（$C_6H_5N_2Cl$）、重氮硫酸盐（$C_6H_5N_2HSO_4$），特别是含有硝基的重氮盐，如重氮二硝基苯酚〔$(NO_2)_2N_2C_6H_2OH$〕等。在温度稍高或光的作用下，极易分解，有的甚至在室温时也能分解。一般每升高10℃，分解速度加快2倍。在干燥状态下，有些重氮盐不稳定，受热、摩擦、撞击能分解爆炸。含重氮盐的溶液若洒在地上、蒸汽管道上，干燥后也能引起着火或爆炸。在酸性介质中，有些金属（铁、铜、锌等）能促使重氮化合物剧烈地分解，甚至引起爆炸。

（2）作为重氮剂的芳胺化合物都是可燃有机物质，在一定条件下有燃烧和爆炸的危险。

（3）重氮化生产过程所使用的亚硝酸钠是无机氧化剂，于175℃时分解，能与有机物反应发生燃烧或爆炸。亚硝酸钠并非氧化剂，所以当遇到比其氧化性强的氧化剂时，又具有还原性，故遇到氯酸钾、高锰酸钾、硝酸铵等强氧化剂时，有发生燃烧或爆炸的可能。

（4）在重氮化的反应过程中，若反应温度过高，亚硝酸钠的投料过快或过量，均会增加亚硝酸的浓度，加速物料的分解，产生大量的氧化氮气体，有燃烧、爆炸的危险。

任务三

典型事故案例分析及对策

【案例3.1】　氧化反应事故案例

1995年5月18日下午3点左右，江阴市某化工厂在生产对硝基苯甲酸过程中发生爆燃火灾事故，当场烧死2人，重伤5人，至19日上午又有2名伤员因抢救无效死亡，该厂320m²生产车间厂房屋顶和280m²的玻璃钢棚以及部分设备、原料被烧毁，直接经济损失为10.6万元。5月18日下午2点，当班生产副厂长王某组织8名工人接班工作，接班后氧化釜继续通氧氧化，当时釜内工作压力0.75MPa，温度160℃。不久工人发现氧化釜搅拌器传动轴密封填料处出现泄漏，当班长钟某在观察泄漏情况时，泄漏出的物料溅到了他的眼睛，钟某就离开现场去冲洗眼睛。之后工人刘某、星某在副厂长王某的指派下，用扳手直接去紧搅拌轴密封填料的压盖螺栓来处理泄漏问题，当刘某、星某对螺母紧了几圈后，物料继续泄漏，且螺栓已跟着转动，无法旋紧。经王某同意，刘某将手中的两只扳手交给在现场的工人陈某，自己去修理间取管钳，当刘某离开操作平台约45s左右，走到修理间前时，操作平台上发生爆燃，接着整个生产车间起火。当班工人除钟某、刘某离开生产车间之外，其余7人全部陷入火中，副厂长王某、工人李某当场烧死，陈某、星某在医院抢救过程中死亡，3人重伤。

事故原因分析：

（1）直接原因。经过调查取证、技术分析和专家论证，这起事故的发生，是由于氧化釜搅拌器传动轴密封填料处发生泄漏，生产副厂长王某指挥工人处理不当，导致泄漏更加严重，釜内物料（其成分主要是乙酸）从泄漏处大量喷出，在釜体上部空间迅速与空气形成爆炸性混合气体。遇到金属撞击产生的火花即发生爆燃，并形成大火。

（2）间接原因。

① 管理混乱，生产无章可循。据调查，该厂自生产对硝基苯甲酸以来，没有制定与生产工艺相适应的任何安全生产管理制度、工艺操作规程、设备使用管理制度，特别是北京某公司 3 月 1 日租赁该厂后，对工艺设备做了改造，操作工人全部更换，没有依法建立各项劳动安全卫生制度和工艺操作规程，整个企业生产无章可循，尤其是对生产过程中出现的异常情况，没有明确如何处理，也没有任何安全防范措施。

② 工人未经培训，仓促上岗。该厂自租赁以后，生产操作工人全部重新招用外来劳动力，进厂最早的 1995 年 4 月，最迟的一批人 5 月 15 日下午刚刚从青海赶到工厂，仅当晚开会讲注意事项，第二天就上岗操作。因此工人没有起码的工业生产的常识，没有任何安全知识，不懂得安全操作规程，也不知道本企业生产的操作要求，根本不认识化工生产的危险特点，尤其对如何处理生产中出现的异常情况更是不懂。整个生产过程全由租赁方总经理和生产副厂长王某具体指挥每个工人如何做，工人自己不知道怎样做。

③ 生产没有依法办理任何报批手续，企业不具备安全生产基本条件。该厂自 1994 年 5 月起生产对硝基苯甲酸，却未按规定向有关职能部门申报办理手续，生产车间的搬迁改造也未经过消防等部门批准，更没有进行劳动安全卫生的"三同时"审查验收。尤其是作为工艺过程中最危险的关键设备氧化釜，是 1994 年 5 月非法订购的无证制造厂家生产的压力容器，而且连设备资料都没有就违法使用。生产车间现场混乱，生产原材料与成品混放。因此，整个企业不具备从事化工生产的安全生产基本条件。

【案例 3.2】　还原反应事故

1996 年 8 月 12 日，山东省某化学工业集团总公司制药厂在生产山梨醇过程中发生爆炸事故。

该制药厂新开发的山梨醇生产工艺装置于 7 月 15 日开始投料生产。8 月 12 日零时山梨醇车间乙班接班，氢化岗位的氢化釜处在加氢反应过程中。4 时取样分析合格，4 时 10 分开始出料，至 4 时 20 分液糖和二次沉降蒸发工段突然出现一道闪光，随着一声巨响，发生空间化学爆炸。1 号、2 号液糖高位槽封头被掀裂，3 号液糖高位槽被炸裂，封头飞向房顶，4 台互次沉降槽封头被炸挤压入槽内，6 台尾气分离器、3 台缓冲罐被防爆墙掀翻砸坏，室内外的工艺管线、电气线路被严重破坏。

事故原因分析：

（1）事故直接原因。氢化釜在加氢反应过程中，随氢气不断加入，调压阀处于常动状态（工艺条件要求氢化釜内的工作压力为 4MPa），由于尾气缓冲罐下端残糖回收阀处于常开状态（此阀应处于常关状态，在回收残糖时才开此阀，回收完后随即关好，气源是从氢化釜调压出来的氢气），氢气被送 3 号高位槽后，经槽顶呼吸管排到室内。因房顶全部封闭，又没有排气装置，致使氢气沿房顶不断扩散积聚，与空气形成爆炸混合气，达到了爆炸极限。二层楼平面设置了产品质量分析室，常开的电炉引爆了混合气，发生了空间化学爆炸。

（2）事故间接原因。

① 企业建立的新产品安全技术操作规程，没有经过工程技术人员的论证审定，没有尾气回收罐回收阀操作程序规定。管理人员的安全素质差，不熟悉工艺安全参数，对安全操作规程生疏，对作业人员规程执行情况指导有漏洞，而工人对其操作不明白，以致使氢气缓冲罐回收阀处于常开状态，形成多班次连续氢气漏至室内，是造成此次事故的原因。

② 山梨醇工艺设计不安全可靠（如 3 号高位槽只安装 1 根高 0.6m 的呼吸管，标准规定放空高度高于建筑物、构筑物 2m 以上），其厂房布置设计不符合规范要求（如山梨醇产品分析室离散发可燃气体源仅 15m，规范规定不小于 30m），是此次事故的主要原因。

③ 新产品安全操作规程不完善，缺乏可靠的操作依据，反映出厂领导对新产品安全生产责任制没有落到实处。

④ 山梨醇是该企业新建项目，没有按国家有关新建、改建、扩建项目安全卫生"三同时"要求进行安全卫生初步设计、审查和竣工验收。自己制造安装尾气缓冲罐（属压力容器）时没有装配液位计，山梨醇车间也没有设置可燃气体浓度检测报警装置。厂房上部为封闭式，未设排气装置，这些均违反了《建筑设计防火规范》的规定。

【案例 3.3】 硝化反应事故

2003 年 4 月 12 日，江苏省某厂三硝基甲苯（TNT）生产线硝化车间发生特大爆炸事故，事故中死亡 17 人、重伤 13 人、轻伤 94 人；报废建筑物约 $5 \times 10^4 \, m^2$，严重破坏的 $5.8 \times 10^4 \, m^2$，一般破坏的 $17.6 \times 10^4 \, m^2$；设备损坏 951 台（套），直接经济损失 2266.6 万元。此外由于停产和重建，间接损失更加巨大。

TNT 是一种烈性炸药，由甲苯经硫硝混酸硝化而成。硝化过程中存在着燃烧、爆炸、腐蚀、中毒四大危险。硝化反应分为 3 个阶段：一段硝化由甲苯硝化为一硝基甲苯（MNT），用四台硝化机并联完成；二段硝化由一硝基甲苯硝化为二硝基甲苯（DNT），用二台硝化机并联完成；三段硝化由二硝基甲苯硝化为三硝基甲苯（TNT），用 11 台硝化机串联起来完成；三段硝化比二段硝化困难得多，不仅反应时间长，需多台硝化机串联，而且硫硝混酸浓度高，并控制在较高温度下进行，因而反应危险性大。这次特大爆炸事故就是从三段 2 号机（代号为Ⅲ—2＋）开始的。

发生事故的硝化车间由 3 个实际相连的工房组成。中间为 9m×40m×15m 的钢筋混凝土 3 层建筑，屋顶为圆拱形；东西两侧分别为 8m×40m 和 12m×40m 的两个偏房。硝化机多数布置在西偏房内，理化分析室布置在东偏房内。整个硝化车间位于高 3m、四周封闭的防爆土堤内，工人只能从涵洞出入。爆炸事故发生后，该车间及其内部 40 多台设备荡然无存，现场留下一个方圆约 40m、深 7m 的锅底形大坑，坑底积水 2.7m 深。

爆炸不仅使本工房被摧毁，而且精制、包装工房，空压站及分厂办公室遭到严重破坏，相邻分厂也受到严重影响。位于爆炸中心西侧的三分厂、南侧的五分厂、北侧的六分厂和热电厂，凡距爆炸中心 600m 范围内的建筑物均遭严重破坏；1200m 范围内的建筑物局部破坏，门窗玻璃全被震碎，3000m 范围内门窗玻璃部分破碎。在爆炸中心四周的近千株树木，或被冲击波拦腰截断或被冲倒，或树冠被削去半边。

爆炸飞散物——残墙断壁和设备碎块，大多抛落在 300m 半径范围内，少数飞散物抛落甚远，例如，一根长 800mm、φ80mm 的钢轴飞落至 1685m 处；一个数十吨重的钢筋混凝土块（原硝化工房拱形屋顶的残骸）被抛落在东南方 487m 处，将埋在地下 2m 深处的 φ400mm 铸铁管上水干线砸断，使水大量溢出；一个数十公斤重的水泥墙残块飞至 310m 处，砸穿三分厂卫生巾生产工房的屋顶，将室内 2 名女工砸成重伤。

根据对生产设备内的炸药量的测量，并从建筑物破坏等级与冲击波超压的关系，以及爆炸坑形状和大小的估算，确定这次事故爆炸的药量约为 40tTNT 当量。

事故原因分析：

（1）事故直接原因。经过分析认定，事故的起因是Ⅲ—6＋、Ⅲ—7＋机硝酸阀泄漏造成硝化系统硝酸含量过高，最低凝固点前移，致使Ⅲ—2＋机反应激烈冒烟。高温高浓度硫硝混酸与不符合工艺规定的石棉绳（含大量可燃纤维和油脂）接触成为火种，引起Ⅲ—2＋机分离器内硝化物着火，局部过热，引起硝化物分解着火。着火后因硝化机本质安全条件差、没有自动放料装置，工人也没有手动放料。以致由着火转为爆炸。

（2）事故间接原因。这次事故与工厂管理方面的漏洞有很大关系，领导对安全重视不够；生产工艺设备上问题多，解决不力；工人劳动纪律差、有擅自脱岗现象；再加上使用了不符合工艺规定的石棉绳等，因此这起特大爆炸事故是一起在本质安全条件很差的情况下发生的责任事故。

【案例 3.4】　聚合反应事故

1990 年 1 月 27 日 1 时 30 分，湖南省某化工厂聚氯乙烯车间 1 号聚合反应釜 13m³ 搪瓷釜，设计压力为（8±0.2）×10² kPa。该釜加料完毕后，18 时 40 分达到指示温度，开始聚合；聚合反应过程中，由于其间反应激烈，注加稀释水等操作以控制反应温度。28 日早 6 时 50 分，釜内压力降到 3.42×10² kPa，温度 51℃，反应已达 12h。取样分析釜内气体氯乙烯、乙炔含量后，根据当时工艺规定可向氯乙烯柜排气到 8 时，釜内压力为 1.7×10² kPa。白班接班后，继续排气到 8 时 53 分，釜内压力降到 1.5×10² kPa，即停止排气而开动空气压缩机压入空气向 3 号沉析槽出料。9 时 10 分，3 号沉析槽泡沫太多，已近满量，沉析岗位人员怕跑料，随即通知聚合操作人员把出料阀门关闭，以便消除沉析槽泡沫，而后再启动空气压缩机压入空气压料，但由于出料管线被沉积树脂堵塞，此时虽釜内压力已达到 4.22×10² kPa。物料仍然压不过来，空气压缩机被迫停机。当时聚合操作人员林某赶到干燥工段找回当班班长廖某（代理值班长）共同处理，当林某和廖某刚回到 1 号釜旁即发生釜内爆炸，将人孔盖螺栓冲断，釜盖飞出，接着一团红光冲出，而后冒出有窒息性气味的黑烟、黄烟，造成死亡 2 人、轻伤 2 人；直接经济损失 25 万元，车间停产 3 个月之久。

事故原因分析：

（1）事故直接原因。事故的直接原因是采用压缩空气出料工艺过程中，空气与未聚合的氯乙烯形成爆炸性混合物（氯乙烯在空气中爆炸范围 4%～22%），提供了爆炸的物质条件。

事故调查中发现，轴瓦的瓦面烧熔痕迹明显者有 13 处，其中两片瓦已熔为一体，说明釜的中轴瓦与轴的干摩擦（料出至轴瓦以下，加之轴不十分垂直）产生的高温（380～400℃）引起了氯乙烯混合气爆炸（氯乙烯自燃点为 390℃）。

（2）事故间接原因。该厂用空气压送聚合液料，在工艺原理上不能保证安全生产，应禁止使用。操作人员对聚合、沉析系统的运行操作不够熟悉，在处理事故时不能抓住要害。

 思考与练习

一、简答题

1. 化学反应的危险性主要表现在哪几种情况？

2. 简述氧化反应过程的安全控制技术。

3. 过氧化物的特点有哪些？

4. 危险性大的还原反应有哪几种？

5. 简述还原反应的安全技术要点。

6. 简述氯化反应安全技术要点。

7. 简述混酸配制的安全技术要点。

8. 简述硝化过程的安全技术要点。

9. 简述催化重整过程的安全技术要点。

10. 简述催化加氢过程的安全技术要点。

11. 聚合反应过程中的危险性因素有哪些？

12. 简述烷基化反应的安全操作技术。

13. 简述重氮化反应的安全操作技术。

二、分析讨论题

1. 试分析氧化反应过程危险性因素。

2. 试分析硝化反应的危险性。

3. 试分析磺化反应过程的危险性。

4. 试分析催化反应的危险性。

5. 试分析裂解反应过程危险性。

6. 试分析食盐电解过程的危险性。

模块四　化工单元操作安全技术

应　知

(1) 熟知化工单元操作的基本类型及危险性影响因素；
(2) 掌握重要的化工单元操作过程的危险性分析及安全控制技术；
(3) 熟悉典型化工单元操作事故案例。

应　会

(1) 能够掌握化工单元操作安全性措施；
(2) 能够根据化工单元操作过程的特点，预防化工单元操作过程中危险的产生；
(3) 学会对化工单元操作事故的分析。

任务一

化工单元操作过程及安全技术

化工单元操作是化工生产中具有共同的物理变化特点的基本操作，包括物料输送、加热、冷却、冷凝、冷冻、蒸发及蒸馏、气体吸收、萃取、结晶、过滤、吸附、干燥等。这些单元操作遍及各种化工行业。化工单元操作涉及泵、换热器、反应器、蒸发器、各种塔等一系列设备。

化工单元操作既是能量集聚、传输的过程，也是两类危险源相互作用的过程，控制化工单元操作的危险性是化工安全生产工程的重点。

化工单元操作的危险性主要是由所处理物料的危险性所决定的。其中，处理易燃物料或含有不稳定物质物料的单元操作的危险性最大。在进行危险单元操作时，除了要根据物料的理化性质，采取必要的安全对策外，还要特别注意避免以下情况的发生。

1. 防止易燃气体物料形成爆炸性混合体系

处理易燃气体物料时要防止与空气或其他氧化剂形成爆炸性混合体系。特别是负压状态下的操作，要防止空气进入系统而形成系统内爆炸性混合体系。同时也要注意在正压状态下操作，要防止易燃气体物料泄漏，与环境空气混合形成系统外爆炸性混合体系。

2. 防止易燃固体或可燃固体物料形成爆炸性粉尘混合体系

在处理易燃固体或可燃固体物料时，要防止形成爆炸性粉尘混合体系。

3. 防止不稳定物质的积聚或浓缩

处理含有不稳定物质的物料时，要防止不稳定物质的积聚或浓缩。在蒸馏、蒸发、过滤、筛分、萃取、结晶、搅拌、加热升温、冷凝、回流、再循环等单元操作过程中，有可能使不稳定物质发生积聚或浓缩，进而产生危险。例如以下情况：

（1）不稳定物质减压蒸馏时，若温度超过某一极限值，有可能发生分解爆炸。

（2）粉末过筛时容易产生静电，而干燥的不稳定物质过筛时，微细粉末飞扬，可能在某些位置积聚而发生危险。

（3）反应物料循环使用时，可能造成不稳定物质的积聚而使危险性增大。

（4）反应液静置中，以不稳定物质为主的相，可能分离而形成分层积聚。不分层时，所含不稳定的物质也有可能在局部地点相对集中。在搅拌含有有机过氧化物等不稳定物质的反应混合物时，如果搅拌停止而处于静置状态，那么，所含不稳定物质的溶液就附在壁上，若溶剂蒸发了，不稳定物质被浓缩，往往成为自燃的火源。

（5）在大型设备里进行反应，如果含有回流操作时，危险物在回流操作中有可能被浓缩。

（6）在不稳定物质的合成反应中，搅拌是个重要因素。在采用间歇式的反应操作过程中，化学反应速率快。大多数情况下，加料速度与设备的冷却能力是相适应的，这时反应是扩散控制，应使加入的物料马上反应掉；如果搅拌能力差，反应速率慢，加进的原料过剩，未反应的部分积聚在反应系统中，若再强力搅拌，所积存的物料一起反应，使体系的温度迅速上升，往往造成反应无法控制。操作的一般原则是搅拌停止的时候应停止加料。

（7）在对含有不稳定物质的物料升温时，控制不当有可能引起突发性反应或热爆炸。如果在低温下将两种能发生放热反应的液体混合，然后再升温引起反应将是十分危险的。在工业生产中，一般将一种液体保持在能起反应的温度下，边搅拌边加入另一种物料进行反应。

一、物料输送

在化工生产过程中，经常需要将各种原材料、中间体、产品以及副产品和废弃物，从前一个工段输送到后一个工段，或由一个车间输送到另一个车间，或输送到仓库贮存。这些输送过程都是借助于各种输送机械设备来实现的。由于所输送物料的形态不同（块状、粉状、液体、气体），所采用的输送方式和机械也各异，但不论采取何种形式的输送，保证它们的安全运行都是十分重要的。若一处受阻，不仅影响整条生产线的正常运行，还可能导致各种事故。

1. 固体物料的输送

1) 常见输送设备及输送方式

固体物料分为块状物料和粉状物料，在实际生产中多采用皮带输送机、螺旋输送机、刮板输送机、链斗输送机、斗式提升机以及气力输送（风送）等多种方式进行输送。

气力输送是凭借真空泵或风机产生的气流动力将物料吹走以实现物料输送。与其他输送方式相比，气力输送系统构造简单、密闭性好、物料损失少、粉尘少，劳动条件好，易实现自动化且输送距离远。但能量消耗大、管道磨损严重，且不适于输送湿度大、易黏结的物料。

2) 不同输送方式的危险性分析及安全控制

（1）皮带、刮板、螺旋输送机、斗式提升机等输送设备。这类输送设备连续往返运转，在运行中除设备本身会发生故障外，还会造成人身伤害。因此除要加强对机械设备的常规维护外，还应对齿轮、皮带、链条等部位采取防护措施。

① 传动机构。主要有皮带传动和齿轮传动等。

皮带传动。皮带的形式与规格应根据输送物料的性质、负荷情况进行合理选择，要有足够大的强度，皮带胶接应平滑，并要根据负荷调整松紧度。在运行过程中，要防止因高温物料烧坏皮带，或因斜偏刮挡撕裂皮带的事故发生。

皮带同皮带轮接触的部位，对于操作工人是极其危险的部位，可造成断肢伤害甚至危及生命安全。正常生产时，这个部位应安装防护罩。检修时拆下的防护罩，检修完毕应立即重新安装好。

齿轮传动。齿轮传动的安全运行，取决于齿轮同齿轮，齿轮同齿条、链条的良好啮合，以及具有足够的强度。此外，要严密注意负荷的均匀、物料的粒度以及混入其中的杂物，防止因卡料而拉断链条、链板，甚至拉毁整个输送设备机架。

齿轮同齿轮、齿条、链条相啮合的部位，是极其危险的部位。该处连同它的端面均应采取防护措施，防止发生重大人身伤亡事故。

对于螺旋输送机，应注意螺旋导叶与壳体间隙、物料粒度和混入杂物以防止挤坏螺旋导叶与壳体。

斗式提升机应安装因链带拉断而坠落的防护装置。链式输送机应注意下料器的操作，防止下料过多、料面过高造成链带拉断。

轴、联轴器、键及固定螺钉。这些部位的固定螺钉不准超长，否则在高速旋转中易将人刮倒。这些部位要安装防护罩，并不得随意拆卸。

② 输送设备的开、停车。在生产中有自动开停和手动开停两种系统。为保证输送设备的安全，还应安装超负荷、超行程停车保护装置。紧急事故停车开关应设在操作者经常停留的部位。停车检修时，开关应上锁或撤掉电源。

长距离输送系统，应安装开停车联系信号，以及给料、输送、中转系统的自动连锁装置或程序控制系统。

③ 输送设备的日常维护。日常维护中，润滑、加油和清扫工作是操作者致伤的主

要原因。因此，应提倡安装自动注油和清扫装置，以减少发生这类危险的概率。

（2）气力输送。从安全技术考虑，气力输送系统除设备本身因故障损坏外，最大的问题是系统的堵塞和由静电引起的粉尘爆炸。

① 堵塞。以下几种情况易发生堵塞。

具有黏性或湿性过高的物料较易在供料处、转弯处黏附管壁，造成堵塞管路。

大管径长距离输送管比小管径短距离输送管更易发生堵塞。

管道连接不同心时，有错偏或焊渣突起等障碍处易堵塞。

输料管径突然扩大，或物料在输送状态中突然停车时，易造成堵塞。

最易堵塞的部位是弯管和供料处附近的加速段，由水平向垂直过渡的弯管易堵塞。为避免堵塞，设计时应确定合适的输送速度，选择管系的合理结构和布置形式，尽量减少弯管的数量。

输料管壁厚通常为 3~8mm。输送磨削性较强的物料时，应采用管壁较厚的管道，管内表面要求光滑、不准有褶皱或凸起。

此外，气力输送系统应保持良好的严密性。否则，吸送式系统的漏风会导致管道堵塞。而压送式系统漏风，会将物料带出，污染环境。

② 静电。粉料在气力输送系统中，会同管壁发生摩擦而使系统产生静电，这是导致粉尘爆炸的重要原因之一。必须采取下列措施加以消除。

输送粉料的管道应选用导电性较好的材料，并应良好地接地。若采用绝缘材料管道，且能产生静电时，管外应采取可靠的接地措施。

输送管道直径要尽量大些。管路弯曲和变径应平缓，弯曲和变径处要少。管内壁应平滑、不许装设网格之类的部件。

管道内风速不应超过规定值，输送量应平稳，不应有急剧的变化。

粉料不要堆积管内，要定期使用空气进行管壁清扫。

2. 液体物料的输送

1）液体物料输送设备分类

化工生产过程中输送的液态物料种类繁多、性质各异（有高黏度溶液、悬浮液、腐蚀性溶液等），且温度、压强又有高低之分，因此，所用泵的种类较多。生产中常用的有离心泵、往复泵、旋转泵、流体作用泵四类。

2）液体输送过程危险性分析及安全控制

（1）离心泵。离心泵在开动前，泵内和吸入管必须用液体充满，如在吸液管一侧装一单向阀门，使泵在停止工作时泵内液体不致流空，或将泵置于吸入液面之下，或采用自灌式离心泵都可将泵内空气排尽。

操作前应压紧填料函，但不要过紧、过松，以防磨损轴部或使物料喷出。停车时应逐渐关闭泵出口阀门，使泵进入空转。使用后放净泵与管道内积液，以防冬季冻坏设备和管道。

在输送可燃液体时，管内流速不应大于安全流速，且管道应有可靠的接地措施以防静电。同时要避免吸入口产生负压，使空气进入系统发生爆炸。

安装离心泵时，混凝土基础需稳固，且基础不应与墙壁、设备或房柱基础相连接，以免产生共振。

为防止杂物进入泵体，吸入口应加滤网。泵与电机的联轴节应加防护罩以防绞伤。

在生产中，若输送的液体物料不允许中断，则需要考虑配置备用泵和备用电源。

（2）往复泵。往复泵主要由泵体、活塞（或活柱）和两个单向活门构成。依靠活塞的往复运动将外能以静压力形式直接传给液态物料，借以传送。往复泵按其吸入液体动作可分为单动、双动及差动往复泵。

蒸汽往复泵以蒸汽为驱动力，不用电和其他动力，可以避免产生火花，故而特别适用于输送易燃液体。当输送酸性和悬浮液时，选用隔膜往复泵较为安全。

往复泵开动前，需对各运动部件进行检查。观其活塞、缸套是否磨损，吸液管上之垫片是否适合法兰大小。以防泄漏。各注油处应适当加油润滑。

开车时，将泵体内壳充满水，排除缸内空气。若在出口装有阀门时，需将出口阀门打开。

需要特别注意的是，对于往复泵等正位移泵，严禁用出口阀门调节流量，否则将造成设备或管道的损坏。

（3）旋转泵。旋转泵同往复泵一样，同属于正位移泵。同往复泵的主要区别是泵中没有活门，只有在泵中旋转着的转子。旋转泵依靠旋转时排送液体，留出空间形成低压将液体连续吸入和排出。

因为旋转泵属于正位移泵，故流量不能用出口管道上的阀门进行调节，而采用改变转子转速或回流支路的方法调节流量。

（4）"酸蛋"和空气升液器。在化工生产中，也有用压缩空气为动力来输送一些酸碱等有腐蚀性液体的，俗称"酸蛋"。这些设备也属于压力容器，要有足够的强度。在输送有爆炸性或燃烧性物料时，要采用氮、二氧化碳等惰性气体代替空气，以防造成燃烧或爆炸。

对于易燃液体不能采用压缩空气压送。因为空气与易燃液体混合，可形成爆炸混合物，且有产生静电的可能。

对于闪点很低的易燃液体，应用氮或二氧化碳惰性气体压送。闪点较高及沸点在130℃以上的可燃液体，如有良好的接地装置，可用空气压送。输送易燃液体采用蒸汽往复泵较为安全。如采用离心泵，则泵的叶轮应用有色金属或塑料制造，以防撞击发生火花。设备和管道应良好接地，以防静电引起火灾。

用各种泵类输送可燃液体时，其管内流速不应超过安全速度。

另外，虹吸和自流的输送方法比较安全，在工厂中应尽量采用。

3. 气体物料输送过程的安全技术

气体物料的输送采用压缩机。输送可燃气体要求压力不太高时，采用液环泵［液环泵是一种输送气体的流体机械，它靠叶轮的旋转将机械能传递给工作液体（旋转液体），又通过液环对气体的压缩，把能量传递给气体，使其压力升高，达到抽吸真空（作真空泵用）或压送气体（作压缩机用）的目的，二者统称为液环泵］比较安全。抽送或压送可燃性气体时，进气吸入口应该经常保持一定余压，以免造成负压吸入空气形成爆炸性混合物（雾化的润滑油或其分解产物与压缩空气混合，同样会产生爆炸性混合物）。

为避免压缩机汽缸、贮气罐以及输送管路因压力增高而引起爆炸，要求这些部分要有足够的强度。此外，要安装经校验的压力表和安全阀（或爆破片）。安全阀泄压应将其危险气体导致安全的地方。还可安装压力超高报警器、自动调节装置或压力超高自动停车装置。

压缩机在运行中，冷却水不能进入汽缸，以防发生"水锤"（水锤是在突然停电或者在阀门关闭太快时，由于压力水流的惯性，产生水流冲击波，就像锤子敲打一样，所以叫水锤）。氧压机严禁与油类接触，一般采用含 10% 以下甘油的蒸馏水作为润滑剂。其中水的含量应以汽缸壁充分润滑而不产生水锤为准（80～100 滴/min）。

气体抽送、压缩设备上的垫圈易损坏漏气，应经常检查、及时修换。

对于特殊压缩机，应根据压送气体物料的化学性质的不同，而有不同的安全要求。如乙炔压缩机中，同乙炔接触的部件不允许用铜来制造，以防产生比较危险的乙炔铜等。

可燃气体的输送管道，应经常保持正压，并根据实际需要安装逆止阀、水封和阻火器等安全装置。

易燃气体、液体管道不允许同电缆一起敷设。可燃气体管道同氧气管一同敷设时，氧气管道应设在旁边，并保持 250mm 的净距。

管内可燃气体流速不应过高。管道应良好接地，以防止静电引起事故。

对于易燃、易爆气体或蒸气的抽送、压缩设备的电机部分，应全部采用防爆型。否则，应穿墙隔离设置。

二、加热及传热过程

传热，即热量的传递。化学工业与传热的关系尤为密切。加热是控制温度的重要手段，其操作的关键是按规定严格控制温度的范围和升温速度。

1. 加热剂与加热方法

（1）水蒸气。水蒸气是最常用的加热剂，通常使用饱和水蒸气。用水蒸气加热的方法有两种：直接蒸汽加热和间接蒸汽加热。直接蒸汽加热时，水蒸气直接进入被加热的介质中并与其混合，这种方法适用于允许被加热介质和蒸汽的冷凝液混合的场合。间接蒸汽加热是通过换热器的间壁传递热量。

水蒸气爆炸的危险以及由水蒸气引起的爆炸事故十分普遍，蒸汽爆炸事故中最常见的是水汽化后引起的爆炸事故。

（2）热水。热水加热一般用于 100℃ 以下的场合，热水通常可使用锅炉热水和从蒸发器或换热器得到的冷凝水。

（3）高温有机物。将物料加热到 400℃ 以下的范围内，可使用液态或气态高温有机物作为加热剂。

常用的有机物加热剂有：甘油、乙二醇、萘、联苯与二苯醚的混合物、二甲苯基甲烷、矿物油和有机硅液体等。高温有机物由于具有燃烧爆炸危险、高温结焦和积炭危险，运行中密闭性和温度控制必须严格。另外联苯与二苯醚混合物由于具有较高的渗透性，因此系统的密闭问题十分明显。

（4）无机熔盐。当需要加热到550℃时，可用无机熔盐作为加热剂。熔盐加热装置应具有高度的气密性，并用惰性气体保护。

此外，工业生产中还利用液体金属、烟道气和电等来加热。其中，液体金属可加热到300~800℃，烟道气可加热到1100℃，电加热最高可达到3000℃。

2. 加热过程危险性分析

吸热反应大多需要加热；有的反应必须在较高的温度下进行，因此也需要加热。加热反应必须严格控制温度。一般情况下，随着温度升高反应速率加快。温度过高或升温过快都会导致反应剧烈，容易发生冲料，易燃品大量气化，聚集在车间内与空气形成爆炸性混合物，发生火灾的危险性极大。所以应明确规定和严格控制升温上限和升温速度。

如果是放热反应且反应液沸点低于40℃，或者是反应剧烈、温度容易猛升并有冲料危险的化学反应，反应设备应该有冷却装置和紧急放料装置。紧急放料装置的物料接收器应该导出至生产现场以外没有火源的安全地方。此外，也可以设爆破泄压片。

加热温度如果接近或超过物料的自燃点，应采用氮气保护。

采用硝酸盐、亚硝酸盐等无机盐作加热载体时，要预防与有机物等可燃物接触，因为无机盐混合物具有强氧化性，与有机物接触后会发生强烈的氧化还原反应引起燃烧或爆炸。

与水会发生反应的物料，不宜采用水蒸气或热水加热。采用水蒸气或热水加热时，应定期检查蒸汽夹套和管道的耐压强度，并应安装压力表和安全阀。

采用充油夹套加热时，需将加热炉门与反应设备用砖墙隔绝，或将加热炉设于车间外面。油循环系统应严格密闭，不准热油泄漏。

电加热装置如果电感线圈绝缘破坏、受潮、漏电、短路以及电火花、电弧等均能引起易燃易爆物质着火或爆炸。在加热易燃物质，以及受热能挥发可燃性气体或蒸气的物质时，应采用密闭式电加热器。电加热器不能安装在易燃物质附近。导线的负荷能力应满足加热器的要求。为了提高电加热设备的安全可靠性，可采用防潮、防腐蚀、耐高温的绝缘层，增加绝缘层的厚度，添加绝缘保护层等措施。电感应线圈应密封起来，防止与可燃物接触。电加热器的电炉丝与被加热设备的器壁之间应有良好的绝缘，以防短路引起电火花，将器壁击穿，使设备内的易燃物质或漏出的气体和蒸气发生燃烧或爆炸。

3. 换热器安全运行技术

间接加热是化工生产中应用最广泛的加热方法，它是通过换热器来实现的，因此换热器的安全运行对于加热操作过程尤为重要。为了保证换热器长久正常运转，必须正确操作和使用换热器，并重视对设备的维护、保养和检修，将预防维护摆在首位，强调安全预防，减少任何可能发生的事故，这就要求必须掌握换热器的基本操作方法、运行特点和维护经验。

三、冷却、冷凝与冷冻

1. 冷却、冷凝

冷却与冷凝被广泛应用于化工生产中。两者的主要区别在于被冷却的物料是否发生相的改变。若发生相变（如气相变为液相）则称为冷凝，否则，无相变只是温度降低则称为冷却。

1）冷却与冷凝方法

根据冷却与冷凝所用的设备，可分为直接冷却与间接冷却两类。

（1）直接冷却法。可直接向所需冷却的物料加入冷水或冰等制冷剂，也可将物料置入敞口槽中或喷洒于空气中，使之自然气化而达到冷却的目的（这种冷却方法也称为自然冷却）。在直接冷却中常用的冷却剂为水。直接冷却法的缺点是物料被稀释。

（2）间接冷却法。此法通常是在具有间壁式换热器中进行的。壁的一边为低温载体，如冷水、盐水、冷冻混合物以及固体二氧化碳等，而壁的另一侧为所需冷却的物料。一般冷却水所达到的冷却效果不能低于0℃；20%浓度的盐水，其冷却效果可达0～−15℃；冷冻混合物（以压碎的冰或雪与盐类混合制成），依其成分不同，冷却效果可达0～−45℃。间接冷却法在化工生产中应用更广泛。

2）冷却与冷凝设备

冷却、冷凝所使用的设备统称为冷却、冷凝器。冷却器、冷凝器就其实质而言均属于换热器，依其传热面形状和结构可分为以下几种：

（1）管式冷却、冷凝器。常用的有蛇管式、套管式和列管式等。

（2）板式冷却、冷凝器。常用的有平板式、夹套式、螺旋式、翼片式等。

（3）混合式冷却、冷凝设备。包括填充塔、泡沫冷却塔、喷淋式冷却塔、文丘里冷却器、瀑布式混合冷凝器。混合式冷凝器又可分为干式、湿式、并流式、逆流式等。

按冷却、冷凝器材质分为金属与非金属材料。

3）冷却与冷凝的安全技术

冷却、冷凝的操作在化工生产中容易被人们忽视。实际上它很重要，它不仅涉及原材料定额消耗，以及产品收率，而且严重地影响安全生产。在实际操作中应做到以下几点：

（1）根据被冷却物料的温度、压力、理化性质以及所要求冷却的工艺条件，正确选用冷却设备和冷却剂。

（2）对于腐蚀性物料的冷却，最好选用耐腐蚀材料的冷却设备。如石墨冷却器、塑料冷却器以及用高硅铁管、陶瓷管制成的套管冷却器和钛材冷却器等。

（3）严格注意冷却设备的密闭性，不允许物料窜入冷却剂中。也不允许冷却剂窜入被冷却的物料中（特别是酸性气体）。

（4）冷却设备所用的冷却水不能中断。否则，反应热不能及时导出，致使反应异常，系统压力增高，甚至产生爆炸。另一方面，冷却、冷凝器如断水，会使后部系统温度升高，未冷凝的危险气体外逸排空，可能导致燃烧或爆炸。用冷却水控制系统温度时，一定要安装自动调节装置。

（5）开车前首先清除冷凝器中的积液，再打开冷却水，然后才能通入高温物料。

（6）为保证不凝性可燃气体安全排空，可充氮保护。

（7）检修冷凝、冷却器时，应彻底清洗、置换，切勿带料焊接。

2. 冷冻

在某些化工生产过程中，如蒸气、气体的液化，某些组分的低温分离，以及某些物品的输送、贮藏等，常需将物料降到比水或周围空气更低的温度，这种操作称为冷冻或制冷。

冷冻操作的实质是不断地由低温物体（被冷冻物）取出热量，并传给高温物体（水或空气），以使被冷冻的物料温度降低。热量由低温物体到高温物体这一传递过程是借助于冷冻剂实现的。适当选择冷冻剂及其操作过程，可以获得由零度至接近绝对零度的任何程度的冷冻。一般来说，冷冻程度与冷冻操作的技术有关，凡冷冻范围在－100℃以内的称为冷冻；而在－210～－100℃或更低的温度，则称为深度冷冻。

1）冷冻方法

化工生产中常用的冷冻方法有以下几种。

（1）低沸点液体的蒸发。如液氨在 0.2MPa 压力下蒸发，可以获得－15℃的低温，若在 0.04119MPa 压力下蒸发，则可达－50℃；液态乙烷在 0.05354MPa 压力下蒸发可达－100℃，液态氨蒸发可达－210℃等。

（2）冷冻剂于膨胀机中膨胀，气体对外做功，致使内能减少而获得低温。该法主要用于那些难以液化气体（空气、氢等）的液化过程。

（3）利用气体或蒸气在节流时所产生的温度降而获取低温的方法。

2）冷冻剂

冷冻剂的种类很多。但目前尚无一种理想的冷冻剂能够满足所有的条件。冷冻剂与冷冻机的大小、结构和材质有着密切的关系。冷冻剂的选择一般考虑如下因素。

（1）冷冻剂的汽化潜热应尽可能的大，以便在固定冷冻能力下，尽量减少冷冻剂的循环量。

（2）冷冻剂在蒸发温度下的比容以及与该比容相应的压强均不宜过大，以降低动能的消耗；同时，在冷凝器中与冷凝温度相应的压强亦不宜过大，否则将增加设备费用。

（3）冷冻剂需具有一定的化学稳定性，同时对循环所经过设备应尽可能产生小的腐蚀破坏作用；此外，还应选择无毒（或刺激性）或低毒的冷冻剂，以免因泄漏而使操作者受害。

（4）冷冻剂最好不燃或不爆。

（5）冷冻剂应价廉而易于购得。

目前广泛使用的冷冻剂是氨。在石油化学工业中，常用石油裂解产品乙烯、丙烯作冷冻剂。丙烯的制冷程度与氨接近，但汽化潜热小，危险性较氨大。乙烯的沸点为－103.7℃，在常压下蒸发即可获得－100～－170℃的低温，乙烯的临界温度为 9.5℃。

常用的冷冻剂如下：

① 氨。氨在标准状态下沸点为−33.4℃，冷凝压力不高。它的汽化潜热和单位质量冷冻能力均远超过其他冷冻剂，所需氨的循环量小。它的操作压力同其他冷冻剂相比也不高。

即使冷却水温较高时，在冷凝器中也不超过 1.6MP 压力。而当蒸发器温度低至−34℃时，其压力也不低于 0.1MPa 压力。因此，空气不会漏入以致妨碍冷冻机正常操作。

氨几乎不溶于油，但易溶于水，一个体积的水可溶解 700 个体积的氨，所以在氨系统内无冰塞现象。

氨对于铁、铜不起反应，但若氨中含水时，则对铜及铜的合金具有强烈的腐蚀作用。因此，在氨压缩机中不能使用铜及其合金的零件。

氨有强烈的刺激性臭味，在空气中超过 30mg/m³，长期作业会对人体产生危害。氨属于易燃、易爆物质，其爆炸下限为 15.5%。氨于 130℃开始明显分解，至 890℃时全部分解。

② 氟利昂。氟利昂冷冻剂有氟利昂 11（CCl_3F）、氟利昂 12（CCl_3F_2）以及氟利昂 13（$CClF_3$）等多种。这类冷冻剂的沸点是随其氟原子数的增加而升高，在常温下其沸点范围为−82.2～40℃。

氟利昂冷冻剂无味，不具有可燃性和毒性，同空气混合无爆炸危险，同时对金属无腐蚀，因此是一种比较安全的冷冻剂。但是由于氟利昂破坏大气臭氧层，已限制使用。

③ 乙烯、丙烯。在石油化学工业中，常用乙烯、丙烯为冷冻剂进行裂解气的深冷分离。

乙烯沸点较低，能在高压（30kgf/cm²）下于较高的温度（−25℃）冷凝，又能在低压（0.272kgf/cm²）下于较低的温度（−123℃）蒸发。丙烯在 1atm，可于−47.7℃的低温下蒸发，因此可用丙烯作乙烯的冷冻剂。冷水向丙烯供冷使丙烯冷凝，构成乙烯—丙烯复叠式制冷系统。

但是乙烯、丙烯均属于易燃、易爆物质。乙烯爆炸极限为 2.75%～34%，丙烯为 2%～11.1%，如空气中乙烯、丙烯含量达到其爆炸浓度，可产生燃烧爆炸的危险。

乙烯的毒性在于麻醉作用，而丙烯的毒性是乙烯的 2 倍，麻醉力较强，其浓度在 110mg/L 时，人吸入 2.5min 即可引起轻度麻醉。因此，对长期从事操作的工人有害。

3）冷载体

冷冻机中产生的冷效应，通常不用冷冻剂直接作用于被冷物体，而是以一种盐类的水溶液作冷载体传给被冷物。此冷载体往返于冷冻机和被冷物之间，不断自被冷物取走热量，不断向冷冻剂放出热量。

常用的冷载体有氯化钠、氯化钙、氯化镁等溶液。对于一定浓度的冷冻盐水，有一定的冻结温度。所以在一定的冷冻条件下，所用冷冻盐水的浓度应较所需的浓度大，否则有冻结现象产生，使蒸发器蛇管外壁结冰，严重影响冷冻机操作。

盐水对金属有较大的腐蚀作用，在空气存在下，其腐蚀作用更强。因此，一般均采用密闭式的盐水系统，并在盐水中加入缓蚀剂。

4）冷冻机安全技术

一般常用的压缩冷冻机由压缩机、冷凝器、蒸发器与膨胀阀四个基本部分组成。冷冻设备所用的压缩机以氨压缩机较为多见，在使用氨冷冻压缩机时应注意以下事项：

（1）采用不产生火花的防爆型电气设备。

（2）在压缩机出口方向，应于汽缸与排气阀间设一个能使氨通到吸入管的安全装置，以防压力超高。为避免管路爆裂，在旁通管路上不装阻气设施。

（3）易于污染空气的油分离器应装于室外。采用低温不冻结，且不与氨发生化学反应的润滑油。

（4）制冷系统压缩机、冷凝器、蒸发器以及管路系统，应注意其耐压程度和气密性，防止设备、管路产生裂纹和泄漏，同时要加强安全阀、压力表等安全装置的检查、维护。

（5）制冷系统因发生事故或停电而紧急停车时，应注意被冷物料的排空处理。

（6）装有冷料的设备及容器，应注意其低温材质的选择，防止金属的低温脆裂。

四、熔融

1. 熔融过程

在化工生产中常常需将某些固体物料（苛性钠、苛性钾、萘、磺酸等）熔融之后进行化学反应。熔融是指常温下是固体的物质，在达到一定温度后熔化，成为液态，称为熔融状态。

2. 熔融过程危险性分析与安全技术

从安全技术角度考虑，熔融这一单元操作的主要危险来源于被熔融物料的化学性质、固体质量、熔融时的黏稠程度、熔融过程中副产品的生成、熔融设备、加热方式以及物料的破碎等方面。

（1）熔融物料的危险性质。被熔融固体物料本身的危险特性对安全操作有很大影响。熔融物若与皮肤接触，会造成难以剥离的严重烫伤。例如，碱熔过程中的碱，它可使蛋白质变为胶状化合物，又可使脂肪变为胶状皂化物质。碱比酸具有更强的渗透能力，且深入组织较快，因此碱对皮肤的灼伤要比酸更为严重。尤其是固碱熔融过程中，碱屑或碱液飞溅至眼部，其危险性更大，不仅使眼角膜、结膜立即坏死糜烂，同时向深部渗入，损坏眼球内部，导致视力严重减退甚至失明。

（2）熔融物中的杂质。熔融物中的杂质种类和数量对安全操作也是十分重要的。例如，在碱熔融过程中，碱和磺酸盐的纯度是该过程中影响安全的最重要因素之一。如果碱和磺酸盐中含有无机盐等杂质，应尽量除掉，否则，这些无机盐杂质不熔融，而是呈块状残留于反应物中，妨碍反应物质的混合，会造成局部过热、烧焦，致使熔融物喷出，烧伤操作人员。因此，必须经常消除锅垢。

（3）物质的黏稠程度。能否安全进行熔融，与反应设备中物质的黏稠程度有密切关系。反应物质流动性越大,熔融过程就越安全。

为了使熔融物具有较大的流动性,可用水将其稀释。例如,苛性钠或苛性钾有水存在时,其熔点就显著降低,从而使熔融过程可以在危险性较小的低温状态下进行。

在化学反应中,使用40%~50%的碱液代替固碱较为合理,这样可以免去固碱粉碎及熔融过程。在必须用固碱时,也最好使用片碱。

五、蒸发与蒸馏

1. 蒸发

1) 蒸发过程的特点与分类

蒸发是通过加热使溶液中的溶剂不断汽化并被移除,以提高溶液中溶质浓度,或使溶质析出的物理过程。如制糖工业中蔗糖水、甜菜水的浓缩,氯碱工业中的碱液提浓以及海水淡化等采用蒸发的办法。蒸发过程具有以下特点:

(1) 蒸发的目的是为了使溶剂汽化,因此被蒸发的溶液应由挥发性的溶液和不挥发性的溶质组成。整个蒸发过程中溶质的数量是不变的。

(2) 溶剂的汽化可分别在低于沸点和沸点下进行。在低于沸点时进行,称为自然蒸发。如海水制盐用太阳晒,此时溶剂的汽化只能在溶液的表面进行,蒸发速率缓慢,生产效率较低。若溶剂的汽化在沸点温度下进行,称为沸腾蒸发,溶剂不仅在溶液的表面汽化,而且在溶液内部的各个部分同时汽化,蒸发速率大大提高。

(3) 蒸发操作是一个传热和传质同时进行的过程,蒸发的速率取决于过程中较慢的那一步过程的速率,即热量传递速率,因此工程上通常把它归纳为传热过程。

(4) 由于溶液中溶质的存在,在溶质汽化过程中溶质易在加热表面析出而形成污垢,影响传热效果。当该溶质是热敏性物质时,还有可能因此而分解变质。

(5) 蒸发操作需在蒸发器中进行。沸腾时,由于液沫的夹带而可能造成物料的损失,因此蒸发器在结构上与一般加热器是不同的。

(6) 蒸发操作中要将大量溶剂汽化,需要消耗大量的热能,所以,蒸发操作的节能问题将比一般传热过程更为突出。目前工业上常用水蒸气作为加热热源,而被蒸发的物料大多为水溶液,汽化出来的蒸汽仍然是水蒸气,通常将用来加热的蒸汽称为一次蒸汽,将从蒸发器中蒸发出的蒸汽称为二次蒸汽。充分利用二次蒸汽是蒸发操作中节能的主要途径。

2) 蒸发过程的危险性分析

凡蒸发的溶液都具有一定的特性。如溶质在浓缩过程中若有结晶、沉淀和污染产生,这样会导致传热效率的降低,并且产生局部过热,因此,对加热部分需经常清洗。

对具有腐蚀性溶液的蒸发,需要考虑设备的腐蚀问题,为了防腐蚀,有的设备需要用特种钢材来制造。

对热敏性溶液的蒸发,还需考虑温度的控制。特别是由于溶液的蒸发产生结晶和沉淀,而这些物质又是不稳定的,局部过热可使其分解变质或燃烧、爆炸,则更应注意控制蒸发温度。为防止热敏性物质的分解,可采用真空蒸发的方法,降低蒸发温度。或者使溶液在蒸发器内停留的时间和与加热面接触的时间尽量缩短，例如采用单程循环、快速蒸发等。

3）安全运行操作

蒸发操作的最终目的是将溶液中大量的水分蒸发出来，使溶液得到浓缩，而要提高蒸发器在单位时间内蒸出的水分，在操作过程中应做到以下几方面：

（1）合理选择蒸发器。蒸发器的选择应考虑蒸发溶液的性质，如溶液的黏度、发泡性、腐蚀性、热敏性，以及是否容易结垢、结晶等情况。如热敏性的物料蒸发，由于物料所承受的最高温度有一定极限，因此应尽量降低溶液在蒸发器中的沸点，缩短物料在蒸发器中的滞留时间所以可选择膜式蒸发器。对于腐蚀性溶液的蒸发，蒸发器的材料应耐腐蚀。

（2）提高蒸汽压力。为了提高蒸发器的生产能力，提高加热蒸汽的压力和降低冷凝器中二次蒸汽压力，有助于提高传热温度差。因为加热蒸汽的压力提高，饱和蒸汽的温度也相应提高。冷凝器中的二次蒸汽压力降低，蒸发室的压力变低，溶液沸点温度也就降低。

（3）提高传热系数 K。提高蒸发器蒸发能力的主要途径是应提高传热系数 K。通常情况下，管壁热阻很小，可忽略不计。加热蒸汽膜系数一般很大，若在蒸汽中含有少量不凝性气体，加热蒸汽冷凝膜系数下降。据研究测试，蒸汽中含有 1% 不凝性气体，传热总系数下降 60%，所以在操作中，必须及时排除不凝性气体。

在蒸发操作中，管内壁结垢现象是不可避免的，尤其当处理易结晶和腐蚀性物料时，此时传热总系数 K 变小，使传热量下降。在这些蒸发操作中，一方面应定期停车清洗、除垢；另一方面应积极改进蒸发器的结构，如把蒸发器的加热管加工光滑些，使污垢不易生成，即使生成也易清洗，这就可以提高溶液循环的速度，从而降低污垢生成的速度。

对于不易结垢、不易结晶的物料蒸发，影响传热总系数 K 的主要因素是管内溶液沸腾的传热膜系数。在此类蒸发中，应提高溶液的循环速度和湍动程度，从而提高蒸发器的蒸发能力。

（4）提高传热量。提高蒸发器的传热量，必须增加它的传热面积。在操作中，必须密切注意蒸发器内液面的高低。液面过高，加热管下部所受静压强过大，溶液达不到沸腾。

2. 蒸馏

化工生产中常常要将混合物进行分离，以实现产品的提纯和回收或原料的精制。对于均相液体混合物，最常用的分离方法是蒸馏。因为蒸馏过程有加热载体和加热方式的安全问题，又有液相汽化分离及冷凝等的相变安全问题，即能量的转换和相态的变化同时在系统中存在，蒸馏过程又是物质被急剧升温浓缩甚至变稠、结焦、固化的过程，安全运行就显得十分重要。

1）蒸馏过程及分类

蒸馏是利用液体混合物各组分挥发度的不同，使其分离为纯组分的操作。对于大多数混合液，各组分的沸点相差越大，其挥发能力相差越大，则用蒸馏方法分离越容易。

反之，两组分的挥发能力越接近，则越难用蒸馏方法进行分离。

蒸馏操作可分为间歇蒸馏和连续蒸馏。按操作压力可分为常压蒸馏、减压蒸馏和加压蒸馏。此外还有特殊蒸馏——蒸汽蒸馏、萃取蒸馏、恒沸蒸馏和分子蒸馏。

（1）蒸汽蒸馏通常用于在常压下沸点较高，或在沸点时容易分解的物质的蒸馏，也常用于高沸点物与不挥发杂质的分离，但只限于所得到的产品完全不溶于水。

（2）萃取蒸馏与恒沸蒸馏主要用于分离由沸点极接近或恒沸的各组分所组成的、难以用普通蒸馏方法分离的混合物。

（3）分子蒸馏是一种相当于绝对真空下进行的一种真空蒸馏。在这种条件下，分子间的相互吸引力减少，物质的挥发度提高，使液体混合物中难以分离的组分容易分开。由于分子蒸馏降低了蒸馏温度，所以可以防止或减少有机物的分解。

2）不同蒸馏过程危险性分析

在安全问题上，除了根据加热方法采取相应的安全措施外，还应按物料性质、工艺要求正确选择蒸馏方法和蒸馏设备。在选择蒸馏方法时，应从操作压力及操作过程等方面加以考虑。操作压力的改变可直接导致液体沸点的改变，亦即改变液体的蒸馏温度。

处理难挥发的物料（在常压下沸点 150℃以上）应采用真空蒸馏。这样可以降低蒸馏温度，防止物料在高温下变质、分解、聚合和局部过热现象的产生。

处理中等挥发性物料（沸点为 100℃左右），采用常压蒸馏较为合适。若采用真空蒸馏，反而会增加冷却的困难。

常压下沸点低于 30℃的物料，则应采用高压蒸馏，但是应注意设备密闭。

（1）常压蒸馏。在常压蒸馏中必须注意，易燃液体的蒸馏不能采用明火作热源，采用蒸汽或过热水蒸气加热较为安全。

蒸馏腐蚀性液体时，应防止塔壁、塔盘腐蚀泄漏，导致易燃液体或蒸气泄漏，遇明火或灼热的炉壁而燃烧。

蒸馏自燃点很低的液体时，应注意蒸馏系统的密闭，防止因高温泄漏遇空气自燃。

对于高温的蒸馏系统，应防止冷却水突然窜入塔内，否则水迅速汽化，导致塔内压力突然增高，将物料冲出或发生爆炸。故在开车前应将塔内和蒸汽管道内的冷凝水除尽。

在常压蒸馏系统中，还应注意防止凝固点较高的物质凝结堵塞管道，导致塔内压力增高而引起爆炸。

蒸馏高沸点物料时，可以采用明火加热，这时应防止产生自燃点很低的树脂油状物遇空气而自燃。同时应防止蒸干，使残渣转化为结垢，引起局部过热而着火、爆炸。油焦和残渣应经常清除。

冷凝器中的冷却水或冷冻盐水不能中断。否则，未冷凝的易燃蒸气逸出使系统温度增高，或窜出遇明火而燃烧。

（2）减压蒸馏。真空蒸馏是一种较安全的蒸馏方法。对于沸点较高、在高温下蒸馏时又能引起分解、爆炸或聚合的物质，采用真空蒸馏较为合适。如苯乙烯在高温下易聚合，而硝基甲苯在高温下易分解爆炸，这些物质的蒸馏，必须采用真空蒸馏的方法。

真空蒸馏设备的密闭性是非常重要的。蒸馏设备一旦吸入空气，与塔内易燃气混合形成爆炸性混合物，就有引起爆炸或者着火的危险。因此，真空蒸馏所用的真空泵应安装单向阀，以防止突然停泵而使空气倒入设备。

当易燃、易爆物质蒸馏完毕，应在充入氮气后，再停真空泵，以防止空气进入系统，引起燃烧或爆炸。

真空蒸馏应注意其操作程序。先打开真空活门，然后开冷却器活门，最后打开蒸汽阀门。否则，物料会被吸入真空泵，并引起冲料，使设备受压甚至产生爆炸。真空蒸馏易燃物质的排气管应通至厂房外，管道上要安装阻火器。

（3）加压蒸馏。在加压蒸馏中，气体或蒸气容易泄漏造成燃烧、中毒的事故。因此，设备应严格进行气密性和耐压实验、检查，并应安装安全阀和温度、压力的调节控制装置，严格控制蒸馏温度与压力。在石油产品的蒸馏中，应将安全阀的排气管与火炬系统相连接，安全阀起跳即可将物料排入火炬烧掉。

此外，在蒸馏易燃液体时，应注意系统的静电消除。特别是苯、丙酮、汽油等不易导电液体的蒸馏，更应将蒸馏设备、管道良好接地。室外蒸馏塔应安装可靠的避雷装置。

应对蒸馏设备经常检查、维修，认真搞好停车后、开车前的系统清洗、置换，避免发生事故。

对易燃易爆物质的蒸馏，厂房要符合防爆要求，有足够的泄压面积，室内电机、照明等电气设备均应采用防爆产品，并且灵敏可靠。

六、吸收

1. 工业气体吸收过程

气体吸收是指气体混合物在溶剂中选择溶解实现气体混合物组分的分离，它是利用气体混合物各组分在液体溶剂中溶解度的差异来分离气体混合物的单元操作。其逆过程是脱吸或解吸。吸收过程是使混合气中的溶质溶解于吸收剂中而得到一种溶液，即溶质由气相转移到液相的相际传质过程。

气体吸收可分为以下三类：

（1）按溶质与溶剂是否发生显著的化学反应，可分为物理吸收和化学吸收。如水吸收二氧化碳、用洗油吸收芳烃均属于物理吸收；用硫酸吸收氨及用碱液吸收二氧化碳属于化学吸收。

（2）按吸收组分的不同，分为单组分吸收和多组分吸收。

（3）按吸收体系（主要是液相）的温度是否显著变化，分为等温吸收和非等温吸收。

最常用于吸收的设备是填料塔、喷雾塔或筛板塔，气体与溶剂在塔内逆流接触进行吸收操作。

2. 吸收过程危险性分析与安全运行

气体吸收过程要使用不同特性、危险性大的有机溶剂。溶剂在高速流动过程中不仅存在大量汽化扩散的危险，而且还会产生大量静电，导致静电火花的危险。为了安全操作，必须做到以下几方面：

（1）控制溶剂的流量和组成，如洗涤酸气的溶液的碱性；如果吸收剂是用来排除气流中的毒性气体，而不是向大气排放，如用碱溶液洗涤氯气，用水排除氨气，液流的失控会造成严重事故。

（2）在设计限度内控制入口气流，检测其组成。

（3）控制出口气的组成。

（4）适当选择适于与溶质和溶剂的混合物接触的结构材料。

（5）在进口气流速、组成、温度和压力的设计条件下操作。

（6）避免潮气转移至出口气流中，如应用严密筛网或填充床除雾器等。

一旦出现控制变量不正常的情况，应能自动启动报警装置。控制仪表和操作程序应能防止气相中溶质载荷的突增以及液体流速的波动。

七、萃取

1. 萃取过程及危险性分析

萃取操作是分离液体混合物的常用单元操作之一，在石油化工、精细化工、原子能化工等方面被广泛应用。液-液萃取也称溶剂萃取，它是指在欲分离的液体混合物中加入一种适宜的溶剂，使其形成两液相系统，利用液体混合物中各组分分配系数差异的性质，易溶组分较多地进入溶剂相从而实现混合液的分离。在萃取过程中，所用的溶剂称为萃取剂，混合液体为原料，原料液中欲分离的组分称为溶质，其余组分称为稀释剂。萃取操作中所得到的溶液称为萃取相，其成分主要是萃取剂和溶质，剩余的溶液称为萃余相。其成分主要是稀释剂，还含有残余的溶质等组分。

单极萃取过程特别应该注意产生的静电积累，若是搪瓷反应釜，液体表层积累的静电很难被消散，会在物料放出时产生放电火花。

萃取过程常常有易燃的稀释剂或萃取剂的使用。除去溶剂贮存和回收的适当设计外，还需要有效的界面控制。因为包含相混合、相分离以及泵输送等操作，消除静电的措施变得极为重要。对于放射性化学物质的处理，可采用无需机械密封的脉冲塔。在需要最小持液量和非常有效的相分离的情形，则应该采用离心式萃取器。溶剂的回收一般采用蒸发或蒸馏操作，所以萃取全过程包含这些操作所具有的危险。

2. 萃取剂的安全选择

萃取时溶剂的选择是萃取操作的关键，它直接影响到萃取操作能否进行，对萃取产品的产量、质量和过程的经济性也有重要的影响。萃取剂的性质决定了萃取过程的危险性大小和特点。因此，萃取操作首要的问题就是萃取溶剂的选择。一种溶剂要能用于萃取操作，首要的条件是它与料液混合后，要能分成两个液相。要选择一种安全、经济有效的溶剂，必须做到以下几点。

（1）萃取剂的选择性。萃取剂必须对原溶液中欲萃取出来的溶质有显著的溶解能力，而对其他组分应不溶或少溶，即萃取剂应有较好的选择性。

（2）萃取剂的物理性质。萃取剂的某些物理性质也对萃取操作产生一定的影响，例如密度、界面张力、黏度等，都需要加以考虑。

（3）萃取剂的化学性质。萃取剂需有良好的化学稳定性，不易分解、聚合，并应有足够的热稳定性和抗氧化稳定性，对设备的腐蚀性要小。萃取剂的化学性质决定了萃取过程中可能会出现的事故类型。

（4）萃取剂回收的难易。

（5）萃取剂的安全问题。萃取剂的毒性以及是否易燃、易爆等，均为选择萃取剂时需要特别考虑的问题，并应设计相应的安全措施。

3. 萃取操作过程安全控制

萃取操作过程系由混合、分层、萃取相分离、萃余相分离等所需的一系列过程及设备完成。工业生产中所采用的萃取流程主要有单极和多极之分。对于萃取过程，选择适当的萃取设备是十分重要的。

对于腐蚀性强的物质，宜选取结构简单的填料塔，或采用由耐腐蚀金属或非金属材料如塑料、玻璃钢内衬或内涂的萃取设备。对于放射性系统，应用较广的是脉冲塔。如果物系有固体悬浮物存在，为避免设备堵塞，可选用转盘塔或混合澄清器。

对某一萃取过程，当所需的理论级数为 2～3 级时，各种萃取设备均可选用；当所需的理论级数为 4～5 级时，一般可选择转盘塔、往复振动筛板塔和脉冲塔；当需要的理论级数更多时，一般只能采用混合澄清器。

根据生产任务和要求，如果需要设备的处理量较小时，可用填料塔、脉冲塔；处理量较大时，可选用筛板塔、转盘塔以及混合澄清器。

在选择设备时还要考虑物质的稳定性与停留时间。若萃取物系中伴有慢的化学反应，要求有足够的停留时间，选用混合澄清器较为合适。

另外对萃取塔的正确操作也是安全生产的重要环节。

八、过滤

1. 过滤方法

在化工生产中，将悬浮液中的液体与固体微粒分离，通常采用过滤的方法。过滤操作是使悬浮液中的液体在重力、加压、真空及离心力的作用下，通过多孔物质层，而将固体悬浮微粒截流进行分离的操作。

过滤操作过程一般包括悬浮液的过滤、滤饼洗涤、滤饼干燥和卸料四个组成部分。按操作方法可分为间歇过滤和连续过滤。过滤依其推动力可分为以下几种：

（1）重力过滤。是依靠悬浮液本身的液柱压差进行过滤。

（2）加压过滤。是在悬浮液上面施加压力进行过滤。

（3）真空过滤。是在过滤介质下面抽真空进行过滤。

（4）离心过滤。是借悬浮液高速旋转所产生之离心力进行过滤。

悬浮液的化学性质对过滤操作影响很大。如果液体有强烈腐蚀性，则滤布与过滤设备的各部件要选择耐腐蚀的材料制造。如果滤液的挥发性很强，或其蒸气具有毒性，则整个过滤系统必须密闭。

重力过滤的速度不快,一般仅用于处理固体含量少而易于过滤的悬浮液。加压过滤可提高推动力,但对设备的强度和严密性有较高的要求,其所加压力要受到滤布强度、堵塞、滤饼可压缩性以及对滤液清洁度要求程度的限制。真空过滤其推动力较重力过滤强,能适应很多过滤过程的要求,因而应用较广,但它要受到大气压力与溶液沸点的限制,且需要设置专门的真空装置。离心过滤效率高、占地面积小,因而在生产中得到广泛应用。

2. 过滤材料介质的选择

化工生产上所用的过滤介质需具备下列基本条件:
(1) 必须具有多孔性、使滤液易通过,且空隙的大小应能截留悬浮液粒。
(2) 必须具有化学稳定性,如耐腐蚀性、耐热性等。
(3) 具有足够的机械强度。
常用的过滤介质种类比较多,一般可归纳为粒状介质(如细砂、石砾、玻璃碴、木炭、骨灰、酸性白土等,适于过滤固相含量极少的悬浮液)、织物介质(可由金属或非金属丝织成)、多孔性固体介质(如多孔陶瓷板及管、多孔玻璃、多孔塑料等)。

3. 过滤过程安全技术

固体可能的毒性或可燃性以及易燃溶剂的应用,使得过滤操作有着固有的危险。必须认真考虑液压及介质故障的影响,如滤布迸裂使得未过滤的悬浮液通过等。如果过滤出的物质在工厂条件下可以发生反应,在过滤机的设计和定位中必须格外小心,因为过滤机壳体中物质的浓度比物料或滤液的大。

过滤机按操作方法分为间歇式和连续式。从操作方式看,连续过滤比间歇过滤安全。连续式过滤循环周期短,能自动洗涤和自动卸料,其过滤速度比间歇过滤高,并且操作人员脱离了与有毒物料的接触,因此比较安全。间歇式过滤由于卸料、装合过滤机、加料等各项辅助操作的经常重复,所以较连续式过滤周期长,并且人工操作,劳动强度大,直接接触毒物,因此不安全。

(1) 加压过滤。当过滤过程中能散发有害或爆炸性气体时,不能采用敞开式过滤机操作,要采用密闭式过滤机,并且以压缩空气或惰性气体保持压力。在取滤渣时,应先放压力,否则会发生事故。

(2) 离心过滤。应注意其选材和焊接质量,并且应限制其转鼓直径与转速,以防止转鼓承受高压而引起爆炸。因此,在有爆炸危险的生产中,最好不使用离心过滤机,而采用真空过滤机。

离心式过滤机超负荷运转、时间过长、转鼓磨损或腐蚀、启动速度过高均有可能导致事故的发生。对于上悬式离心机,当负荷不均匀时运转会发生剧烈振动,不仅磨损轴承,而且能使转鼓撞击外壳而发生事故。转鼓高速运转,也可能由外壳中飞出而造成重大事故。当离心机无盖或防护装置不良时,工具或其他杂物有可能落入其中,并以很高速度飞出伤人。即使杂物留在转鼓边缘,也很可能引起转鼓振动造成其他危险。

不停车或未停稳清理器壁，铲勺会从手中脱飞，使人致伤。在开停离心机时，不要用手帮忙以防发生事故。

当处理具有腐蚀性物料时，不应使用铜质转鼓而应采用钢质衬铅或衬硬橡胶的转鼓。并应经常检查衬里有无裂缝，以防腐蚀性物料由裂缝腐蚀转鼓。镀锌、陶瓷或铝制转鼓，只能用于速度较慢、负荷较低的情况下，为了安全，还应有特殊的外壳保护。此外，操作过程中加料不匀，也会导致剧烈振动，应引起注意。

离心机应装有限速装置，在有爆炸危险厂房中，其限速装置不得因摩擦、撞击而发热或产生火花；同时，注意不要选择临界速度操作。

九、干燥

1. 干燥过程及危险性分析

化工生产中的固体物料，总是或多或少含有湿分（水或其他液体），为了便于加工、使用、运输和贮藏，往往需要将其中的湿分除去。除去湿分的方法有多种，如机械去湿、吸附去湿、供热去湿，其中用加热的方法使固体物料中的湿分汽化并除去的方法称为干燥，干燥能将湿分去除得比较彻底。

1）干燥过程

干燥按操作压强可分为常压干燥和减压干燥，其中减压干燥主要用于处理热敏性、易氧化或要求干燥产品中湿分含量很低的物料；按操作方式可分为间歇干燥与连续干燥，间歇干燥用于小批量、多品种或要求干燥时间很长的场合；按干燥介质类别可划分为空气、烟道气或其他介质的干燥；按干燥介质与物料流动方式可分为并流、逆流和错流干燥。

干燥在生产过程中的作用主要有以下两个方面：

（1）对原料或中间产品进行干燥，以满足工艺要求。如以湿矿生产硫酸时，为满足反应要求，先要对尾砂进行干燥，尽可能除去其水分。

（2）对产品进行干燥，以提高产品中的有效成分，同时满足运输、贮藏和使用的需要。如化工生产中的聚氯乙烯、碳酸氢铵、尿素，其生产的最后一道工序都是干燥。

干燥按其热量供给湿物料的方式，可分为以下几种：

（1）传导干燥。湿物料与加热介质不直接接触，热量以传导的方式通过固体壁面传给湿物料。此法热能利用率高，但物料湿度不宜控制，容易过热变质。

（2）对流干燥。热量通过干燥介质（某种热气流）以对流方式传给湿物料。干燥过程中，干燥介质与湿物料直接接触，干燥介质供给湿物料汽化所需要的热量，并带走汽化后的湿分蒸气。所以，干燥介质在干燥过程中既是载热体又是载湿体。在对流干燥中，干燥介质的温度容易调控，被干燥的物料不易过热，但干燥介质离开干燥设备时，还带有相当一部分热能，故对流干燥的热能利用程度较差。在对流干燥过程中，最常用的干燥介质是空气，湿物料中的湿分大多为水。

（3）辐射干燥。热能以电磁波的形式由辐射器发射至湿物料表面，被湿物料吸收后再转变为热能将湿物料中的湿分汽化并除去，如红外线干燥器。辐射干燥生产强度大，产品洁净且干燥均匀，但能耗高。

（4）介电加热干燥。将湿物料置于高频电场内，在高频电场的作用下，物料内部分子因振动而发热，从而达到干燥目的。电场频率在 300MHz 以下的称为高频加热，频率在 $300 \sim 300 \times 10^5$ MHz 的称为微波加热。

2）干燥过程危险性分析

干燥过程中要严格控制温度，防止局部过热，以免造成物料分解爆炸。在干燥过程中散发出来的易燃易爆气体或粉尘，不应与明火和高温表面接触，防止燃爆。

在干燥方法中，间歇式干燥比连续式干燥危险。因为在间歇干燥操作过程中，操作人员不但劳动强度大，而且还需在高温、粉尘或有害气体的环境下操作，工艺参数的可变性也增加了操作的危险性。

（1）间歇式干燥。间歇式干燥，物料大部分靠人力输送，热源采用热空气自然循环或鼓风机强制循环，温度较难控制，易造成局部过热引起物料分解，造成火灾或爆炸。干燥过程中所产生的易燃气体和粉尘，同空气混合达到爆炸极限时，遇明火、炽热表面和高温即燃烧爆炸。因此，在干燥过程中，应严格控制温度。根据具体情况，应安装温度计、温度自动调节装置、自动报警装置以及防爆泄压装置。

当干燥物料中含有自燃点很低或含有其他有害杂质时，必须在干燥前彻底清除掉。干燥室内也不得放置容易自燃的物质。

在用电烘箱烘烤能够蒸发易燃蒸气的物质时，电炉丝应完全封闭，箱上应加防爆门。

干燥室与生产车间应用防火墙隔绝，并安装良好的通风设备，一切电气设备开关（非防爆的）应安装在室外。电热设备应与其他设备隔离。

在干燥室或干燥箱内操作时，应防止可燃的干燥物直接接触热源，以免引起燃烧。

（2）连续干燥。连续干燥采用机械化操作，干燥过程连续进行，因此物料过热的危险性较小，且操作人员脱离了有害环境，所以连续干燥较间歇式干燥安全。在洞道式、滚筒式干燥器干燥时，主要是防止产生机械伤害。因此，应有联系信号及各种防护装置。

在气流干燥、喷雾干燥、沸腾床干燥以及滚筒式干燥中，多以烟道气、热空气为干燥热源。干燥过程中所产生的易燃气体和粉尘同空气混合易达到爆炸极限，必须严加防止。在气流干燥中，物料由于迅速运动，相互激烈碰撞、摩擦易产生静电。滚筒式干燥中的刮刀，有时和滚筒壁摩擦产生火花，这些都是很危险的。因此，应该严格控制干燥气流风速，并将设备接地；对于滚筒干燥应适当调整刮刀与筒壁间隙，并将刮刀牢牢固定，或采用有色金属材料制造刮刀，防止产生火花。利用烟道气直接加热可燃物时，在滚筒或干燥器上应安装防爆片，以防烟道气混入一氧化碳而引起爆炸。同时注意加热均匀，绝对不可断料，滚筒不可中途停止运转。若有断料或停转，应切断烟道气并通入氮气。性质不稳定、容易氧化分解的物料进行干燥时，滚筒转速宜慢，要防止物料落入转动部分；转动部分应有良好的润滑和接地措施。含有易燃液体的物料不宜采用滚筒干燥。

在干燥中注意采取措施，防止易燃物料与明火直接接触。对易燃、易爆物质采用流速较大的热空气干燥时，排气用的设备和电动机应采用防爆的，并定期清理设备中的积灰和结疤。

（3）真空干燥。在干燥易燃、易爆的物料时，最好采用连续式或间歇式真空干燥比较安全。因为在真空条件下，易燃液体蒸发速度快，干燥温度可适当控制得低一些，从而可以防止由于高温引起物料局部过热和分解，以降低火灾、爆炸的可能性。

当真空干燥后消除真空时，一定要等到温度降低后才能放进空气，否则，空气过早进入，有可能引起干燥物着火或爆炸。

2. 干燥过程安全控制

1）物料控制

（1）物料的性质和形状。湿物料的化学组成、物理结构、形状和大小、物料层的厚薄，以及与物料的结合方式等，都会影响干燥速率。在干燥第一阶段，尽管物料的性质对于干燥速率影响很小，但物料的形状、大小、物料层的厚薄等将影响物料的临界含水量。在干燥第二阶段，物料的性质和形状对于干燥率有决定性的影响。

（2）物料的湿度。物料的湿度越高，干燥速率越大。但干燥过程中，物料的温度与干燥介质的温度和湿度有关。

（3）物料的含水量。物料的最初、最终和临界含水量决定干燥各阶段所需时间的长短。

（4）干燥介质的温度和湿度。干燥介质温度越高、湿度越低，则干燥第一阶段的干燥速率越大，但应以不损坏物料为原则，特别是对热敏性物料，更应注意控制干燥介质的温度。有些干燥设备采用分段中间加热的方式，可以避免介质温度过高。

（5）干燥介质的流速和流向。在干燥第一阶段，提高气速可以提高干燥速率。介质的流动方向垂直于物料表面时的干燥速率比平行时要大。在干燥第二阶段，气速和流向对干燥速率影响很大。

2）安全运行操作条件

有了合适的干燥器，还必须确定最佳的工艺条件，在操作中注意安全控制和调节，才能完成干燥任务。

工业生产中的对流干燥，由于所采用的干燥介质不一，所干燥的物料多种多样，且干燥设备类型很多，加之干燥机理复杂，至今仍主要以实验手段和经验来确定干燥过程的最佳条件。

对于一个特定的干燥过程，干燥器一定，干燥介质一定，同时湿物料的含水量、水分性质、温度以及要求的干燥质量也一定。这样，能调节的参数只有干燥介质的流量、进出干燥器的温度，出干燥器时废气的湿度。但这四个参数是相互关联和影响的，当任意规定其中的 2 个参数时，另外 2 个参数也就确定了，即在对流干燥操作中，只有 2 个参数可以作为自变量而加以调节。在实际操作中，主要调节的参数是进入干燥器的干燥介质的温度和流量。

为强化干燥过程，提高其经济性，干燥介质预热后的温度应尽可能高一些，但要保持在物料允许的最高温度范围内，以避免物料发生质变。

　　同一物料在不同类型的干燥器中干燥时，允许的介质进口温度不同。例如，在箱式干燥器中，由于物料静止，只与物料表面直接接触，容易过热，因此应控制介质的进口温度不能太高；而在转筒、沸腾、气流等干燥器中，由于物料在不断翻动，表面更新快、干燥过程均匀、速率快、时间短，因此，介质的进口温度可较高。

　　增加空气的流量可以增加干燥过程的推动力，提高干燥速率。但空气流量的增加，会造成热损失增加，热量利用率下降，同时还会使动力消耗增加；气速的增加，会造成产品回收负荷增加。生产中，要综合考虑温度和流量的影响，合理选择。

　　当干燥介质的出口温度增加时，废气带走的热量多，热损失大；如果介质的出口温度太低，则含有相当多水汽的废气可能在出口处或后面的设备中析出水滴（达到露点），这将破坏正常的干燥操作。实践证明，对于气流干燥器，要求介质的出口温度较物料的出口温度高 10～30℃ 或较其进口时的绝热饱和温度高 20～50℃，否则，可能会导致干燥产品返潮，并造成设备的堵塞和腐蚀。

　　干燥介质出口时的相对湿度增加，可使一定量的干燥介质带走的水汽量增加，降低操作费用。但相对湿度增加，会导致过程推动力减小，完成相同干燥任务所需的干燥时间增加或干燥器尺寸增大，可能使总的费用增加。因此，必须全面考虑，并根据具体情况，分别对待。对气流干燥器，由于物料在设备内的停留时间短，为完成干燥任务，要求有较大的推动力以提高干燥速率，因此，一般控制出口介质中的水汽分压低于出口物料表面水汽分压的 50%；对转筒干燥器，则出口介质中的水汽分压可高些，可达与之接触的物料表面水汽分压的 50%～80%。

　　对于一台干燥设备，干燥介质的最佳出口温度和湿度应通过操作实践来确定，并根据生产中的饱和温度及时调节。生产上控制、调节介质的出口温度和湿度主要是通过控制、调节介质的预热温度和流量来实现的。例如，对同样的干燥任务，加大介质的流量或提高其预热温度，可使介质的相对湿度降低，出口温度上升。

　　在有废气循环使用的干燥装置中，通常将循环的废气与新鲜空气混合后进入预热器加热，再送入干燥器，以提高传热和传质系数，减少热损失，提高热能的利用率。但空气量大时，使进入干燥器的湿度增加，将使过程的传质推动力下降。因此，采用循环废气操作时，应根据实际情况，在保证产品质量和产量的前提下，调节适宜的循环比。

　　干燥操作的目的是将物料中的含水量降至规定的指标之下，且不出现龟裂、焦化、变色、氧化和分解等物理和化学性质上的变化；干燥过程的经济性主要取决于热能消耗及热能的利用率。因此，生产中应从实际出发，综合考虑，选择适宜的操作条件，以达到优质、高产、低耗的目标。

十、粉碎、筛分和混合

1. 粉碎

　　在化工生产中，为了满足生产工艺的要求，常常需将固体物料粉碎或研磨成粉末以增加其表面积，进而缩短化学反应的时间。将大块物料变成小块物料的操作称粉碎或破碎；而将小块变成粉末的操作称研磨。

1）粉碎方法

粉碎分为湿法与干法两类。干法粉碎是最常用的方法，按被粉碎物料的直径尺寸可分为粗碎（直径范围为 40～1500mm）、中碎（直径范围为 5～50mm）、细碎、磨碎或研磨（直径范围为＜5mm）。

粉碎方法按实际操作时的作用力可分为挤压、撞击、研磨、劈裂等。根据被粉碎物料的物理性质和其块度大小，以及所需的粉碎度进行粉碎方法的选择。一般对于特别坚硬的物料，挤压和撞击有效。对于韧性物料用研磨或剪力较好，而对脆性物料以劈裂为宜。

2）粉碎过程危险性与安全控制技术

粉碎的危险主要由机械故障、机械及其所在的建筑物内的粉尘爆炸、精细粉料处理伴生的毒性危险以及高速旋转元件的断裂引起。

机械危险可由充分的防护以及严格的"允许工作"系统的维修控制降至最低限度。高速运转机械的设计应该有足够的安全余量解决可以预见的误操作问题。物质经过研磨其温度的升高可以测定出来，一般约 40℃，但局部热点的温度很高，可以起火源的作用。静电的产生和轴承的过热也是问题。内部的粉尘爆炸在一定的条件下会引起二次爆炸。

粉碎过程中，关键部分是粉碎机，对于粉碎机必须符合以下安全条件：

（1）加料、出料最好是连续化、自动化。

（2）具有防止破碎机损坏的安全装置。

（3）产生粉末应尽可能少。

（4）发生事故能迅速停车。

对于各类粉碎机，必须有紧急制动装置，必要时可迅速停车。运转中的破碎机严禁检查、清理、调解和检修。如果破碎机加料口与地面一般平，或低于地面不到 1m，均应设安全格子。

为了保证安全操作，破碎装置周围的过道宽度必须大于 1m，如果破碎机安装在操作台上，则操作台与地面之间高度应在 1.5～2.0m。操作台必须坚固，沿台周边应设高1m 的安全护栏。

为防止金属物件落入破碎装置，必须装设磁性分离器。

圆锥式破碎面应装设防护板，以防固体物料飞出伤人。还要注意加入破碎机的物料块度不应大于其破碎性能。

球磨必须具有一个带抽风管的严密外壳。如研磨具有爆炸性的物质，则内部需衬以橡皮或其他柔性材料，同时需采用青铜球。

对于各类粉碎、研磨设备要密闭，操作室要有良好通风，以减少空气中粉尘含量。必要时，室内可装设喷淋设备。

加料斗需用耐磨材料制成，应严密。在粉碎时料斗不得卸空，盖子要盖严。

对于能产生可燃粉尘的研磨设备，要有可靠的接地装置和爆破片。要注意设备润滑，防止摩擦发热。对于研磨易燃、易爆物质的设备，要通入惰性气体进行保护。

为确保安全，对初次研磨的物料，应事先在研钵中进行试验，以了解是否黏结、着火，然后正式进行机械研磨。可燃物料研磨后，应先行冷却，然后装桶，以防止发热引起燃烧。

粉末输送管道应消除粉末沉积的可能，为此，输送管道与水平夹角不得小于45°。

当发现粉碎系统中的粉末阴燃或燃烧时，必须立即停止送料，并采取措施断绝空气来源，必要时充入氮气、二氧化碳以及水蒸气等惰性气体。但不宜使用加压水流或泡沫进行补救，以免可燃粉尘飞扬，使事故扩大。

2. 筛分

1）筛分操作

在化工生产中，为满足生产工艺要求，常常将固体原材料、产品进行颗粒分级。通常用筛子按固体颗粒度（块度）分级，选取符合工艺要求的粒度，这一操作过程称为筛分。

筛分分为人工筛分和机械筛分。筛分所采用的设备是筛子，筛子分固定筛及运动筛两类。若按筛网形状又可分为转筒式和平板式两类。在转筒式运动筛中又有圆盘式、滚筒式和链式等；在平板式运动筛中，则有摇动式和簸动式。

物料粒度是通过筛网孔眼尺寸控制的。在筛分过程中，有的是筛下部分符合工艺要求；有的是筛余物符合工艺要求。根据工艺要求还可进行多次筛分，去掉颗粒较大和较小部分而留取中间部分。

2）筛分过程危险性分析及安全技术

人工筛分劳动强度大，操作者直接接触粉尘，对呼吸器官和皮肤都有很大危害。而机械筛分，大大减轻体力劳动、减少与粉尘接触机会，如能很好密闭，实现自动控制，操作者将摆脱粉尘危害。

从安全技术角度考虑，筛分操作要注意以下几个方面：

（1）在筛分过程中，粉尘如果具有可燃性，应注意因碰撞和静电而引起粉尘燃烧、爆炸；如粉尘具有毒性、吸水性或腐蚀性，要注意呼吸器官及皮肤的保护，以防引起中毒或皮肤伤害。

（2）要加强检查，注意筛网的磨损和筛孔堵塞、卡料，以防筛网损坏和混料。

（3）筛分操作是大量扬尘过程，在不妨碍操作、检查的前提下，应将其筛分设备最大限度地进行密闭。

（4）振动筛会产生大量噪声，应采用隔离等消声措施。

（5）筛分设备的运转部分要加防护罩以防绞伤人体。

3. 混合

1）混合过程

凡使两种以上物料相互分散，从而达到温度、浓度以及组成一致的操作，均称为混合。混合分液态与液态物料的混合、固态与液态物料的混合和固态与固态物料的混合。混合操作是用机械搅拌、气流搅拌或其他混合方法完成的。

2）混合过程危险性及安全技术

混合依据不同的相及其固有的性质，有着特殊的危险，还有与动力机械有关的普通的机械危险，所以混合操作也是一个比较危险的过程。要根据物理性质（如腐蚀性、易燃易爆性、粒度、黏度等）正确选用设备。

对于利用机械搅拌进行混合的操作过程，其桨叶的强度是非常重要的。首先桨叶制造要符合强度要求，安装要牢固，不允许产生摆动。在修理或改造桨叶时，应重新计算其坚牢度。加长桨叶时，还应重新计算所需功率。因为桨叶消耗能量与其长度的五次方成正比。若忽视这一点，可能导致电机超负荷以及桨叶折断等事故发生。

搅拌器不可随意提高转速，尤其当搅拌非常黏稠的物料时。随意提高转速也可造成电机超负荷、桨叶断裂以及物料飞溅等。因此，对黏稠物料的搅拌，最好采用推进式及透平式搅拌机。为防止超负荷造成事故，应安装超负荷停车装置。

对于混合操作的加料、出料，应实现机械化、自动化。

当搅拌过程中物料产生热量时，如因故停止搅拌，会导致物料局部过热。因此，在安装机械搅拌的同时，还要辅以气流搅拌，或增设冷却装置。有危险的气流搅拌尾气应加以回收处理。

当混合能产生易燃、易爆或有毒物质时，混合设备应很好密闭，并且充入惰性气体加以保护。

对于可燃粉料的混合，设备应良好接地以消除静电，并在设备上安装爆破片。

混合设备中不允许落入金属物件，以防卡住叶片，烧毁电机。

（1）液-液混合。液-液混合一般是在有电动搅拌的敞开或密闭容器中进行。应依据液体的黏度和所进行的过程，如分散、反应、除热、溶解或多个过程的组合，设计搅拌。还需要有仪表测量和报警装置强化的工作保证系统。装料时就应开启搅拌，否则，反应物分层或偶尔结一层外皮会引起危险反应。为使夹套或蛇管有效除热必须开启搅拌的情况下，在设计中应充分估计到失误，如机械、电器和动力故障的影响以及与过程有关的危险也应该考虑到。

对于低黏度液体的混合，一般采用静止混合器或某种类型的高速混合器，除去与旋转机械有关的普通危险外，没有特殊的危险。对于高黏度流体，一般是在搅拌机或碾压机中处理，必须排除混入的固体，否则会构成对人员和机械的伤害。对于爆炸混合物的处理，需要应用软墙或隔板隔开，远程操作。

（2）气-液混合。有时应用喷雾器把气体喷入容器或塔内，借助机械搅拌实现气体的分配。很显然，如果液体是易燃的，而喷入的是空气，则可在气液界面之上形成易燃蒸气-空气的混合物、易燃烟雾或易燃泡沫。需要采取适当的防护措施，如整个流线的低流速或低压报警、自动断路、防止静电产生等，才能使混合顺利进行。如果是液体在气体中分散，可能会形成毒性或易燃性悬浮微粒。

（3）固-液混合。固-液混合可在搅拌容器或重型设备中进行。如果是重质混合，必须移除一切坚硬的无关物质。在搅拌容器内固体分散或溶解操作中，必须考虑固体在器壁的结垢和出口管线的堵塞。

（4）固-固混合。固-固混合用的总是重型设备，这个操作最突出的是机械危险。如果固体是可燃的，必须采用防护措施把粉尘爆炸危险降至最小程度，如在惰性气氛中操作，采用爆炸卸荷防护墙设施，消除火源，要特别注意静电的产生或轴承的过热等。应该采用筛分、磁分离、手工分类等移除杂金属或过硬固体等。

（5）气-气混合。无需机械搅拌，只要简单接触就能达到充分混合。易燃混合物和爆炸混合物需要惯常的防护措施。

十一、贮存

贮存在化工厂中，大至场料堆、大型罐区、气柜、大型仓库、料仓，小至车间中转罐、料斗、小型料池、药品柜等。场所、形式多种多样，这是由物料物品、环境条件及使用需求的多样性所决定的。贮存过程的危险性分析及注意事项有以下几个方面：

（1）许多贮存场所易燃易爆物料数量巨大，存放集中，一旦着火爆炸，火势猛烈，极易蔓延扩大。特别是周边及内部防火间距不足、消防设施器材配置不当，可能造成重大损失。

（2）不少物品靠在存放时，因露天曝晒、库房漏雨、地面积水、通风不良等，未能满足一定的温度、压力、湿度等必要的贮存条件，可能出现受潮、变质、发热、自燃等危险。

（3）多种性质相抵触的物品不按禁忌规定混存，例如可燃物与强氧化剂、酸与碱等混放或间距不足，可能发生激烈反应而起火爆炸。

（4）危险化学品容器破坏、包装不合要求，可能发生泄漏，引发火灾爆炸事故。

（5）周边烟囱飞火、机动车辆排气管火星、明火作业，贮存场所电气系统不合要求、静电、雷击等，都可能形成火源。

（6）在贮存场所装卸、搬运过程中，违规使用铁器工具、开启密封容器时撞击摩擦、违规堆垛、野蛮装卸、可燃粉尘飞扬等，可能引发火灾爆炸。

任务二

典型事故案例分析及对策

【案例4.1】 物料输送事故

1995年11月4日21时50分，某市造漆厂树脂车间工段B反应釜加料口突然发生爆炸，并喷出火焰，烧着了加料口的帆布套，并迅速引燃堆放在加料口旁的2176kg松香，松香被火熔化后，向四周及一楼流散，使火势顷刻间扩大。当班工人一边用灭火器灭火，一边向消防部门报警。市消防队于22时10分接警后迅速出动，经过消防官兵的奋战，于23时30分将大火扑灭。

这起火灾烧毁厂房756m³，仪器仪表240台，化工原料产品186t以及设备、管道，造成直接经济损失120.1万元。

事故原因分析：造成这起火灾事故的直接原因，是B反应釜内可燃气体受热媒加温到引燃温度，被引燃后冲出加料口而蔓延成灾。

造成事故的间接原因，一是工艺、设备存在不安全因素，在树脂生产过程中，按规定投料前要用 200 号溶剂汽油对反应釜进行清洗，然后必须将汽油全部排完，但在实际操作中操作人员仅靠肉眼观察是否将汽油全部排完，且观察者与操作者分离，排放不净的可能性随时存在，在以前曾经发生过两次喷火事件，但均未引起领导重视，也没有认真分析原因和提出整改措施，致使养患成灾；二是物料堆放不当，导致小火酿大灾，按规定树脂反应釜物料应从 3 层加入，但由于操作人员图方便，将松香堆放在 2 层反应釜旁并改从 2 层投料，反应釜喷火后引燃松香，并大量熔化流散，使火势迅速蔓延；三是消防安全管理规章制度不落实措施不到位，而且具体生产中的安全操作要求、事故防范措施及异常情况下的应急处置都没有落到实处。

【案例 4.2】 加热事故

陕西省某化肥厂铜氨液再生由回流塔、再生器和还原器完成。1995 年 1 月 13 日 7 时，再生系统清洗置换后打开再生器人孔和顶部排气孔。当日 14 时采样分析再生器内氨气含量为 0.33%、氧气含量为 19.8%，还原器内氨气含量为 0.66%、氧气含量为 20%。14 时 30 分，用蒸气对再生器下部的加热器试漏，技术员徐某和陶某戴面具进入再生器检查。因温度高，所以用消防车向再生器充水降温。15 时 30 分，用空气试漏，合成车间主任熊某等二人戴面具再次从再生器人孔进入检查。17 时 20 分，在未对再生器内采样分析的情况下，车间主任李某决定用 0.12MPa 蒸气第三次试漏，并 4 人一起进入，李某用哨声对外联系关停蒸气，工艺主任王某在人孔处进行监护。17 时 40 分再生器内混合气发生爆炸。除一人负重伤从器内爬出外，其余 3 人均死在器内，人孔处王某被爆炸气浪冲击到氨洗塔平台死亡。生产副厂长赵某、安全员蔡某和机械员魏某均被烧伤。

事故原因分析：

(1) 直接原因。经调查认为，这起事故的直接原因主要是在再生器系统清洗、置换不彻底的情况下，用蒸气对再生器下部的加热器试漏（等于用加热器加热），使残留和附着在器壁等部件上的铜氨液（或沉积物）解析或分解，析出一氧化碳、氨气等可燃气与再生器内空气形成混合物达到爆炸极限，遇再生器内试漏作业产生的机械火花（不排除内衣摩擦静电火花）引起爆炸。

(2) 间接原因。事故暴露出作业人员有章不循，没有执行容器内作业安全要求中关于"作业中应加强定时监测"、"做连续分析并采取可靠通风措施"的规定，在再生器内作业长达 3h40min，未对其内进行取样分析，也未采取任何通风措施，致使容器内积累的可燃气混合物达到爆炸极限，说明这起事故是由该单位违反规定而引起的责任事故。

【案例 4.3】 蒸发事故

2004 年 9 月 9 日晨 7 点半左右，某化工厂四车间蒸发岗位，由于蒸气压力波动，导致造粒喷头堵塞，当班车间值班主任王某迅速调集维修工 4 人上塔处理。操作工李某看看将到 8 时下班交班时间，手里拿一套防氨过滤式防毒面具，一路来到 64m 高的造粒塔上，查看检修进度。维修工们用撬杠撬离喷头，李某站在维修工们的身后仔细观察。当法兰刚撬开一个缝，这时一股滚烫的尿液突然直喷出来，维修工们眼尖腿快迅速躲闪跑开。李某躲闪不及，尿液喷了他满脸半身，当即昏倒在地，并造成裸露在外面的脸、脖颈、手臂均受到伤害，面额局部Ⅱ度烫伤。

事故原因分析：李某防护技能差。在他上塔查看维修工的检修进度时，只一味地想看个究竟，位置站得太靠前。当法兰撬开时，反应迟钝、躲闪慢，是导致他烫伤的直接原因。

李某自我防护意识淡薄，疏于防范。当他提醒别人注意安全时，完全忘记了自己也处在极度危险环境中。虽然他手里拿有防氨过滤式防毒面具，但未按规定佩戴，只是把防护器材当作一种摆设，思想麻痹大意不重视，缺乏防范警惕性，是导致他烫伤的主要原因。

该车间安全管理不到位。在一个不足 $6m^3$ 的狭窄检修现场，却集中有 6 人，人员拥挤，不易疏散开。更严重的是，检修现场进入了与检修无关的人员，检修负责人没有及时制止和纠正，思想麻痹大意未引起重视，结果恰恰烫伤的又是与检修无关的人员，实属不应该，是发生李某烫伤的一个重要原因。

该车间安全技术培训不到位。维修工们只顾一门心思地自顾自的检修，没有考虑周围的环境情况是否发生了不利于检修的变化；检修现场人员自我防范意识太差，拿着防护用具不用，哪有不被烫伤的道理？检修前安全教育不到位，检修的维修工缺乏严格的检查，安全措施未严格落实到位，执行力差。

【案例 4.4】 蒸馏事故

亚磷酸二甲酯（以下简称二甲酯）属于有机磷化合物，广泛应用于生产草甘磷、氧化乐果、敌百虫农药产品，也可作纺织产品的阻燃剂、抗氧化剂的原料。工业化生产是用甲醇和三氯化磷直接反应经脱酸蒸馏制得，此工艺副反应物为亚磷酸、氯甲烷、氯化氢，氯甲烷经水洗、碱洗、压缩后回收利用或作为成品出售，氯化氢经吸收后也可作为商品盐酸出售，而亚磷酸则存于二甲酯蒸馏残液中，残液中二甲酯含量一般在 20% 左右。为了回收残液中的二甲酯，在蒸馏釜中习惯采用长时间减压蒸馏的方法，俗称"逼干"蒸馏。尽管采取了这种比较温和的蒸馏方法，但是由于系统中残液沸点比较高，加上残液的密度、黏度较大，釜内物料流动性比较差，物料容易分解，因此，在蒸馏过程往往容易发生火灾、鸣爆事故。

2002 年 10 月 16 日，江苏某农药厂在试生产过程中，发生了逼干釜爆炸事故。"逼干"蒸馏了 20 多个小时的残液蒸馏釜，在关闭热蒸汽 1h 后突然发生爆炸，伴生的白色烟气冲高 20 多米，爆炸导致连续锅盖法兰的 48 根 φ18mm 螺栓被全部拉断，爆炸产生的拉力达 $3.9×10^6N$ 以上，釜身因爆炸反作用力陷入水泥地面 50cm 左右，厂房结构局部受到损坏，4 名在现场附近的作业人员被不同程度地灼伤。

事故原因分析：

（1）"逼干釜"连续加热，造成系统温度异常升高。由于降温减压操作不当，压力控制过高，特别是"逼干釜"经过了连续长时间的加热，蒸气温度超过了 170℃，致使相当一部分有机磷物质分解。而且在分解时，由于加热釜热容量大，物料流动性差，加热面和反应界面上的物料会首先发生分解，分解的结果又会使局部温度上升，引起更大范围的物料分解，从而促使系统内温度进一步上升。

（2）仪表检测误差和反应迟缓，使系统高温不能及时觉察。除了仪表本身的固有误差即仪表精度外，更主要的取决于被测物料的性质和检测点插入的位置等因素。看起来仪表检测到系统的最高温度为 178℃，其实对于这样一个测温滞后时间较长的系统来说，实际温度早已大大超过了 178℃，特别是对于一个温度急剧上升的系统，可能测温仪表还没有来得及完全反应爆炸就发生了，因此，仪表记录到的温度与系统内真实温度的误差至少有数十度以上，从这一点也可以说明系统物质已经长时间处于过热状态，为系统内物料发生分解反应提供了条件。

【案例 4.5】　过滤事故

1985 年 5 月 30 日某时，黑龙江某化工厂操作人员突然听到一声巨响，并伴有大量浓烟从氧压机防爆间内冒出。操作工立即停氧压机并关闭入口阀和出口阀，灭火系统自动向氧压机喷氮气，消防人员立刻赶到现场对爆炸引燃的仪表、控制电缆进行灭火，防止了事故进一步扩大。事后对氧压机进行检查发现，中间冷却器过滤器被烧毁，并引燃了仪表、控制电缆，迫使氧压机停车 1 个月。

事故原因分析：从现场检查发现，被烧毁的过滤器外壳呈颗粒状，系燃烧引起的爆炸，属化学爆炸。经分析最后确定为铁锈和焊渣在氧气管道中受氧气气流冲刷，积聚在中间冷却器过滤网处，反复摩擦产生静电，当电荷积聚至一定量时发生火花放电，引燃了过滤器发生爆炸。

燃烧应具备 3 个条件即可燃物、助燃物、引燃能量。这 3 个条件要同时具备，也要有一定的量相互作用，燃烧才会发生。铁锈和焊渣即可燃物，而铁锈和焊渣的来源是设备停置时间过长没有采取有效保护措施而产生锈蚀，安装后设备没有彻底清除焊渣。能量来源是铁锈和焊渣随氧气高速流动时产生静电，静电电位可高达数万伏。当铁锈和焊渣随氧气流到过滤器时被滞留下来，铁锈和焊渣越积越多，静电能也随之增大。铁锈的燃点和最小引燃能量均低。如铁锈粉尘的平均粒径为 100～150μm 时，燃点温度为 240～439℃，较金属本身的熔点低很多，当发生火花放电且氧浓度高时，就发生了燃烧爆炸。

【案例 4.6】　干燥事故

河南某制药厂一分厂的最终产品是面粉改良剂，过氧化苯甲酰是主要配入药品。这种药品属化学危险物品。遇过热、摩擦、撞击等会引起爆炸，为避免外购运输中发生危险，故自己生产。

1991 年 12 月 4 日 8 时，工艺车间干燥器第五批过氧化苯甲酰 105kg，按工艺要求，需干燥 8h，至下午停机。由化验室取样化验分析，因含量不合格，需再次干燥。次日 9 时，将干燥不合格的过氧化苯甲酰装入干燥器。恰遇 5 日停电，一天没开机。6 日上午 8 时，当班干燥工马某对干燥器进行检查后，由干燥工苗某和化验员胡某二人去锅炉房通知锅炉工杨某送热汽，又到制冷房通知王某开真空，后胡、苗二人又回到干燥房。9 时左右，张某喊胡某去化验。下午 2 时停抽真空，在停抽真空 15min 左右，干燥器内的干燥物过氧化苯甲酰发生化学爆炸，共炸毁车间上下两层 5 间、粉碎机 1 台、干燥器 1 台，干燥器内蒸汽排管在屋内向南移动约 3m，外壳撞到北墙飞出 8.5m 左右，楼房倒塌，造成重大人员伤亡，直接经济损失 15 万元。

事故原因分析：第一分蒸汽阀门没有关，第二分蒸汽阀门差一圈没关严，显示第二分蒸汽阀门进汽量的压力表是 0.1MPa。据此判断干燥工马某、苗某没有按照《干燥器安全操作法》要求"在停机抽真空之前，应提前 1h 关闭蒸汽"的规定执行。在没有关闭两道蒸汽阀门的情况下，下午 14 时通知停抽真空，造成停抽后干燥器内温度急剧上升，致使干燥物过氧化苯甲酰因遇热引起剧烈分解发生爆炸。

该厂在试生产前对其工艺设计、生产设备、操作规程等未按化学危险物品规定报经安全管理部门鉴定验收。

该厂用的干燥器是仿照许昌制药厂的干燥器自制的，该干燥器适用于干燥一般物品，但干燥化学危险物品过氧化苯甲酰就不一定适用。

【案例 4.7】 混合事故

2000 年 7 月 17 日 7 时 5 分，合成车间净化工段一台蒸气混合器系统运行压力正常，系统中一台蒸气混合器突然发生爆炸，设备本体倾倒在其附近的另一设备上，上筒节一块 900mm×1630mm 拼板连同撕裂下的封头部分母材被炸飞至 60m 外与设备相对高差 15m 多的车间房顶上，被砸下的房顶碎块，将一职工手臂砸成轻伤，直接经济损失 11.5 万元。

该设备 1997 年 7 月制造完成，1999 年 2 月投入使用。有产品质量证明书、监督检验证明书，竣工图；主体材质：0Cr19Ni9；厚度：14mm；技术参数如表 4-1 所示。筒体有 2 个筒节，上筒节由 2 块 900mm×1630mm 和 900mm×500mm 的 3 块板拼焊制成；主要进气（汽）、出气（汽）接管材质不详，与管道为焊接连接，结构不尽合理；封头、筒体和焊材选用符合图样和标准规定。

表 4-1　工艺操作条件

设计压力/MPa	设计温度/℃	操作压力/MPa	操作温度/℃	介质	焊缝系数
2.4	245	2.2	245	蒸气半水煤气	1.0

事故原因分析：经调查，设备破坏的主要原因是硫化氢应力腐蚀。表现为：

（1）蒸气发生器发生爆炸是在低应力情况下发生的。

（2）流体介质中含有较高浓度的硫化氢及其他腐蚀性化合物，具有硫化氢应力腐蚀条件。

（3）具备一定的拉应力，蒸气混合器在系统压力正常运行时突然发生爆炸。

（4）具备一定的温度条件，设备运行温度 245℃。

（5）从其断裂特征分析，符合硫化氢应力腐蚀特征；应力腐蚀裂纹缓慢伸展，一旦达到瞬断截面立即快速断裂，是完全脆性的；裂纹扩展的宏观方向与拉应力方向大体垂直；瞬断截面瞬断区有可见的塑性剪切唇。

（6）未按图样要求进行钝化处理是产生应力腐蚀的又一重要原因。

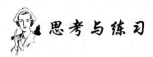 思考与练习

一、简答题

1. 冷却与冷凝的安全技术有哪些？

2. 如何实现蒸发过程的安全运行操作？

3. 实现吸收过程安全操作应注意哪些事项？

4. 萃取过程危险性因素有哪些？

5. 选择安全的萃取剂,必须注意哪些事项?

6. 简述不同过滤过程的安全操作技术。

7. 简述干燥过程的危险性因素。

8. 简述干燥过程的安全控制技术。

9. 简述筛分过程的安全控制技术。

10. 贮存过程的安全注意事项有哪些?

二、分析论述题

1. 分析加热过程的危险性。

2. 试分析蒸发过程的危险性。

3. 简单分析不同蒸馏过程的危险性。

4. 分析粉碎过程的危险性。

5. 分析混合过程有哪些危险性。

模块五　化工防火防爆安全技术

应知

（1）掌握燃烧的三个基本条件；

（2）概述爆炸的基础知识；

（3）知晓点火源的控制技术、火灾爆炸危险性分析、火灾爆炸危险物质的处理；

（4）掌握火灾及爆炸蔓延的控制技术；

（5）知晓消防安全知识。

应会

（1）能根据火灾爆炸危险性分析进行火灾爆炸的控制能力；

（2）会化工工艺参数的安全控制方法；

（3）能分析火灾爆炸事故案例。

任务一

燃烧与爆炸基础知识

化工生产中使用的原料，生产中的中间体和产品很多都是易燃、易爆的物质，而化工生产过程又多为高温、高压，若工艺与设备设计不合理、设备制造不合格、操作不当或管理不善，容易发生火灾爆炸事故，造成人员伤亡及财产损失。因此，防火防爆对于化工生产的安全运行是十分重要的。

一、燃烧的基础知识

燃烧是一种复杂的物理化学过程。燃烧过程具有发光、发热、生成新物质的三个特征。

1. 燃烧条件

燃烧是有条件的，它必须在可燃物质、助燃物质和点火源这三个基本条件同时具备时才能发生。

（1）可燃物质。通常把所有物质分为可燃物质、难燃物质和不可燃物质三类。可燃物质是指在火源作用下能被点燃，并且当点火源移去后能继续燃烧直至燃尽的物质；难燃物质为在火源作用下能被点燃，当点火源移去后不能维持继续燃烧的物质；不可燃物质是指在正常情况下不能被点燃的物质。可燃物质是防火、防爆的主要研究对象。

凡能与空气、氧气或其他氧化剂发生剧烈氧化反应的物质，都可称之为可燃物质。可燃物质种类繁多，按物理状态可分为气态、液态和固态三类。化工生产中使用的原料、生产中的中间体和产品很多都是可燃物质。气态如氢气、一氧化碳、液化石油气等；液态如汽油、甲醇、酒精等；固态如煤、木炭等。

（2）助燃物质。凡是具有较强的氧化能力，能与可燃物质发生化学反应并引起燃烧的物质均称为助燃物。例如空气、氧气、氯气、氟和溴等物质。

（3）点火源。凡能引起可燃物质燃烧的能源均可称之为点火源。常见的点火源有明火、电火花、炽热物体等。

可燃物、助燃物和点火源是导致燃烧的三要素，缺一不可，是必要条件。上述三要素同时存在，燃烧能否实现，还要看是否满足了数值上的要求。在燃烧过程中，当三要素的数值发生改变时，也会使燃烧速度改变甚至停止燃烧。例如，空气中氧的含量降到 $16\% \sim 14\%$ 时，木柴的燃烧立即停止。如果在可燃气体与空气的混合物中，减少可燃气体的比例，则燃烧速度会减慢，甚至停止燃烧。例如氢气在空气中的含量小于 4% 时就不能被点燃。点火源如果不具备一定的温度和足够的热量，燃烧也不会发生。例如飞溅的火星可以点燃油棉丝或刨花，但火星如果溅落在大块的木柴上，它会很快熄灭，不能引起木柴的燃烧。这是因为这种点火源虽然有超过木柴着火的温度，但却缺乏足够热量。因此，对于已经进行着的燃烧，若消除燃烧三要素中的一个条件，或使其数量有足够的减少，燃烧便会终止，这就是灭火的基本原理。

2. 燃烧过程

可燃物质的燃烧都有一个过程，这个过程随着可燃物质的状态不同，其燃烧过程也不同。气体最容易燃烧，只要达到其氧化分解所需的热量便能迅速燃烧。可燃液体的燃烧并不是液相与空气直接反应而燃烧，而是先蒸发为蒸气，蒸气再与空气混合而燃烧。对于可燃固体，若是简单物质，如硫、磷及石蜡等，受热时经过熔化、蒸发、与空气混合而燃烧；若是复杂物质，如煤、沥青、木材等，则是先受热分解出可燃气体和蒸气，然后与空气混合而燃烧，并留下若干固体残渣。由此可见，绝大多数可燃物质的燃烧是在气态下进行的，并产生火焰。有的可燃固体如焦炭等不能成为气态物质，在燃烧时呈炽热状态，而不呈现火焰。各种可燃物质的燃烧过程如图 5-1 所示。

综上所述，根据可燃物质燃烧时的状态不同，燃烧有气相和固相两种情况。气相燃烧是指在进行燃烧反应过程中，可燃物和助燃物均为气体，这种燃烧的特点是有火焰产生。气相燃烧是一种最基本的燃烧形式。固相燃烧是指在燃烧反应过程中，可燃物质为固态，这种燃烧亦称为表面燃烧，特征是燃烧时没有火焰产生，只呈现光和热，如焦炭的燃烧。一些物质的燃烧既有气相燃烧，也有固相燃烧，如煤的燃烧。

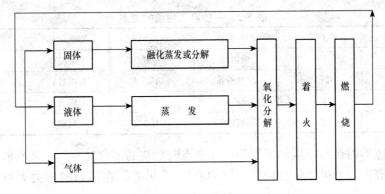

图 5-1　物质燃烧过程示意图

3. 燃烧类型

根据燃烧的起因不同，燃烧可分为闪燃、着火和自燃三类。

（1）闪燃和闪点。可燃液体的蒸气（包括可升华固体的蒸气）与空气混合后，遇到明火而引起瞬间（延续时间少于 5s）燃烧，称为闪燃。液体能发生闪燃的最低温度，称为该液体的闪点。闪燃往往是着火先兆，可燃液体的闪点越低，越易着火，火灾危险性越大。某些可燃液体的闪点见表 5-1。

表 5-1　某些可燃物的闪点

液体名称	闪点/℃	液体名称	闪点/℃	液体名称	闪点/℃
戊烷	<−40	乙醚	−45	乙酸甲酯	−10
己烷	−21.7	苯	−11.1	乙酸乙酯	−4.4
庚烷	−4	甲苯	4.4	氯苯	28
甲醇	11	二甲苯	30	二氯苯	66
乙醇	11.1	丁醇	29	二硫化碳	−30
丙醇	15	乙酸	40	氰化氢	−17.8
乙酸丁酯	22	乙酸酐	49	汽油	−42.8
丙酮	−19	甲酸甲酯	<−20	—	—

应当指出，可燃液体之所以会发生一闪即灭的闪燃现象，是因为它在闪点的温度下蒸发速度较慢，所蒸发出来的蒸气仅能维持短时间的燃烧，而来不及提供足够的蒸气补充维持稳定的燃烧。

除了可燃液体以外，某些能蒸发出蒸气的固体，如石蜡、樟脑、萘等，其表面上所产生的蒸气可以达到一定的浓度，与空气混合而成为可燃的气体混合物，若与明火接触，也能出现闪燃现象。

（2）着火与燃点。可燃物质在有足够助燃物（如充足的空气、氧气）的情况下，有点火源作用引起的持续燃烧现象，称为着火。使可燃物质发生持续燃烧的最低温度，称为燃点或着火点。燃点越低，越容易着火。一些可燃物质的燃点见表 5-2。

表 5-2　一些可燃物质的燃点

物质名称	燃点/℃	物质名称	燃点/℃	物质名称	燃点/℃
赤磷	160	聚丙烯	400	吡啶	482
石蜡	158~195	醋酸纤维	482	有机玻璃	260
硝酸纤维	180	聚乙烯	400	松香	216
硫磺	255	聚氯乙烯	400	樟脑	70

可燃液体的闪点与燃点的区别是，在燃点时燃烧的不仅是蒸气，还有液体（即液体已达到燃烧温度，可提供保持稳定燃烧的蒸气）。另外，在闪点时移去火源后闪燃即熄灭，而在燃点时移去火源后则能继续燃烧。

控制可燃物质的温度在燃点以下是预防发生火灾的措施之一。在火场上，如果有两种燃点不同的物质处在相同的条件下，受到火源作用时，燃点低的物质首先着火。用冷却法灭火，其原理就是将燃烧物质的温度降到燃点以下，使燃烧停止。

（3）自燃和自燃点。可燃物质受热升温而不需明火作用就能自行着火燃烧的现象，称为自燃。可燃物质发生自燃的最低温度，称为自燃点。自燃点越低，则火灾危险性越大。一些可燃物质的自燃点见表 5-3。

表 5-3　一些可燃物质的自燃点

物质名称	自燃点/℃	物质名称	自燃点/℃	物质名称	自燃点/℃
二硫化碳	102	苯	555	甲烷	537
乙醚	170	甲苯	535	乙烷	515
甲醇	455	乙苯	430	丙烷	466
乙醇	422	二甲苯	465	丁烷	365
丙醇	405	氯苯	590	水煤气	550~650
丁醇	340	黄磷	30	天然气	550~650
乙酸	485	萘	540	一氧化碳	605
乙酸酐	315	汽油	280	硫化氢	260
乙酸甲酯	475	煤油	380~425	焦炉气	640
乙酸戊酯	375	重油	380~420	氨	630
丙酮	537	原油	380~530	半水煤气	700
甲胺	430	乌洛托品	685	煤	320

化工生产中，由于可燃物质靠近蒸气管道，加热或烘烤过度，化学反应的局部过热，在密闭容器中加热温度高于自燃点的可燃物一旦泄漏，均可发生可燃物质自燃。

4. 热值和燃烧温度

（1）热值。指单位质量或单位体积的可燃物质完全燃烧时所放出的总热量。可燃性固体和可燃性液体的热值以"J/kg"表示，可燃气体（标准状态）的热值以"J/m³"表示。可燃物质燃烧爆炸时所达到的最高温度、最高压力及爆炸力等均与物质的热值有关。部分物质的热值见表 5-4。

（2）燃烧温度。可燃物质燃烧时所放出的热量，一部分被火焰辐射散失，而大部分则消耗在加热燃烧上，由于可燃物质所产生的热量是在火焰燃烧区域内析出的，因而火焰温度也就是燃烧温度。部分可燃物质的燃烧温度见表 5-4。

表 5-4 部分物质的热值和燃烧温度

物质的名称	热 值		燃烧温度/℃
	J/kg（$\times 10^6$）	J/m³（$\times 10^6$）	
甲烷	—	39.4	1800
乙烷	—	69.3	1895
乙炔	—	58.3	2127
甲醇	23.9	—	1100
乙醇	31.0	—	1180
丙酮	30.9	—	1000
乙醚	36.9	—	2861
原油	44.0	—	1100
汽油	46.9	—	1200
煤油	41.4~46.0	—	700~1030
氢气	—	10.8	1600
一氧化碳	—	12.7	1680
二硫化碳	14.0	12.7	2195
硫化氢	—	25.5	2110
液化气	—	10.5~11.4	2020
天然气	—	35.5~39.5	2120
硫	10.4	—	1820
磷	25.0	—	—

二、爆炸的基础知识

爆炸是物质在瞬间以机械功的形式释放出大量气体和能量的现象。由于物质状态的急剧变化，爆炸发生时会使压力猛烈增高并产生巨大的声响。其主要特征是压力的急剧升高。

上述所谓"瞬间"，就是说爆炸发生于极短的时间内。例如乙炔罐里的乙炔与氧气混合发生爆炸时，大约是在 1/100s 内完成下列化学反应。

$$2C_2H_2 + 5O_2 = 4CO_2 + 2H_2O + Q$$

反应同时释放出大量热量和二氧化碳、水蒸气等气体，使罐内压力升高 10~13 倍，其爆炸威力可以使罐体升空 20~30m。这种克服地心引力将重物举高一段距离，就是所说的机械功。

在化工生产中，一旦发生爆炸，就会酿成工伤事故，造成人身和财产的巨大损失，使生产受到严重影响。

1. 爆炸的分类

1）按照爆炸能量来源的不同分类

（1）物理性爆炸。是由物理因素（如温度、体积、压力等）变化而引起的爆炸现象。在物理性爆炸的前后，爆炸物质的化学成分不改变。

锅炉的爆炸就是典型的物理性爆炸，其原因是过热的水迅速蒸发出大量蒸汽，使蒸汽压力不断提高，当汽压超过锅炉的极限强度时，就会发生爆炸。又如氧气钢瓶受热升温，引起气体压力增高，当气压超过钢瓶的极限强度时即发生爆炸。发生物理性爆炸时，气体或蒸汽等介质潜藏的能量在瞬间释放出来，会造成巨大的破坏和伤害。

（2）化学性爆炸。使物质在短时间内完成化学反应，同时产生大量气体和能量而引起的爆炸现象。化学性爆炸前后，物质的性质和化学成分均发生了根本的变化。

例如用来制造炸药的硝化棉在爆炸时放出大量热量，同时生成大量气体（CO、CO_2、H_2和水蒸气等），爆炸时的体积竟会突然增大 47 万倍，燃烧在万分之一秒内完成。因而会对周围物体产生毁灭性的破坏作用。

2）按照爆炸的瞬时燃烧速度分类

（1）轻爆。物质爆炸时的燃烧速度为每秒数米，爆炸时无多大破坏力，声响也不大。如无烟火药在空气中的快速燃烧，可燃气体混合物在接近爆炸浓度上限或下限时的爆炸即属于此类。

（2）爆炸。物质爆炸时的燃烧速度为每秒十几米至数百米，爆炸时能在爆炸点引起压力激增，有较大的破坏力，有震耳的声响。可燃气体混合物在多数情况下的爆炸，以及被压火药遇火源引起的爆炸即属于此类。

（3）爆轰。物质爆炸的燃烧速度为每秒 1000～7000m。爆轰时的特点是突然引起极高压力，并产生超音速的"冲击波"。由于在极短时间内发生的燃烧产物急剧膨胀，像活塞一样挤压其周围气体。反应所产生的能量有一部分传给被压缩的气体层，于是形成的冲击波由它本身的能量所支持，迅速传播并能远离爆轰的发源地而独立存在，同时可引起该处的其他爆炸性气体混合物成炸药发生爆炸，从而发生一种"殉爆"现象。

2. 化学性爆炸物质

根据爆炸时所进行的化学反应，化学性爆炸物质可分为以下几种：

（1）简单分解的爆炸物。这类物质在爆炸时分解为元素，并在分解过程中产生热量。属于这一类的物质有乙炔铜、乙炔银、碘化氮、叠氮铅等，这类容易分解的不稳定物质，其爆炸危险性是很大的，受摩擦、撞击、甚至轻微震动即可能发生爆炸。如乙炔银受摩擦或撞击时的分解爆炸；

$$Ag_2C_2 \longrightarrow 2Ag + 2C + Q$$

（2）复杂分解的爆炸物。这类物质包括各种含氧炸药，其危险性较简单分解的爆炸物稍低，含氧炸药在发生爆炸时伴有燃烧反应，燃烧所需的氧由物质本身分解供给。如苦味酸、梯恩梯、硝化棉等都属于此类。

（3）可燃性混合物。是指由可燃物质与助燃物质组成的爆炸物质。所有可燃气体、蒸气和可燃粉尘与空气（或氧气）组成的混合物均属此类。如一氧化碳与空气混合的爆炸反应：

$$2CO + O_2 + 3.76N_2 = 2CO_2 + 3.76N_2 + Q$$

这类爆炸实际上是在火源作用下的一种瞬间燃烧反应。

通常称可燃性混合物为有爆炸危险的物质，它们只是在适当的条件下，才会成为危险的物质。这些条件包括可燃物质的浓度、氧化剂浓度以及点火能量等。

3. 爆炸极限

1）爆炸极限

可燃性气体、蒸气或粉尘与空气组成的混合物，并不是在任何浓度下都会发生燃烧或爆炸，而是必须在一定的浓度比例范围内才能发生燃烧和爆炸。而且混合的比例不同，其爆炸的危险程度亦不同。例如，由一氧化碳与空气构成的混合物在火源作用下的燃爆试验情况如下。

CO在混合气中所占体积/%	燃爆情况	CO在混合气中所占体积/%	燃爆情况
<12.5	不燃不爆	30	爆燃最强烈
12.5	轻度燃爆	30～80	爆燃逐渐减弱
12.5～30	燃爆逐步加强	>80	不燃不爆

上述试验情况说明：可燃性混合物有一个发生燃烧和爆炸的含量范围，即有一个最低含量和最高含量。混合物中的可燃物只有在这两个含量之间，才会有燃爆危险。通常将最低含量称为爆炸下限，最高含量称为爆炸上限。混合物含量低于爆炸下限时，由于混合物含量不够及过量空气的冷却作用，阻止了火焰的蔓延；混合物含量高于爆炸上限时，则由于氧气不足，使火焰不能蔓延。可燃性混合物的爆炸下限越低、爆炸极限范围越宽，其爆炸的危险性越大。

必须指出，含量在爆炸上限以上的混合物绝不能认为是安全的，因为一旦补充进空气就具有危险性了。一些气体和液体蒸气的爆炸极限见表5-5。

表5-5 一些气体和液体蒸气的爆炸极限

物质名称	爆炸极限（体积分数）/%		物质名称	爆炸极限（体积分数）/%	
	下限	上限		下限	上限
天然气	4.5	13.5	甲苯	1.2	7.0
城市煤气	5.3	32	邻二甲苯	1.0	7.6
氢气	4.0	28.0	氯苯	1.3	11.0
氨	15.0	74.0	甲醇	5.5	36.0
一氧化碳	12.5	60.0	乙醇	3.5	19.0
二硫化碳	1.0	82	丙醇	1.7	48.0
乙炔	1.5	41.0	丁醇	1.4	10.0
氰化氢	5.6	34.0	甲烷	5.0	15.0
乙烯	2.7	8.0	乙烷	3.0	15.5
苯	1.2	7.0	丙烷	2.1	9.5

续表

物质名称	爆炸极限（体积分数）/%		物质名称	爆炸极限（体积分数）/%	
	下限	上限		下限	上限
丁烷	1.5	8.5	煤油	.7	5.0
甲醇	7.0	73.0	乙酸	4.0	17.0
乙醇	1.7	48.0	乙酸乙酯	2.1	11.5
丙醇	2.5	12.0	乙酸丁酯	1.2	7.6
汽油	1.4	7.6	硫化氢	4.3	45.0

2）可燃气体、蒸气爆炸极限的影响因素

爆炸极限受许多因素的影响，表 5-5 给出的爆炸极限数值对应的条件是常温常压。当温度、压力及其他因素发生变化时，爆炸极限也会发生变化。

（1）温度。一般情况下爆炸性混合物的原始温度越高，爆炸极限范围也越大。因此温度升高会使爆炸的危险性增大。

（2）压力。一般情况下压力越高，爆炸极限范围越大，尤其是爆炸上限显著提高。因此，减压操作有利于减小爆炸的危险性。

（3）惰性介质及杂物。一般情况下惰性介质的加入可以缩小爆炸极限范围，当其浓度高到一定数值时可使混合物不发生爆炸。杂物的存在对爆炸极限的影响较为复杂，如少量硫化氢的存在会降低水煤气在空气混合物中的燃点，使其更易爆炸。

（4）容器。容器直径越小，火焰在其中越难于蔓延，混合物的爆炸极限范围则越小。当容器直径或火焰通道小到一定数值时，火焰不能蔓延，可消除爆炸危险，这个直径称为临界直径或最大灭火间距。如甲烷的临界直径为 0.4～0.5mm，氢和乙炔为 0.1～0.2mm。

（5）氧含量。混合物中含氧量增加，爆炸极限范围扩大，尤其是爆炸上限显著提高。可燃气体在空气中和纯氧中的爆炸极限范围的比较见表 5-6。

表 5-6 可燃气体在空气中和纯氧中的爆炸极限范围

物质名称	在空气中的爆炸极限/%	在纯氧中的爆炸极限/%	物质名称	在空气中的爆炸极限/%	在纯氧中的爆炸极限/%
甲烷	3.5～15.0	5.0～61.0	乙炔	1.5～82.0	2.8～93.0
乙烷	3.0～15.5	3.0～66.0	氢	4.0～75.6	4.0～95.0
丙烷	2.1～9.5	2.3～55.0	氨	15.0～28.0	13.5～79.0
丁烷	1.5～8.5	1.8～49.0	一氧化碳	12.5～74.5	15.5～94.0
乙烯	2.7～34.0	3.0～80.0	—	—	—

（6）点火源。点火源的能量、热表面的面积、点火源与混合物的作用时间等均对爆炸极限有影响。

各种爆炸性混合物都有一个最低引爆能量，即点火能量。它是混合物爆炸危险性的一项重要参数。爆炸性混合物的点火能量越小，其燃爆危险性就越大。

4. 粉尘爆炸

1) 粉尘爆炸

人们很早就发现某些粉尘具有发生爆炸的危险性。如煤矿里的煤尘爆炸，磨粉厂、谷仓里的粉尘爆炸，镁粉、炭化钙粉尘等与水接触后引起的自燃或爆炸等。

粉尘爆炸是粉尘粒子表面和氧作用的结果。当粉尘表面达到一定温度时，由于热分解或干馏作用，粉尘表面会释放出可燃性气体，这些气体与空气形成爆炸性混合物，而发生粉尘爆炸。因此，粉尘爆炸的实质是气体爆炸。使粉尘表面温度升高的原因主要是热辐射的作用。

2) 粉尘爆炸的影响因素

（1）物理化学性质。燃烧热越大的粉尘越易引起爆炸，例如煤尘、碳、硫等；氧化速率越大的粉尘越易引起爆炸，如煤、燃料等；越易带静电的粉尘越易引起爆炸；粉尘所含的挥发分越大越易引起爆炸，如当煤粉中的挥发分低于 10% 时不会发生爆炸。

（2）粉尘颗粒大小。粉尘的颗粒越小，其比表面积越大（比表面积是指单位质量或单位体积的粉尘所具有的总表面积），化学活性越强，燃点越低，粉尘的爆炸下限越小，爆炸的危险性越大。爆炸粉尘的粒径范围一般为 $0.1 \sim 100 \mu m$。

（3）粉尘的悬浮性。粉尘在空气中停留的时间越长，其爆炸的危险件越大。粉尘的悬浮性与粉尘的颗粒大小、粉尘的密度、粉尘的形状等因素有关。

（4）空气中粉尘的浓度。粉尘的浓度通常用单位体积中粉尘的质量来表示，其单位为 mg/m^3。空气中粉尘只有达到一定的浓度，才可能会发生爆炸。因此粉尘爆炸也有一定的浓度范围，即有爆炸下限和爆炸上限。由于通常情况下，粉尘的浓度均低于爆炸浓度下限，因此粉尘的爆炸上限浓度很少使用。表 5-7 列出了一些粉尘的爆炸下限。

表 5-7　一些粉尘的爆炸下限

粉尘名称	云状粉尘的引燃温度/℃	云状粉尘的爆炸下限/(g/m³)	粉尘名称	云状粉尘的引燃温度/℃	云状粉尘的爆炸下限/(g/m³)
铝	590	.7～50	聚丙烯酸酯	505	35～55
铁粉	430	153～240	聚氯乙烯	595	63～86
镁	470	44～59	酚醛树脂	520	36～49
炭黑	＞690	36～45	硬质橡胶	360	36～49
锌	530	212～284	天然树脂	370	38～52
萘	575	28～38	砂糖粉	360	77～99
萘酚染料	415	133～184	褐煤粉		49～68
聚苯乙烯	475	27～37	有烟煤粉	595	41～57
聚乙烯醇	450	42～55	煤焦炭粉	＞750	37～50

任务二

火灾爆炸危险性分析

一、生产和贮存的火灾爆炸危险性分类

为防止火灾和爆炸事故，首先必须了解生产或贮存的物质的火灾危险性，发生火灾爆炸事故后火势蔓延扩大的条件等，这是采取行之有效的防火、防爆措施的重要依据。

生产及贮存的火灾爆炸危险性分类见表 5-8。分类的依据是生产和贮存中物质的理化性质。

表 5-8　火灾爆炸危险分类

类　别	特　性
甲	① 闪点＜28℃的易燃液体 ② 爆炸下限＜10℃的可燃气体 ③ 常温下能自行分解或在空气中氧化即能导致迅速自燃或爆炸的物质 ④ 常温下受到水或空气中的水蒸气的作用，能产生可燃气体并能引起燃烧或爆炸的物质 ⑤ 遇酸、受热、撞击、摩擦以及遇有机物或硫磺等易燃物无机物，极易引起燃烧或爆炸的强氧化剂 ⑥ 受撞击、摩擦或氧化剂、有机物接触时能引起燃烧或爆炸的物质 ⑦ 在压力容器内的物质本身温度超过自燃点的生产
乙	① 28℃≤闪点＜60℃的易燃、可燃液体 ② 爆炸下限≥10%的可燃气体 ③ 助燃气体和不属于甲类的氧化剂 ④ 不属于甲类的化学易燃危险固体
丙	① 闪点≥60℃的易燃液体 ② 可燃固体
丁	具有下列情况的生产： ① 对非燃烧物质进行加工，并在高热或熔化状态下经常产生辐射热、火花、火焰的生产 ② 用气体、液体、固体作为燃料或将气体、液体进行燃烧作其他用途的生产 ③ 常温下使用或加工难燃烧物质的生产
戊	常温下使用或加工费燃烧物质的生产

生产或贮存物品的火灾危险性分类是确定建（构）筑物的耐火等级、布置工艺装置，选择电气设备类型以及采取防火防爆措施的重要依据。

二、爆炸和火灾危险场所的区域划分

爆炸和火灾危险场所的区域划分见表 5-9。

表 5-9　爆炸和火灾危险场所的区域划分

序号	类　别	分级	特　征
1	有可燃气体或易燃液体蒸气爆炸危险的场所	0 区	正常情况下，能形成爆炸性混合物的场所
		1 区	正常情况下不能形成，但在不正常情况下能形成爆炸性混合物的场所
		2 区	不正常情况下整个空间形成爆炸性混合物可能性较小的场所
2	有可燃粉尘或可燃纤维爆炸危险的场所	10 区	正常情况下，能形成爆炸性混合物的场所
		11 区	仅在不正常情况下，才能形成爆炸性混合物的场所
3	有火灾危险性的场所	21 区	在生产过程中，生产、使用、贮存和输送闪点高于场所环境温度的可燃液体，在数量上和配置上能引起火灾危险的场所
		22 区	在生产过程中，不可能形成爆炸性混合物的可燃粉尘或可燃纤维在数量上和配置上能引起火灾的场所
		23 区	有固体可燃物质在数量上和配置上能引起火灾危险的场所

表 5-9 中"正常情况"包括正常的开车、停车、运转（如敞开装料、卸料等），也包括设备和管线正常允许的泄露情况。"不正常情况"则包括装置损坏、误操作及装置的拆卸、检修、维护不当泄露等。

任务三

点火源的控制

如前所述，点火源的控制是防止燃烧和爆炸的重要环节。在化工生产中的点火源主要包括：明火、高温表面、静电火花、冲击与摩擦、化学反应热、光线及射线等。对上述点火源进行分析，并采取适当措施，是安全管理工作的重要内容。

一、明火

化工生产中的明火主要是指生产过程中的加热用火、维修用火及其他火源。

1. 加热用火的控制

加热易燃液体时，应尽量避免采用明火，而采用蒸气、过热水、中间载热体或电热等；如果必须采用明火，则设备应严格密闭，并定期检查，防止泄漏。工艺装置中明火设备的布置，应远离可能泄漏的可燃气体或蒸气（气）的工艺设备及贮罐区；在积存有可燃气体、蒸气的地沟、深坑、下水道内及其附近，没有消除危险之前，不能进行明火作业。

在确定的禁火区内，要加强管理，杜绝明火的存在。

2. 维修用火的控制

维修用火主要是指焊割、喷灯、熬炼用火等。在有火灾爆炸危险的厂房内，应尽量避免焊割作业，必须进行切割或焊接作业时，应严格执行动火安全规定；在有火灾爆炸危险场所使用喷灯进行维修作业时，应按动火制度进行并将可燃物清理干净；对熬炼设备要经常检查，防止烟道串火和熬锅破漏，同时要防止物料过满而溢出。在生产区熬炼时，应注意熬炼地点的选择。

此外，烟囱飞火，机动车的排气管喷火，都可以引起可燃气体、蒸汽的燃烧爆炸。要加强对上述火源的监控与管理。

二、高温表面

在化工生产中，加热装置、高温物料输送管线及机泵等，其表面温度均较高，要防止可燃物落在上面，引燃着火。可燃物的排放要远离高温表面。如果高温管线及设备与可燃物装置较接近，高温表面应有隔热措施。加热温度高于物料自燃点的工艺过程，应严防物料外泄或空气进入系统。

照明灯具的外壳或表面都有很高温度。白炽灯泡表面温度见表 5-10；高压汞灯的表面温度和白炽灯相差不多，为 $150 \sim 200 ℃$；1000W 卤钨灯管表面温度可达 $500 \sim 800 ℃$。灯泡表面的高温可点燃附近的可燃物品，因此在易燃易爆场所，严禁使用这类灯具。

表 5-10　白炽灯泡表面温度

灯泡功率/W	灯泡表面温度/℃	灯泡功率/W	灯泡表面温度/℃
40	50～60	100	170～220
60	130～180	150	150～230
75	140～200	200	160～300

各种电气设备在设计和安装时，应考虑一定的散热或通风措施，使其在正常稳定运行时，它们的放热与散热平衡，其最高温度和最高温升（即最高温度和周围环境温度之差）符合规范所规定的要求，从而防止电器设备因过热而导致火灾、爆炸事故。

三、电气火花及电弧

电火花是电极间的击穿放电，电弧则是大量的电火花汇集的结果。一般电火花的温度均很高，特别是电弧，温度可达 $3600 \sim 6000 ℃$。电火花和电弧不仅能引起绝缘材料燃烧，而且可以引起金属熔化飞溅，构成危险的火源。

电火花分为工作火花和事故火花。工作火花是指电气设备正常工作时或正常操作过程中产生的火花。如直流电机电刷与整流片接触处的火花，开关或继电器分合时的火花，短路、保险丝熔断时产生的火花等。

除上述电火花外，电动机转子和定子发生摩擦或风扇叶轮与其他部件碰撞会产生机械性质的火花；灯泡破碎时露出温度高达 $2000 \sim 3000 ℃$ 的灯丝，都可能成为引发电气火灾的火源。

1. 防爆电气设备类型

为了满足化工生产的防爆要求，必须了解并正确选择防爆电气的类型。

各种防爆电气设备类型及标志如表 5-11 所示。

表 5-11 各种防爆电气设备类型及标志

设备类型	标　志	设备类型	标　志
隔爆型	d	充油型	o
增安型	e	充砂型	q
正压型	p	特殊型	s
本质安全型	ia 和 ib	无火花型	n

防爆电气设备在标志中除了标出类型外，还标出适用的分级分组。防爆电气标志一般由四部分组成，以字母或数字表示。由左至右依次为：

（1）防爆电气类型的标志。

（2）Ⅱ（即工厂用防爆电气设备）。

（3）爆炸混合物的级别。

（4）爆炸混合物的组别。

2. 防爆电气设备的选型

为了正确的选择防爆电气设备，下面将八种防爆型电气设备的特点做一简要介绍。

（1）隔爆型电气设备。有一个隔爆外壳，是应用缝隙隔爆原理，使设备外壳内部产生的爆炸火焰不能传播到外壳的外部，从而点燃周围环境中爆炸性介质的电气设备。

隔爆型电气设备的安全性较高，可用于除 0 区之外的各级危险场所，但其价格及维护要求也较高，因此在危险性级别较低的场所使用不够经济。

（2）增安型电气设备。是在正常运行情况下不产生电弧、火花或危险温度的电气设备。它可用于 1 区和 2 区危险场所，价格适中，可广泛使用。

（3）正压型电气设备。具有保护外壳，壳内充有保护性气体，其压力高于周围爆炸性气体的压力，能阻止外部爆炸性气体进入设备内部引起爆炸。可用于 1 区和 2 区危险场所。

（4）本质安全型电气设备。是由本质安全电路构成的电气设备。在正常情况下及事故时产生的火花、危险温度不会引起爆炸性混合物爆炸。ia 级可用于 0 区危险场所，ib 级可用于除 0 区之外的危险场所。

（5）充油型电气设备。是应用隔爆原理将电气设备全部或一部分浸没在绝缘油面以下，使得产生的电火花和电弧不会点燃油面以上及容器外壳外部的燃爆型介质。运行中经常产生电火花以及有活动部件的电气设备可以采用这种防爆形式。可用于除 0 区之外的危险场所。

（6）充砂型电气设备。是应用隔爆原理将可能产生火花的电气部位用砂粒充填覆盖，利用覆盖层砂粒间隙的熄火作用，使电气设备的火花或过热温度不致引燃周围环境中的爆炸性物质。可用于除 0 区之外的危险场所。

　　（7）无火花型电气设备。在正常运行时不会产生火花、电弧及高温表面的电气设备。它只能用于2区危险场所，但由于在爆炸性危险场所中2区危险场所占绝大部分，所以该类型设备使用面很广。

　　（8）防爆特殊型电气设备。电气设备采用《爆炸性环境用防爆电气设备》中未包括的防爆形式，属于防爆特殊型电气设备。该类设备必须经指定的鉴定单位检验。

四、静电

　　化工生产中，物料、装置、器材、构筑物以及人体所产生的静电积累，对安全已构成严重威胁。据资料统计，日本1965～1973年间，由静电引起的火灾平均每年达100次以上，仅1973年就多达139起，损失巨大，危害严重。

　　静电能够引起火灾爆炸的根本原因，在于静电放电火花具有点火能量。许多爆炸性蒸气、气体和空气混合物点燃的最小能量为0.009～7mJ。当放电能量小于爆炸性混合物最小点燃能量的1/4时，则认为是安全的。

　　静电防护主要是设法消除或控制静电的产生和积累的条件，主要有工艺控制法、泄漏法和中和法。工艺控制法就是采取选用适当材料，改进设备和系统的结构，限制流体的速度以及净化输送物料，防止混入杂质等措施，控制静电产生和积累的条件，使其不会达到危险程度。泄漏法就是采取增湿、导体接地，采用抗静电添加剂和导电性地面等措施，促使静电电荷从绝缘体上自行消散。中和法是在静电电荷密集的地方设法产生带电离子，使该处静电电荷被中和，从而消除绝缘体上的静电。

　　为防止静电放电火花引起的燃烧爆炸，可根据生产过程中的具体情况采取相应的防静电措施。例如将容易积聚电荷的金属设备、管道或容器等安装可靠的接地装置，以导除静电，是防止静电危害的基本措施之一。下列生产设备应有可靠的接地：输送可燃气体和易燃液体的管道以及各种闸门、灌油设备和油槽车；通风管道上的金属过滤网；生产或加工易燃液体和可燃气体的设备贮罐；输送可燃粉尘的管道和生产粉尘的设备以及其他能够产生静电的生产设备。防静电接地的每处接地电阻不宜超过规定的数值。

五、摩擦与撞击

　　化工生产中，摩擦与撞击也是导致火灾爆炸的原因之一。如机器上轴承等转动部件因润滑不均或未及时润滑而引起的摩擦发热起火、金属之间的撞击而产生的火花等。因此在生产过程中，特别要注意以下几个方面的问题：

　　（1）设备应保持良好的润滑，并严格保持一定的油位。

　　（2）搬运盛装可燃气体或易燃液体的金属容器时，严禁抛掷、拖拉、震动，防止因摩擦与撞击而产生火花。

　　（3）防止铁器等落入粉碎机、反应器等设备内因撞击而产生火花。

　　（4）防爆生产场所禁止穿带铁钉的鞋。

　　（5）禁止使用铁制工具。

任务四

火灾爆炸危险物质的处理

化工生产中存在火灾爆炸危险物质时，可考虑采取以下措施。

一、用难燃或不燃物质代替可燃物质

选择危险性较小的液体时，沸点及蒸气压很重要。沸点在110℃以上的液体，常温下(18～20℃)不能形成爆炸浓度。例如20℃时蒸气压为6mmHg（800Pa）的醋酸戊酯，其浓度 c 为

$$c=(MpV)/(760RT)=(130×6×1000)/(760×0.08×293)=44(g/m^3)$$

醋酸戊酯的爆炸浓度范围为119～541g/m³，常温下的浓度仅为爆炸下限的1/3。

二、根据物质的危险特性采取措施

对本身具有自燃能力的油脂以及遇空气自燃、遇水燃烧爆炸的物质等，应采取隔绝空气、防水、防潮或通风、散热、降温等措施。以防止物质自燃或发生爆炸。

相互接触能引起燃烧爆炸的物质不能混存，遇酸、碱有分解爆炸的物质应防止与酸、碱接触，对机械作用比较敏感的物质要轻拿轻放。

易燃、可燃气体和液体蒸气要根据它们的相对密度采取相应的排污方法。根据物质的沸点、饱和蒸气压考虑设备的耐压强度、贮存温度、保温降温措施等。根据它们的闪点、爆炸范围、扩散性等采取相应的防火防爆措施。

某些物质如乙醚等，受到阳光作用可生成危险的过氧化物，因此这些物质应存放于金属桶或暗色的玻璃瓶中。

三、密闭与通风措施

1. 密闭措施

为防止易燃气体、蒸气和可燃性粉尘与空气构成爆炸性混合物，应设法使设备密闭。对于有压设备更须保证其密闭性，以防气体或粉尘逸出。在负压下操作的设备，应防止进入空气。

为了保证设备的密闭性，对危险设备或系统应尽量少用法兰连接，但要保证安装和检修方便。输送危险气体、液体的管道应采用无缝管。盛装腐蚀性介质的容器底部尽可能不装开关和阀门，腐蚀性液体应从顶部抽吸排出。

如设备本身不能密闭，可采用液封。负压操作可防止系统中有毒或爆炸危险性气体逸入生产场所。例如在焙烧炉、燃烧室及吸收装置中都是采用这种方法。

2. 通风措施

实际生产中，完全依靠设备密闭，消除可燃物在生产场所的存在是不大可能的。往

往还要借助于通风措施来降低车间空气中可燃物的含量。

通风按动力来源可分为机械通风和自然通风，机械通风按换气方式又可分为排风和送风。

四、惰性介质保护

化工生产中常用的惰性介质有氮气、二氧化碳、水蒸气及烟道气等。这些气体常用于以下几个方面：

（1）易燃固体物质的粉碎、研磨、筛分、混合以及粉状物料输送时，可用惰性介质保护。

（2）可燃气体混合物在处理过程中可加入惰性介质保护。

（3）具有着火爆炸危险的工艺装置、贮罐、管线等配备惰性介质，以备在发生危险时使用，可燃气体的排气系统尾部用氮封。

（4）采用惰性介质（氮气）压送易燃液体。

（5）爆炸性危险场所中，非防爆电器、仪表等的充氮保护以及防腐蚀等。

（6）有着火危险的设备的停车检修处理。

（7）危险物料泄漏时用惰性介质稀释。

使用惰性介质时，要有固定贮存输送装置。根据生产情况、物料危险特性，采用不同的惰性介质和不同的装置。例如，氢气的充填系统最好备有高压氮气，地下苯贮罐周围应配有高压蒸气管线等。

化工生产中惰性介质的需用量取决于系统中氧浓度的下降值。部分可燃物质最高允许含氧量见表 5-12。

表 5-12　部分可燃物质最高容许含氧量

可燃物质	用二氧化碳/%	用氧/%	可燃物质	用二氧化碳/%	用氧/%
甲烷	11.5	9.5	丁二醇	10.5	8.5
乙烷	10.5	9	氧	5	4
丙烷	11.5	9.5	一氧化碳	5	4.5
丁烷	11.5	9.5	丙酮	12.5	11
汽油	11	9	苯	11	9
乙烯	9	8	煤粉	12~15	—
丙烯	11	9	麦粉	11	—
乙醚	10.5	—	硫磺粉	9	—
甲醇	11	8	铝粉	2.5	7
乙醇	10.5	8.5	锌粉	8	8

使用惰性气体时必须注意防止使人窒息的危险。

任务五

工艺参数的安全控制

化工生产过程中的工艺参数主要包括温度、压力、流量及物料配比等。按工艺要求严格控制工艺参数在安全限度以内，是实现化工安全生产的基本保证。实现这些参数的自动调节和控制是保证化工安全生产的重要措施。

一、温度控制

温度是化工生产中的主要控制参数之一。不同的化学反应都有其自己最适宜的反应温度。化学反应速率与温度有着密切关系。如果超温，反应物有可能加剧反应，造成压力升高，导致爆炸，也可能因为温度过高产生副反应，生成新的危险物质。升温过快、过高或冷却降温设施发生故障，还可能引起剧烈反应发生冲料或爆炸。温度过低有时会造成反应速度减慢或停滞，而一旦反应温度恢复正常时，则往往会因为未反应的物料过多而发生剧烈反应引起爆炸。温度过低还会使某些物料冻结，造成管路堵塞或破裂，致使易燃物泄漏而发生火灾爆炸。液化气体和低沸点液体介质都可能由于温度升高气化，发生超压爆炸。因此必须防止工艺温度过高或过低。在操作中必须注意以下几个问题。

1. 控制反应温度

化学反应一般都伴随有热效应，放出或吸收一定热量。例如基本有机合成中的各种氧化反应、氯化反应、聚合反应等均是放热反应；而各种裂解反应、脱氢反应、脱水反应等则为吸热反应。为使反应在一定温度下进行，必须向反应系统中加入或除去一定的热量，通常利用热交换装置来实现。

2. 防止搅拌中断

化学反应过程中，搅拌可以加速热量的传递，使反应物料温度均匀，防止局部过热。反应时一般应先投入一种物料再开始搅拌，然后按规定的投料速度投入另一种物料。如果将两种反应物投入反应釜后再开始搅拌，就有可能引起两种物料剧烈反应而造成超温超压。生产过程中如果由于停电、搅拌器脱落而造成搅拌中断时，可能造成散热不良或发生局部剧烈反应而导致危险。因此必须采取措施防止搅拌中断，例如采取双路供电、增设人工搅拌装置、自动停止加料设置及有效的降温手段等。

3. 正确选择传热介质

化工生产中常用的热载体有水蒸气、热水、过热水、碳氢化合物（如矿物油、二苯醚等）、熔盐、汞、烟道气及熔融金属等。充分了解热载体性质，进行正确选择，对加热过程的安全十分重要。

（1）避免使用和反应物料性质相抵触的介质作为传热介质。例如，不能用水来加热或冷却环氧乙烷，因为极微量水也会引起液体环氧乙烷自聚发热而爆炸。此种情况可选用液体石蜡作为传热介质。

（2）防止传热面结疤。在化工生产中，设备传热面结疤现象是普遍存在的。结疤不仅影响传热效率，更危险的是因物料分解而引起爆炸。结疤的原因：可以是由于水质不好而结成水垢；还可由物料聚合、缩合、凝聚、碳化等原因引起结疤。其中后者危险性更大。换热器内的流体宜采用较高流速，不仅可以提高传热效率，而且可以减少污垢在换热管表面的沉积。

二、投料控制

投料控制主要是指对投料速度、配比、顺序、原料纯度以及投料量的控制。

1. 投料速度

对于放热反应，加料速度不能超过设备的传热能力。加料速度过快会引起温度急剧升高，而造成事故。加料速度若突然减少，会导致温度降低，使一部分反应物料因温度过低而不反应。因此必须严格控制投料速度。

2. 投料配比

对于放热反应，投入物料的配比十分重要。如松香钙皂的生产，是把松香投入反应釜内加热至 240℃，缓慢加入氢氧化钙，其反应式为

$$2C_{19}H_{29}COOH + Ca(OH)_2 \longrightarrow Ca(C_{19}H_{29}COO)_2 + 2H_2O\uparrow$$

反应生成的水在高温下变成蒸汽。由反应可以看出，投入的氧化钙量增大，蒸汽的生成量也增大，如果控制不当会造成物料溢出，一旦遇火源接触就会造成着火。

对于连续化程度较高、危险性较大的生产，更要特别注意反应物料的配比关系。例如环氧乙烷生产中乙烯和氧的混合反应，其浓度接近爆炸范围，尤其在开停车过程中，乙烯和氧的浓度都在发生变化，且开车时催化剂活性较低，容易造成反应器出口氧浓度过高，为保证安全，应设置连锁装置，经常核对循环气的组成，尽量减少开停车的次数。

3. 投料顺序

化工生产中，必须按照一定的顺序投料。例如，氯化氢合成时，应先通氢后通氯；三氯化磷的生产应先投磷后通氯；磷酸酯与甲胺反应时，应先投磷酸酯，再滴加甲胺。反之，就容易发生爆炸事故。而用 2,4-二氯酚和对硝基氯苯加碱生产除草醚时，三种原料必须同时加入反应罐，在 190℃进行缩合反应。假若忘加对硝基氯苯，只加 2,4-二氯酚和碱，结果生成二氯酚钠盐，在 240℃下能分解爆炸。如果只加对硝基氯苯与碱反应，则生成对硝基钠盐，在 200℃下分解爆炸。

4. 原料纯度

许多化学反应，由于反应物料中含有过量杂质，以致引起燃烧爆炸。如用于生产乙

炔的电石，其含磷量不得超过 0.08%，因为电石中的磷化钙遇水后生成易自燃的磷化氢，磷化氢与空气燃烧易导致乙炔空气混合物的爆炸。此外，在反应原料气中，如果有害气体不清除干净，在物料循环过程中，就会越聚越多，最终导致爆炸。因此，对生产原料、中间产品及成品应有严格的质量检验制度，以保证原料的纯度。

有时有害杂质来源于未清除干净的设备，例如"六六六"生产中，由于合成塔中可能留有少量的水，通氯后，水与氯反应生成次氯酸，次氯酸受光照射产生氧气，与苯混合发生爆炸。所以对此类设备，一定要清除干净，符合要求后才能投料生产。

5. 投料量

化工反应设备或贮罐都有一定的安全容积，带有搅拌器的反应设备要考虑搅拌开动时的液面升高；贮罐、气瓶要考虑温度升高后液面或压力的升高。若投料过多，超过安全容积系数，往往会引起溢料或超压。投料过少，也可能发生事故。投料量过少，可能使温度计接触不到液面，导致温度出现假象，由于判断错误而发生事故；投料量过少，也可能使加热设备的加热面与物料的气相接触，使易于分解的物料分解，从而引起爆炸。

三、溢料和泄漏的控制

化工生产中，发生溢料情况并不鲜见，然而若溢出的是易燃物，则是相当危险的。必须予以控制。

造成溢料的原因很多，它与物料的构成、反应温度、投料速度以及消泡剂用量、质量有关。投料速度过快，产生的气泡大量溢出，同时夹带走大量物料；加热速度过快，也易产生这种现象；物料黏度大也容易产生气泡。

化工生产中的大量物料泄漏，通常是由于设备损坏，人为操作错误和反应失去控制等原因造成的。一旦发生可能会造成严重后果。因此必须在工艺指标控制、设备结构形式等方面采取相应的措施。比如重要的阀门采取两级控制；对于危险性大的装置，应设置远距离遥控断路阀，以备一旦装置异常，立即和其他装置隔离；为了防止误操作，重要控制阀的管线应涂色以示区别，或挂标志、加锁等；此外，仪表配管也要以各种颜色加以区别，各管道上的阀门要保持一定距离。

在化工生产中还存在着反应物料的跑、冒、滴、漏现象原因较多，加强维护管理是非常重要的。因为易燃物的跑、冒、滴、漏可能会引起火灾爆炸事故。

特别要防止易燃、易爆物料渗入保温层。由于保温材料多数为多孔和易吸附性材料，容易渗入易燃、易爆物，在高温下达到一定浓度或遇到明火时，就会发生燃烧爆炸。在苯酐的生产中，就曾发生过由于物料漏入保温层中，引起爆炸事故。因此对于接触易燃物的保温材料要采取防渗漏措施。

四、自动控制与安全保护装置

1. 自动控制

化工自动化生产中，大多是对连续变化的参数进行自动调节。对于在生产控制中要求一组机构按一定的时间间隔做周期性动作，如合成氨生产中原料气的制造，要求一组阀门按一定的要求作周期性切换，就可采用自动程序控制系统来实现。它主要是由程序控制器按一定时间间隔发出信号，驱动执行机构动作。

2. 安全保护装置

1）信号报警装置

化工生产中，在出现危险状态时信号报警装置可以警告操作者，及时采取措施消除隐患。发出信号的形式一般为声、光等，通常都与测量仪表相联系。需要说明的是，信号报警装置只能提醒操作者注意已发生的不正常情况或故障，但不能自动排除故障。

2）保险装置

保险装置在发生危险状况时，则能自动消除不正常状况。如锅炉、压力容器上装设的安全阀和防爆片等安全装置。

3）安全连锁装置

所谓连锁就是利用机械或电气控制依次接通各个仪器及设备，并使之彼此发生联系，达到安全生产的目的。

安全连锁装置是对操作顺序有特定安全要求、防止误操作的一种安全装置，有机械连锁和电气连锁。例如，需要经常打开的带压反应器，开启前必须将器内压力排除，而经常连续操作容易出现疏忽，因此可将打开孔盖与排除器内压力的阀门进行连锁。

化工生产中，常见的安全连锁装置有以下几种情况：

（1）同时或依次放两种液体或气体时。

（2）在反应终止需要惰性气体保护时。

（3）打开设备前预先解除压力或需要降温时。

（4）当两个或多个部件、设备、机器由于操作错误容易引起事故时。

（5）当工艺控制参数达到某极限值，开启处理装置时。

（6）某危险区域或部位禁止人员入内时。

例如，在硫酸与水的混合操作中，必须首先往设备中注入水再注入硫酸，否则将会发生喷溅和灼伤事故。将注水阀门和注酸阀门依次连锁起来，就可达到此目的。如果只凭工人记忆操作，很可能因为疏忽使顺序颠倒，发生事故。

任务六

火灾及爆炸蔓延的控制

安全生产首先应当强调防患于未然，把预防放在第一位。一旦发生事故，就要考虑如何将事故控制在最小的范围，使损失最小化。因此火灾及爆炸蔓延的控制在开始设计时就应重点考虑。对工艺装置的布局设计、建筑结构及防火区域的划分，不仅要有利于工艺要求、运行管理，而且要符合事故控制要求，以便把事故控制在局部范围内。

例如，出于投资上的考虑，布局紧凑为好，但这样对防止火灾爆炸蔓延不力，有可能使事故后果扩大。所以两者要统筹兼顾，一定要留有必要的防火间距。

为了限制火灾蔓延及减少爆炸损失，厂址选择及防爆厂房的布局和结构应按照相关要求建设，如根据所在地区主导风的风向，把火源置于易燃物质可能释放点的上风侧；为人员、物料和车辆流动提供充分的通道；厂址应靠近水量充足、水质优良的水源等。化工企业应根据我国"建筑设计防火规范"，建设相应等级的厂房；采用防火墙、防火门、防火堤对易燃易爆的危险场所进行防火分离，并确保防火间距。

一、隔离、露天布置、远距离操纵

化工生产中，因某些设备与装置危险性较大，应采取分区隔离、露天布置和远距离操纵等措施。

1）分区隔离

在总体设计时，应慎重考虑危险车间的布置位置。按照国家的有关规定，危险车间与其他车间或装置应保持一定的间距，充分估计相邻车间建（构）筑物可能引起的相互影响。对个别危险性大的设备，可采用隔离操作和防护屏的方法使操作人员与生产设备隔离。例如，合成氨生产中，合成车间压缩岗位的布置。

在同一车间的各个工段，应视其生产性质和危险程度而予以隔离，各种原料成品、半成品的贮藏，亦应按其性质、贮量不同而进行隔离。

2）露天布置

为了便于有害气体的散发，减少因设备泄漏而造成易燃气体在厂房内积聚的危险性，宜将这类设备和装置布置在露天或半露天场所。如氮肥厂的煤气发生炉及其附属设备，加热炉、炼焦炉、气柜、精馏塔等。石油化工生产中的大多数设备都是在露天放置的。在露天场所，应注意气象条件对生产设备、工艺参数和工作人员的影响，如应有合理的夜间照明，夏季防晒防潮气腐蚀，冬季防冻等措施。

3）远距离操纵

在化工生产中，大多数的连续生产过程，主要是根据反应进行情况和程度来调节各种阀门，而某些阀门操作人员难以接近，开闭又较费力，或要求迅速启闭，上述情况都应进行远距离操纵。操纵人员只需在操纵室进行操作，记录有关数据。对于热辐射高的设备及危险性大的反应装置，也应采取远距离操纵。远距离操纵的方法有机械传动、气压传动、液压传动和电动操纵。

二、防火与防爆安全装置

1. 阻火装置

阻火装置的作用是防止外部火焰窜入有火灾爆炸危险的设备、管道、容器，或阻止火焰在设备或管道间蔓延。主要包括阻火器、安全液封、单向阀、阻火闸门等。

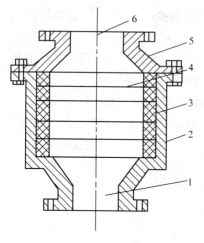

图 5-2　金属网阻火器

1. 进口；2. 壳体；3. 垫圈；

4. 金属网；5. 上盖；6. 出口

1）阻火器

阻火器的工作原理是使火焰在管中蔓延的速度随着管径的减小而减小，最后可以达到一个火焰不蔓延的临界直径。

阻火器常用在容易引起火灾爆炸的高热设备和输送可燃气体、易燃液体蒸气的管道之间，以及可燃气体、易燃液体蒸气的排气管上。

阻火器有金属网、砾石和渡纹金属片等形式。

（1）金属网阻火器。其结构如图 5-2 所示，是用若干具有一定孔径的金属网把空间分隔成许多小孔隙。对一般有机溶剂采用 4 层金属网即可阻止火焰蔓延，通常采用 6～12 层。

（2）砾石阻火器。其结构如图 5-3 所示，是用砂粒、卵石、玻璃球等作为填料，这些阻火介质使阻火器内的空间被分隔成许多非直线性小孔隙，当可燃气体发生燃烧时，这些非直线性微孔能有效地阻止火焰的蔓延，其阻火效果比金属网阻火器更好。阻火介质的直径一般为 3～4mm。

（3）波纹金属片阻火器。其结构如图 5-4 所示，壳体由铝合金铸造而成，阻火层由 0.1～0.2mm 厚的不锈钢带压制成波纹型。两波纹带之间加一层同厚度的平带缠绕成圆形阻火层，阻火层上形成许多三角形孔隙，孔隙尺寸在 0.45～1.5mm，其尺寸大小由

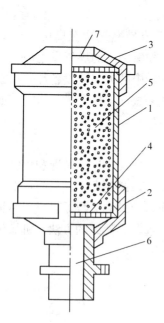

图 5-3　砾石阻火器

1. 壳体；2. 下盖；3. 上盖；4. 网路；

5. 砂粒；6. 进口；7. 出口

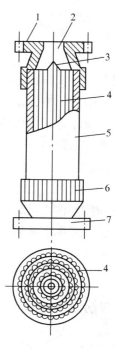

图 5-4　波纹金属片阻火器

1. 上盖；2. 出口；3. 轴芯；4. 波纹金属片；

5. 外壳；6. 下盖；7. 进口

火焰速度的大小决定，三角形孔隙有利于阻止火焰通过，阻火层厚度一般不大于50mm。

2）安全液封

安全液封的阻火原理是液体封在进出口之间，一旦液封的一侧着火，火焰都将在液封处被熄灭，从而阻止火焰蔓延。安全液封一般安装在气体管道与生产设备或气柜之间。一般用水作为阻火介质。

安全液封的结构形式常用的有敞开式和封闭式两种，其结构如图5-5所示。

水封井是安全液封的一种，设置在有可燃气体、易燃液体蒸气或油污的污水管网上，以防止燃烧或爆炸沿管网蔓延。水封井的结构如图5-6所示。

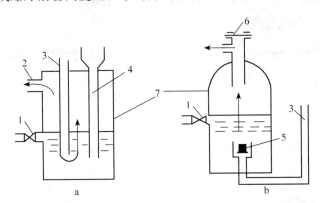

图5-5 安全液封示意图

a. 敞开式液封；b. 封闭式液封

1. 验水栓；2. 气体出口；3. 进气管；4. 安全管；5. 单向阀；6. 爆破片；7. 外壳

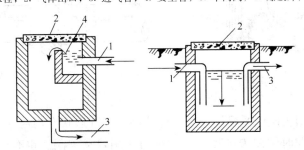

图5-6 水封井示意图

1. 污水进口；2. 井盖；3. 污水出口；4. 溢水槽

安全液封的使用安全要求如下：

（1）使用安全水封时，应随时注意水位不得低于水位阀门所标定的位置。但水位也不应过高，否则除了可燃气体通过困难外，水还可能随可燃气体一道进入出气管。每次发生火焰倒燃后，应随时检查水位并补足。安全液封应保持垂直位置。

（2）冬季使用安全水封时，在工作完毕后应把水全部排出、洗净，以免冻结。如发现冻结现象，只能用热水或蒸汽加热解冻，严禁用明火烘烤。为了防冻，可在水中加少量食盐以降低冰点。

（3）使用封闭式安全水封时，由于可燃气体中可能带有黏性杂质，使用一段时间后容易黏附在阀和阀座等处,所以需要经常检查止逆阀的气密性。

　　3）单向阀

　　单向阀称止逆阀、止回阀,其作用是仅允许流体向一定方向流动,遇有回流即自动关闭。常用于防止高压物料窜入低压系统,也可用作防止回火的安全装置。如液化石油气瓶上的调压阀就是单向阀的一种。

　　生产中用的单向阀有升降式、摇板式、球式等,参见图5-7～图5-9。

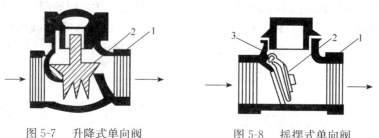

图 5-7　升降式单向阀　　　　　图 5-8　摇摆式单向阀
1. 壳体；2. 升降阀　　　　　　1. 壳体；2. 摇板；3. 摇板支点

　　4）阻火闸门

　　阻火闸门是为防止火焰沿通风管道蔓延而设置的阻火装置。图 5-10 所示为跌落式自动阻火闸门。

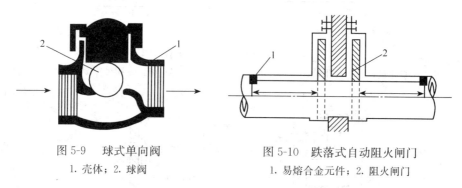

图 5-9　球式单向阀　　　　　　图 5-10　跌落式自动阻火闸门
1. 壳体；2. 球阀　　　　　　　1. 易熔合金元件；2. 阻火闸门

　　正常情况下,阻火闸门受易熔合金元件控制处于开启状态,一旦着火,温度高,会使易熔金属熔化,此时闸门失去控制,受重力作用自动关闭。也有的阻火闸门是手动的,在遇火警时由人迅速关闭。

　　2. 防爆泄压装置

　　防爆泄压装置包括安全阀、防爆片、防爆门和放空管等。系统内一旦发生爆炸或压力骤增时,可以通过这些设施释放能量,以减小巨大压力对设备的破坏或爆炸事故的发生。

　　1）安全阀

　　安全阀是为了防止设备或容器内非正常压力过高引起物理性爆炸而设置的。当设备或容器内压力升高超过一定限度时安全阀能自动开启,排放部分气体,当压力降至安全范围内再自行关闭,从而实现设备和容器内压力的自动控制,防止设备和容器的破裂爆炸。

　　常用的安全阀有弹簧式、杠杆式,其结构如图5-11、图5-12所示。

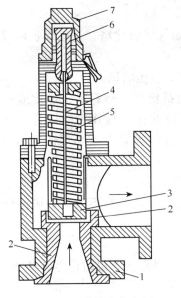

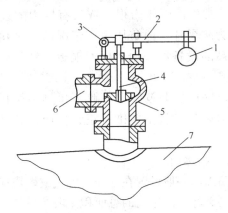

图 5-11　弹簧式安全阀　　　　　　　　　图 5-12　杠杆式安全阀

1. 阀体；2. 阀座；3. 阀芯；4. 阀杆；　　　　1. 重锤；2. 杠杆；3. 杠杆支点；4. 阀芯；

5. 弹簧；6. 螺帽；7. 阀盖　　　　　　　　　5. 阀座；6. 排出管；7. 容器或设备

工作温度高而压力不高的设备宜选杠杆式，高压设备宜选弹簧式安全阀。

设置安全阀时应注意以下几点：

（1）压力容器的安全阀直接安装在容器本体上。容器内有气、液两相物料时，安全阀应装于气相部分，防止排出液相物料而发生事故。

（2）一般安全阀可就地放空。放空口应高出操作人员 1m 以上且不应朝向 15m 以内的明火或易燃物。室内设备、容器的安全阀放空口应引出房顶，并高出房顶 2m 以上。

（3）安全阀用于泄放可燃及有毒液体时，应将排泄管接入事故贮槽、污油罐或其他容器；用于泄放与空气混合能自燃的气体时，应接入密闭的放空塔或火炬。

（4）当安全阀的入口处装有隔断阀时，隔断阀应为常开状态。

（5）安全阀的选型、规格、排放压力的设定应合理。

2）防爆片

防爆片又称防爆膜、爆破片，是通过法兰装在受压设备或容器上。当设备或容器内因化学爆炸或其他原因产生过高压力时，防爆片作为人为设计的薄弱环节自行破裂，高压流体即通过防爆片从放空管排出，使爆炸压力难以继续升高，从而保护设备或容器的主体免遭更大的损坏，使在场的人员不致遭受致命的伤亡。

防爆片一般应用在以下几种场合：

（1）存在爆燃危险或异常反应使压力骤然增加的场合，这种情况下弹簧安全阀由于惯性而不适应。

（2）不允许介质有任何泄漏的场合。

（3）内部物料易因沉淀、结晶、聚合等形成黏附物，妨碍安全阀正常动作的场合。

凡有重大爆炸危险性的设备、容器及管道，例如气体氧化塔、进焦煤炉的气体管道、乙炔发生器等，都应安装防爆片。

防爆片的安全可靠性取决于防爆片的材料、厚度和泄压面积。

正常生产时压力很小或没有压力的设备，可用石棉板、塑料片、橡皮或玻璃片等作为防爆片；微负压生产情况的可采用 $2\sim3$cm 厚的橡胶板作为防爆片；操作压力较高的设备可采用铝板、铜板。铁片破裂时能产生火花，存在燃爆性气体时不宜采用。

防爆片的爆破压力一般不超过系统操作压力的 1.25 倍。若防爆片在低于操作压力时破裂，就不能维持正常生产；若操作压力过高而防爆片不破裂，则不能保证安全。

3）防爆门

防爆门一般设置在燃油、燃气或燃烧煤粉的燃烧室外壁上，以防止燃烧爆炸时，设备遭到破坏。防爆门的总面积一般按燃烧室内部净容积 1m³ 不少于 250cm² 计算。为了防止燃烧气体喷出时将人烧伤，防爆门应设置在人们不常到的地方，高度不低于 2m。图 5-13、图 5-14 为两种不同类型的防爆门。

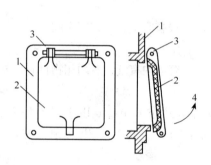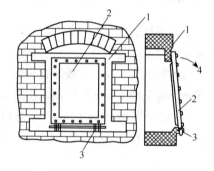

图 5-13　向上翻开的防爆门　　　　　图 5-14　向下翻开的防爆门
1. 防爆门的门框；2. 防爆门；　　　　　1. 燃烧室外壁；2. 防爆门；
3. 转轴；4. 防爆门动作方向　　　　　　3. 转轴；4. 防爆门动作方向

4）放空管

放空管在某些极其危险的设备上，为防止可能出现的超温、超压而引起爆炸的恶性事故的发生，可设置自动或手控的放空管以紧急排放危险物料。

任务七

消防安全

一、灭火方法及其原理

灭火方法主要包括窒息灭火法、冷却灭火法、隔离灭火法和化学抑制灭火法。

1. 窒息灭火法

窒息灭火法即阻止空气进入燃烧区或用惰性气体稀释空气，使燃烧因得不到足够的氧气而熄灭的灭火方法。

运用窒息法灭火时，可考虑选择以下措施：

（1）用石棉布、浸湿的棉被、帆布、沙土等不燃或难燃材料覆盖燃烧物或封闭孔洞。

（2）用水蒸气、惰性气体通入燃烧区域内。

（3）利用建筑物上原来的门、窗以及生产、贮运设备上的盖、阀门等，封闭燃烧区。

（4）在万不得已且条件许可的条件下，采取用水淹没（灌注）的方法灭火。

采用窒息灭火法，必须注意以下几个问题：

（1）此法适用于燃烧部位空间较小，容易堵塞封闭的房间、生产及贮运设备内发生的火灾，而且燃烧区域内应没有氧化剂存在。

（2）在采用水淹方法灭火时，必须考虑到水与可燃物质接触后是否会产生不良后果，如有则不能采用。

（3）采用此法时，必须在确认火已熄灭后，方可打开孔洞进行检查。严防因过早打开封闭的房间或设备，导致"死灰复燃"。

2. 冷却灭火法

冷却灭火法即将灭火剂直接喷洒在燃烧着的物体上，将可燃物质的温度降到燃点以下，终止燃烧的灭火方法。也可将灭火剂喷洒在火场附近未燃的易燃物上起冷却作用，防止其受辐射热作用而起火。冷却火火法是一种常用的灭火方法。

3. 隔离灭火法

隔离灭火法即将燃烧物质与附近未燃的可燃物质隔离或疏散开，使燃烧因缺少可燃物质而停止。隔离灭火法也是一种常用的灭火方法。这种灭火方法适用于扑救各种固体、液体和气体火灾。

隔离灭火法常用的具体措施有：

（1）将可燃、易燃、易爆物质和氧化剂从燃烧区移出至安全地点。

（2）关闭阀门，阻止可燃气体、液体流入燃烧区。

（3）用泡沫覆盖已燃烧的易燃液体表面，把燃烧区与液面隔开，阻止可燃蒸气进入燃烧区。

（4）拆除与燃烧物相连的易燃、可燃建筑物。

（5）用水流或用爆炸等方法封闭井口，扑救油气井喷火灾。

4. 化学抑制灭火法

化学抑制灭火法是使灭火剂参与到燃烧反应中去，起到抑制反应的作用。具体而言就是使燃烧反应中产生的自由基与灭火剂中的卤素离子相结合，形成稳定分子或低活性的自由基，从而切断了氢自由基与氧自由基的连锁反应链，使燃烧停止。

需要指出的是，窒息、冷却、隔离灭火法，在灭火过程中，灭火剂不参与燃烧反应，因而属于物理灭火方法。而化学抑制灭火法则属于化学灭火方法。

还需指出：上述四种灭火方法所对应的具体灭火措施是多种多样的；在灭火过程中，应根据可燃物的性质、燃烧特点、火灾大小、火场的具体条件以及消防技术装备的性能等实际情况，选择一种或几种灭火方法。一般情况下，综合运用几种灭火法效果较好。

二、灭火剂

灭火剂是能够有效地破坏燃烧条件，终止燃烧的物质。选择灭火剂的基本要求是灭火效能高、使用方便、来源丰富、成本低廉、对人和物基本无害。灭火剂的种类很多，下面介绍常见的几种。

1. 水（及水蒸气）

水的来源丰富，取用方便，价格便宜，是最常用的天然灭火剂。它可以单独使用，也可与不同的化学剂组成混合液使用。

（1）水的灭火原理主要包括冷却作用、窒息作用和隔离作用。

① 冷却作用。水的比热容较大，它的蒸发潜热达 $539.9cal/(g \cdot ℃)$。当常温水与炽热的燃烧物接触时，在被加热和汽化过程中，就会大量吸收燃烧物的热量，使燃烧物的温度降低而灭火。

② 窒息作用。在密闭的房间或设备中，此作用比较明显。水汽化成水蒸气，体积能扩大 1700 倍，可稀释燃烧区中的可燃气与氧气，使它们的浓度下降，从而使可燃物因"缺氧"而停止燃烧。

③ 隔离作用。在密集水流的机械冲击作用下，将可燃物与火源分隔开而灭火。此外水对水溶性的可燃气体（蒸气）还有吸收作用，这对灭火也有意义。

（2）灭火用水的几种形式：

① 普通无压力水。用容器盛装，人工浇到燃烧物上。

② 加压的密集水流。用专用设备喷射，灭火效果比普通无压力水好。

③ 雾化水。用专用设备喷射，因水成雾滴状，吸热量大，灭火效果更好。

（3）水灭火剂的优缺点。

优点：

① 与其他灭火剂相比，水的比热容及汽化潜热较大，冷却作用明显。

② 价格便宜。

③ 易于远距离输送。

④ 水在化学上呈中性，对人无毒、无害。

缺点：

① 水在 0℃ 下会结冰，当泵暂时停止供水时会在管道中形成冰冻造成堵塞。

② 水对很多物品如档案、图书、珍贵物品等，有破坏作用。

③ 用水扑救橡胶粉、煤粉等火灾时，由于水不能或很难浸透燃烧介质，因而灭火效率很低。必须向水中添加润湿剂才能弥补以上不足。

（4）水灭火剂的适用范围 除以下情况，都可以考虑用水灭火。

① 忌水性物质，如轻金属、电石等不能用水扑救。因为它们能与水发生化学反应，生成可燃性气体并放热，扩大火势甚至导致爆炸。

② 不溶于水，相对密度比水小的易燃液体。如汽油、煤油等着火时不能用水扑救。但原油、重油等可用雾状水扑救。

③ 密集水流不能扑救带电设备火灾，也不能扑救可燃性粉尘聚集处的火灾。

④ 不能用密集水流扑救贮存大量浓硫酸、浓硝酸场所的火灾，因为水流能引起酸的飞溅、流散，遇可燃物质后，又有引起燃烧的危险。

⑤ 高温设备着火不宜用水扑救，因为这会使金属机械强度受到影响。

⑥ 精密仪器设备、贵重文物档案、图书着火，不宜用水扑救。

2. 泡沫灭火剂

凡能与水相溶，并可通过化学反应或机械方法产生灭火泡沫的灭火药剂称为泡沫灭火剂。

1）泡沫灭火剂分类

根据泡沫生成机理，泡沫灭火剂可以分为化学泡沫灭火剂和空气泡沫灭火剂。

（1）化学泡沫是由酸性或碱性物质及泡沫稳定剂相互作用而生成的膜状气泡群，气泡内主要是二氧化碳气。化学泡沫虽然具有良好的灭火性能，但由于化学泡沫设备较为复杂、投资大、维护费用高，近年来多采用灭火简单、操作方便的空气机械泡沫。

（2）空气泡沫又称机械泡沫，是由一定比例的泡沫液、水和空气在泡沫生成器中进行机械混合搅拌而生成的膜状气泡群，泡内一般为空气。

空气泡沫灭火剂按泡沫的发泡倍数，又可分为低倍数泡沫（发泡倍数小于 20 倍）、中倍数泡沫（发泡倍数在 20～200 倍）和高倍数泡沫（发泡倍数在 200～1000 倍）三类。

2）泡沫灭火原理

（1）由于泡沫中充填大量气体，相对密度小（$0.001～0.5$），可漂浮于液体的表面或附着于一般可燃固体表面，形成一个泡沫覆盖层，使燃烧物表面与空气隔绝，同时阻断了火焰的热辐射，阻止燃烧物本身或附近可燃物质的蒸发，起到隔离和窒息作用。

（2）泡沫析出的水和其他液体有冷却作用。

（3）泡沫受热蒸发产生的水蒸气可降低燃烧物附近的氧浓度。

3）泡沫灭火剂适用范围

泡沫灭火剂主要用于扑救不溶于水的可燃、易燃液体，如石油产品等的火灾；也可用于扑救木材、纤维、橡胶等固体的火灾；高倍数泡沫可有特殊用途。如消除放射性污染等；由于泡沫灭火剂中含有一定量的水，所以不能用来扑救带电设备及忌水性物质引起的火灾。

3. 二氧化碳及惰性气体灭火剂

1）灭火原理

二氧化碳灭火剂在消防工作中有较广泛的应用。二氧化碳是以液态形式加压充装于钢瓶中。当它从灭火器中喷出时，由于突然减压，一部分二氧化碳绝热膨胀、汽化，吸收大量的热量，另一部分二氧化碳迅速冷却成雪花状固体（即"干冰"）。"干冰"温度为78.5℃，喷向着火处时，立即汽化，起到稀释氧浓度的作用；同时又起到冷却作用；而且大量二氧化碳气笼罩在燃烧区域周围，还能起到隔离燃烧物与空气的作用。因此，二氧化碳的灭火效率也较高，当二氧化碳占空气浓度的30%～35%时，燃烧就会停止。

2）二氧化碳灭火剂的优点及适用范围

（1）不导电、不含水，可用于扑救电气设备和部分忌水性物质的火灾。

（2）灭火后不留痕迹，可用于扑救精密仪器、机械设备、图书、档案等的火灾。

（3）价格低廉。

3）二氧化碳灭火剂的缺点

（1）冷却作用较差，不能扑救阴燃火灾，且灭火后火焰有复燃的可能。

（2）二氧化碳与碱金属（钾、钠）和碱土金属（镁）在高温下会起化学反应，引起爆炸。

（3）二氧化碳膨胀时，能产生静电而可能成为点火源。

（4）二氧化碳能导致救火人员窒息。

除二氧化碳外，其他惰性气体如氮气、水蒸气，也可用作灭火剂。

4. 卤代烷灭火剂

卤代烷及碳氢化合物中的氢原子完全地或部分地被卤族元素取代而生成的化合物，目前被广泛地应用来作灭火剂。碳氢化合物多为甲烷、乙烷，卤族元素多为氟、氯、溴。国内常用的卤代烷灭火剂有1211（二氟一氯一溴甲烷）、1202（二氟二溴甲烷）、1301（三氟一溴甲烷）、2402（四氟二溴乙烷）。

卤代烷灭火剂的编号原则是：第一个数字代表分子中的碳原子数目；第二个数字代表氟原子数目；第三个数字代表氧原子数目；第四个数字代表溴原子数目；第五个数字代表碘原子数目。

1）灭火原理

灭火原理主要包括化学抑制作用和冷却作用。

（1）化学抑制作用是卤代烷灭火剂的主要灭火原理。即卤代烷分子参与燃烧反应，即卤素原子能与燃烧反应中的自由基结合生成较为稳定的化合物，从而使燃烧反应因缺少自由基而终止。

（2）冷却作用。卤代烷灭火剂通常经加压液化贮于钢瓶中，使用时因减压汽化而吸热，所以对燃烧物有冷却作用。

2）卤代烷灭火剂的优点及适用范围

（1）主要用来扑救各种易燃液体火灾。

（2）因其绝缘性能好，也可用来扑救带电电气设备火灾。

（3）因其灭火后全部汽化而不留痕迹，也可用来扑救档案文件、图片资料、珍贵物品等的火灾。

3）卤代烷灭火剂的缺点

（1）卤代烷灭火剂的主要缺点是毒性较高。实验证明，短暂地接触（1min 以内）时，如 1211 体积含量在 4% 以上、1301 含量在 7% 以上，人就有中毒反应。因此在狭窄的、密闭的、通风条件不好的场所，如地下室等，最好是用无毒灭火剂（如泡沫、干粉等）灭火。

（2）卤代烷灭火剂不能用来扑救阴燃火灾，因为此时会形成有毒的热分解产物。

（3）卤代烷灭火剂也不能扑救轻金属如镁、氯、钠等的火灾，因为它们能与这些轻金属起化学反应且发生爆炸。

由于卤代烷灭火剂的较高毒性及会破坏遮挡阳光中有害紫外线的臭氧层，因此应严格控制使用。

5. 干粉灭火剂

干粉灭火剂是一种干燥的、易于流动的微细固体粉末，由能灭火的基料和防潮剂、流动促进剂、结块防止剂等添加剂组成。在救火中，干粉在气体压力的作用下从容器中喷出，以粉雾的形式灭火。

1）分类

干粉灭火剂及适用范围，主要分为普通和多用两大类。

普通干粉灭火剂主要是适用于扑救可燃液体、可燃气体及带电设备的火灾。目前，它的品种最多，生产、使用量最大。共包括：

（1）以碳酸氢钠为基料的小苏打干粉（钠盐干粉）。

（2）以碳酸氢钠为基料，又添加增效基料的改性钠盐干粉。

（3）以碳酸氢钾为基料的钾盐干粉。

（4）以硫酸钾为基料的钾盐干粉。

（5）以氯化钾为基料的钾盐干粉。

（6）以尿素和以碳酸氢钾或以碳酸氢钠反应产物为基料的氨基干粉。

多用类型的干粉灭火剂不仅适用于扑救可燃液体、可燃气体及带电设备的火灾，还适用于扑救一般固体火灾。它包括：

（1）以磷酸盐为基料的干粉。

（2）以硫酸铵与磷酸铵盐的混合物为基料的干粉。

（3）以聚磷酸铵为基料的干粉。

2）干粉灭火原理

干粉灭火原理主要包括化学抑制作用、隔离作用、冷却与窒息作用。

（1）化学抑制作用。当粉粒与火焰中产生的自由基接触时，自由基被瞬时吸附在粉粒表面，并发生如下反应：

$$M(粉粒) + OH \cdot \longrightarrow MOH$$

$$MOH + H \cdot \longrightarrow M + H_2O$$

由反应式可以看出，借助粉粒的作用，消耗燃烧反应中的自由基（OH·和 H·），使自由基的数量急剧减少而导致燃烧反应中断，使火焰熄灭。

（2）隔离作用。喷出的粉末覆盖在燃烧物表面上，能构成阻碍燃烧的隔离层。

（3）冷却与窒息作用。粉末在高温下，将放出结晶水或发生分解，这些都属于吸热反应，而分解生成的不活泼气体又可稀释燃烧区内的氧气浓度，起到冷却与窒息作用。

3）干粉灭火的优缺点与适用范围

优点：

（1）干粉灭火剂综合了泡沫、二氧化碳、卤代烷等灭火剂的特点，灭火效率高。

（2）化学干粉的物理化学性质稳定，无毒性，不腐蚀、不导电，易于长期贮存。

（3）干粉适用温度范围广，能在 $-60 \sim -50$℃条件下贮存与使用。

（4）干粉雾能防止热辐射，因而在大型火灾中，即使不穿隔热服也能进行灭火。

（5）干粉可用管道进行输送。

由于干粉具有上述优点，它除了适用于扑救易燃液体、忌水性物质火灾外，也适用于扑救油类、油漆、电气设备的火灾。

缺点：

（1）在密闭房间中，使用干粉时会形成强烈的粉雾，且灭火后留有残渣，因而不适于扑救精密仪器设备、旋转电机等的火灾。

（2）干粉的冷却作用较弱，不能扑救阴燃火灾，不能迅速降低燃烧物品的表面温度，容易发生复燃。因此，干粉若与泡沫或喷雾水配合使用，效果更佳。

6. 其他

用砂、土等作为覆盖物也可进行灭火，它们覆盖在燃烧物上，主要起到与空气隔离的作用，其次砂、土等也可从燃烧物吸收热量，起到一定的冷却作用。

三、消防设施

1. 消防站

大中型化工厂及石油化工联合企业均应设置消防站。消防站是专门用于消除火灾的专业性机构，拥有相当数量的灭火设备和经过严格训练的消防队员。消防站的服务范围按行车距离计，不得大于 2.5km，且应保证在接到火警后，消防车到达火场的时间不超过 5min。超过服务范围的场所，应建立消防分站或设置其他消防设施，如泡沫发生站、手提式灭火器等。属于丁、戊类危险性场所的，消防站的服务范围可加大到 4km。

消防站的规模应根据发生火灾时消防用水量、灭火剂用量、采用灭火设施的类型、高压或低压消防供水以及消防协作条件等因素综合考虑。

采用半固定或移动式消防设施时，消防车辆应按扑救工厂最大火灾需要的用水量及泡沫、干粉等用量进行配备。当消防车超过六辆时，宜设置一辆指挥车。

协作单位可供使用的消防车辆是指临近企业或城镇消防站在接到火警后，10min 内能对相邻贮罐进行冷却或 20min 内能对着火贮罐进行灭火需要的消防车辆。特殊情况下，可向当地政府领导下的消防队报警，报警电话 119，报警时应说清以下情况：火灾发生的单位和详细地址；燃烧物的种类名称；火势程度；附近有无消防给水设施；报警者姓名和单位。

2. 消防给水设施

专门为消防灭火而设置的给水设施，主要有消防给水管道和消火栓两种。

1）消防给水管道

消防给水管道简称消防管道，是一种能保证消防所需用水量的给水管道，一般可与生活用水或生产用水的上水管道合并。

消防管道有高压和低压两种。高压消防管道灭火时所需的水压是由固定的消防水泵提供的；低压消防管道灭火所需的水压是从室外消火栓用消防车或人力移动的水泵提供的。室外消防管道应布置成环状，输水干管不应少于两条。环状管道应用阀门分为若干独立管段，每段内消火栓数量不宜超过 5 个。地下水管为闭合的系统，水可以在管内朝各个方向流动，如管网的任何一段损坏，不会导致断水。室内消防管道应有通向室外的支管，支管上应带有消防速合螺母，以备万一发生故障时，可与移动式消防水泵的水龙带连接。

2）消火栓

消火栓可供消防车吸水，也可直接连接水带放水灭火，是消防供水的基本设备。消火栓按其装置地点可分为室外和室内两类。室外消火栓又可分为地上式和地下式两种。室外消火栓应沿道路设置，距路边不宜小于 0.5m，不得大于 2m，设置的位置应便于消防车吸水。室外消火栓的数量应按消火栓的保护半径和室外消防用水量确定，间距不应超过 120m。室内消火栓的配置，应保证两个相邻消火栓的充实水柱能够在建筑物最高、最远处相遇。室内消火栓一般设置在明显、易于取用的地点，离地面的距离应为 1.2m。

3）化工生产装置区消防给水设施

（1）消防供水竖管。用于框架式结构的露天生产装置区内，竖管沿梯子一侧装设。每层平台上均设有接口，并就近设有消防水带箱，便于冷却和灭火使用。

（2）冷却喷淋设备。高度超过 30m 的炼制塔、蒸馏塔或容器，宜设置固定喷淋冷却设备，可用喷水头，也可用喷淋管，冷却水的供给强度可采用 $5L/(min \cdot m^2)$。

（3）消防水幕。设置于化工露天生产装置区的消防水幕，可对设备或建筑物进行分隔保护，以阻止火势蔓延。

（4）带架水枪。在火灾危险性较大且高度较高的设备周围，应设置固定式带架水枪，并备移动式带架水枪，以保护重点部位金属设备免受火灾热辐射的威胁。

四、灭火器材

灭火器材即移动式灭火机，是扑救初期火灾常用的有效的灭火设备。在化工生产区域内，应按规范设置一定的数量。常用的灭火机包括：泡沫灭火机、二氧化碳灭火机、干粉灭火机、1211灭火机等。灭火机应放置在明显、取用方便、又不易被损坏的地方，并应定期检查，过期更换，以确保正常使用。常用灭火机的性能及用途等见表5-13。

表5-13　常用灭火机的性能及用途

灭火机类型	泡沫灭火机	二氧化碳灭火机	干粉灭火机	1211灭火机
规格	10L 65~130L	<2kg；2~3kg 5~7kg	8kg 50kg	1kg；2kg 3kg
药剂	桶内装有碳酸氢钠、发泡剂和硫酸铝溶液	瓶内装有压缩成液体的二氧化碳	钢桶内装有钾盐（或钠盐）干粉并备有盛装压缩气体的小钢瓶	钢桶内充装二氟一氯一溴甲烷，并充填压缩氮气
用途	扑救固体物质或其他易燃液体火灾	扑救电器、精密仪器、油类及酸类火灾	扑救石油、石油产品、油漆、有机溶剂、天然气设备灭火	扑救油类、电气设备、化工化纤原料等初期火灾
性能	10L喷射时间60s，射程8m；65L喷射时间170s，射程13.5m	接近着火地点保持3m	8kg喷射时间14~18s，射程4.5m；50kg喷射时间50~55s，射程6~8m	1kg喷射时间6~8s，射程2~3m
使用方法	倒置稍加摇动，打开开关，药剂即可喷出	一只手拿喇叭筒对准火源，另一只手打开开关即可喷出	提起圆环，干粉即可喷出	拔出铅封或横槽，用力压下压把即可喷出
保养及检查	放在使用方便的地方，注意使用期限，防止喷嘴堵塞，防冻防晒；一年检查一次，泡沫低于4倍应换药	每月检查一次，当小于原量1/10应充气	置于干燥通风处，防潮防晒，一年检查一次气压，若质量减少1/10应充气	置于干燥处，勿碰撞，每年检查一次质量

化工厂需要的小型灭火机的种类及数量，应根据化工厂内燃烧物料性质、火灾危险性、可燃物数量、厂房和库房的占地面积以及固定灭火设施对扑救初期火灾的可能性等因素，综合考虑决定。一般情况下，可参照表5-14来设置。

表5-14　灭火机的设置

场　所	设置个数/（个/m²）	备　注
甲、乙类露天生产装置	1/50~1/100	①装置占地面积大于1000m²时选用小值，小于1000m²时选用大值 ②不足一个单位面积，但超过其50%时，可按一个单位面积计算
丙类露天生产装置	1/200~1/150	
甲、乙类生产建筑物	1/50	
丙类生产建筑物	1/80	
甲、乙类仓库	1/80	
丙类仓库	1/80	
易燃和可燃体装卸栈台	按栈台长度每10~15m设置1个	可设置干粉灭火机
液化石油气、可燃气体罐区	按贮罐数量每贮罐设置两个	可设置干粉灭火机

五、常见初起火灾的扑救

从小到大、由弱到强是大多数火灾的规律。在生产过程中，及时发现并扑救初起火灾，对保障生产安全及生命财产安全具有重大意义。因此，在化工生产中，训练有素的现场人员一旦发现火情，除了迅速报告火警之外，应果断地运用配备的灭火器材把火灾消灭在初起阶段，或使其得到有效的控制，为专业消防队赶到现场赢得时间。

1. 生产装置初起火灾的扑救

当生产装置发生火灾爆炸事故时，在场人员应迅速采取如下措施：

（1）迅速查清着火部位、着火物质的来源，及时准确地关闭阀门，切断物料来源及各种加热源；开启冷却水、消防蒸汽等，进行有效冷却或有效隔离；关闭通风装置，防止风助火势或沿通风管道蔓延。从而有效地控制火势以利于灭火。

（2）带有压力的设备物料泄漏引起着火时，应切断进料并及时开启泄压阀门，进行紧急放空，同时将物料排入火炬系统或其他安全部位，以利于灭火。

（3）现场当班人员应迅速果断地做出是否停车的决定，并及时向厂调度室报告情况和向消防部门报警。

（4）装置发生火灾后，当班的班长应对装置采取准确的工艺措施，并充分利用现有的消防设施及灭火器材进行灭火。若火势一时难以扑灭，则要采取防止火势蔓延的措施，保护要害部位，转移危险物质。

（5）在专业消防人员到达火场时，生产装置的负责人应主动向消防指挥人员介绍情况，说明着火部位、物质情况、设备及工艺状况，以及已采取的措施等。

2. 易燃、可燃液体贮罐初起火灾的扑救

（1）易燃、可燃液体贮罐发生着火、爆炸，特别是罐区某一贮罐发生着火、爆炸是非常危险的。一旦发现火情，应迅速向消防部门报警，并向厂调度室报告。报警和报告中需说明罐区的位置、着火罐的位号及贮存物料的情况，以便消防部门迅速赶赴火场进行扑救。

（2）若着火罐尚在进料，必须采取措施迅速切断进料。如无法关闭进料阀，可在消防水枪的掩护下进行抢关，或通知送料单位停止送料。

（3）若着火罐区有固定泡沫发生站，则应立即启动该装置。开通着火罐的泡沫阀门，利用泡沫灭火。

（4）若着火罐为压力装置，应迅速打开水喷淋设施，对着火罐和邻近贮罐进行冷却保护，以防止升温、升压引起爆炸，打开紧急放空阀门进行安全泄压。

（5）火场指挥员应根据具体情况，组织人员采取有效措施防止物料流散，避免火势扩大，并注意对邻近贮罐的保护以及减少人员伤亡和火势的扩大。

3. 电气火灾的扑救

1）电气火灾的特点

电气设备着火时，着火场所的很多电气设备可能是带电的。扑救带电电气设备时，应注意现场周围可能存在着较高的接触电压和跨步电压；同时还有一些设备着火时是绝缘油在燃烧。如电力变压器、多油开关等设备内的绝缘油，受热后可能发生喷油和爆炸事故，进而使火灾事故扩大。

2）扑救时的安全措施

扑救电气火灾时，应首先切断电源。切断电源时应严格按照规程要求操作。

（1）火灾发生后，电气设备绝缘已经受损，应用绝缘良好的工具操作。

（2）选好电源切断点。切断电源地点要选择适当。夜间切断要考虑临时照明问题。

（3）若需剪断电线时，应注意非同相电线应在不同部位剪断，以免造成短路。剪断电线部位应有支撑物支撑电线的地方，避免电线落地造成短路或触电事故。

（4）切断电源时如需电力等部门配合，应迅速联系，报告情况，提出断电要求。

3）带电扑救时的特殊安全措施

为了争取灭火时间，来不及切断电源或因生产需要不允许断电时，要注意以下几点：

（1）带电体与人体保持必要的安全距离。一般室内应大于 4m，室外不应小于 8m。

（2）选用不导电灭火剂对电气设备灭火。机体喷嘴与带电体的最小距离：10kV 及以下，大于 0.4m；35kV 及以下，大于 0.6m。

用水枪喷射灭火时，水枪喷嘴处应有接地措施。灭火人员应使用绝缘护具，如绝缘手套、绝缘靴等并采用均压措施。其喷嘴与带电体的最小距离：110kV 及以下，大于 3m；220kV 及以下，大于 5m。

（3）对架空线路及空中设备灭火时，人体位置与带电体之间的仰角不超过 45°，以防电线断落伤人。如遇带电导体断落地面时要划清警戒区，防止跨步电压伤人。

4）充油设备的灭火

（1）充油设备中，油的闪点多在 130～140℃，一旦着火，危险性较大。如果在设备外部着火，可用二氧化碳、1211、干粉等灭火器带电灭火。如油箱破坏，出现喷油燃烧，且火势很大时，除切断电源外，有事故油坑的，应设法将油导入油坑。油坑中及地面上的油火，可用泡沫灭火。要防止油火进入电缆沟。如油火顺沟蔓延，这时电缆沟内的火，只能用泡沫扑灭。

（2）充油设备灭火时，应先喷射边缘，后喷射中心，以免油火蔓延扩大。

4. 人身着火的扑救

人身着火多数是由于工作场所发生火灾、爆炸事故或扑救火灾引起的。也有因用汽油、苯、酒精、丙酮等易燃油品和溶剂擦洗机械或衣物，遇到明火或静电火花而引起的。当人身着火时，应采取如下措施：

（1）若衣服着火又不能及时扑灭，则应迅速脱掉衣服，防止烧坏皮肤。若来不及或无法脱掉应就地打滚，用身体压灭火种。切记不可跑动，否则风助火势会造成严重后果。就地用水灭火效果会更好。

（2）如果人身溅上油类而着火，其燃烧速度很快。人体的裸露部分，如手、脸和颈部最易烧伤。此时伤痛难忍，神经紧张，会本能地跑动逃脱。在场的人应立即制止其跑动，将其搂倒，用石棉布、海草、棉衣、棉被等物覆盖。用水浸湿后覆盖效果更好。用灭火器扑救时，注意不要对着脸部。

在现场抢救烧伤患者时，应特别注意保护烧伤部位，不要碰破皮肤，以防感染。大面积烧伤患者往往会因为伤势过重而休克，此时伤者的舌头易收缩而堵塞咽喉，发生窒息而死亡。在场人员将伤者的嘴撬开，将舌头拉出，保证呼吸畅通。同时用被褥将伤者轻轻裹起，送往医院治疗。

任务八

典型事故案例分析及对策

【案例 5.1】 1980 年 8 月，广西壮族自治区某县氮肥厂，2 名工人上班时间脱岗，坐在 90m² 废氨水池上吸烟，引起爆炸，死亡 1 人，重伤 1 人。

【案例 5.2】 1983 年 3 月，云南省某化工厂停车检修期间，5 名操作工人跟汽车到县里运汽油。汽油运到本厂油库后，工人将大油桶里的汽油往贮槽里倒。倒完几桶后，油库空间汽油蒸气在空气中达到爆炸极限，当用铁扳手打开第 6 桶时，摩擦产生火花，导致爆炸。油库顶盖被掀开，围墙炸倒，5 名操作工当场被炸死，在围墙外玩耍的儿童被砸死 2 人，伤 3 人。

【案例 5.3】 1986 年 12 月 17 日上午，中平能化集团公司某焦化厂炼焦车间化产清理煤气管道。10 时炼焦停止加热，在此期间进行计划检修。完成了定期检修项目后又去抢修 3 号炉焦侧煤气管道阀门。调火班徐某和王某去关总阀门，还剩约 20cm 就关不动了；两人下来后，第二次邵某和王某又去关总阀门，唯恐关不严，直到再也关不动为止。10 时 5 分全厂突然停电，12 时 25 分复风。复风后，检修班全体人员去抢修 3 号炉焦侧煤气管道阀门。13 时 15 分，在拆阀门螺栓时，煤气大量泄漏，气味难闻。主任叫徐某去喊分厂安全员，徐某走后不久，只听"轰"的一声，整个换向室都是火，9 人烧伤（轻伤）。

事故原因分析：未加盲板煤气阀门关不严；天气雨夹雪，气压气温较低，室内煤气散发较慢；缺少防范措施和现场监护人员。

【案例 5.4】 2000 年 9 月 23 日山西省潞城市潞宝焦化实业总公司所属煤气发电厂于发生了一起锅炉炉膛煤气爆炸事故。此次爆炸事故造成死亡 2 人、重伤 5 人、轻伤 3 人，直接经济损失：49.42 万元。当日上午 10 时 15 分，潞宝煤气发电厂厂长指令锅炉房带班班长对锅炉进行点火，随即该班职工将点燃的火把从锅炉南侧的点火口送入炉膛时发生爆炸事故。尚未正式移交使用的煤气发电锅炉在点火时发生炉膛煤气爆炸，炉墙被摧毁，炉膛内水冷壁管严重变形，钢架不同程度变形，部分管道、平台、扶梯遭到破坏，锅炉房操作间门窗严重变形、损坏。锅炉烟道、引风机被彻底摧毁，烟囱发生粉碎性炸毁，炸飞的烟囱砖块将正在厂房外施工的人员 2 人砸死，另造成 5 人重伤，3 人轻伤。爆炸冲击波还使距锅炉房 500m 范围内的门窗玻璃不同程度地被震坏。

事故原因分析：

(1) 当班人员未按规定进行全面的认真检查，在点火时未按规程进行操作，使点火装置的北蝶阀在点火前处于开启状态，是导致此次爆炸事故的直接原因。

（2）煤气发电厂管理混乱，规章制度不健全，厂领导没有执行有关的指挥程序，没有严格要求当班人员执行操作规程，未制止违规操作行为，责职不明，规章制度不健全也是造成此将爆炸事故的原因之一。

（3）公司领导重生产、轻安全，重效益、轻管理。在安全生产方面失控，特别是在各厂的协调管理方面缺乏有效管理和相应规章制度，对各厂的安全生产工作不够重视，也是造成此将爆炸事故的原因之一。

【案例 5.5】 1979 年 4 月，江苏省某化工厂甲苯贮槽发生着火爆炸，死亡 1 人。查其原因是：当时正在向贮槽内输送甲苯，用的是一个临时泵出口接一根塑料软管，由贮槽顶部采光孔送入，并用采光孔盖板盖住。值班长到顶部检查移动此盖板时，孔口部位形成甲苯空气混合气已达到爆炸范围，由于震动塑料软管，塑料软管上积累的静电在孔口放电，引起孔口着火并引入贮槽内，导致贮槽着火爆炸。

【案例 5.6】 2009 年 8 月 29 日，杭州吉华江东化工有限公司发生一起因焊接硫酸中间罐的回流管引发硫酸罐爆炸事故，导致 2 名动火作业的员工从 3.5m 高的罐顶跌落死亡。当天上午 8 时，经申请，该公司决定对中和槽、硫酸中间贮存罐的回流管进行补漏，由马某操作、李某监护进行补焊作业。8 时 35 分许，硫酸中间贮存罐处发出一声闷响，发现罐顶盖已震落于地，马某、李某也跌落在地上，众人随即将两人送往萧山医院，但终因不治先后身亡。

事故原因分析：据调查分析，事故原因是硫酸中间贮存罐所装的浓硫酸（98%），在吸收空气中的水分后与钢质槽体发生化学反应产生氢气，并遇电焊的电弧高温引起爆炸，导致 2 人从罐顶震落身亡。

【案例 5.7】 1974 年 6 月，英国尼波洛公司在弗利克斯波洛的年产 70kt 己内酰胺装置发生爆炸。爆炸发生在环己烷空气氧化工段，爆炸威力相当于 45t 梯恩梯（TNT）。死亡 28 人，重伤 36 人，轻伤数百人。厂区及周围遭到重大破坏。经调查是由一根破裂管道中泄漏天然气引起燃烧而发生的。

事故原因分析：

（1）该厂在拆除 5 号氧化反应器时，为了使 4 号与 6 号连通，要重新接管。原来物料管径 700mm，因缺货而改用 500mm 管径，且用三节组焊成弧形跨管，重新组焊的连通管产生集中应力。

（2）组焊好的管子未经严格检查和试验。

（3）与阀门连接的法兰螺栓未拧紧。

（4）厂内贮存 1500m³ 环己烷、3000m³ 石油、500m³ 甲苯、120m³ 苯和 2m³ 汽油，大大超过安全贮存标准，使事故扩大。

【案例 5.8】 1973 年 10 月，日本新越化学工业套司直津江化工厂氯乙烯单体生产装置发生了一起重大爆炸火灾事故。伤亡 24 人，其中死亡 1 人。建筑物被毁 7200m²，损坏各种设备 1200 台，烧掉氯乙烯等各种气体 170t。由于燃烧产生氯化氢气体，造成农作物受害面积约 160000m²。

当时生产装置正处于检修状态，要检修氯乙烯单体过滤器，引入口阀门关闭不严，单体由贮罐流入过滤器，无法进行检修，又用扳手去关阀门，因用力过大，阀门支撑筋被拧断。阀门杆被液体氯乙烯单体顶起呈全开状态，4t 氯乙烯单体从贮罐经过过滤器开口处全部喷出，弥漫 12000m² 厂区。值班长在切断电源时产生火花引起爆炸。

事故原因分析：

（1）电气设备不防爆。

（2）检修设备时无隔绝、置换措施，以至设备拆开敞口后发现阀门泄漏，实际上阀门已被腐蚀，应更换阀门。

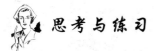 **思考与练习**

一、简答题

1. 何谓燃烧的"三要素"？它们之间的关系如何？

2. 何谓闪燃、着火、自燃？三者有何区别？

3. 何谓轻爆、爆炸、爆轰？三者有何区别？

4. 如何正确选择防爆电气设备？

5. 在化工生产中，工艺参数的安全控制主要指哪些内容？

6. 生产装置的初起火灾应如何扑救？

7. 如何扑救电气设备火灾？

二、选择题

1. 引发火灾的点火源，其实质是下列（　　）一项。

　　A. 助燃　　　　　　B. 提供初始能量　　C. 加剧反应　　　　D. 延长燃烧时间

2. 凡是能与氧气或者其他氧化剂发生氧化反应而燃烧的物质称为（　　）。

　　A. 可燃物　　　　　B. 不燃物　　　　　C. 氧化剂　　　　　D. 还原剂

3. 多数固体的燃烧呈（　　）燃烧，有些固体则同时发生气相燃烧和固相燃烧。

　　A. 固相　　　　　　B. 液相　　　　　　C. 气相　　　　　　D. 不确定

4. 下列不属于灭火的基本方法的是（　　）。

　　A. 冷却法　　　　　B. 隔离法　　　　　C. 窒息法　　　　　D. 降温法

5. 可燃气体、蒸气和粉尘与空气（或助燃气体）的混合物，必须在一定的浓度范围内，遇到足以起爆的火源才能发生爆炸。这个可爆炸的浓度范围，叫做该爆炸物的（　　）。

　　A. 爆炸浓度极限　　B. 爆炸极限　　　　C. 爆炸上限　　　　D. 爆炸下限

6. 据统计，火灾中死亡的人有 80% 以上属于（　　）。

　　A. 被人践踏而死　　B. 烟气窒息致死　　C. 跳楼或惊吓致死　D. 被火直接烧死

7. 下列哪种灭火器不适用于扑灭电器火灾？（　　）

　　A. 二氧化碳灭火器　B. 干粉剂灭火器　　C. 泡沫灭火器

8. 身上后，下列哪种灭火方法是错误的？（　　）

　　A. 就地打滚　　　　　　　　　　　　B. 用厚重衣服覆盖压灭火苗

　　C. 迎风快跑　　　　　　　　　　　　D. 浇水

9. 电脑着火了，应如何紧急处理？（　　　）

　　A. 迅速往电脑上泼水灭火

　　B. 拔掉电源插头，然后用湿棉被盖住电脑

　　C. 马上拨打火警电话，请消防队来灭火

10. 以下不会引发火灾事故的是（　　　）。

　　A. 冲击摩擦　　　　B. 电磁辐射　　　　C. 静电火花　　　　D. 高温表面

11. 下列关于特殊化学品扑救注意事项说法正确的是（　　　）。

　　A. 扑救液化气体类火灾时，应先扑灭火焰，然后采取堵漏措施

　　B. 扑救爆炸物品火灾，需用沙土盖压

　　C. 对于遇湿易燃物品火灾，应使用泡沫、酸碱等灭火剂扑救

　　D. 扑救毒害品、腐蚀品的火灾时，应尽量使用低压水流或雾状水

12. 使用液化石油气时应注意（　　　）事项。

　　A. 不准倒灌钢瓶，严禁将钢瓶卧放使用

　　B. 不准在漏气时使用任何明火和电器，严禁倾倒残液

　　C. 不准将气瓶靠近火源、热源，严禁用火、蒸汽、热水对气瓶加温

　　D. 不准在使用时人离开，小孩、病残人不宜使用，严禁将气瓶放在卧室内使用

　　E. 不准使用不符合标准的气瓶，严禁私自拆修角阀或减压阀

模块六　工业防毒安全技术

 应知

(1) 知晓工业毒物的概念、分类、急性毒性分级等基本知识；

(2) 熟知工业毒物进入人体的途径、职业中毒的类型以及常见工业毒物及其危害；

(3) 熟知急性中毒的现场救护方法及原则；

(4) 熟知防毒技术措施、防毒管理教育措施、个体防护措施等。

 应会

(1) 掌握工业毒物的危害、防护措施；

(2) 掌握急性中毒的现场救护方法；

(3) 掌握综合防毒原则及措施。

任务一

工业毒物的分类及毒性

一、工业毒物及其分类

1. 工业毒物与职业中毒

广而言之，凡作用于人体并产生有害作用的物质都可称之为毒物。而狭义的毒物概念是指少量进入人体即可导致中毒的物质。通常所说的毒物主要是指狭义的毒物。而工业毒物是指在工业生产过程中所使用或生产的毒物。如化工生产中所使用的原材料，生产过程中的产品、中间产品、副产品以及含于其中的杂质，生产中的"三废"排放物中的毒物等均属于工业毒物。

毒物侵入人体后与人体组织发生化学或物理化学作用，并在一定条件下破坏人体的正常生理机能，引起某些器官和系统发生暂时性或永久性的病变，这种病变称之为中毒。在生产过程中由工业毒物引起的中毒即为职业中毒。因此判断是否为"职业中毒"首先应看三个要素是否同时具备，即"生产过程中"、"工业毒物"和"中毒"，上述三要素是必要条件。

应该指出，毒物的含义是相对的。首先，物质只有在特定条件下作用于人体才具有毒性。其次，物质只要具备了一定的条件，就可能出现毒害作用。如职业中毒的发生，不仅与毒物本身的性质有关，还与毒物侵入人体的途径及数量、接触时间及身体状况、防护条件等多种因素有关。因此在研究毒物的毒性影响时，必须考虑这些相关因素。再次，具体讲某种物质是否有毒，则与它的数量及作用条件有直接关系。例如，在人体内，含有一定数量的铅、汞等物质，但不能说由于这些物质的存在就判定发生了中毒。通常一种物质只有达到中毒剂量时，才能称之为毒物。如氯化钠日常可作为食用，但人一次服用 200～250g 就可能会致死。另一方面，毒物的作用条件也很重要，当条件改变时，甚至一般非毒性的物质也会具有毒性。如氧化钠溅到鼻黏膜上会引起溃疡，甚至使鼻中隔穿孔；氮在 9.1MPa 下有显著的麻醉作用。

2. 工业毒物的分类

化工生产中，工业毒物是广泛存在的。据世界卫生组织的估计，全世界工农业生产中的化学物质约有 60 多万种。据国际潜在有毒化学物登记组织统计，1976～1979 年该组织就登记了 33 万种化学物，其中许多物质对人体有毒害作用。由于毒物的化学性质各不相同，因此分类的方法很多。以下介绍几种常用的分类。

1）按物理形态分类

（1）气体。指在常温常压下呈气态的物质。如常见的一氧化碳、氯气、氨气、二氧化硫等。

（2）蒸气。指液体蒸发、固体升华而形成的气体。前者如苯、汽油蒸气等，后者如熔磷时的磷蒸气等。

（3）烟。又称烟尘或烟气，为悬浮在空气中的固体微粒，其直径一般小于 $1\mu m$。有机物加热或燃烧时可产生烟，如塑料、橡胶热加工时产生的烟；金属冶炼时也可产生烟，如炼钢、炼铁时产生的烟尘。

（4）雾。为悬浮于空气中的液体微粒，多为蒸气冷凝或液体喷射所形成，如铬电镀时产生的铬酸雾，喷漆作业时产生的漆雾等。

（5）粉尘。为悬浮于空气中的固体微粒，其直径一般大于 $1\mu m$，多为固体物料经机械粉碎、研磨时形成或粉状物料在加工、包装、贮运过程中产生。如制造铅丹颜料时产生的铅尘，水泥、耐火材料加工过程中产生的粉尘等。

2）按化学类属分类

（1）无机毒物。主要包括金属与金属盐、酸、碱及其他无机化合物。

（2）有机毒物。主要包括脂肪族碳氢化合物、芳香族碳氢化合物及其他有机物。随着化学合成工业的迅速发展，有机化合物的种类日益增多，因此有机毒物的数量也随之增加。

3）按毒作用性质分类

按毒物对机体的毒作用结合其临床特点大致可分为以下四类：

（1）刺激性毒物。酸的蒸气、氯、氨、二氧化硫等均属此类毒物。

（2）窒息性毒物。常见的如一氧化碳、硫化氢、氰化氢等。

（3）麻醉性毒物。芳香族化合物、醇类、脂肪族硫化物、苯胺、硝基苯等均属此类毒物。

（4）全身性毒物。其中以金属为多，如铅、汞等。

二、工业毒物的毒性

1. 毒性及其评价指标

毒物的剂量与反应之间的关系，用"毒性"一词来表示，毒性反映了化学物质对人体产生有害作用的能力。毒性的计算单位一般以化学物质引起实验动物某种毒性反应所需的剂量表示。对于吸入中毒，则用空气中该物质的浓度表示。某种毒物的剂量（浓度）越小，表示该物质毒性越大。通常用实验动物的死亡数来反映物质的毒性。常用的评价指标有以下几种：

（1）绝对致死剂量或浓度（LD_{100} 或 LC_{100}）是指使全组染毒动物全部死亡的最小剂量或浓度。

（2）半数致死剂量或浓度（LD_{50} 或 LC_{50}）是指使全组染毒动物半数死亡的剂量或浓度，是将动物实验所得的数据经统计处理而得的。

（3）最小致死剂量或浓度（MLD 或 MLC）是指使全组染毒动物中有个别动物死亡的剂量或浓度。

（4）最大耐受剂量或浓度（LD_0 或 LC_0）是指使全组染毒动物全部存活的最大剂量或浓度。

上述各种"剂量"通常是用毒物的毫克数与动物的每千克体重之比（即 mg/kg）来表示。"浓度"常用每立方米（或升）空气中所含毒物的毫克或克数（即 mg/m^3、g/m^3、mg/L）来表示。

除了上述的毒性评价指标外，下面的指标也反映了物质毒性的某些特点：

（1）慢性阈剂量（或浓度）是指多次、小剂量染毒而导致慢性中毒的最小剂量（或浓度）。

（2）急性阈剂量（或浓度）是指一次染毒而导致急性中毒的最小剂量（或浓度）。

（3）毒作用带是指从生理反应阈剂量到致死剂量的剂量范围。

2. 毒物的急性毒性分级

毒物的急性毒性可根据动物染毒实验资料 LD_{50} 进行分级，据此将毒物分为剧毒、高毒、中等毒、低毒、微毒五级，见表 6-1。

表 6-1　化学物质的急性毒性分级

毒物分级	大鼠一次经口 LD_{50}/(mg/kg)	6 只大鼠吸入 4h 死亡 2~4 只的浓度/(μg/g)	兔涂皮时 LD_{50}/(mg/kg)	对人可能致死量	
				单位体重剂量/(g/kg)	总量/g (60kg 体重)
剧毒	<1	<10	<5	<0.05	0.1
高毒	1~50	10~100	5~44	0.05~0.5	3
中等毒	50~500	100~1000	44~340	0.5~5	30
低毒	500~5000	1000~10000	340~2810	5~15	250
微毒	5000~15000	10000~100000	2810~22590	>15	>1000

3. 影响毒性的因素

工业毒物的毒性大小或作用特点常因其本身的理化特性、毒物间的联合作用、环境条件及个体的差异等许多因素而异。

(1) 物质的化学结构对毒性影响。各种毒物的毒性之所以存在差异，主要是基于其分子化学结构的不同。如在碳氢化合物中，存在以下规律：

① 在脂肪族烃类化合物中，其麻醉作用随分子中碳原子数的增加而增加。

② 化合物分子结构中的不饱和键数量越多，其毒性越大。

③ 一般分子结构对称的化合物．其毒性大于不对称的化合物。

④ 在碳烷烃化合物中，一般而言，直链比支链的毒性大。

⑤ 毒物分子中某些元素或原子团对其毒性大小有显著影响。如在脂肪族碳氢化合物中带入卤族元素、芳香族碳氢化合物带入氨基或硝基、苯胺衍生物中以氧、硫或羟基置换氢时，毒性显著增大。

(2) 物质的物理化学性质对毒性的影响。物质的物理化学性质是多方面的，其中影响人体的毒性作用主要有三个方面：

① 可溶性。毒物（如在体液中）的可溶性越大，其毒性作用越大。如三氧化二砷在水中的溶解度比三硫化二砷大 3 万倍，故前者毒性大，后者毒性小。应注意，毒物在不同液体中的溶解度不同；不溶于水的物质，有可能溶解于脂肪和类脂肪中。如硫化铅虽不溶于水，但在胃液中却能溶解 2.5%；又如氯气易溶于上呼吸道的黏液中，因而氯气对上呼吸道可产生损害；黄丹微溶于水，但易溶于血清中等。

② 挥发性。毒物的挥发性越大，其在空气中的浓度越大，进入人体的量越大，对人体的危害也就越大，毒作用越大。如苯、乙醚、三氯甲烷、四氯化碳等都是挥发性大的物质，它们对人体的危害也严重。而乙二醇的毒性虽高但挥发性小，只为乙醚的1/2625，故严重中毒的事故很少发生。有些物质的毒性本不大，但因为挥发性大，也会具有较大的危害性。

③ 分散度。毒物的颗粒越小，即分散度越大，则其化学活性越强，更易于随人的呼吸进入人体，因而毒作用越大。如锌等金属物质本身并无毒，但加热形成烟状氧化物时，可与体内蛋白质作用，产生异性蛋白而引起发烧，称为"铸造热"。

(3) 毒物的联合作用。在生产环境中，现场人员接触到的毒物往往不是单一的，而是多种毒物共存。所以我们必须了解多种毒物对人体的联合作用。毒物联合作用的综合毒性有以下三种情况：

① 相加作用。当两种以上的毒物同时存在于作业场所环境中时，它们的综合毒性为各个毒物毒性作用的总和。如碳氢化合物在麻醉方面的联合作用即属此种情况。

② 相乘作用。即多种毒物联合作用的毒性大大超过各个毒物毒性的总和，又称增毒作用。例如二氧化硫被单独吸入时，多数引起上呼吸道炎症，如果将二氧化硫混入含锌烟雾气溶胶中，就会使其毒性加大 1 倍以上。一氧化碳和二氧化硫、一氧化碳和氮氧化物共存时也都属于相乘作用。

③ 拮抗作用。即多种毒物联合作用的毒性低于各个毒物毒性的总和。如氨和氯的

联合作用即属此类。

此外，生产性毒物与生活性毒物的联合作用也很常见。如嗜酒的人易引起中毒，因为酒精可增加铅、汞、砷、四氯化碳、甲苯、二甲苯、氨基和硝基苯、硝化甘油、氮氧化物以及硝基氯苯等毒物的吸收能力，故接触这类物质的人不宜饮酒。

（4）生产环境和劳动强度与毒性的关系。不同的生产方法影响毒物产生的数量和存在状态，不同的操作方法影响人与毒物的接触机会；生产环境如温度、湿度、气压等的不同也能影响毒物作用。如高温条件可促进毒物的挥发，使空气中毒物的浓度增加；环境中较高的湿度，也会增加某些毒物的毒性，如氯化氢、氟化氢等即属此例；高气压可使溶解于体液中的毒物量增多。

劳动强度对毒物的吸收、分布、排泄均有明显的影响。劳动强度大，则呼吸量也大，能促进皮肤充血，排汗量增多，吸收毒物的速度加快；耗氧量增加，使工人对某些毒物所致的缺氧更加敏感。

（5）个体因素与毒性的关系。在同样条件下接触同样的毒物，往往有些人长期不中毒而有些人却发生中毒，这是由于人体对毒物的耐受性不同所致。

未成年人由于各器官尚处于发育阶段，抵抗力弱，故不应参加有毒作业。妇女在经期、孕期、哺乳期生理功能发生变化，对某些毒物的敏感性增强。如在经期对苯、苯胺的敏感性就会增强，而在孕期、哺乳期参加接触汞、铅的作业，会对胎儿及婴儿的健康产生不利影响，因此应暂时做其他工作。

患有代谢功能障碍、肝脏及肾脏疾病的人解毒功能大大降低，因此较易中毒。如贫血者接触铅，肝脏疾病患者接触四氯化碳、氯乙烯，肾病患者接触砷，有呼吸系统病变的人接触刺激性气体都较易中毒。因此，为了保护劳动者的身体健康，应按职业禁忌证的要求分配工作。

总之，接触毒物后能否中毒受多种因素影响，了解这些因素间相互制约、相互联系的规律，有助于控制不利因素，防止中毒事故的发生。

三、工作场所空气中有害因素职业接触限值及其应用

1. 工作场所空气中有害因素职业接触限值

防止职业中毒，关键是控制工作场所即劳动者进行职业活动的全部地点的空气中有害因素职业接触限值。职业接触限值（occupational exposure limit，OEL）是职业性有害因素的接触限制量值，指劳动者在职业活动过程中长期反复接触对机体不引起急性或慢性有害健康影响的容许接触水平。化学因素的职业接触限值可分为时间加权平均容许浓度、最高容许浓度和短时间接触容许浓度三类：

（1）时间加权平均容许浓度（permissible concentration-time weighted average，PC-TWA）指以时间为权数规定的 8h 工作日的平均容许接触水平。

（2）最高容许浓度（maximum allowable concentration，MAC）指工作地点、在 1个工作日内、任何时间均不应超过的有毒化学物质的浓度。

定义中的工作地点是指劳动者从事职业活动或进行生产管理过程而经常或定时停留的地点。

（3）短时间接触容许浓度（permissible concentration-short term exposure limit，PC-STEL）指一个工作日内，任何一次接触不得超过 15min 的时间加权平均的容许接触水平。

需要指出的是，职业接触限值不是一成不变的。在制定以后，随着有关毒理学和工业卫生学资料的积累，结合实施过程中毒物接触者健康状况观察的结果，以及国民经济的发展，技术水平的提高，还会不断地进行修订。可以参考我国现行的工作场所空气中有毒物质容许浓度 [《工作场所有害因素职业接触限值》（GBZ2—2002）]。

2. 应用职业接触限值时的注意事项

有毒物质的职业接触限值，是用来防止劳动者的过量接触，监测生产装置的泄漏及工作环境污染状况，是评价工作场所卫生状况的重要依据，以保障劳动者免受有害因素的危害。在应用职业接触限值浓度标准对工作场所环境进行危害性评价时，应注意以下问题：

（1）在评价工作场所的污染或个人接触状况时，应按照国家颁布的标准测定方法和有关采样规范进行检测，在无上述规定时，也可用国内外公认的测定方法，使其全面反映工作场所有害因素的污染状况，并正确运用时间加权平均容许浓度、最高容许浓度或短时间接触容许浓度，做出恰当的评价。

（2）时间加权平均容许浓度的应用要求采集有代表性的样品，按 8h 工作日内各个接触持续时间与其相应浓度的乘积之和除以 8，得出 8h 的时间加权平均浓度（TWA）。应用个体采样器采样所得到的浓度值，主要适用于评价个人接触状况；工作场所的定点采样（区域采样），主要适用于工作环境卫生状况的评价。

时间加权平均浓度可按下式计算，工作时间不足 8h 者，仍以 8h 计：

$$E=(c_a T_a+c_b T_b+\cdots+c_n T_n)/8 \qquad (6\text{-}1)$$

式中　　E——8h 工作日接触有毒物质的时间加权平均浓度，mg/m^3；

　　　　8——一个工作日的工作时间，h；

　　　　c_a，c_b，$\cdots$，c_n——T_a，T_b，$\cdots$，T_n 时间段接触的相应浓度；

　　　　T_a，T_b，$\cdots$，T_n——c_a，c_b，$\cdots$，c_n 浓度下的相应接触持续时间。

【例 6.1】　乙酸乙酯的时间加权平均容许浓度为 $200mg/m^3$，劳动者接触状况为：$300mg/m^3$ 浓度，接触 2h；$160mg/m^3$，接触 2h；$120mg/m^3$，接触 4h。代入上述公式，$E=(2\times300+2\times160+4\times120)mg/m^3\div8=175mg/m^3$。此结果 $<200mg/m^3$，未超过该物质的时间加权平均容许浓度。

【例 6.2】　同样是乙酸乙酯，如劳动者接触状况为：$300mg/m^3$ 浓度，接触 2h；$200mg/m^3$，接触 2h；$180mg/m^3$，接触 2h；不接触，2h。代入上述公式，$E=(2\times300+2\times200+2\times180+2\times0)mg/m^3\div8=170mg/m^3$，结果 $<200mg/m^3$，未超过该物质的时间加权平均容许浓度。

（3）短时间接触容许浓度的应用。

① 该职业接触限值旨在防止劳动者接触过高的波动浓度，避免引起刺激、急性作用或有害健康影响，要求在监测时间加权平均容许浓度的同时，对浓度变化较大的工作

地点进行监测评价（一般采集接触 15min 的空气样品；接触时间短于 15min 时，以 15min 的时间加权平均浓度计算）。

② 该职业接触限值是与 8h 时间加权平均容许浓度相配套的一种短时间接触限值，必须符合制定的接触限值或推算出的接触限值。当评价该限值时，即使当日的 8h 时间加权平均容许浓度符合要求时，仍不应超过短时间接触容许浓度。

③ 对现有毒理学和工业卫生学资料不足以制定短时间接触容许浓度值时，按表 6-2 推算短时间接触容许浓度（PC-STEL）值。

表 6-2 时间加权平均容许浓度大小与超限倍数关系

PC-TWA 值/(mg/m^3)	超限倍数	PC-TWA 值/(mg/m^3)	超限倍数
<1	3	~100	2.0
~10	2.5	>100	1.5

【例 6.3】 某物质的 PC-TWA 为 5mg/m^3，从表 6-2 查出超限倍数为 2.5，则 PC-STEL 为 12.5mg/m^3。

④ 最高容许浓度的应用。最高容许浓度是对急性作用大、刺激作用强和（或）危害性较大的有毒物质而制定的最高容许接触限值。应根据不同工种和操作地点采集有代表性的空气样品。该职业接触限值要求，工作场所中有毒物质的浓度必须控制在最高容许浓度以下，而不容许超过此限值。

⑤ 对于标以（皮）字的有毒物质，应积极防止皮肤污染。某些化学物质（如有机磷化合物、三硝基甲苯等）在工作场所中经皮肤吸收是重要的侵入途径，应采用个人防护措施，防止皮肤的污染。

⑥ 当工作场所中存在两种或两种以上有毒物质时，若缺乏联合作用资料，应测定各自物质的浓度，并分别按各个物质的职业接触限值进行评价。

⑦ 当两种或两种以上有毒物质共同作用于同一器官、系统或具有相同的毒性作用（如射激作用等），或已知这些物质可产生相加作用时，则应按下列公式计算结果，进行评价：

$$\frac{c_1}{L_1}+\frac{c_2}{L_2}+\cdots+\frac{c_n}{L_n}=1 \tag{6-2}$$

式中 c_1，c_2，$\cdots$，c_n——各个物质所测得的浓度；

L_1，L_2，$\cdots$，L_n——各个物质相应的容许浓度限值。

以此算出的比值<1（或=1）时，表示未超过接触限值，符合卫生要求；反之，当 x 值>1 时，表示超过接触限值，不符合卫生要求。

【例 6.4】 某生产车间内有苯、甲苯、二甲苯三种物质共存，测出苯的浓度为 20mg/m^3，甲苯为 50mg/m^3，二甲苯为 60mg/m^3，这三种物质的最高容许浓度依次为 40mg/m^3、100mg/m^3 和 100mg/m^3。

按式（6-2）计算：

$$(20/40)+(50/100)+(60/100)=1.6（>1）$$

结果表明，该车间现有浓度已超过共存物质容许的浓度。若采取措施将甲苯、二甲苯的实际浓度分别降至 20mg/m³ 和 30mg/m³，则可使计算结果等于 1，即可达到卫生要求。

最后应着重指出的是，以上所述的职业接触限值不能理解为安全与危险浓度的精确界限，也不能用作毒性的相对指数。

任务二

工业毒物的危害

毒物对人体的危害不仅取决于毒物的毒性，还取决于毒物的危害程度。毒物的危害程度是指毒物在生产和使用条件下产生损害的可能性，取决于接触方式、接触时间、接触量和防护设备的良好程度等。为了区分工人在进行接触毒物的作业时，有毒物质对工人危害的大小，国家颁布了《有毒作业分级标准》（GB12331—1990）。该标准依据毒物危害程度、有毒作业劳动时间和毒物浓度超标倍数三项指标将有毒作业共分为五级，分别是 0 级（安全作业）、一级（轻度危害作业）、二级（中度危害作业）、三级（高度危害作业）和四级（极度危害作业）。

一、工业毒物进入人体的途径

工业毒物进入人体的途径有三种，即呼吸道、皮肤和消化道，其中最主要的是呼吸道，其次是皮肤，经过消化道进入人体仅在特殊情况下才会发生。

1. 经呼吸道进入

毒物经呼吸道进入人体是最主要、最危险、最常见的途径。因为凡是呈气态、蒸气态或气溶胶状态的毒物均可随时伴随呼吸过程进入人体；而且人的呼吸系统从气管到肺泡都具有相当大的吸收能力，尤其肺泡的吸收能力最强，肺泡壁极薄且总面积有 55～120m²，其上有丰富的微血管，由肺泡吸收的毒物会随血液循环迅速分布全身；在全部职业中毒者中，大约有 95％是经呼吸道吸入引起的。

生产性毒物进入人体后，被吸收量的大小取决于毒物的水溶性和血/气分配系数，血/气分配系数是指毒物在血液中的最大浓度与肺泡内气体浓度之比值。毒物的水溶性越大，血/气分配系数越大，被吸收在血液中的毒物也越多，导致中毒的可能性越大。例如，甲醇的血/气分配系数为 1700，乙醇为 1300，二硫化碳为 5，乙醚为 15，苯为 6.58。

2. 经皮肤进入

毒物经皮肤进入人体的途径主要有表皮屏障和毛囊，只有少数是通过汗腺导管进入。皮肤本身是人体具有保护作用的屏障，如水溶性物质不能通过无损的皮肤进入人体内。但是当水溶性物质与脂溶性或类脂溶性物质共存时，就有可能通过屏障进入人体。

毒物经皮肤进入人体的数量和速度，除了与毒物的脂溶性、水溶性、浓度和皮肤的接触面积有关外，还与环境中气体的温度、湿度等条件有关，能经过皮肤进入人体的毒物有以下三类：

（1）能溶于脂肪或类脂质的物质。此类物质主要是芳香族的硝基、氨基化合物，金属有机铅化合物以及有机磷化合物等，其次是苯、二甲苯、氯化烃类等物质。

（2）能与皮肤的脂酸根结合的物质。此类物质如汞及汞盐、砷的氧化物及其盐类等。

（3）具有腐蚀性的物质。此类物质如强酸、强碱、酚类及黄磷等。

3. 经消化道进入

毒物从消化道进入人体，主要是由于不遵守卫生制度，或误服毒物，或发生事故时毒物喷入口腔等所致。这种中毒情况一般比较少见。

二、工业毒物在人体内的分布、生物转化及排出

1. 毒物在人体内的分布

毒物经不同途径进入血液循环，随血液流动分布至全身器官。在最初阶段，血流量丰富的器官，毒物量最高。以后，按不同毒物对各器官的亲和力及对细胞膜的通透能力毒物又重新分布，使某些毒物在某些器官或组织的量相对很高。

毒物在血液中常以不同的状态存在：

（1）以物理溶解状态存在于血浆中，其中部分可能以离子状态存在。

（2）脂溶性毒物可溶于乳糜粒中或与脂肪酸结合。

（3）毒物与血浆蛋白或血浆内的有机酸结合成复合物。

（4）毒物吸附于红细胞表面或与红细胞某些成分结合。

（5）在红细胞内与血红蛋白结合。

有机毒物多属于非电解质，在体内多呈均匀分布，而无机毒物和各种电解质则分布多不均匀。例如，铅主要集中于骨骼，碘对于甲状腺组织具有特殊的亲和力，而一氧化碳则极易与血红蛋白结合。与一氧化碳结合的血红蛋白就是一氧化碳毒作用的部位，而铅集中的骨骼则不是铅毒作用的部位。若毒物对其贮存的部位无明显危害，则该贮存部位被称为贮存库。毒物贮存库对于急性中毒具有保护作用，因为它可避免毒物在毒作用部位浓度升高。贮存库内毒物浓度与血浆内毒物浓度保持相对平衡，当血浆内毒物经生物转化排出时，浓度逐渐降低，此时贮存库内的毒物可释放出来。贮存库能不断地释放毒物，又成为体内提供毒物的来源，这是引起慢性中毒的重要条件。

人体贮存库主要有血浆蛋白、骨骼及脂肪。

（1）血浆蛋白。血浆占人体重 4%，占血量重 53%。血浆中的某些蛋白，特别是白蛋白，能与许多物质结合。结合后所形成的复合物是可逆的，结合部分与游离部分保持动态平衡。如果结合于血浆蛋白上的毒物在短期内大量被置换出来，将引起严重的毒作用。

（2）骨骼。骨骼对外来离子的吸收和释放，主要发生于骨骼的表面，即在羟基磷灰石结晶的表面。这表面与体液内离子进行交换，并且逐步由晶体表面转移到晶格的深部，固定在骨组织内。已知在元素周期表内有半数元素可进入骨组织。存在于骨内的离子一般对骨无害，但有例外，如氟沉积可引起氟骨症。

（3）脂肪。许多毒物及其脂溶性代谢物均可贮存于生物体的脂肪组织。贮存的毒物对脂肪本身无影响，但在一定条件下可重新释放，引起慢性中毒。

（4）肝肾内贮存。肝肾是体内主要的代谢和排泄器官，许多毒物在肝肾内均有较高的浓度。这可能和肝肾内的主动运输及细胞内的结合能力有关。例如，锌、镉、汞、铅等都能在肝或肾细胞内与含硫基氨基酸的蛋白结合，所形成的复合物称为金属硫蛋白。它可与多种金属结合，结合后使金属毒性减小，因此当金属硫蛋白有足够贮备量时，对肾有保护作用。

在接触毒物时，由于吸收量超过排泄量，就会出现毒物在体内增多现象，称蓄积，是引起慢性中毒的物质基础。某些毒物因解毒或排泄较快，故在每次停止接触后不久，在体内就找不到该毒物或其代谢物。但由于多次接触，造成机体功能损害，并缓慢加重，出现慢性中毒。所以，曾把积蓄分为物质积蓄和功能积蓄。

2. 毒物的生物转化

进入体内的毒物，有的可直接损害细胞的正常生理和生化功能，而多数毒物在体内需经过转化才能发挥其毒性作用。所以，一种毒物引起的中毒，可因其本身的毒性，也可因其在体内转化成有毒的代谢产物所致。毒物的生物转化又称代谢转化，是指毒物在体内转化形成某些代谢产物；这些产物一般具有较高的极性和水溶性，容易排出体外。

生物转化过程一般分为两步进行：第一步包括氧化、还原和水解，三者可以任意组合；第二步为结合。经过第一步作用后，许多毒物水溶性增强，在经过第二步反应，与某些极性强的物质（如葡萄糖醛酸、硫酸等）结合，增强其水溶性和极性，以利排出。

一般而言，生物转化是一个解毒过程，但也有些化合物，经转化后的代谢产物比原来物质毒性更大，称为代谢活化。例如，对硫磷经氧化脱硫后，产生的对氧磷抑制胆碱酯酶的能力比对硫磷大 300 倍；四乙基铅经脱烷基形成三乙基铅才发生毒性作用的；硝基苯的还原产物和苯胺的氧化产物都包括有苯基羟胺，它们的毒性比硝基苯和苯胺大得多，是最强的高铁血红蛋白形成剂。

3. 毒物的排出

体内毒物的排出，有的是以其原型排出，有的则是经过生物转化形成一种或几种代谢产物排出体外。主要排出途径是肾、肝胆、肺，其次是汗腺、唾液、乳汁等。

1）经肾排出

肾是人体内毒物排出的最主要途径。排毒机理有三个过程：肾小球过滤、肾小管扩张及肾小管分泌。其中肾小球过滤对毒物的排出最有意义。

肾小球是多孔性的，依靠由血压所形成的静压力将毒物滤出。一般相对分子质量过大的物质或与蛋白分子结合的毒物不能滤出。因此，毒物从肾小球滤出主要是取决于相对分子质量的大小，其次是肾小球内的静压力。肾小球滤液内毒物的浓度大致等于血浆中游离毒物的浓度。

毒物从肾小球滤出后可能随尿排出，也可能经肾小管细胞被动吸收。这种重吸收是一种简单的扩散，脂/水分配系数较大的物质易于重吸收，而极性物质及离子难于重吸收而随尿排出。

尿液中毒物浓度与血液中的浓度密切相关。测定尿液中毒物或其代谢物的浓度，可间接衡量毒物的吸收或体内负荷。停止接触毒物后，血液中毒物浓度即可降低，尿液测定结果亦随之下降，而实际上在贮存库中仍可能含有大量毒物，这种情况下尿中毒物浓度不能代表体内负荷水平。

2）经肝胆排出

体内毒物及其代谢产物主要以主动运输方式经肝脏排入胆囊。随胆汁排出的物质是一些高极性的化合物，与血浆蛋白结合或与葡萄糖醛酸、硫酸等结合的毒物，即使相对分子质量大于 300 也能排出，铅、锰、镉、砷等均主要从肝脏排至胆汁而随粪便排泄。铅可逆浓度梯度运输，当胆汁/血浆的铅浓度比达 150/50 时，仍可排出。

有些毒物随胆汁进入小肠后，部分随粪便排出体外，部分又可重新经小肠黏膜吸收，入血进入门脉系统回到肝脏，这种现象称为肠肝循环。

粪便中的毒物可来自肝脏排入胆汁的毒物，也可来自经口吞入或从呼吸道排出再咽下的毒物。例如，体内的铅主要经肝胆排出，但粪铅也来自咽下的痰液和铅污染的食物；粪锰除来自胆汁外，也可来自含锰食物。因此，粪铅和粪锰均不能代表职业接触水平和体内的负荷情况。

3）经肺排出

经呼吸道吸收的有毒气体以及溶解于血液中的挥发性毒物均可经肺排出。排出的方式是简单的扩散。排出的速度取决于血浆和肺泡气内毒物的浓度梯度。血/气分配系数小的毒物排出较快；降低肺泡气中毒物的浓度可加快毒物的排出。因此，当发生有毒气体或挥发性毒物急性中毒时，应立即将病人移至新鲜空气处，不仅能停止继续吸收毒物，而且有利于排毒。

4）其他排出途径毒物可经乳汁排除

这种排出途径对后代有重要影响。毒物也可经唾液腺及汗腺排出，但其量甚微。头发和指甲不是身体的排泄器官，但有些毒物如砷、汞、铅、锰等可富集于此，且与接触量有一定关系。因此已有利用毛发中毒物浓度，作为吸收或接触指标。

总之，毒物通过不同途径排出是一种解毒方式，然而在毒物排出时，有时可对排出部位产生毒作用。例如，肾排出镉和汞可引起肾小管的损害，砷从汗腺排出可引起皮炎，汞通过唾液腺排出可引起口腔炎等。

三、职业中毒的类型

1. 急性中毒

急性中毒是由于在短时间内有大量毒物进入人体后突然发生的病变。具有发病急、变化快和病情重的特点。急性中毒可能在当班或下班几个小时内、最多 1~2d 内发生，多数是因为生产事故或工人违反安全操作规程所引起的。如一氧化碳中毒。

2. 慢性中毒

慢性中毒是指长时间内有低浓度毒物不断进入人体，逐渐引起的病变。慢性中毒绝大部分是蓄积性毒物所引起的，往往在从事该毒物作业数月、数年或更长时间才出现症状，如慢性铅、汞、锰等中毒。

3. 亚急性中毒

亚急性中毒介于急性与慢性中毒之间，病变较急性的时间长，发病症状较急性缓和的中毒。如二硫化碳、汞中毒等。

四、职业中毒对人体系统及器官的损害

职业中毒可对人体多个系统或器官造成损害，主要包括神经系统，血液和造血系统、呼吸系统、消化系统、肾脏及皮肤等。

1. 神经系统

(1) 神经衰弱症候群。绝大多数慢性中毒的早期症状是神经衰弱症候群及植物性神经紊乱。患者出现全身无力，易疲劳，记忆力减退，睡眠障碍，情绪激动，思想不集中等症状。

(2) 神经症状。如二硫化碳、汞、四乙基铅中毒，可出现狂躁、忧郁、消沉、健谈或寡言等症状。

(3) 多发性神经炎。主要损害周围神经，早期症状为手脚发麻疼痛，以后发展到动作不灵活。如二硫化碳、砷或铅中毒，目前已少见。

2. 血液和造血系统

(1) 血细胞减少。早期可引起血液中白细胞、红细胞及血小板数量的减少，严重时导致全血降低，形成再生障碍性贫血。经常出现头昏、无力、牙龈出血、鼻出血等症状。如慢性中毒、放射病等。

(2) 血红蛋白变性。如苯胺、一氧化碳中毒等可使血红蛋白变性，造成血液运氧功能障碍，出现胸闷、气急、紫绀等症状。

(3) 溶血性贫血。主要见于急性砷化氢中毒。

3. 呼吸系统

(1) 窒息。如一氧化碳、氰化氢、硫化氢等物质导致的中毒。轻者可出现咳嗽、胸闷、气急等症状，重者可出现后头痉挛、声门水肿等症状，甚至可出现窒息死亡。有的能导致呼吸机能瘫痪窒息，如有机磷中毒。

(2) 中毒性水肿。吸入刺激性气体后，改变了肺泡壁毛细血管的通透性而发生肺水肿。如氮氧化物、光气等物质导致的中毒。

（3）中毒性支气管炎、肺炎。某些气体如汽油等可作用气管、肺泡引起炎症。

（4）支气管哮喘。多为过敏性反应，如苯二胺、乙二胺等导致的中毒。

（5）肺纤维化。某些微粒滞留在肺部可导致肺纤维化，如铍中毒。

4. 消化系统

经消化系统进入人体的毒物可直接刺激、腐蚀胃黏膜产生绞痛、恶心、呕吐、食欲不振等症状。非经消化系统中毒者有时也会出现一些消化道症状，如四氯化碳、硝基苯、砷、磷等物质导致的中毒。

5. 肾脏

由于多种物质是经肾脏排出，对肾脏往往产生不同程度的损害，出现蛋白尿、血尿、浮肿等症状，如砷化氢、四氯化碳等引起的中毒性肾病。

6. 皮肤

皮肤接触毒物后，由于刺激和变态反应可发生瘙痒、刺痛、潮红、瘢丘疹等各种皮炎和湿疹，如沥青、石油、铬酸雾、合成树脂等对皮肤的作用。

五、常见工业毒物及其危害

1. 金属与类金属毒物

1）铅（Pb）

铅在工业生产中应用广泛，其化合物种类很多，在工业生产中接触铅的人数多，因此铅中毒是主要的职业病之一。

（1）理化性质。铅为蓝灰色金属，熔点 327℃，沸点 1525℃，加热至 400～500℃时可产生大量铅蒸气。车间空气中最高容许浓度：铅烟 $0.03mg/m^3$，铅尘 $0.05mg/m^3$。

（2）危害。铅及其化合物主要从呼吸道进入人体，其次为消化道。工业生产中以慢性中毒为主。初期感觉乏力，肌肉、关节酸痛。继之可出现腹隐痛、神经衰弱等症状。严重者可出现腹绞痛、贫血、肌无力和末梢神经炎，病情涉及神经系统、消化系统、造血系统及内脏。由于铅是蓄积性毒物，中毒后对人体造成长期影响。

（3）预防措施。应严格控制车间空气中的铅浓度，使之达到国家卫生标准；生产过程要尽量实现机械化、自动化、密闭化；生产环境及生产设备要采取通风净化措施；注重工艺改革，尽量减少铅物料的使用；生产中要养成良好的卫生习惯，不在车间内吸烟、进食，饭前洗手、班后淋浴，并注意及时更换和清洗工作服。

2）汞（Hg）

汞在工业中应用广泛，如食盐电解、塑料、染料、毛皮加工等工业中均有接触汞的生产过程。

（1）理化性质。汞为银白色液态金属，熔点 −38.9℃，沸点 356.9℃，在常温下即可蒸发。汞液洒落在桌面或地面上会分散成许多小汞珠，可增加了蒸发面积。汞蒸气可吸附于墙壁、地面及衣物等形成二次毒源。汞溶于稀硝酸及类脂质，不溶于水及有机溶剂。车间空气中的最高容许浓度为 $0.01mg/m^3$。

（2）危害。生产过程中金属汞主要以蒸气状态经呼吸道进入人体。可引起急性和慢性中毒。急性中毒多由于意外事故造成大量汞蒸气散逸引起，发病急，有头晕、乏力、发热、口腔炎症及腹痛、腹泻、食欲不振等症状。慢性中毒较为常见，最早出现神经衰弱综合征，表现为易兴奋、激动、情绪不稳定。汞毒性震颤为典型症状，严重时发展为粗大意向震颤并波及全身。少数患者出现口腔炎、肾脏及肝脏损害。

（3）预防措施。采用无汞生产工艺，如无汞仪表，食盐电解时采用隔膜电极代替汞电极；注意消除流散汞及吸附汞，以降低车间空气中的汞浓度；患有明显口腔炎、慢性肠道炎、肝、肾、神经症状等疾病者均不宜从事汞作业；其他参见铅的预防措施。

3）锰（Mn）

锰及其化合物在工业中应用广泛。在电焊作业、干电池、塑料、油漆、染料、合成橡胶、鞣皮等工业中均有接触锰的生产过程。

（1）理化性质。为浅灰色硬而脆的金属。熔点 1260℃，沸点 2097℃，易溶于稀酸。车间空气中最高容许浓度（换算为二氧化锰）$0.2mg/m^3$。

（2）危害。锰及其化合物的毒性各不相同，化合物中锰的原子价越低毒性越大。生产中主要以锰烟和锰尘的形式经呼吸道进入人体而引起中毒。工业生产中以慢性中毒为主，多因吸入高浓度锰烟和锰尘所致。在锰粉、锰化合物及干电池生产过程中发病率较高。发病工龄短者半年，长者 10～20 年。轻度及中度中毒者表现为失眠，头痛，记忆力减退，四肢麻木，轻度震颤，易跌倒，举止缓慢，感情淡漠或冲动。重度中毒者出现四肢僵直，动作缓慢笨拙，语言不清，写字不清，智能下降等症状。

（3）预防措施。必要时可戴防尘口罩；其他参见铅的预防措施。

4）铍（Be）

（1）理化性质。银灰色轻金属，熔点 1284℃，沸点 2970℃，铍质轻、坚硬、难溶于水，可溶于硫酸、盐酸和硝酸。车间空气中最高容许浓度 $0.001mg/m^3$。

（2）危害。铍及其化合物为高毒物质。可溶性化合物毒铍大于难溶性铍化合物，毒性最大者为氟化铍和硫酸铍。主要以粉尘或烟雾的形式经呼吸道进入人体，也可经破损的皮肤进入人体而起局部作用。急性铍中毒很少见，多由于短时间内吸入大量可溶性铍化合物引起，3～6h 后出现中毒症状，以急性呼吸道化学炎症为主，严重者出现化学性肺水肿和肺炎。慢性铍中毒主要是吸入难溶性铍化合物所致，接触 5～10 年后可发展为铍肺，表现为呼吸困难、咳嗽、胸痛，后期可发生肺水肿、肺原性心脏病。铍中毒可引起皮炎，可溶性铍可引起铍溃疡和皮肤肉芽肿。铍及其化合物还可引起黏膜刺激，如眼结膜炎、鼻咽炎等，脱离接触后可恢复。

（3）预防措施。参见铅的预防措施。

2. 有机溶剂

1）苯（C_6H_6）

苯在工、农业生产中使用广泛，如化工中的香料、合成纤维、合成橡胶、合成洗涤剂、合成染料、酚、氯苯、硝基苯的生产以及使用溶剂和稀释剂（如喷漆、制鞋、绝缘材料）等行业中均有接触苯的生产过程。

（1）理化性质。苯是一种有特殊香味无色透明的液体；沸点 80.1℃，闪点 -15~10℃；爆炸极限范围 1.3%~9.5%；易蒸发，溶于水，易溶于乙醚、乙醇、丙酮等有机溶剂；苯蒸气与空气的相对密度为 2.8；车间空气中最高容许浓度为 40mg/m³。煤焦油分馏或石油裂解均可产生苯。

（2）危害。生产过程中的苯主要经过呼吸道进入人体，经皮肤仅能进入少量。苯可造成急性中毒和慢性中毒。急性苯中毒是由于短时间内吸入大量苯蒸气引起，主要表现为中枢神经系统的症状。初期有黏膜刺激，随后可出现兴奋或酒醉状态以及头痛、头晕等现象。重症者除上述症状外还可出现昏迷、谵妄、阵发性或强直性抽搐、呼吸浅表、血压下降，严重时可因呼吸和循环衰竭而死亡。慢性苯中毒主要损害神经系统和造血系统，症状为神经衰弱综合征，有头晕、头痛、记忆力减退、失眠等，在造血系统引起的典型症状为白血病和再生障碍性贫血。

（3）预防措施。苯中毒的防治应采取综合措施。有些生产过程可用无毒或低毒的物料代替苯，如使用无苯稀料、无苯溶剂、无苯胶等；在使用苯的场所应注意加强通风净化措施；必要时可使用防苯口罩等防护用品；手接触苯时应注意皮肤防护。

2）甲苯（$C_6H_5CH_3$）

甲苯大量用来代替苯作为溶剂和稀释剂，工业上用来制造炸药、苯甲酸、合成涤纶以及作为航空汽油添加剂。

（1）理化性质。甲苯为无色具有芳香气味的液体；沸点 100.6℃，不溶于水。溶于酒精、乙醚等有机溶剂；闪点 6~30℃，爆炸极限范围 1%~7.6%。甲苯蒸气与空气的相对密度为 3.9。车间空气中最高容许浓度为 100mg/m³。

（2）危害。甲苯毒性较低，属低毒类。工业生产中甲苯主要以蒸气态经呼吸道进入人体．皮肤吸收很少。急性中毒表现为中枢神经系统的麻醉作用和植物性神经功能紊乱症状，眩晕、无力、酒醉状，血压偏低、咳嗽、流泪，重者有恶心、呕吐、幻觉甚至神志不清。慢性中毒主要因长期吸入较高浓度的甲苯蒸气所引起，可出现头晕、头痛、无力、失眠、记忆力减退等现象。

（3）预防措施。参见苯的预防措施。

3）二甲苯 $[C_6H_4(CH_3)_2]$ 工业应用同甲苯

（1）理化性质。二甲苯沸点 138.2~144.4℃，不溶于水，溶于酒精、乙醚等有机溶剂；闪点 29℃，爆炸极限范围 1%~7.6%。二甲苯蒸气与空气的相对密度为 3.7；二甲苯有三种异构体，且理化性质相似。车间空气中最高容许浓度为 100mg/m³。

（2）危害。同甲苯。

（3）预防措施。参见苯的预防措施。

4）汽油

汽油主要用作交通运输工具的燃料，橡胶、油漆、燃料、印刷、制药、黏合剂等工业中用汽油作为溶剂，在衣物的干洗及机器零件的清洗中作为去油剂。在石油炼制、汽油的运输及贮存过程中均可接触汽油。

（1）理化性质。汽油为无色或浅黄色具有特殊臭味的液体；易挥发、易燃易爆，闪点 30℃，爆炸极限范围 1%～6%；汽油蒸气与空气的相对密度为 3～3.5；易溶于苯、醇等有机溶剂，难溶于水。

（2）危害。主要以蒸气形式经呼吸道进入人体，皮肤吸收很少。当汽油中不饱和烃、芳香烃、硫化物等含量增多时，毒性增大。汽油可引起急性和慢性中毒。急性中毒症状较轻时可有头晕、头痛、肢体震颤、精神恍惚、流泪等现象，严重者可出现昏迷、抽搐、肌肉痉挛、眼球震颤等症状。高浓度时可发生"闪电样"死亡。当用口吸入汽油而进入肺部时可导致吸入性肺炎。慢性中毒可引起如倦怠、头痛、头晕、步态不稳、肌肉震颤、手足麻木等症状，也可引起消化道、血液系统的病症。

（3）预防措施。应采用无毒或低毒的物质代替汽油作溶剂；给汽车加油时应使用抽油器，工作场所应注意通风。

5）二硫化碳（CS_2）

二硫化碳用于人造纤维、玻璃纸及四氯化碳的生产过程，用作橡胶、脂肪等的溶剂。

（1）理化性质。二硫化碳纯品为易挥发无色液体，工业品为黄色，有臭味。沸点 46.3℃，易燃易爆，爆炸极限范围 1%～50%，自燃点 100℃。几乎不溶于水，溶于强碱，能与乙醇、醚、苯、氯仿、油脂等混溶。腐蚀性强。二硫化碳蒸气与空气的相对密度为 2.6。车间空气中最高容许浓度 10mg/m^3。二硫化碳系煤焦油的分馏产物。

（2）危害。主要经呼吸遭进入人体，可引起急性和慢性中毒，主要对神经系统造成损害。急性中毒主要由事故引起，轻者表现为酒醉状、头晕、头痛、眩晕、步态蹒跚及精神症状；重者先呈现兴奋状态，后出现谵妄、意识丧失、瞳孔反射消失，乃至死亡。慢性中毒除出现上述较轻症状外，还出现四肢麻木、步态不稳，并可对心血管系统、眼部、消化道系统产生损害。

（3）预防措施。黏胶纤维生产中使用二硫化碳较多，应采取通风净化措施。在检修设备、处理事故时应戴防毒面具。

6）四氯化碳（CCl_4）

四氯化碳在工业中用于制造二氯二氟甲烷和三氯甲烷，也可用作漆、脂肪、橡胶、硫磺、树脂的溶剂，在香料制造、电子零件脱脂、纤维脱脂等生产过程中也可接触到四氯化碳。

（1）理化性质。四氯化碳为无色、透明、易挥发、有微甜味的油状液体，熔点 -22.9℃，沸点 76.7℃，不易燃，遇火或热的表面可分解为二氧化碳、氯化氢、光气和氯气。微溶于水，易溶于有机溶剂。车间空气中最高容许浓度 25mg/m^3。

（2）危害。四氯化碳蒸气主要经呼吸道进入人体，液体和蒸气均可经皮肤吸收，可引起急性和慢性中毒。乙醇可促进四氯化碳的吸收，故饮酒可以加重中毒症状。吸入高浓度蒸气可引起急性中毒，可迅速出现昏迷、抽搐，严重者可突然死亡。接触较高浓度四氯化碳蒸气可引起眼、鼻、呼吸道刺激症状，也可损害肝、肾、神经系统。长期接触中等浓度四氯化碳可有头昏、眩晕、疲乏无力、失眠、记忆力减退等症状，少数患者可引起肝硬变、视野减小、视力减退等。皮肤长期接触可引起干燥、脱屑、皲裂。

（3）预防措施。生产设备应加强密闭通风，避免四氯化碳与火焰接触。接触较高浓度四氯化碳时应戴供氧式或过滤式呼吸器，操作中应穿工作服，戴手套。接触四氯化碳的工人不宜饮酒。

3. 苯的硝基、氨基化合物

1）苯胺（$C_6H_5NH_2$）

苯胺广泛用于印染、染料制造、橡胶、塑料、制药等工业。

（1）理化性质。苯胺又称阿尼林油，纯品为无色油状液体，久置成棕色，有特殊臭味。熔点$-6.2℃$，沸点$184.3℃$，闪点$79℃$，爆炸下限1.58%。中等程度溶于水，能与苯、乙醇、乙醚等混溶。车间空气中最高容许浓度$5mg/m^3$。

（2）危害。工业生产中苯胺以皮肤吸收而引起中毒为主，液体和蒸气均能经皮肤吸收，此外还可经呼吸道和消化道进入人体。苯胺中毒主要对中枢神经系统和血液造成损害（苯胺进入人体内，可促使高铁血红蛋白的形成，使血红蛋白失去携氧能力，造成缺氧症状），可引起急性和慢性中毒。急性中毒较轻者感觉头痛、头晕、无力、口唇青紫，严重者进而出现呕吐、精神恍惚、步态不稳以致意识消失或昏迷等现象。慢性中毒者最早出现头痛、头晕、耳鸣、记忆力下降等症状。皮肤经常接触苯胺时可引起湿疹、皮炎。此外，苯胺及其他芳香族胺能引起职业癌症。

（3）预防措施。生产场所应采取通风净化措施，操作中要注意皮肤防护。

2）三硝基甲苯〔$CH_3C_6H_2(NO_2)_3$〕

三硝基甲苯作为炸药而广泛用于国防、采矿、隧道工程，在生产及包装过程中均可产生大量粉尘和蒸气。

（1）理化性质。三硝基甲苯有六种异构体，通常指2,4,6-三硝基甲苯，简称TNT，常温下为淡黄色针状晶体；熔点$82℃$，沸点$240℃$，易溶于氯仿、四氯化碳、醚等溶剂中突然受热易爆炸，在$160℃$下生成气态分解产物，接触日光后对摩擦、冲击敏感而更具危险性；车间空气中最高容许浓度$5mg/m^3$。

（2）危害。在生产过程中三硝基甲苯主要经皮肤和呼吸道进入人体，且以皮肤吸收更为重要。高温环境下皮肤暴露较多并有汗液时，可加速吸收过程。三硝基甲苯的毒作用主要是对眼晶体、肝脏、血液和神经系统的损害。晶体损害以中毒性白内障为主要现象，这是接触该毒物的人最常见、最早出现的症状。对肝脏的损害是使其排泄功能、解毒功能变差。生产中以慢性中毒为常见，中毒者表现为眼部晶体浑浊，并发展为白内障，肝脏可出现压痛、肿大、功能异常。此外还可引起血液系统病变，个别严重者发展成为再生障碍性贫血。

（3）预防措施。生产场所应采取通风净化措施，操作中要注意皮肤防护，应注意使用好防护用品，操作后洗手，班后淋浴。

4. 窒息性气体

窒息性气体分为三类。第一类为单纯窒息性气体，其本身毒性很小或无毒，但由于它们的大量存在而降低了氧含量，人因为呼吸不到足够的氧而使机体窒息，属于这类的窒息性气体有氮气、氩气、氖气、甲烷、乙烷等；第二类为血液窒息性气体，这类气体主要对红血球的血红蛋白发生作用，阻碍血液携带氧的功能及在组织细胞中释放氧的能力，使组织细胞得不到足够的氧而发生机体窒息，一氧化碳即属此类物质；第三类为细胞窒息性气体，这类气体主要因其毒作用而妨碍细胞利用氧的能力，从而造成组织细胞缺氧而产生所谓"内窒息"，硫化氢、氰化氢气体即属此类物质。

1）一氧化碳（CO）

一氧化碳是工业生产中最常见的有毒气体之一。在化工、炼钢、炼铁、炼焦、采矿爆破、铸造、锻造、炉窑、煤气发生炉等作业过程中均可接触一氧化碳。

（1）理化性质。一氧化碳为无味、无色、无臭的气体，与空气的相对密度为0.967；可溶于氨水、乙醇、苯和醋酸；爆炸极限 12.5%～74.2%，车间空气中最高容许浓度 30mg/m³。

（2）危害。一氧化碳主要经呼吸道进入人体，与血液中血红蛋白的结合能力极强，当空气中一氧化碳体积含量约为 $700×10^{-6}$（700ppm）时，血液携带氧的能力便下降一半，可见其毒性之剧。在工业生产中一氧化碳主要造成急性中毒，按严重程度可分为三个等级：轻度中毒者表现为头痛、头晕、心悸、恶心、呕吐、四肢无力等症状，脱离中毒环境几小时后症状消失。中度中毒者除上述症状外，且出现面色潮红、黏膜成樱桃红色，全身疲软无力，步态不稳，意识模糊甚至昏迷，若抢救及时，数日内可恢复。重度中毒者往往是因为中度中毒患者继续吸入一氧化碳而引起，此时可在前述症状后发展为昏迷。此外，在短期内吸入大量一氧化碳也可造成重度中毒，这时患者无任何不适感就很快丧失意识而昏迷，有的甚至立即死亡。重度中毒者昏迷程度较深，持续时间可长达数小时，且可并发休克、脑水肿、呼吸衰竭、心肌损害、肺水肿、高热、惊厥等症状，治愈后常有后遗症。

（3）预防措施。凡产生一氧化碳的设备应严格执行检修制度，以防泄漏；凡有一氧化碳存在的车间应加强通风，并安装报警仪器；处理事故或进入高浓度场所应戴呼吸防护器；正常生产过程中应及时测定一氧化碳浓度，并严格控制操作时间。

2）氰化氢（HCN）

在氰化氢的生产制备、制药、化纤、合成橡胶、有机玻璃、塑料、电镀、冶金、炼焦等工业中均有接触氰化氢的生产过程。

（1）理化性质。为无色液体或气体，沸点 26℃，液体易蒸发为带有杏仁气味的蒸气，其蒸气与空气的相对密度为 0.94，可与乙醇、苯、甲苯、乙醚、甘油、氯仿、二氯乙烷等物质互溶；其水溶液呈弱酸性，称为氢氰酸；氰化氢气体与空气混合可燃烧，爆炸极限范围，6%～40%；车间空气中最高容许浓度 0.3mg/m³。

（2）危害。生产条件下氰化氢气体或其盐类粉尘主要经呼吸道进入人体，浓度高时也可经皮肤吸收。氰化氢气体进入人体后，可迅速作用于全身各组织细胞抑制细胞内呼吸酶的功能，使细胞不能利用氧气而造成全身缺氧窒息，并称之为"细胞窒息"。

氰化氢毒性剧烈，很低浓度吸入时就可引起全身不适，严重者可死亡。在短时间内吸入高浓度的氰化氢气体可使人立即停止呼吸而死亡，并称之为"电击型"死亡。生产条件下此种情况少见。若氰化氢浓度较低，中毒病情发展稍缓慢，可分为四个阶段。前驱期，先出现眼部及上呼吸道黏膜刺激症状，如流泪、流涎、口中有苦杏仁味，继而出现恶心、呕吐、震颤等症状；呼吸困难期，表现为呼吸困难加剧，视力及听力下降，并有恐怖感；痉挛期，意识丧失，出现强直性、阵发性痉挛，大小便失禁，皮肤黏膜呈鲜红色；麻痹期，为中毒的终末状态，全身痉挛停止，患者深度昏迷，反射消失，呼吸、心跳可随时停止。上述四个阶段只是表示中毒者病情的延续过程，在时间上很难划分，如重症病人可很快出现痉挛以致立即死亡。

关于氰化氢能否引起慢性中毒尚有争议，但长期接触可对人体造成影响，出现慢性刺激症状、神经衰弱、植物性神经功能紊乱、甲状腺肿大及运动功能障碍。

（3）预防措施。生产中尽量使用无毒、低毒的工艺，如无氰电镀；在金属热处理、电镀等有氰化氢逸出的生产过程中应加强通风措施，接触氰化氢的工人应加强个人防护并注意十人卫生习惯。

（4）其他含氰化合物。氰化氢的主要毒作用是它在人体内分解出的氰基（—CN）所造成的，因此凡在人体内释放出氰基的化合物均具有这种毒作用。在生产中经常要用到的含氰化合物有氰化钠、氰化钾、氢氰酸、丙烯腈、丙酮腈醇、乙腈等，使用这些物品时均应注意防止中毒。

3）硫化氢（H_2S）

硫化氢用于生产噻吩、硫醇等物质，此外在工业上很少直接应用，通常为生产过程中的废气。在石油开采和炼制、有机磷农药的生产、橡胶、人造丝、制革、精制盐酸或硫酸等工业中均会产生硫化氢。含硫有机物腐败发酵亦可产生硫化氢，如制糖及造纸业的原料浸渍、淹浸咸菜、处理腐败鱼肉及蛋类食品等过程中都可能产生硫化氢，因此在进入与上述有关的池、窖、沟或地下室等处时要注意对硫化氢的防护。

（1）理化性质。硫化氢为具有腐蛋臭味的可燃气体，易溶于水产生氢硫酸，易溶于醇类物质、甘油、石油溶剂和原油中，能和大部分金属发生化学反应而具有腐蚀性；爆炸极限范围 4.3%～45.5%，车间空气中是高容许浓度为 $10\mathrm{mg/m^3}$。

（2）危害。硫化氢是毒性比较剧烈的窒息性毒物，工业生产中主要经呼吸道进入人体。硫化氢气体兼具刺激作用和窒息作用。浓度低时，主要表现为刺激作用，可引起结膜炎、角膜炎甚至角膜溃疡等，严重者可引起肺炎及肺水肿，皮肤潮湿多汗时刺激作用更明显，其刺激作用还表现为硫化氢具有恶臭气味，浓度微时可嗅出，浓度高则气味强，当浓度达到一定数值时，可使人的嗅觉神经末梢麻痹，臭味反而闻不出来，此时对人的危害更大。硫化氢对人体细胞产生的窒息作用与氰化氧相似。此外，硫化氢对神经系统具有特殊的毒性作用，患者可在数秒钟内停止呼吸而死亡，其作用甚至比氰化氢还要迅速。

长期接触低浓度硫化氢可造成慢性影响，除引起慢性结膜炎、角膜炎、鼻炎、气管炎等炎症外，还可造成神经衰弱症候群及植物性神经功能紊乱。

（3）预防措施。凡产生硫化氢气体的生产过程和环境应加强通风；凡进入可能产生硫化氢的地点均应先进行通风及测试，并应正确使用呼吸防护器，作业时应有人进行监护。

5. 刺激性气体

1）刺激性气体的种类

刺激性气体种类很多，主要包括以下几类：

酸：硫酸、盐酸、硝酸、铬酸。

成酸氧化物：二氧化硫、三氧化硫、二氧化氮、铬酐。

成酸氢化物：氯化氢、氟化氢、溴化氢。

卤族元素：氟、氯、溴、碘。

无机氯化物：光气、三氯化磷、三氯化硼、三氯化砷、四氯化硅等。

卤烃：溴甲烷、氯化苦。

酯类：硫酸二甲酯、甲酸甲酯。

醚类：氯甲基甲醚。

醛类：甲醛、乙醛、丙烯醛。

有机氧化物：环氧氯丙烷。

成碱氢化物：氨。

强氧化剂：臭氧。

金属化合物：氧化镉、羰基镍、硒化氢。

其中最常见的刺激性气体有氯、氨、氮氧化物、光气、氟化氢、二氧化硫及三氧化硫等。

2）刺激性气体危害

刺激性气体以局部损害为主，当刺激作用过强时可引起全身反应。刺激作用的部位常发生在眼部、呼吸道，并可分为急性作用和慢性作用。急性作用会导致眼结膜和上呼吸道炎症，喉头痉挛水肿，化学性气管炎，支气管炎，伴有流泪、咳嗽、胸闷、胸痛、呼吸困难。接触光气、二氧化氮、氨、氯、臭氧、氧化镉、羰基镍、溴甲烷、氯化苦、硫酸二甲酯、甲醛、丙烯醛等气体易引起肺水肿。长期接触低浓度刺激性气体可引起慢性作用，常出现慢性结膜炎、鼻炎、支气管炎等炎症，还可伴有神经衰弱综合征及消化道症状。

大部分刺激性气体对呼吸道有明显刺激作用并有特殊臭味，人们闻到后就要避开，因此一般情况下急性中毒很少见，出现事故时可引起急性中毒。

3）刺激性气体的预防

以消除跑、冒、滴、漏和生产事故为主。

4）氯（Cl_2）

工业生产中氯气多由食盐电解而得，主要用于制药、农药、橡胶、塑料、化工、造纸、染料、纺织、冶金等行业。

（1）理化性质。氯气为黄绿色具有强烈刺激性气味儿的气体；可溶于水和碱液，易溶于二硫化碳和四氯化碳等有机溶剂；与空气的相对密度为2.49，车间空气中最高容许浓度为$1mg/m^3$。

（2）危害。氯气主要损害上呼吸道及支气管的黏膜，可导致支气管痉挛、支气管炎和支气管周围炎，吸入高浓度氯气时．可作用于肺泡引起肺水肿。

5）氮氧化物

氮氧化物种类很多，主要包括氧化亚氮、氧化氮、三氧化二氮、二氧化氮、四氧化二氮和五氧化二氮。在工业生产中引起中毒的多是混合物，但主要是一氧化氮、二氧化氮，一氧化氮又很容易氧化为二氧化氮。车间空气中最高容许浓度（换算成NO_2）为$5mg/m^3$。

制造硝酸，用硝酸清洗金属，制造硝基炸药、硝化纤维、苦味酸等硝基化合物，苯胺染料的重氮化过程，硝基炸药的爆炸，含氮物质及硝酸的燃烧，以上情况均会接触到氮氧化物。

二氧化氮在水中的溶解度低，对眼部和上呼吸道的刺激性小，吸入后对上呼吸道几乎不发生作用。当进入呼吸道深部的细支气管与肺泡时，可与水作用形成硝酸和亚硝酸，对肺组织产生剧烈的刺激和腐蚀作用，形成肺水肿。接触高浓度二氧化氮可损害中枢神经系统。

氮氧化物急性中毒可引起肺水肿、化学性肺炎和化学性支气管炎。长期接触低浓度氮氧化物除引起慢性咽炎、支气管炎外，还可出现头昏、头痛、无力、失眠等症状。

6. 高分子聚合物

高分子聚合物又称高聚物或聚合物，包括塑料、合成纤维、合成橡胶三大合成产品及黏合剂、离子交换树脂。聚合物分子量高达几千以至几百万，但化学组成简单，都是由一种或几种单体经聚合或缩聚而成。高分子聚合物的生产过程包括生产基本化工原料、合成单体、单体的聚合以及聚合物的加工四个部分，在前三部分的生产过程中工人可接触较多的毒物。生产中使用的单体多为不饱和烯烃、芳香烃及其卤代化合物、氰类、二醇和二胺类化合物，这些物质多数对人体有不良影响。此外，生产中使用的助剂种类很多，如催化剂、引发剂、调聚剂、凝聚剂、增塑剂、稳定剂、固化剂、发泡剂、填充剂等，这些助剂很容易从聚合物内移至表面而对人体产生不良影响。一般而言，高分子聚合物的毒性主要取决于所含游离单体的量和助剂品种，而高分子聚合物本身往往毒性较低。应注意的是，高分子聚合物燃烧分解时可产生一氧化碳，含氮和卤素的聚合物可释放出高毒的氯化氢、光气和卤化烃等。

1）氯乙烯（CH_2—$CHCl$）

氯乙烯主要用于制造聚氯乙烯单体，也可作为化学中间体及溶剂，还可与丙烯腈等制成共聚物用于合成纤维的生产，在离心、干燥、清洗及聚合釜的检查、清理工作中，工人可接触较多的氯乙烯单体。

（1）理化性质。氯乙烯常温常压下为无色易燃气体，自燃点472℃，爆炸极限范围4%～22%，与空气的相对密度为2.16；微溶于水，溶于乙醇、乙醚及四氯化碳；车间空气中最高容许浓度为30mg/m³。

（2）危害。氯乙烯主要经呼吸道进入体内。当吸入高浓度氯乙烯时可引起急性中毒。中毒较轻者出现眩晕、头痛、恶心、嗜睡等症状，严重中毒者神志不清、甚至死亡。长期接触低浓度氯乙烯可造成慢性影响，严重者可出现肝脏病变和手指骨骼病变。

氯乙烯单体已被证实有致癌作用，其他与氯乙烯化学结构类似的物质如苯乙烯、丙烯腈、2-氯丁二烯等也应参照氯乙烯的要求加强预防措施。

（3）预防措施。生产环境及设备应采取通风净化措施，设备、管道要密闭以防止氯乙烯逸出，注意防火防爆；聚合釜出料、清釜时要加强防护措施，清釜工更应注重清釜的技术和个人防护技术，防止造成急性中毒。

2）丙烯腈（CH_2＝CH—CN）

丙烯腈是有机合成工业的重要单体，用于合成纤维、树脂、塑料和丁腈橡胶的制造。

（1）理化性质。丙烯腈为无色、易燃、易挥发的液体，有杏仁气味。沸点773℃，爆炸极限范围3%～17%，闪点－5℃，自燃点481℃，溶于水，可与醇类及乙醚混溶。车间空气中最高容许浓度为2mg/m³。

（2）危害。在丙烯腈的生产过程中，氰化氢以原料或副产品存在。本品易引起火灾。在光和热的作用下，能自发聚合而引起密闭设备爆炸。发生火灾和爆炸时可产生致死性烟雾和蒸气（如氨和氰化氢）而使危害加剧。

丙烯腈主要经呼吸道进入人体，也可经皮肤吸收。丙烯腈可对人产生窒息和刺激作用。急性中毒的症状与氢氰酸中毒相似，出现四肢无力，呼吸困难，腹部不适，恶心，呼吸不规则，以至虚脱死亡。丙烯腈能否引起慢性中毒目前尚无定论。

（3）预防措施。生产场所应采取防火措施，设备应密闭通风，并注意正确使用呼吸防护器。生产中应注意皮肤防护，要配备必要的中毒急救设备和人员。

3）氯丁二烯（$CH_2=CCl-CH=CH_2$）

氯丁二烯主要用于制造氯丁橡胶。在聚合氯丁橡胶及后处理过程，聚合釜的加料、清釜时，会逸出高浓度氯丁二烯蒸气。

（1）理化性质。氯丁二烯为无色、易挥发液体，沸点59.4℃，微溶于水，可溶于乙醇、乙醚、酮、苯和有机溶剂。闪点－20℃，爆炸极限范围1.9%～20%，车间空气中最高容许浓度为$2mg/m^3$。

（2）危害。氯丁二烯属中等毒性，可经呼吸道和皮肤进入人体。接触高浓度氯丁二烯可引起急性中毒，常发生于操作事故或设备事故中。一般出现眼、鼻、上呼吸道刺激症，严重者出现步态不稳、震颤、血压下降，甚至意识丧失。氯丁二烯的慢性影响表现为毛发脱落，头晕、头痛等症状。

（3）预防措施。氯丁二烯毒作用明显，生产设备应密闭通风。清洗检修聚合釜时应先用水冲洗，然后注入氮气，并充分通风后才可进入。生产中应注意个人卫生，不要徒手接触毒物。注意戴、用防护用品。

4）含氟塑料

含氟塑料是一种新型材料，其综合性能好，应用广泛。如聚四氟乙烯就是性能良好的电绝缘材料，具有耐酸碱、耐热、耐磨的特点，广泛应用于化工、电子、航天等领域，在医学上用于制作人造血管。

（1）危害。在含氟塑料的单体制备及聚合物的加热成型过程中均可接触多种有毒气体，包括六氟丙烯、氟乙烯、四氟乙烯、八氟异丁烯、氟光气、氟化氢等十余种。且以八氟异丁烯毒性最剧烈。在单体制备中产生的"裂解气"可引起呼吸道症状，轻者出现刺激作用，重者出现化学性肺炎和肺水肿，严重者可导致呼吸功能衰竭而死亡。聚合物加热过程中可产生"热解尘"，可造成聚合物烟雾热，导致全身不适、上呼吸道刺激及发热、畏寒等综合症状，严重者可有肺部损害。

（2）预防。加强设备检修，防止跑、冒、滴、漏；裂解残液应予通风净化；聚合物热加工过程要严格控制温度，不要超过400℃（聚合物加热至400℃以上时会产生氟化氢、氟光气等有毒气体，加热至440℃以上时会产生四氟乙烯、六氟丙烯等有毒气体，加热至480～500℃以上时八氟异丁烯的浓度急剧上升）；烧结炉应与操作点隔离并加排风净化装置，操作者不应在作业环境内吸烟。

7. 有机磷和有机氯农药

农药是指用于农业生产中防治病虫害、杂草、有害动物和调节植物生长的药剂。农药种类多，使用广泛。其中有些属于无毒或中、低等毒物，有些则属于剧毒或高毒。在农药生产中的合成、加工、包装、出料、设备检修等工序中均可接触到分散于空气中的农药，容易发生中毒。在农药的使用中，配药、喷药时皮肤、衣物均易沾染农药，人也可吸入农药雾滴、蒸气或粉尘而引起中毒。在农药的装卸、运输、供销及保管中，若不注意也可发生中毒。

1）有机磷农药

中国生产的有机磷农药多为杀虫剂，除少数品种如敌百虫为白色晶体外，多为油状液体，工业品呈淡黄色至棕色，具有大蒜臭味儿，不易溶于水，可溶于有机溶剂及动植物油。

有机磷农药能通过消化道、呼吸道及完整的皮肤和黏膜进入人体，生产性中毒主要由皮肤污染和呼吸道引起。品种不同，产品质量、纯度不同，毒性的差异很大。在农业生产中，当采用两种以上药剂混合使用时，应考虑毒物的联合作用。有机磷农药引起的急性中毒，早期表现为食欲减退、恶心、呕吐、腹痛、腹泻、视力模糊、瞳孔缩小等症状，重度中毒可出现肺水肿、昏迷以致死亡。长期接触少量有机磷农药可引起慢性中毒，表现为神经衰弱综合征以及急性中毒较轻时出现的部分症状，部分患者可有视觉功能损害。皮肤接触有机磷农药可导致过敏性或接触性皮炎。

2）有机氯农药

有机氯农药包括杀虫剂、杀螨剂和杀菌剂，后两类对人毒性小，一般不会造成中毒。在有机氯农药中以氯化苯类杀虫剂中的六六六、滴滴涕在我国使用广泛且用量大。多数氯化烃类杀虫剂为白色或淡黄色结晶或蜡状固体，一般挥发不大，不溶于水而溶于有机溶剂、植物油或动物脂肪中。一般化学性质稳定，但遇碱后易分解失效。

氯化烃类杀虫剂能通过消化道、呼吸道和完整皮肤吸收，虽品种不同但毒作用及中毒症状相似。有机氯农药可造成急性与慢性中毒。急性中毒主要危害神经系统，可引起头昏、头痛、恶心、肌肉抽动、震颤，严重者可使意识丧失、呼吸衰竭。慢性中毒可引起黏膜刺激、头昏、头痛、全身肌肉无力、四肢疼痛。晚期造成肝、肾损坏。六六六和氯丹可引起皮炎，出现红斑、丘疹、瘙痒，并有水泡。六六六和滴滴涕是典型的环境污染物，可残存于食物、草料、土壤、水和空气中而危害人类健康，有些国家已禁止使用六六六。

3）预防措施

各类农药中毒预防措施基本相同。农药厂的预防措施可参见化工厂的有关办法，使用剧毒农药时应执行有关规定。农业上使用农药应注意科学性，尽量采用低毒农药；工具应专用并妥善保管；喷药时注意安全操作规程，农药的运输、保管、销售、分发等环节由专人管理，要严格管理制度和安全措施。

任务三

急性中毒的现场救护

在化工生产和检修现场，有时由于设备突发性损坏或泄漏致使大量毒物外溢（逸）

造成作业人员急性中毒。急性中毒往往病情严重，且发展变化快。因此必须全力以赴，争分夺秒地及时抢救。及时、正确的抢救化工生产或检修现场中的急性中毒事故，对于挽救重危中毒者，减轻中毒程度防止合并症的产生具有十分重要的意义。另外，争取了时间，为进一步治疗创造了有利条件。

急性中毒的现场急救应遵循下列原则。

1. 救护者的个人防护

急性中毒发生时毒物多由呼吸系统和皮肤进入人体。因此，救护者在进入危险区抢救之前，首先要做好呼吸系统和皮肤的个人防护，佩戴好供氧式防毒面具或氧气呼吸器，穿好防护服。进入设备内抢救时要系上安全带，然后再进行抢救。否则，不但中毒者不能获救，救护者也会中毒，致使中毒事故扩大。

2. 切断毒物来源

救护人员进入现场后，除对中毒者进行抢救外，同时应侦查毒物来源，并采取果断措施切断其来源，如关闭泄漏管道的阀门、堵加盲板、停止加送物料、堵塞泄漏设备等，以防止毒物继续外溢（逸）。对于已经扩散出来的有毒气体或蒸气应立即启动通风排毒设施或开启门、窗，以降低有毒物质在空气中的含量，为抢救工作创造有利条件。

3. 采取有效措施防止毒物继续侵入人体

（1）救护人员进入现场后，应迅速将中毒者转移至有新鲜空气处，并解开中毒者的颈胸部纽扣及腰带，以保持呼吸通畅。同时对中毒者要注意保暖和保持安静，严密注意中毒者神志、呼吸状态和循环系统的功能。在抢救搬运过程中，要注意人身安全，不能强硬拖拉以防造成外伤，致使病情加重。

（2）清除毒物，防止其污染皮肤和黏膜。当皮肤受到腐蚀性毒物灼伤，不论其吸收否，均应立即采取下列措施进行清洗，防止伤害加重。

① 迅速脱去被污染的衣服、鞋袜、手套等。

② 立即彻底清洗被污染的皮肤，清除皮肤表面的化学刺激性毒物，冲洗时间要达到 15～30min。

③ 如毒物系水溶性，现场无中和剂，可用大量水冲洗。用中和剂冲洗时，酸性物质用弱碱性溶液冲洗，碱性物质用弱酸性溶液冲洗。

非水溶性刺激物的冲洗剂，须用无毒或低毒物质。对于遇水能反应的物质，应先用干布或者其他能吸收液体的东西抹去污染物，再用水冲洗。

④ 对于黏稠的物质，如有机磷农药，可用大量肥皂水冲洗（敌百虫不能用碱性溶液冲洗），要注意皮肤皱褶、毛发和指甲内的污染物。

⑤ 较大面积的冲洗，要注意防止着凉、感冒，必要时可将冲洗液保持适当温度，但以不影响冲洗剂的作用和及时冲洗为原则。

⑥ 毒物进入眼睛时，应尽快用大量流水缓慢冲洗眼睛 15min 以上，冲洗时把眼睑

撑开让伤员的眼睛向各个方向缓慢移动。

4. 促进生命器官功能恢复

中毒者若停止呼吸，应立即进行人工呼吸。人工呼吸的方法有压背式、振臂式、口对口（鼻）式三种。最好采用口对口式人工呼吸法。其方法是，抢救者用手捏住中毒者鼻孔，以每分钟12～16次的速度向中毒者口中吹气，或使用苏生器。同时针刺人中、涌泉、太冲等穴位，必要时注射呼吸中枢兴奋剂（如"可拉明"或"洛贝林"）。

心跳停止应立即进行人工复苏胸外挤压。将中毒患者放平仰卧在硬地或木板床上。抢救者在患者一侧或骑在患者身上，面向患者头部，用双手以冲击式挤压胸骨下部部位，每分钟60～70次。挤压时注意不要用力过猛，以免造成肋骨骨折、血气胸等。与此同时，还尽快请医生进行急救处理。

5. 及时解毒和促进毒物排出

发生急性中毒后应及时采取各种解毒及排毒措施，降低或消除毒物对机体的作用。如采用各种金属配位剂与毒物的金属离子配合成稳定的有机配合物，随尿液排出体外。

毒物经口引起的急性中毒。若毒物无腐蚀性，应立即用催吐或洗胃等方法清除毒物。对于某些毒物亦可使其变为不溶的物质以防止其吸收，如氯化钡、碳酸钡中毒，可口服硫酸钠，使胃肠道尚未吸收的钡盐成为硫酸钡沉淀而防止吸收。氨、铬酸盐、铜盐、汞盐、羧类、醛类、脂类中毒时，可给中毒者喝牛奶、生鸡蛋等缓解剂。烷烃、苯、石油醚中毒时可给中毒者喝一汤匙液体石蜡和一杯含硫酸镁或硫酸钠的水。一氧化碳中毒应立即吸入氧气，以缓解机体缺氧并促进毒物排出。

任务四

综合防毒措施

预防为主、防治结合应是开展防毒工作的基本原则。综合防毒措施主要包括防毒技术措施、防毒管理教育措施、个体防护措施三个方面。

一、防毒技术措施

防毒技术措施包括预防措施和净化回收措施两部分。预防措施是指尽量减少与工业毒物直接接触的措施；净化回收措施是指由于受生产条件的限制，仍然存在有毒物质散逸的情况下，可采用通风排毒的方法将有毒物质收集起来，再用各种净化法消除其危害。

1. 预防措施

1）以无毒低毒的物料代替有毒高毒的物料

在化工生产中使用原料及各种辅助材料时，尽量以无毒、低毒物料代替有毒、高毒物料，尤其是以无毒物料代替有毒物料，是从根本上解决工业毒物对人造成危害的最佳措施。例如采用无苯稀料（用抽余油代替苯及其同系物作为油漆的稀释剂）、无铅油漆（在防锈底漆中，用氧化铁红 Fe_2O_3 代替铅丹 Pb_3O_4）、无汞仪表（用热电偶温度计代替水银温度计）等措施。

2）改革工艺

改革工艺即在选择新工艺或改造旧工艺时，应尽量选用生产过程中不产生（或少产生）有毒物质或将这些有毒物质消灭在生产过程中的工艺路线。在选择工艺路线时，应把有毒、无毒作为权衡选择的主要条件，同时要把此工艺路线中所需的防毒费用纳入技术经济指标中去。改革工艺大多是通过改动设备、改变作业方法或改变生产工序等，以达到不用（或少用）、不产生或（少产生）有毒物质的目的。

例如，在镀锌、铜、镉、锡、银、金等电镀工艺中，都要使用氰化物作为络合剂。氰化物是剧毒物质，且用量大，在镀槽表面易散发出剧毒的氰化氢气体。采用无氰电镀工艺，就是通过改革电镀工艺，改用其他物质代替氰化物起到络合剂的作用，从而消除了氰化物对人体的危害。

再如，过去大多数化工行业的氯碱厂电解食盐时，用水银作为阴极，称为水银电解。由于水银电解产生大量的汞蒸气、含汞盐泥、含汞废水等，严重地损害了工人的健康，同时也污染了环境。进行工艺改革后，采用离子膜电解，消除了汞害，通过对电解隔膜的研究，已取得了与水银电解生产质量相同的产品。

3）生产过程的密闭

防止有毒物质从生产过程散发、外逸，关键在于生产过程的密闭程度。生产过程的密闭包括设备本身的密闭及投料、出料，物料的输送、粉碎、包装等过程的密闭。如生产条件允许，应尽可能使密闭的设备内保持负压，以提高设备的密闭效果。

4）隔离操作

隔离操作就是把工人操作的地点与生产设备隔离开来。可以把生产设备放在隔离室内，采用排风装置使隔离室内保持负压状态；也可以把工人的操作地点放在隔离室内，采用向隔离室内输送新鲜空气的方法使隔离室内处于正压状态。前者多用于防毒，后者多用于防暑降温。当工人远离生产设备时，就要使用仪表控制生产或采用自行调节，以达到隔离的目的。如生产过程是间歇的，也可以将产生有毒物质的操作时间安排在工人人数最少时进行，即所谓的"时间隔离"。

2. 净化回收措施

生产中采用一系列防毒技术预防措施后，仍然会有有毒物质散逸，如受生产条件限制使得设备无法完全密闭，或采用低毒代替高毒而并不是无毒等，此时必须对作业环境进行治理，以达到国家卫生标准。治理措施就是将作业环境中的有毒物质收集起来，然后采取净化回收的措施。

1）通风排毒

对于逸出的有毒气体、蒸气或气溶胶，要采用通风排毒的方法收集或稀释。将通风技术应用于防毒，以排风为主。在排风量不大时可以依靠门窗渗透来补偿，排风量较大时则需考虑车间进风的条件。

通风排毒可分为局部排风和全面通风换气两种。局部排风是把有毒物质从发生源直接抽出去,然后净化回收;而全面通风换气则是用新鲜空气将作业场所中的有毒气体稀释到符合国家卫生标准。前者处理风量小,处理气体中有毒物质浓度高,较为经济有效,也便于净化回收;而后者所需风量大,无法集中,故不能净化回收。因此,采用通风排毒措施时应尽可能地采用局部排风的方法。

局部排风系统由排风罩、风道、风机、净化装置等组成。涉及局部排风系统时,首要问题是选择排风罩的形式、尺寸以及所需控制的风速,从而确定排风量。

全面通风换气适用于低毒物质,有毒气体散发源过于分散且散发量不大的情况;或虽有局部排风装置但仍有散逸的情况。全面通风换气可作为局部排风的辅助措施。采用全面通风换气措施时,应根据车间的气流条件,使新鲜气流先经过工作地点,再经过污染地点。数种溶剂蒸气或刺激性气体同时散发于空气中时,全面通风换气量应按各种物质分别稀释至最高容许浓度所需的空气量的总和计算;其他有害物质同时散发于空气中时,所需风量按需用风量最大的有害物质计算。

全面通风量可按换气次数进行估算,换气次数即每小时的通风量与通风房间的容积之比。不同生产过程的换气次数可通过相关的设计手册确定。

对于可能突然释放高浓度有毒物质或燃烧爆炸物质的场所,应设置事故通风装置,以满足临时性大风量送风的要求。考虑事故排风系统的排风口的位置时,要把安全作为重要因素。事故通风量同样可以通过相应的事故通风的换气次数来确定。

2)净化回收

局部排风系统中的有害物质浓度较高,往往高出容许排放浓度的几倍甚至更多,必须对其进行净化处理,净化后的气体才能排入到大气中。对于浓度较高具有回收价值的有害物质进行回收并综合利用、化害为利。具体的净化方法在此不再赘述。

二、防毒管理教育措施

防毒管理教育措施主要包括有毒作业环境的管理、有毒作业的管理以及劳动者健康管理三个方面。

1. 有毒作业环境管理

有毒作业环境管理的目的是为了控制甚至消除作业环境中的有毒物质,使作业环境中有毒物质的浓度降低到国家卫生标准,从而减少甚至消除对劳动者的危害。有毒作业环境的管理主要包括以下几个方面内容。

1)组织管理措施

组织管理措施主要做好以下几项工作:

(1)健全组织机构。企业应有分管安全的领导,并设有专职或兼职人员当好领导的助手。一个企业应该有健全的经营理念:要发展生产,必须排除妨碍生产的各种有害因素。这样不但保证了劳动者及环境居民的健康,也会提高劳动生产率。

（2）调查了解企业当前的职业毒害的现状，制定不断改善劳动条件的不同时期的规划并予实施。调查了解企业的职业毒害现状是开展防毒工作的基础，只有在对现状正确认识基础上，才能制定正确的规划，并予正确实施。

（3）建立健全有关防毒的规章制度，如有关防毒的操作规程、宣传教育制度、设备定期检查保养制度、作业环境定期监测制度、毒物的贮运与废弃制度等。企业的规章制度是企业生产中统一意志的集中体现，是进行科学管理必不可少的手段，做好防毒工作更是如此。防毒操作规程是指操作规程中的一些特殊规定，对防毒工作有直接的意义。如工人进入容器或低坑等的监护制度，是防止急性中毒事故发生的重要措施；下班前清扫岗位制度，则是消除"二次尘毒源"危害的重要环节。"二次尘毒源"是指有毒物质以粉尘、蒸气等形式从生产或贮运过程中逸出，散落在车间、厂区后，再次成为有毒物质的来源。对比易挥发物料和粉状物料，"二次尘毒源"的危害就更为突出。

（4）对职工进行防毒的宣传教育，使职工既清楚有毒物质对人体的危害，又了解预防措施，从而使职工主动地遵守安全操作规程，加强个人防护。

必须指出，建立健全有关防毒的规章制度及对职工进行防毒的宣传教育是《中华人民共和国劳动法》对企业提出的基本要求。

2）定期进行作业环境监测

车间空气中有毒物质的监测工作是搞好防毒工作的重要环节。通过测定可以了解生产现场受污染的程度、污染的范围及动态变化情况，是评价劳动条件、采取防毒措施的依据；通过测定有毒物质浓度的变化，可以判明防毒措施实施的效果；通过对作业环境的测定，可以为职业病的诊断提供依据，为制定和修改有关法规积累资料。

3）严格执行"三同时"方针

《中华人民共和国劳动法》第六章第五十三条明确规定："劳动安全卫生设施必须符合国家规定的标准。新建、改建、扩建工程的劳动安全卫生设施必须与主体工程同时设计、同时施工、同时投入生产和使用。"将"三同时"写进《劳动法》充分说明其重要性。个别新、老企业正是因为没有认真执行"三同时"方针，才导致新污染源不断产生，形成职业中毒得不到有效控制的局面。

4）及时识别作业场所出现的新有毒物质

随着生产的不断发展，新技术、新工艺、新材料、新设备、新产品等的不断出现和使用，明确其毒害机理、毒害作用，以及寻找有效的防毒措施具有非常重要的意义。对于一些新的工艺和新的化学物质，应请有关部门协助进行卫生学的调查，以搞清是否存在致毒物质。

2. 有毒作业管理

有毒作业管理是针对劳动者个人进行的管理，使之免受或少受有毒物质的危害。在化工生产中，劳动者个人的操作方法不当，技术不熟练，身体过负荷，或作业性质等，都是构成毒物散逸甚至造成急性中毒的原因。

对有毒作业进行管理的方法是对劳动者进行个别的指导，使之学会正确的作业方法。在操作中必须按生产要求严格控制工艺参数的数值，改变不适当的操作姿势和动作，以消除操作过程中可能出现的差错。

通过改进作业方法、作业用具及工作状态等防止劳动者在生产中身体过负荷而损害健康。有毒作业管理还应教会和训练劳动者正确使用个人防护用品。

3. 健康管理

健康管理是针对劳动者本身的差异进行的管理，主要应包括以下内容：

（1）对劳动者进行个人卫生指导。如指导劳动者不在作业场所吃饭、饮水、吸烟等，坚持饭前漱口，班后淋浴，工作服清洗制度等。这对于防止有毒物质污染人体，特别是防止有毒物质从口腔、消化道进入人体，有着重要意义。

（2）由卫生部门定期对从事有毒作业的劳动者做健康检查。特别要针对有毒物质的种类及可能受损的器官、系统进行健康检查，以便能对职业中毒患者早期发现、早期治疗。

（3）对新员工入厂进行体格检查。由于人体对有毒物质的适应性和耐受件不同，因此就业健康检查时，发现有禁忌证的，不要分配到相应的有毒作业岗位。

（4）对于有可能发生急性中毒的企业，其企业医务人员应掌握中毒急救的知识，并准备好相应的医药器材。

（5）对从事有毒作业的人员，应按国家有关规定，按期发放保健费及保健食品。

三、个体防护措施

根据有毒物质进入人体的三条途径：呼吸道、皮肤、消化道，相应地采取各种有效措施保护劳动者个人。

1. 呼吸道防护

正确使用呼吸防护器是防止有毒物质从呼吸道进入人体引起职业中毒的重要措施之一。需要指出的是，这种防护只是一种辅助性的保护措施，而根本的解决办法在于改善劳动条件，降低作业场所有毒物质的浓度。

用于防毒的呼吸器材，大致可分为过滤式防毒呼吸器和隔离式防毒呼吸器两类。

1）过滤式防毒呼吸器

过滤式防毒呼吸器主要有过滤式防毒面具和过滤式防毒口罩。它们的主要部件是一个面具或口罩，一个滤毒罐。它们的净化过程是先将吸入空气中的有害粉尘等物阻止在滤网外，过滤后的有毒气体在经滤毒罐时进行化学或物理吸附（吸收）。滤毒罐中的吸附（收）剂可分为以下几类：活性炭、化学吸收剂、催化剂等。由于罐内装填的活性吸附（收）剂是使用不同方法处理的，所以不同滤毒罐的防护范围是不同的，因此，防毒面具和防毒口罩均应选择使用。

过滤式防毒面具如图 6-1 所示。是由面罩、吸气软管和滤毒罐组成的。使用时要注意以下几点。

图 6-1　过滤式防毒面具

（1）面罩接头型大小可分为五个型号，佩戴时要选择合适的型号，并检查面具及塑胶软管是否老化，气密性是否良好。

（2）使用前要检查滤毒罐的型号是否适用（除表 6-3 中的 1 型滤毒罐外，其他各型号滤毒罐防止烟尘的效果均不佳），滤毒罐的有效期一般为 2 年，所以使用前要检查是否已失效。滤毒罐的进、出气口平时应盖严，以免受潮或与岗位低浓度有毒气体作用而失效。

（3）有毒气体含量超过 1％或者空气中含氧量低于 18％时，不能使用。

目前过滤式防毒面具以其滤毒罐内装填的吸附（收）剂类型、作用、预防对象进行系列性的生产，并统一编成 8 个型号，只要罐号相同，其作用与预防对象亦相同。不同型号的罐制成不同颜色，以便区别使用。国产的不同类型滤毒罐的防护范围如表 6-3 所示。

表 6-3　国产不同类型滤毒罐的防护范围

型　　号	滤毒罐的颜色	试验标准			防护对象（举例）
		气体名称	气体浓度/(mg/L)	防护时间/min	
1	黄绿白带	氢氰酸	3±0.3	50	氧化物、砷与锑的化合物、苯、酸性气体、氯气、硫化氢、二氧化硫、光气
2	草绿	氢氰酸 砷化氢	3±0.1 10±0.2	80 110	各种有机蒸气、磷化氢、路易斯气、芥子气
3	棕褐	苯	25±1.0	>80	各种有机气体与蒸气，如苯、四氯化碳、醇类、氯气、卤素有机物
4	灰色	氨	2.3±0.1	>90	氨、硫化氢
5	白色	一氧化碳	6.2±1.0	>100	一氧化碳
6	黑色	砷化氢	10±0.2	>100	砷化氢、磷化氢、汞等
7	黄色	二氧化硫 硫化氢	8.6±0.3 4.6±0.3	>90	各种酸性气体，如卤化氢、光气、二氧化碳、三氧化硫
8	红色	一氧化碳 苯 氨	6.2±0.3 10±0.1 2.3±0.1	>90	除惰性气体乙烷的全部有毒物质的蒸气、烟尘

过滤式防毒口罩如图 6-2 所示。其工作原理与防毒面具相似，采用的吸附（收）剂也基本相同，只是结构形式与大小等方面有些差异，使用范围有所不同。由于滤毒盒容量小，一般用以防御低浓度的有害物质。

使用防毒口罩时要注意以下几点：

（1）注意防毒口罩的型号应与预防的毒物相一致。

（2）注意有毒物质的浓度和氧的浓度。

（3）注意使用时间。

表 6-4 为国产防毒口罩的型号及防护范围。

图 6-2　过滤式防毒口罩

表 6-4 国产防毒口罩的防护范围

型　号	防护对象（举例）	试验标准			国家规定安全浓度/(mg/L)
		试验样品	浓度/(mg/L)	防护时间/min	
1	各种酸性气体、氯气、二氧化硫、光气、氮氧化物、硝酸、硫氧化物、卤化氢等	氯气	0.31	156	0.002
2	各种有机蒸气、苯、汽油、乙醚、二硫化碳、四乙基铅、丙酮、四氯化碳、醇类、溴甲烷、氯化氢、氯仿、苯胺类、卤素	苯	1.0	155	0.05
3	氨、硫化氢	氨	0.76	29	0.03
4	汞蒸气	汞蒸气	0.013	3160	0.00001
5	氢氰酸、氯乙烷、光气、路易斯气	氢氰酸气体	0.25	240	0.003
6	一氧化碳　砷、锑、铅……化合物	—	—	—	0.02
101	各种毒物	—	—	—	—
302	放射性物质	—	—	—	—

2）隔离式防毒呼吸器

所谓隔离式是指供气系统和现场空气相隔绝，因此可以在有毒物质浓度较高的环境中使用。隔离式防毒呼吸器主要有各种空气呼吸器、氧气呼吸器和各种蛇管式防毒面具。

在化工生产领域，隔离式防毒呼吸器目前主要是使用空气呼吸器，各种蛇管式防毒面具由于安全性较差已较少使用。

RHZK 系列正压式空气呼吸器（positive pressure air breathing apparatus）是一种自给开放式空气呼吸器，主要适用于消防、化工、船舶、石油、冶炼、厂矿等处，使消防员或抢险救护人员能够在充满浓烟、毒气、蒸汽或缺氧的恶劣环境下安全地进行灭火、抢险救灾和救护工作。

该系列空气呼吸器配有视野广阔、明亮、气密良好的全面罩；供气装置配有体积较小、重量轻、性能稳定的新型供气阀；选用高强度背板和安全系数较高的优质高压气瓶；减压阀装置装有残气报警器，在规定气瓶压力范围内，可向佩戴者发出声响信号，提醒使用人员及时撤离现场。

RHZKF-6.8/30 型正压式空气呼吸器由 12 个部件组成，现将各部件的特点介绍如下，见图 6-3。

（1）面罩。面罩为大视野面窗，面窗镜片采用聚碳酸酯材料，具有透明度高、耐磨性强、有防雾功能的特点，网状头罩式佩戴方式，佩戴舒适、方便、胶体采用硅胶，无毒、无味、无刺激，气密性能好。

（2）气瓶。气瓶为铝内胆碳纤维全缠绕复合气瓶，工作压力 30MPa，具有质量轻、强度高、安全性能好，瓶阀具有高压安全防护装置。

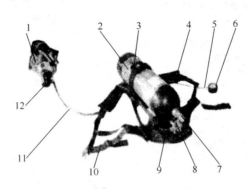

图 6-3　正压式空气呼吸器的结构

1. 面罩；2. 气瓶；3. 瓶带组；4. 肩带；5. 报警哨；6. 压力表；7. 气瓶阀；
8. 减压器；9. 背托；10. 腰带组；11. 快速接头；12. 供给阀

（3）瓶带组。瓶带卡为一快速凸轮锁紧机构，并保证瓶带始终处于一闭环状态。气瓶不会出现翻转现象。

（4）肩带。肩带由阻燃聚酯织物制成，背带采用双侧可调结构，使重量落于腰胯部位，减轻肩带对胸部的压迫，使呼吸顺畅。并在肩带上设有宽大弹性衬垫，减轻对肩的压迫。

（5）报警哨。报警哨应置于胸前，报警声易于分辨，体积小、重量轻。

（6）压力表压力表为大表盘、具有夜视功能，配有橡胶保护罩。

（7）气瓶阀。气瓶阀具有高压安全装置，开启力矩小。

（8）减压器。减压器体积小、流量大、输出压力稳定。

（9）背托。背托设计符合人体工程学原理，由碳纤维复合材料注塑成型，具有阻燃及防静电功能，质轻，坚固，在背托内侧衬有弹性护垫，可使佩戴者舒适。

（10）腰带组。腰带卡扣销紧、易于调节。

（11）快速接头。快速接头小巧、可单手操作，有锁紧防脱功能。

（12）供给阀。供给阀结构简单、性能优越、输出流量大、具有旁路输出、体积小。

该系列规格型号及技术参数见表 6-5。

氧气呼吸器因供氧方式不同，可分为 AHG 型氧气呼吸器和隔绝式生氧器。前者由氧气瓶中的氧气供人呼吸（气瓶有效使用时间有 2h、3h、4h 之分，相应的型号为 AHG-2、AHG-3、AHG-4）；而后者是依靠人呼出的 CO_2 和 H_2O 与面具中的生氧剂发生化学反应，产生的氧气供人呼吸。前者安全较好，可用于检修设备或处理事故，但较为笨重；后者由于不携带高压气瓶，因而可以在高温场所或火灾现场使用，因安全性较差，故不再具体探讨。下面介绍 AHG-2 型氧气呼吸器的结构、工作原理、使用及保管时的注意事项。

表 6-5　RHZK 系统规格型号及技术参数

型号	气瓶工作压力/MPa	气瓶容积/L	最大供气流量/(L/min)	呼吸阻力/Pa		报警压力/MPa	使用时间/min	整机重量/kg	包装尺寸/mm
				呼气	吸气				
RHZK-5/30	30	5	300	<687	<588	4～6	50	≤12	700×300×480
RHZK-6/30	30	6	300	<687	<588	4～6	60	≤14	700×300×480
RHZKF-6.8/30	30	6.8	300	<687	<588	4～6	60	≤8.5	700×300×480
RHZKF-9/30	30	9	300	<687	<588	4～6	90	≤11.5	700×300×480
RHZKF-6.8×2/30 双瓶	30	6.8×2	300	<687	<588	4～6	120	≤17	700×300×480

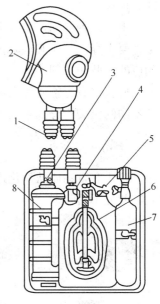

图 6-4　AHG-2 型氧气呼吸器
1. 呼吸软管；2. 面罩；3. 呼吸阀；
4. 吸气阀；5. 手动补给按钮；
6. 气囊；7. 氧气瓶；8. 清净罐

　　AHG-2 型氧气呼吸器的结构如图 6-4 所示。氧气瓶用于贮存氧气，容积为 1L，工作压力为 19.6MPa。工作时间为 2h。减压器是把高压氧气压力降至 294～245kPa，使氧气通过定量孔不断送入气囊中。当氧气瓶内压力从 19.6MPa 降至 1.96kPa 时，也能保持供给量在 1.3～1.1L/min 范围内。当定量孔的供氧量不能满足使用时，还可以从减压器腔室自动向气囊送气。清净罐内装 1.1kg 氢氧化钠，用于吸收从人体呼出的 CO_2。自动排气阀的作用是，当减压器供给气囊的氧气量超过了工作人员的需要时，或积聚在整个系统内的废气过量时，气囊壁上升，同时带动阀杆，使阀门自动打开，过量气体从气孔排入大气，使废气排出。气囊容积为 2.7L，中部有自动排气阀，上部装吸气阀和吸气管，下部与清净罐相连，新鲜氧气与清净罐出来的气体在气囊中混合。

　　AHG-2 型氧气呼吸器的工作原理是：人体从肺部呼出的气体经面罩、呼吸软管、呼气阀进入清净罐，呼出气体中的 CO_2 被吸收剂吸收，然后进入气囊。另外由氧气瓶贮存的高压氧气经高压导管、减压器也进入气囊，互相混合，重新组成适于呼吸的含氧气体。当吸气时，适当量的含氧气体由气囊经吸气阀、呼吸软管、面罩而被吸入人体肺部完成了呼吸循环。由于呼气阀和吸气阀都是单向阀，因此整个气囊的方向是一致的。

　　AHG-2 型氧气呼吸器使用及保管时的注意事项：

　　(1) 使用氧气呼吸器的人员必须事先经过训练，能正确使用。

　　(2) 使用前氧气压力必须在 7.85MPa 以上。戴面罩前要先打开氧气瓶，使用中要注意检查氧气压力，当氧气压力降到 2.9MPa 时，应离开禁区，停止使用。

　　(3) 使用时避免与油类、火源接触，防止撞击，以免引起呼吸器燃烧、爆炸。如闻到有酸味，说明清净罐吸收剂已经失效，应立即退出毒区，予以更换。

（4）在危险区作业时，必须有两人以上进行配合监护，以免发生危险。有情况应以信号或手势进行联系，严禁在毒区内摘下面罩讲话。

（5）使用后的呼吸器，必须尽快恢复到备用状态。若压力不足，应补充氧气。若吸收剂失效应及时更换。对其他异常情况，应仔细检查消除缺陷。

（6）必须保持呼吸器的清洁，放置在不受灰尘污染的地方严禁油污污染，防止和避免日光直接照射。

2. 皮肤防护

皮肤防护主要依靠个人防护用品，如工作服、工作帽、工作鞋、手套、口罩、眼镜等，这些防护用品可以避免有毒物质与人体皮肤的接触。对于外露的皮肤，则需涂上皮肤防护剂。

由于工种不同，所以个人防护用品的性能也因工种的不同而有所区别。操作者应按工种要求穿用工作服等防护用品，对于裸露的皮肤，也应视其所接触的不同物质，采用相应的皮肤防护剂。

皮肤被有毒物质污染后，应立即清洗。许多污染物是不易被普通肥皂洗掉的，而应按不同的污染物分别采用不同的清洗剂。但最好不用汽油、煤油作清洗剂。

3. 消化道防护

防止有毒物质从消化道进入人体，最主要的是搞好个人卫生。其主要内容前面已涉及，此处不再赘述。

任务五

典型事故案例分析及对策

【案例 6.1】 2009 年 1 月 23 日下午 4 点左右，中平能化某化工公司仪表厂检修人员在检修期间，由于煤气泄漏，导致一人煤气中毒。当日上午，仪表厂接到工作票，制氢分厂一导压管堵需疏通，仪表厂检修人员去现场检查后发现仪表导压管一接头处有漏点，拆下拿回焊接好，下午上班后，带打压泵去现场，在恢复拆下导压管时，导压管突然通了，煤气泄出，导致一人煤气中毒。

事故原因分析：

（1）仪表厂检修人员在未确认并关闭取压根部阀的情况下，盲目拆除导压管，导致煤气泄漏，造成检修人员中毒，是这次事故的直接原因。

（2）检修人员安全意识不强，在煤气泄漏的情况下，未采取安全措施，不佩戴防护用品，违章冒险作业，也是事故的重要原因。

（3）分厂领导对检修人员安全教育不足，安全作业规程执行不到位，是这次事故的间接原因。

【案例 6.2】　2009 年 10 月 1 日，浙江宏达化学制品有限公司在对一污水贮罐实施防腐过程中发生中毒事故，造成 2 人死亡。根据该公司计划 10 月 1～2 日在放假期间对该物化罐进行修补及防腐处理。10 月 1 日上午，污水站负责人兰某将 2# 罐污水排出。大约 15 时 40 分，防腐外包工董某在得知污水基本放完后，到罐顶上看了后认为可以施工，于是拿来了梯子放入罐内，未戴防护用品进入罐内查看清污情况，在看完往上爬的过程中毒掉入罐底。在附近作业的机修工印瑞栋得知消息后冒险下罐救人，踩着梯子爬下去了几档，人的头部还在罐体平面，突然就掉了下去。此后施救人员佩戴正压式呼吸器进罐，于 16 时 25 分将两人送往医院，经抢救无效死亡。

事故原因分析：据调查分析，该起事故的直接原因是外包单位操作工董其良对污水罐内的作业环境的危险和危害性估计不足，在未佩戴相应的防护用具的情况下，冒险作业，导致事故发生（硫化氢中毒）。印瑞栋发现董其良晕倒在罐内后，因施救心切，未采取正确的防护措施，冒险入罐救人，导致事故扩大。

【案例 6.3】　2009 年 9 月 21 日，杭州南郊化学有限公司三环唑车间在对 2 号扩环反应釜进行检修时发生两人中毒生产事故，造成 2 人死亡。当天凌晨 3 时许，该公司三环唑车间作业人员在往 2 号扩环反应釜夹套内注入冷却水降温时发现该釜内壁穿孔，于是将该釜内产品下空后停用。上午 8 时 50 分许，经对 2 号釜注水、内壁冲洗后，车间维修班班长蒋某叫维修工曹某在外面监护，自己戴上 2596 型 3 号防毒口罩爬入反应釜查看故障，一进入釜内就中毒昏倒，曹某见状立即呼救。公司维修班长虞某见状戴上 TF1 型-3# 中型滤毒罐进釜实施抢救，也中毒昏倒，此时在场人员利用铁钩钩住中毒人员的皮带先后将两人拉出，随即被送往武警医院和浙二医院救治。经医院抢救无效，虞某于 2009 年 10 月 5 日死亡，蒋某于 2009 年 10 月 15 日死亡。

事故原因分析：据调查分析，事故的直接原因是：一是事发前因该釜内壁已穿孔，致使蒸汽直通釜内，导致局部反应温度过热，引起釜内部分物质过热分解产生氮氧化物、硫化物等有毒气体，而该釜在停用后仅采取注水浸泡清洗，有毒气体不能有效排出，沉积在釜内。二是蒋某仅在另一名维修人员釜外监护的情况下，就戴上不适用的防毒口罩爬入反应釜查看故障，冒险作业，致使事故发生；虞某见状未采取有效的防护措施进釜盲目实施抢救，导致了事态的进一步扩大。

【案例 6.4】　2008 年 6 月 12 日 19 时 40 分，云南省昆明市安宁齐天化肥有限公司（以下简称齐天公司）在脱砷精制磷酸试生产过程中发生硫化氢中毒事故，造成 6 人死亡、29 人中毒。2008 年 6 月初，齐天公司因市场原因，经过实验室试验后，决定自行将过磷酸钙生产装置改为饲料磷酸氢钙生产装置，自行设计、自行安装、改造设备，进行试生产。生产磷酸氢钙首先要对磷酸进行脱砷精制。其工艺过程是用硫化钠溶液与磷酸中的砷反应，生成硫化砷，经沉淀脱水去除，生成精制磷酸。脱砷精制磷酸过程伴有硫化氢气体产生。6 月 12 日 18 时 30 分，操作人员在硫化钠水溶液配置槽配置硫化钠水溶液后，打开底部阀门，向磷酸槽加入硫化钠水溶液。19 时 30 分，操作人员在调节阀门时，发现该阀门不能关闭，由于没有采取应急措施，硫化钠水溶液持续流入磷酸槽，使磷酸槽中的硫化钠大大过量，产生的大量硫化氢气体从未封闭的磷酸槽上部逸出，导致部分现场作业人员和赶来救援的人员先后中毒，造成 6 人死亡、29 人不同程度中毒（其中2人伤势较重）。

事故原因分析：脱砷精制工艺设计存在缺陷，硫化钠水溶液配置槽出口管道没有配置能够自动显示和控制硫化钠水溶液流量的装置，只能靠作业人员观察液位下降的速度，通过手动调节阀门来控制硫化钠水溶液的流量，而正是由于这个阀门失控，导致硫化钠水溶液配置槽中的硫化钠水溶液全部流入磷酸槽，产生大量硫化氢，是这起事故的直接原因。磷酸槽顶未封闭，没有配备有害气体收集处理设施和检测（报警）仪器；向磷酸槽加入硫化钠水溶液的管口安装在磷酸槽液面的上部，致使反应产生的硫化氢气体迅速在空气中扩散，是这起事故的重要原因。

【案例6.5】　上海市某县××乡××村皮鞋厂士工俞××，21岁，因月经过多，于1985年4月17日至乡卫生院门诊，治疗无效，4月19日至县中心医院就诊后，遵医嘱于4月21日去该院血液病门诊就医。是日因出血不止，收治入院。骨髓检查后诊断为再生障碍性贫血。5月8日因大出血死亡。

5月9日举行追悼会。与会同车间部分工人联想到自己也有类似症状。其中有2名女工在5月10日到县中心医院就诊，分别诊断为上消化道出血，再生障碍性贫血及白血病（以后诊断为再生障碍性贫血，但仍未考虑到职业危害因素）。

上述两住病员住院后，引起车间工人、乡及厂领导的重视，组织全体工人去乡卫生院体检，发现血白细胞计数减少者较多。卫生院即向县卫生防疫站报告。此后由县、市卫生防疫站、有关医院、市劳动卫生职业病研究所等单位组织开展调查研究。调查结果如下：

（1）该厂制帮车间生产过程中，鞋帮坯料用胶水黏合，缝制、制成鞋帮。制帮车间面积为56m²，高3m。冬季门窗封闭。制帮用红胶含纯苯91.2%，每日消耗苯9kg以上，均蒸发在此车间内。调查中用甲苯模拟生产过程，测得车间中甲苯空气浓度为标准（100mg/m³的36倍。而苯比甲苯更易挥发，其卫生标准比甲苯低2.5倍。故推测实际生产时，苯的浓度可能偏高。

（2）经体检确诊为苯中毒者共18人（其中包括生前未被诊断苯中毒的死亡1例），其中制帮车间14人，重度慢性苯中毒7人。

对该厂的职业卫生与职业医学服务情况调查结果如下：

（1）该厂于1982年4月投产。投产前尚未向卫生防疫站申报，故未获得必要的卫生监督。接触苯作业的工人均未进行就业前体格检查。该厂无职业卫生宣传教育。全厂干部和工人几乎都不知道黏合用的胶水有毒。全部中毒者均有苯中毒的神经或血液系统症状，但仅7人在中毒死亡事故发生之前就诊，其余11人直至事故发生后由厂组织体检时才就医，致使发生症状至就诊的间隔时间平均长达半年左右。

（2）该厂苯作业工人无定期体检制度。上述7名在事故发生前即因苯中毒症状就诊者，平均就诊2班，分别被诊断为贫血、再障、白血病或无诊断，只给对症处理药物。

事故原因分析：

（1）厂方应在投产前未向当地卫生防疫部门申报，来获得必要的卫生监督。由于该厂来作申报，故卫生部门不可能了解其生产原料、生产方式和生产过程中可能存在的职业危害因素。接触苯作业工人都未进行就业前体检和定期体检等医疗服务，也未定期测定作业环境中苯的浓度，致使工人在厂房设备简陋、无任何通风防毒设施的环境中生产。

（2）缺乏职业卫生和安全宣传教育工作，也是本事故的重要原因之一。

（3）直接为乡村入口服务的乡、县医院的医务人员缺乏应有的职业医学知识。如果在较短的时间内连续发现数名来自同一工厂（车间）患同种疾病的职工，就应考虑该疾病可能与职业因素有关。本事故在死亡病例发生前，曾有一医生怀疑此病症状与职业有关，但未能进一步进行现场调查。追悼会后，另有 2 名职工也去县医院就诊，也分别诊断为上消化道出血、再生障碍性贫血，然而中毒事故仍未能及时发现。

【案例 6.6】 某日下午 4 点 30 分，某造纸厂发生一起急性中毒事故。中毒 11 人，死亡 3 人。中毒事故发生的车间有一个贮浆池（直径和深度为 3m 左右，存纸浆用）及一个副池（放抽浆泵和马达）。该车间因检修而停产一月余（正常生产情况下，纸浆只存 1～2d）。下午 4 时 30 分，工人下副池检修抽浆泵、马达及管道，启动泵几分钟后，泵的橡皮管破裂，纸浆从管内喷出，立即停泵。工人李××马上下池内进行修理，一到池底立即摔倒在地；工人黄××看见李××摔倒在池内，认为是触电，即刻切断电源，下去抢救，到了池底黄××也昏倒了。经分析认为池内有毒气，随即用风机送风。然后，石×又下池抢救，突然感到鼻子发酸，咽部发苦发辣，当他伸手去拉黄××时，已感到两手不能自主，他屏住气返回到池口，已失去知觉。后来又连续下去 3 个工人抢救均未成功。技术员姜×从另一车间闻讯赶来即下池抢救，下去后也昏倒在池底。再向池内送风，后来先后又下去 4 人，均戴上 3 层用水浸湿的口罩，腰间系了绳子，经过 20min 抢救将池下 3 人拉了上来。因中毒时间较长，3 人呼吸、心跳均已停止；其余 8 人，1 人深度昏迷，抢救 12h 苏醒，3 人昏迷 5～10min 苏醒，4 人未昏迷。

事故原因分析：

（1）到现场的调查者能嗅到明显的硫化氢臭味。

（2）硫化氢测定结果：池底硫化氢浓度为 2000mg/m^3。

（3）动物实验结果：先后将两只鸡用绳子悬入池底，15s，出现烦躁不安，20s 昏倒。

（4）产生硫化氢原因分析：生产纸浆的原料为麦草和硫碸。由于贮存太久，麦草分解出氢离子，与硫碸内的硫离子作用产生硫化氢。

结论：急性硫化氢中毒。

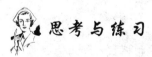

思考与练习

一、简答题

1. 为什么说毒物的含义是相对的？

2. 如何确定职业中毒？

3. 试分析影响毒物毒性的因素。

4. 应用职业接触限值时应注意哪些问题？

5. 简述毒物侵入人体的途径。

6. 怎样进行现场急救？

7. 简述防毒综合措施。

二、选择题

1. 依据《工作场所有害因素职业接触限值》（GBZ2—2002）规定，时间加权平均浓度是指（　　　）。

  A. 8h/d 多次采样测定的平均浓度

  B. 以时间为权数规定的 8h 工作日的平均容许接触水平

  C. 任何有代表性的采样测定均不得超过的浓度

  D. 每个工作班多次采样的时间加权平均浓度规定的最低限值

2. 根据卫生部、劳动和社会保障部公布的职业病目录，我国法定的职业病分为（　　　）。

  A. 10 大类 115 种　　　B. 10 大类 99 种　　C. 10 大类 105 种　　D. 9 大类 99 种

3. 家庭装修后，较常见的有毒气体是（　　　）。

  A. 甲醛　　　　　　　B. 一氧化碳　　　　C. 甲苯　　　　　　D. 硫化氢

4. 防止毒物危害的最佳方法是（　　　）。

  A. 穿工作服　　　　　　　　　　　　B. 佩戴呼吸器具

  C. 使用无毒或低毒的代替品　　　　　D. 保持一定温度

5. 控制生产性毒物的根本措施是（　　　）。

  A. 生产密闭化、自动化　　　　　　　B. 生产的流水线作业

  C. 戴防毒面具　　　　　　　　　　　D. 安装防毒装置

6. 二氧化碳是（　　　）窒息性气体。

  A. 单纯　　　　　　　B. 血液　　　　　　C. 细胞　　　　　　D. 血红细胞

7. 急性苯中毒主要表现为对中枢神经系统的麻醉作用，慢性中毒主要对什么系统的损害？（　　　）

  A. 呼吸系统　　　　　B. 消化系统　　　　C. 造血系统　　　　D. 循环系统

8. 对工业毒物进行安全评价时，除了考虑化学物质的毒性、腐蚀性、挥发性外，还要考虑化学物质的（　　　）。

  A. 可燃性　　　　　　B. 致癌性　　　　　C. 致畸性

9. 从事使用高毒物质作业的单位，应该至少（　　　）对高毒作业场所进行一次职业中毒危害控制效果评价。

  A. 3 个月　　　　　　B. 6 个月　　　　　C. 1 年

10. 眼部溅入毒物后，应该立刻（　　　），并尽可能请医生诊治。

  A. 用大量清水洗眼　　B. 滴眼药水　　　　C. 用干净的手帕擦拭

模块七 电气与静电防护安全技术

应知

(1) 知晓电气安全基本知识；

(2) 知晓静电、雷电的危害。

应会

(1) 掌握电气安全技术措施及触电急救的方法；

(2) 掌握静电防护技术措施、化工设备的防雷措施及检查方法。

任务一

电气安全技术

一、电气安全基本知识

1. 电流对人体的伤害

当人体接触带电体时，电流会对人体造成程度不同的伤害，即发生触电事故。触电事故可分为电击和电伤两种类型。

1）电击

电击是指电流通过人体时所造成的身体内部伤害，它会破坏人的心脏、呼吸及神经系统的正常工作，使人出现痉挛、窒息、心颤、心脏骤停等症状，甚至危及生命。在低压系统通电电流不大、通电时间不长的情况下，电流引起人体的心室颤动是电击致死的主要原因。在通电电流较小但通电时间较长的情况下，电流会造成人体窒息而导致死亡。

绝大部分触电死亡事故都是由电击造成的。通常所说的触电事故基本上是指电击事故，电击后通常会留下较明显的特征：电标、电纹、电流斑。电标是指在电流出入口处所产生的炭化标记；电纹是指电流通过皮肤表面，在其出入口间产生的树枝状不规则发红线条；电流斑是指电流在皮肤出入口处所产生的大小溃疡。

电击又可分为直接电击和间接电击。直接电击是指人体直接接触及正常运行的带电体所发生的电击；间接电击则是指电气设备发生故障后，人体触及意外带电部位所发生的电击，故直接电击也称为正常情况下的电击，间接电击也称为故障情况下的电击。

直接电击多数发生在误触相线、闸刀或其他设备带电部分。间接电击大多发生在以下几种情况：大风刮断架空线或接户线后，搭落在金属物或广播线上；相线和电杆拉线搭连；电动机等用电设备的线圈绝缘损坏而引起外壳带电等情况。在触电事故中，直接电击和间接电击都占有相当比例，因此采取安全措施时要全面考虑。

2）电伤

电伤是指由电流的热效应、化学效应或机械效应对人体造成的伤害。电伤可伤及人体内部，但多见于人体表面，且常会在人体上留下伤痕。电伤可分为以下几种情况：

（1）电弧烧伤。又称为电灼伤，是电伤中最常见也最严重的一种。多由电流的热效应引起，但与一般的水、火烫伤性质不同。具体症状是皮肤发红、起泡，甚至皮肉组织破坏或被烧焦。通常发生在：低压系统带负荷拉开裸露的闸刀开关时；线路发生短路或误操作引起短路时；开启式熔断器熔断时炽热的金属微粒飞溅出来时；高压系统因误操作产生强烈电弧时（可导致严重烧伤）；人体过分接近带电体（间距小于安全距离或放电距离）而产生的强烈电弧时（可造成严重烧伤而致死）。

（2）电烙印。是指电流通过人体后，在接触部位留下的斑痕。斑痕处皮肤变硬，失去原有弹性和色泽，表层坏死，失去知觉。

（3）皮肤金属化。是指由于电流或电弧作用产生的金属微粒渗入了人体皮肤造成的，受伤部位变得粗糙坚硬并呈特殊颜色（多为青黑色或褐红色）。需要说明的是，皮肤金属化多在弧光放电时发生，而且一般都伤在人体的裸露部位，与电弧烧伤相比，皮肤金属化并不是主要伤害。

（4）电光眼。表现为角膜炎或结膜炎。在弧光放电时，紫外线、可见光、红外线均可能损伤眼睛。对于短暂的照射，紫外线是引起电光眼的主要原因。

2. 引起触电的三种情况

发生触电事故的情况是多种多样的，但归纳起来主要包括以下三种：单相触电，两相触电，跨步电压、接触电压和雷击触电。

1）单相触电

在电力系统的电网中，有中性点直接接地单相触电和中性点不接地单相触电两种情况。

（1）中性点直接接地电网中的单相触电如图 7-1 所示。当人体接触导线时，人体承受相电压。电流经人体、大地和中性点接地装置形成闭合回路。触电电流的大小决定于相电压和回路电阻。

（2）中性点不接地电网中的单相触电如图 7-2 所示。因为中性点不接地，所以有两个回路的电流通过人体。一个是从 W 相导线出发，经人体、大地、线路对地阻抗 Z 到 U 相导线，另一个是同样路径到 V 相导线。触电电流的数值决定于线电压、人体电阻和线路的对地阻抗。

2）两相触电

人体同时与两相导线接触时，电流就由一相导线经人体至另一相导线，这种触电方式称为两相触电，如图 7-3 所示。两相触电最危险，因施加于人体的电压为全部工作电

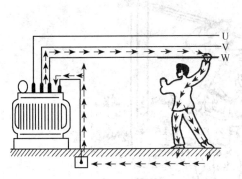

图 7-1　中性点直接接地系统的单相触电

图 7-2　中性点不接地系统的单相触电

压（即线电压），且此时电流将不经过大地，直接从 V 相经人体到 W 相，而构成了闭合回路。故不论中性点接地与否、人体对地是否绝缘，都会使人触电。

　　3）跨步电压、接触电压和雷击触电

　　当一根带电导线断落地上时，落地点的电位就是导线所具有的电位，电流会从落地点直接流入大地。离落地点越远，电流越分散，地面电位也就越低。对地电位的分布曲线如图 7-4 所示。以电线落地点为圆心可划出若干同心圆，它们表示了落地点周围的电位分布。离落地点越近，地面电位越高。人的两脚若站在离落地点远近不同的位置上，两脚之间就存在电位差，这个电位差就称为跨步电压。落地电线的电压越高，距落地点同样距离处的跨步电压就越大。跨步电压触电如图 7-5 所示。此时由于电流通过人的两腿而较少通过心脏，故危险性较小。但若两脚发生抽筋而跌倒时，触电的危险性就显著增大。此时应赶快将双脚并拢或用单脚着地跳出危险区。

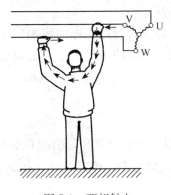

图 7-3　两相触电

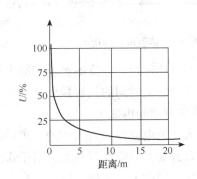

图 7-4　对地电位的分布曲线

　　导线断落地面后，不但会引起跨步电压触电，还容易产生接触电压触电，如图 7-6 所示。图中当一台电动机的绕组绝缘损坏并碰外壳接地时，因三台电动机的接地线连在一起，故它们的外壳都会带电且都为相电压，但地面电位分布却不同。左边人体承受的电压是电动机外壳与地面之间的电位差，即等于零。右边人体所承受的电压却大不相同，因为他站在离接地体较远的地方用手摸电动机的外壳，而该处地面电位几乎为零，故他所承受的电压实际上就是电动机外壳的对地电压即相电压，显然就会使人触电。这种触电称为接触电压触电，它对人体有相当严重的危害。所以，使用中每台电动机都要

图 7-5　跨步电压触电

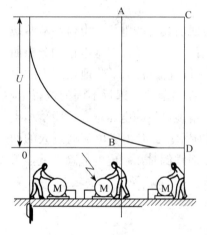

图 7-6　接触电压触电

实行单独的保护接地。

　　此外，雷电时发生的触电现象称为雷击触电。人和牲畜也有可能由于跨步电压或接触电压而导致触电。

　　3. 影响触电伤害程度的因素

　　触电所造成的各种伤害，都是由于电流对人体的作用而引起的。它是指电流通过人体内部时，对人体造成的种种有害作用，如电流通过人体时，会引起针刺感、压迫感、打击感、痉挛、疼痛、血压升高、心律不齐、昏迷，甚至心室颤动等。

　　电流对人体的伤害程度，亦即影响触电后果的因素主要包括：通过人体的电流大小，电流通过人体的持续时间与具体途径、电流的种类与频率高低、人体的健康状况等。其中，以通过人体的电流大小和触电时间的长短最主要。

　　1）伤害程度与电流大小的关系

　　通过人体的电流越大，人体的生理反应越明显，感觉越强烈，引起心室颤动所需的时间越短，致命的危险性就越大。对于常用的工频交流电，按照通过人体的电流大小，将会呈现出不同的人体生理反应，详见表 7-1。

表 7-1　工频电流所引起的人体生理反应

电流范围/mA	通电时间	人体生理反应
0～0.5	连续通电	没有感觉
0.5～5	连续通电	开始有感觉，手指、腕等处有痛感，没有痉挛，可以脱离带电体
5～30	数分钟以内	痉挛，不能摆脱带电器，呼吸困难，血压升高，是可以忍受的极限
30～50	数秒到数分	心脏跳动不规则，昏迷，血压升高，强烈痉挛，时间过长可引起心室颤动

续表

电流范围/mA	通电时间	人体生理反应
50～数百	低于心脏搏动周期	受强烈冲击，但未发生心室颤动
	超过心脏搏动周期	昏迷，心室颤动，接触部位留有电流通过的痕迹
超过数百	低于心脏搏动周期	在心脏搏动周期特定相位触电时，发生心室搏动，昏迷，接触部位留有电流通过的痕迹
	超过心脏搏动周期	心脏停止跳动，昏迷，可能致命的电灼伤

根据人体对电流的生理反应，还可将电流划分为以下三级：

（1）感知电流。引起人体感觉的最小电流称感知电流。人体对电流最初的感觉是轻微的发麻和刺痛。实验表明，对不同的人感知电流也不同：成年男性的平均感知电流约1.1mA，成年女性约0.7mA。感知电流一般不会造成伤害，但若增大时，感觉增强，反应加大，可能会导致坠落等间接事故。

（2）摆脱电流。当电流增大到一定程度，触电者将因肌肉收缩、发生痉挛而紧抓带电体，将不能自行摆脱电源。触电后能自主摆脱电源的最大电流称为摆脱电流。对一般男性平均为16mA，女性约为10mA；儿童的摆脱电流较成人小。实例表明，当电流略大于摆脱电流、触电者中枢神经麻痹、呼吸停止时，若立即切断电源则可恢复呼吸。可见，摆脱电流的能力是随着触电时间的延长而减弱的。故一旦触电若不能及时摆脱电源，其后果将十分严重。

（3）致命电流。在较短时间内会危及生命的电流称为致命电流。电击致死的主要原因大都是由于电流引起了心室颤动而造成的。因此，通常也将引起心室颤动的电流称为致命电流。正常情况下心脏有节奏地收缩与扩张，不断把新鲜血液送到肺部、大脑及全身，及时提供生命所需的氧气。而电流通过心脏时，心脏原有的规律将受到破坏，可能引起每分钟达数百次的"颤动"，并极易引起心力衰竭、血液循环终止、大脑缺氧而导致死亡。

2）伤害程度与通电时间的关系

引起心室颤动的电流与通电时间的长短有关。显然，通电时间越长，便越容易引起心室颤动，触电的危险性也就越大。电流对人体作用与通电时间的关系可参考图7-7。图中a以左的Ⅰ区是没有感觉的区域，a是人体有感觉的起点；a与b之间的Ⅱ区是开始有感觉但一般没有病理伤害的区域；b和c之间的Ⅲ区是有感觉但一般不引起心室颤动的区域；c与d之间的Ⅳ区是有心室颤动危险的区域；d以右的Ⅴ区是心室颤动危险很大的区域。

3）伤害程度与电流途径的关系

人体受伤害程度主要取决于通过心脏、肺及中枢神经的电流大小。电流通过大脑是最危险的，会立即引起死亡，但这种触电事故极为罕见。绝大多数场合是由于电流刺激人体心脏引起心室纤维性颤动致死。因此大多数情况下，触电的危险程度是取决于通过心脏的电流大小。由试验得知，电流在通过人体的各种途径中，流经心脏的电流占人体总电流的百分比如表7-2所示。

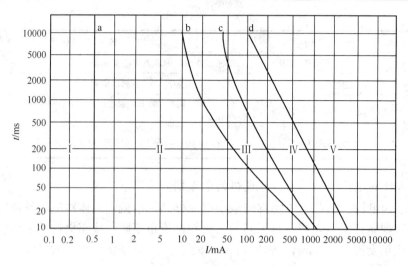

图 7-7　电流对人体作用区域划分图

表 7-2　不同途径流经心脏电流的比例

电流通过人体的途径	通过心脏的电流占通过人体总电流的比例/%	电流通过人体的途径	通过心脏的电流占通过人体总电流的比例/%
从一只手到另一只手	3.3	从右手到脚	6.7
从左手到脚	3.7	从一只脚到另一只脚	0.4

可见，当电流从手到脚及从一只手到另一只手时，触电的伤害最为严重。电流纵向通过人体，比横向通过人体时更易发生心室颤动，故危险性更大；电流通过脊髓时，很可能使人截瘫；若通过中枢神经，会引起中枢神经系统强烈失调，造成窒息而导致死亡。

4）伤害程度与电流频率高低的关系

触电的伤害程度还与电流的频率高低有关。直流电由于不交变，其频率为零。而工频交流电则为50Hz。由实验得知，频率为30～300Hz的交流电最易引起人体心室颤动。工频交流电正处于这一频率范围，故触电时也最危险。在此范围之外，频率越高或越低，对人体的危害程度反而会相对小一些，但并不是说就没有危险性。

4. 人体电阻和人体允许电流

1）人体电阻

当电压一定时，人体电阻越小，通过人体的电流就越大，触电的危险性也就越大。电流通过人体的具体路径为：皮肤—血液—皮肤。

人体电阻包括内部组织电阻（简称体电阻）和皮肤电阻两部分。体内电阻较稳定，一般不低于500Ω。皮肤电阻主要由角质层（厚0.05～0.2mm）决定。角质层越厚，电阻就越大。角质层电阻为1000～1500Ω。因此人体电阻一般为1500～2000Ω（保险起见，通常取为800～1000Ω）。如果角质层有损坏，则人体电阻将大为降低。

影响人体电阻的因素很多。除皮肤厚薄外，皮肤潮湿、多汗、有损伤、带有导电粉尘等都会降低人体电阻。清洁、干燥、完好的皮肤/电阻值就较高，接触面积加大、通电时间加长、发热出汗会降低人体电阻；接触电压增高，会击穿角质层并增加机体电解，也可导致人体电阻降低；人体电阻值也与电流频率有关，一般随频率的增大而有所降低。此外，人体与带电体的接触面积增大、压力加大，电阻就越小，触电的危险性也就越大。

2）人体允许电流

由实验得知，在摆脱电流范围内，人若被电击后一般多能自主地摆脱带电体，从而摆脱触电危险。因此，通常便把摆脱电流看作是人体允许电流。如前所述，成年男性的允许电流约为16mA；成年女性的允许电流约为10mA。在线路及设备装有防止触电的电流速断保护装置时，人体允许电流可按30mA考虑；在空中、水面等可能因电击导致坠落、溺水的场合，则应按不引起痉挛的5mA考虑。

若发生人手接触带电导线而触电时，常会出现紧握导线丢不开的现象。这并不是因为自有吸力，而是由于电流的刺激作用，使该部分机体发生了痉挛、肌肉收缩的缘故，是电流通过人手时所产生的生理作用引起的。显然，这就增大了摆脱电源的困难，从而也就会加重触电的后果。

5. 电压对人体的影响和选用要求

1）电压对人体安全的影响

通常确定对人体的安全条件并不采用安全电流而是用安全电压。因为影响电流变化的因素很多，而电力系统的电压却是较为固定的。当人体接触电流后，随着电压的升高，人体电阻会有所降低；若接触了高压电，则因皮肤受损破裂而会使人体电阻下降，通过人体的电流也就会随之增大。实验证实，电压高低对人体的影响及允许接近的最小安全距离见表7-3。

表7-3 电压对人体的影响及允许接近的最小安全距离

接触时的情况		允许接近的距离	
电压/V	对人体的影响	电压/kV	设备不停电时的安全距离/m
10	全身在水中时跨步电压界限为10V/m	10	0.7
20	为湿手的安全界限	20～35	1.0
30	为干燥手的安全界限	44	1.2
50	对人的生命没有危险的界限	60～110	1.5
100～200	危险性急剧增大	154	2.0
200以上	危及人的生命	220	3.0
3000	被带电体吸引	330	4.0
10000以上	有被弹开而脱离危险的可能	500	5.0

2）不同场所对使用电压的要求

不同类型的场所（建筑物），在电气设备或设施的安装、维护、使用以及检修等方面，也都有不同的要求。按照触电的危险程度，可将它们分成以下三类：

（1）无高度触电危险的建筑物。它是指干燥（湿度不大于75%）、温暖、无导电粉尘的建筑物。室内地板由干木板或沥青、瓷砖等非导电性材料制成，且室内金属性构建与制品不多，金属占有系数（金属制品所占面积与建筑物总面积之比）小于20%。属于这类建筑物的有：住宅、公共场所、生活建筑物、实验室等。

（2）有高度触电危险的建筑物。它是指地板、天花板和四周墙壁经常处于潮湿、室内炎热高温（气温高于30℃）和有导电粉尘的建筑物。一般金属占有系数大于20%。室内地坪由泥土、砖块、湿木板、水泥和金属等制成。属于这类建筑物的有：金工车间、锻工车间、拉丝车间、电炉车间、泵房、变（配）电所、压缩机房等。

（3）有特别触电危险的建筑物。它是指特别潮湿、有腐蚀性液体及蒸气、煤气或游离性气体的建筑物。属于这类建筑物的有：化工车间、铸工车间、锅炉房、酸洗车间、染料车间、漂洗间、电镀车间等。不同场所里，各种携带型电气工具要选择不同的使用电压。具体是：无高度触电危险的场所，不应超过交流220V；有高度触电危险的场所，不应超过交流36V；有特别触电危险的场所，不应超过交流12V。

6. 触电事故的规律及其发生原因

触电事故往往发生得很突然，且常常是在极短时间内就可能造成严重后果。但触电事故也有一定的规律，掌握这些规律并找出触电原因，对如何适时而恰当地实施相关的安全技术措施、防止触电事故的发生，以及安排正常生产等都具有重要意义。

根据对触电事故的分析，从触电事故的发生频率上看，可发现以下规律。

（1）有明显的季节性。一般每年以二、三季度事故较多，其中6~9月最集中。主要是因为这段时间天气炎热、人体衣着单薄且易出汗，触电危险性较大；还因为这段时间多雨、潮湿，电气设备绝缘性能降低；操作人员常因气温高而不穿戴工作服和绝缘护具。

（2）低压设备触电事故多。国内外统计资料均表明：低压触电事故远高于高压触电事故。主要是因为低压设备远多于高压设备，与人接触的机会多；对于低压设备思想麻痹；与之接触的人员缺乏电气安全知识。因此应把防止触电事故的重点放在低压用电方面。但对于专业电气操作人员往往有相反的情况，即高压触电事故多于低压触电事故。特别是在低压系统推广了漏电保护器之后，低压触电事故大为降低。

（3）携带式和移动式设备触电事故多。主要是这些设备因经常移动，工作条件较差，容易发生故障；而且经常在操作人员掌握之下工作。

（4）电气连接部位触电事故多。大量统计资料表明，电气事故点多数发生在分支线、供户线、地爬线、接线端、压线头、焊接头、电线接头、电缆头、灯座、插头、插座、控制器、开关、接触器、熔断器等处。主要是由于这些连接部位机械牢固性较差，电气可靠性也较低，容易出现故障的缘故。

（5）单相触电事故多。据统计，在各类触电方式中，单相触电占触电事故的70%以上。所以，防止触电的技术措施也应重点考虑单相触电的危险。

（6）事故多由两个以上因素构成。统计表明90%以上的事故是由于两个以上原因引起的。构成事故的四个主要因素是：缺乏电气安全知识；违反操作规程；设备不合格；维修不善。其中，仅一个原因的不到8%，两个原因的占35%，三个原因的占38%，四个原因的占20%。应当指出，由操作者本人过失所造成的触电事故是较多的。

（7）青年、中年以及非电工触电事故多。一方面这些人多数是主要操作者，且大都接触电气设备；另一方面这些人都已有几年工龄，不再如初学时那么小心谨慎，但经验还不足，电气安全知识尚欠缺。

二、电气安全技术措施

如前所述，化工生产中所使用的物料多为易燃、易爆、易导电及腐蚀性强的物质，且生产环境条件较差。对安全用电造成较大的威胁。为了防止触电事故，除了在思想上提高对安全用电的认识，树立"安全第一"的思想，严格执行安全操作规程，以及采取必要的组织措施外，还必须依靠一些完善的技术措施。

1. 隔离带电体的防护措施

有效隔离带电体是防止人体遭受直接电击事故的重要措施，通常采用以下几种方式：

1）绝缘

绝缘是用绝缘物将带电体封闭起来的技术措施。良好的绝缘既是保证设备和线路正常运行的必要条件，也是防止人体触及带电体的基本措施。电气设备的绝缘只有在遭到破坏时才能除去。电工绝缘材料是指体积电阻率在 $10^7\Omega \cdot m$ 以上的材料。

电工绝缘材料的品种很多，通常分为：

（1）气体绝缘材料，常用的有空气、氮气、二氧化碳等。

（2）液体绝缘材料，常用的有变压器油、开关油、电容器油、电缆油、十二烷基苯、硅油、聚丁二烯等。

（3）固体绝缘材料，常用的有绝缘漆胶、漆布、漆管、绝缘云母制品、聚四氟乙烯、瓷和玻璃制品等。

电气设备的绝缘应符合其相应的电压等级、环境条件和使用条件。电气设备的绝缘应能长时间耐受电气、机械、化学、热力以及生物等有害因素的作用而不失效。

应当注意，电气设备的喷漆及其他类似涂层尽管可能具有很高的绝缘电阻，但一律不能单独当作防止电击的技术措施。

2）屏护

屏护是采用屏护装置控制不安全因素，即采用遮栏、护罩、护盖、箱（匣）等将带电体同外界隔绝开来的技术措施。

屏护装置既有永久性装置，如配电装置的遮栏、电气开关的罩盖等；也有临时性屏护装置，如检修工作中使用的临时性屏护装置。既有固定屏护装置，如母线的护网；也有移动屏护装置，如跟随起重机移动的滑触线的屏护装置。

对于高压设备，不论是否有绝缘，均应采取屏护措施或其他防止人体接近的措施。

在带电体附近作业时，可采用能移动的遮栏作为防止触电的重要措施。检修遮栏可用干燥的木材或其他绝缘材料制成，使用时置于过道、入口或工作人员与带电体之间，可保证检修工作的安全。

对于一般固定安装的屏护装置，因其不直接与带电体接触，对所用材料的电气性能没有严格要求，但屏护装置所用材料应有足够的机械强度和良好的耐火性能。

屏护措施是最简单也是很常见的安全装置。为了保证其有效性，屏护装置必须符合以下安全条件：

（1）屏护装置应有足够的尺寸。遮栏高度不应低于1.7m，下部边缘离地面不应超过0.1m。对于低压设备，网眼遮栏与裸导体距离不宜小于0.15m；10kV设备不宜小于0.35m；20～30kV设备不宜小于0.6m。户内栅栏高度不应低于1.2m，户外不应低于1.5m。

（2）保证足够的安装距离。对于低压设备，栅栏与裸导体距离不宜小于0.8m，栏条间距离不应超过0.2m。户外变电装置围墙高度一般不应低于2.5m。

（3）接地。凡用金属材料制成的屏护装置，为防止屏护装置意外带电造成触电事故，必须将屏护装置接地（或接零）。

（4）标志。遮栏、栅栏等屏护装置上，应根据被屏护对象挂上"高压危险"、"止步，高压危险"、"禁止攀登，高压危险"等标示牌。

（5）信号或连锁装置。应配合采用信号装置和连锁装置。前者一般是用灯光或仪表显示有电；后者是采用专门装置，当人体越过屏护装置可能接近带电体时，被屏护的装置自动断电。屏护装置上锁的钥匙应有专人保管。

3）间距

间距是将可能触及的带电体置于可能触及的范围之外。为了防止人体及其他物品接触或过分接近带电体、防止火灾、防止过电压放电和各种短路事故及操作方便，在带电体与地面之间、带电体与其他设备设施之间、带电体与带电体之间均须保持一定的安全距离。如架空线路与地面、水面的距离，架空线路与有火灾爆炸危险厂房的距离等。安全距离的大小决定于电压的高低、设备的类型、安装的方式等因素。

2. 采用安全电压

安全电压值取决于人体允许电流和人体电阻的大小。我国规定工频安全电压的上限值，即在任何情况下，两导体间或导体与地之间均不得超过的工频有效值为50V。这一限制是根据人体允许电流30mA和人体电阻1700Ω的条件下确定的。国际电工委员会还规定了直流安全电压的上限值为120V。

我国规定工频有效值42V、36V、24V、12V、6V为安全电压的额定值。凡手提照明灯、特别危险环境的携带式电动工具，如无特殊安全结构或安全措施，应采用42V或36V安全电压；金属容器内、隧道内等工作地点狭窄、行动不便以及周围有大面积接地体的环境，应采用24V或12V安全电压。

3. 保护接地

保护接地就是把在正常情况下不带电、在故障情况下可能呈现危险的对地电压的金属部分同大地紧密地连接起来，把设备上的故障电压限制在安全范围内的安全措施（图7-8）。保护接地常简称为接地。保护接地应用十分广泛，属于防止间接接触电击的安全技术措施。

保护接地的作用原理是利用数值较小的接地装置电阻（低压系统一般应控制在4Ω

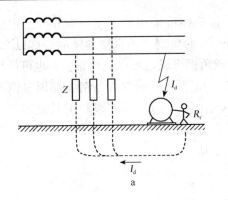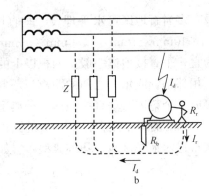

图 7-8　保护接地原理示意图

a. 无保护接地；b. 有保护接地

以下）与人体电阻并联，将漏电设备的对地电压大幅度地降低至安全范围内。此外，因人体电阻远大于接地电阻，由于分流作用，通过人体的故障电流将远比流经接地装置的电流要小得多，对人体的危害程度也就极大地减小了。

采用保护接地的电力系统不宜配置中性线，以简化过电流保护和便于寻找故障。

1）保护接地应用范围

保护接地适用于各种中性点不接地电网。在这类电网中，凡由于绝缘破坏或其他原因而可能呈现危险电压的金属部分，除另有规定外，均应接地。主要包括：

（1）电机、变压器及其他电器的金属底座和外壳。

（2）电气设备的传动装置。

（3）室内外配电装置的金属或钢筋混凝土构架以及靠近带电部分的金属遮栏和金属门。

（4）配电、控制、保护用的盘、台、箱的框架。

（5）交、直流电力电缆的接线盒，终端盒的金属外壳和电缆的金属护层，穿线的钢管。

（6）电缆支架。

（7）装有避雷针的电力线路杆塔。

（8）在非沥青地面的居民区内，无避雷针的小接地电流架空电力线路的金属杆塔和钢筋混凝土杆塔。

（9）装在配电线路杆上的电力设备。

此外，对所有高压电气设备，一般都是实行保护接地。

2）接地装置

接地装置是接地体和接地线的总称。运行中电气设备的接地装置应始终保持在良好状态。

（1）接地体。接地体有自然接地体和人工接地体两种类型。

① 自然接地体。是指用于其他目的但与土壤保持紧密接触的金属导体。如埋设在地下的金属管道（有可燃或爆炸介质的管道除外）、与大地有可靠连接的建（构）筑物的金属结构等自然导体均可用作自然接地体。利用自然接地体不但可以节约钢材、节省施工经费，还可以降低接地电阻。因此，如果有条件，应当先考虑利用自然接地体。自然接地体至少应有两根导体自不同地点与接地网相连（线路杆塔除外）。

② 人工接地体。可采用钢管、圆钢、角钢、扁钢或废钢铁制成。人工接地体宜垂

直埋设，多岩石地区可水平埋设。垂直埋设的接地体可采用直径 40～50mm 的钢管或 (40mm×40mm×4mm)～(50mm×50mm×5mm) 的角钢。垂直接地体的长度以 2.5m 左右为宜。垂直接地体一般由两根以上的钢管或角钢组成，可以成排布置，也可做环形布置。相邻钢管或角钢之间的距离以不超过 3～5m 为宜。钢管或角钢上端用扁钢或圆钢连接成一个整体。垂直接地体几种典型布置如图 7-9 所示。水平埋设的接地体可采用 40mm×4mm 的扁钢或直径 16mm 的圆钢。水平接地体多呈放射状布置，也可成排布置或环状布置。水平接地体几种典型布置如图 7-10 所示。

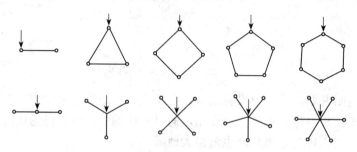

图 7-9　垂直接地体的典型分布

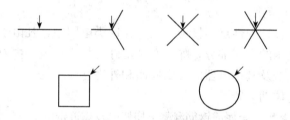

图 7-10　水平接地体的典型分布

（2）接地线。接地线即连接接地体与电气设备应接地部分的金属导体。有自然接地线与人工接地线之分，接地干线与接地支线之分。交流电气设备应优先利用自然导体作接地线。如建筑物的金属结构及设计规定的混凝土结构内部的钢筋、生产用的金属结构、配线的钢管等均可用作接地线。对于低压电气系统，还可以利用不流经可燃液体或气体的金属管道作接地线。在非爆炸危险场所，如自然接地线有足够的截面积，可不再另行敷设人工接地线。

如果生产现场电气设备较多，以敷设接地干线，如图 7-11 所示。必须指出，各电气设备外壳应分别与接地干线连接（各设备的接地支线不能串联），接地干线应经两条连接线与接地体连接。

（3）接地装置的安装与连接。接地体应避开人行道和建筑物出入口附近；如不能避开腐蚀性较强的地带，应采取防腐措施。为了提高接地的可靠性，电气设备的接地支线应单独与接地干线或接地体相连，而不允许串联连接。接地干线应有两处与接地体相连接，以提高可靠性。除接地体外，接地体的

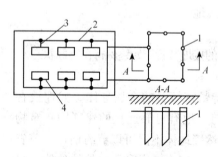

图 7-11　接地装置示意图

1. 接地体；2. 接地干线；

3. 接地支线；4. 电气设备

引出线亦应做防腐处理。

接地体与建筑物的距离不应小于1.5m，与独立避雷针的接地体之间的距离不应小于3m。为了减小自然因素对接地电阻的影响，接地体上端的埋入深度一般不应小于0.6m，并应在冻土层以下。

接地线位置应便于检查，并不应妨碍设备的拆卸和检修。

接地线的涂色和标志应符合国家标准。不经允许，接地线不得做其他电气回路使用。

必须保证电气设备至接地体之间导电的连续性，不得有虚接和脱落现象。接地体与接地线的连接应采用焊接，且不得有虚焊；接地线与管道的连接可采用螺丝连接，但必须防止锈蚀，在有震动的地方，应采取防松措施。

（4）保护接地的局限性。在中性点接地的低压配电网络中，假如电气设备发生了单相碰壳漏电故障，若实行了保护接地，由于电源电压为220V，如按工作接地电阻为4Ω、保护接地电阻为4Ω计算，则故障回路将产生27.5A的电流。为保证使熔丝熔断或自动开关跳闸，一般规定故障电流必须分别大于熔丝或开关额定电流的2.5倍或1.25倍。因此故障电流便只能保证使额定电流为11A的熔丝或22A的开关动作；若电气设备容量较大，所选用的熔丝与开关的额定电流超过了上述数值，则此时便不能保证切断电源，进而也就无法保障人身安全了。所以，接地保护方式存在一定的局限性。

4. 保护接零

保护接零是将电气设备在正常情况下不带电的金属部分用导线与低压配电系统的零线相连接的技术防护措施（图7-12），常简称为接零。与保护接地相比，保护接零能在更多的情况下保证人身的安全，防止触电事故。

在实施上述保护接零的低压系统中，如果电气设备一旦发生了单项碰壳漏电故障便形成了一个单项短路回路。因该回路内不包含工作接地电阻与保护接地电阻，整个回路的阻抗就很小，因此故障电流必将很大（远远超出27.5A），就足以能保证在最短的时间内使熔丝熔断、保护装置或自动开关跳闸，从而切断电源，保障了人身安全。

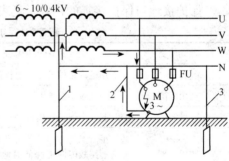

图7-12 保护接零、工作接地、
重复接地示意图
1. 工作接地；2. 保护接地；3. 重复接地

保护接零适用于中性点直接接地的380/220V三相四线制电网。

1）采用保护接零的基本要求

在低压配电系统内采用接零保护方式时，应注意如下要求：

（1）三相四线制低压电源的中性点必须接地良好，工作接地电阻应符合要求。

（2）采用接零保护方式时，必须装设足够数量的重复接地装置。

（3）统一低压网同中（指同一台配电变压器的供电范围内），在采用保护接零方式后，便不允许再采用保护接地方式。

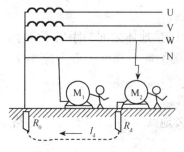

图 7-13 同一配电系统内保护
接地与接零混用

如果同时采用了接地与接零两种保护方式，如图 7-13 所示，当实行保护接地的设备 M_2 发生了碰壳故障，则零线的对地电压将会升高到电源相电压的一半或更高。这时，实行保护接零的所有设备（如 M_1）都会带有同样高的电位，使设备外壳等金属部分呈现较高的对地电压，从而危及操作人员的安全。

（4）零线上不准装设开关和熔断器。零线的敷设要求与相线的一样，以免出现零线断线故障。

（5）零线截面应保证在低压电网内任何一处短路时，能够承受大于熔断器额定电流 2.5～4 倍及自动开关额定电流 1.25～2.5 倍的短路电流。

（6）所有电气设备的保护接零线，应以"并联"方式连接到零干线上。

必须指出，在实行保护接零的低压配电系统中，电气设备的金属外壳在其正常情况下有时也会带电。产生这种情况的原因不外乎有以下三种：

① 三相负载不均衡时，在零线阻抗过大（线径过小）或断线的情况下，零线上便可能会产生一个有麻电感觉的接触电压。

② 保护接零系统中有部分设备采用了保护接地时，若接地设备发生了单相碰壳故障，则接零设备的外壳便会因零线电位的升高而产生接触电压。

③ 当零线断线又同时发生了零线断开点之后的电气设备单相碰壳，这时，零线断开点后的所有接零电气设备都会带有较高的接触电压。

2）保护接地与保护接零

保护接地与保护接零的比较详见表 7-4 所示。

表 7-4　保护接地与保护接零的比较

种　类	保护接地	保护接零
含义	用电设备的外壳接地装置	用电设备的外壳接电网的零干线
使用范围	中性点不接地电网	中性点接地的三相四线制电网
目的	起安全保护作用	起安全保护作用
作用原理	平时保持零电位不显作用；当发生碰壳或短路故障时能降低对地电压，从而防止触电事故	平时保持零干线电位不显作用，且与相线绝缘；当发生碰壳或短路时能促使保护装置速动以切断电源
注意事项	必须克服接地线、零线并不重要的错误认识，而要树立零线、地线对于保证电气安全比相线更具重要意义的科学观念	
	确保接地可靠。在中性点接地系统，条件许可时要尽可能采用保护接零方式，在同一电源的低压配电网范围内，严禁混用接地与接零保护方式	禁止在零线上装设各种保护装置和开关等；采用保护接零时必须有重复接地才能保证人身安全，严禁出现零线断线的情况

5. 采用漏电保护器

漏电保护器主要用于防止单相触电事故，也可用于防止由漏电引起的火灾，有的漏电保护器还具有过载保护、过电压和欠电压保护、缺相保护等功能。主要应用于 1000 V

以下的低压系统和移动电动设备的保护，也可用于高压系统的漏电检测。漏电保护器按动作原理可分为电流型和电压型两大类。目前以电流型漏电保护器的应用为主。

电流型漏电保护器的主要参数为：动作电流和动作时间。

动作电流可分为 0.006、0.01、0.15、0.03、0.05、0.075、0.1、0.2、0.5、1、3、5、10、20A 等 14 个等级。其中，30mA 以下（包括 30mA）的属于高灵敏度，主要用于防止各种人身触电事故；30mA 以上及 1000mA 以下（包括 1000mA）的属于中灵敏度，用于防止触电事故和漏电火灾事故；1000mA 以上的属于低灵敏度，用于防止漏电火灾和监视一相接地事故。为了避免误动作，保护装置的不动作电流不得低于额定动作电流的一半。

漏电保护器的动作时间是指动作时的最大分段时间。应根据保护要求确定，有快速型、定时限型和延时型之分。快速型和定时限型漏电保护器的动作时间应符合表 7-5 的要求。延时型只能用于动作电流 30mA 以上的漏电保护器，其动作时间可选为 0.2、0.4、0.8、1、1.5s 及 2s。防止触电的漏电保护，宜采用高灵敏度、快速型漏电保护器，其动作电流与动作时间的乘积不应超过 30mA·s。

表 7-5　漏电保护器的动作时间

额定动作电流 I/mA	额定电流/A	动作时间/s		
		I	$2I$	$5I$
≤30	任意值	0.2	0.1	—
>30	任意值	0.2	0.1	0.04
	≥40	0.2	—	0.15

6. 正确使用防护用具

为了防止操作人员发生触电事故，必须正确使用相应的电气安全用具。常用电气安全用具主要有如下几种：

（1）绝缘杆是一种主要的基本安全用具，又称绝缘棒或操作杆，其结构如图 7-14 所示。绝缘杆在变配电所里主要用于闭合或断开高压隔离开关、安装或拆除携带型接地线以及进行电气测量和试验等工作。在带电作业中，则是使用各种专用的绝缘杆。使用绝缘杆时应注意握手部分不能超出护环，且要戴上绝缘手套、穿绝缘靴（鞋）；绝缘杆每年要进行一次定期试验。

（2）绝缘夹钳，其结构如图 7-15 所示。绝缘夹钳只允许在 35kV 及以下的设备上使用，使用绝缘夹钳夹熔断器时，工作人员的头部不可超过握手部分，并应戴护目镜、绝缘手套，穿绝缘靴（鞋）或站在绝缘台（垫）上；绝缘夹钳的定期试验为每年一次。

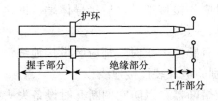

图 7-14　绝缘杆

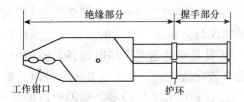

图 7-15　绝缘夹钳

（3）绝缘手套是在电气设备上进行实际操作时的辅助安全用具，也是在低压设备的带电部分上工作时的基本安全用具。绝缘手套一般分为 12kV 和 5kV 两种，这都是以试验电压值命名的。

• 使用绝缘手套应注意以下事项：

① 使用前检查时可将手套朝手指方向卷曲，检查有无漏气或裂口等现象。

② 戴手套时应将外衣袖放入手套的伸长部分。

③ 绝缘手套使用后必须擦干净，并且要与其他工具分开放置。

④ 绝缘手套每半年应检查一次。

（4）绝缘靴（鞋）是在任何等级的电气设备上工作时，用来与地面保持绝缘的辅助安全用具，也是防跨步电压的基本安全用具。

• 使用绝缘靴（鞋）应注意以下事项：

① 绝缘靴（鞋）要存放在柜子里，并应与其他工具分开放置。

② 绝缘靴（鞋）使用期限，制造厂规定以大底磨光为止，即当大底露出黄色面胶（绝缘层）时就不适合在电气作业中使用。

③ 绝缘靴（鞋）每半年试验一次。

（5）绝缘垫是在任何等级的电气设备上带电工作时，用来与地面保持绝缘的辅助安全用具。使用电压在 1000V 及以上时，可作为辅助安全用具；1000V 以下时可作为基本安全用具。绝缘垫的规格：厚度有 4、6、8、10、12mm 等 5 种，宽度为 1m，长度为 5m。

• 使用绝缘垫时应注意以下事项：

① 注意防止与酸、碱、盐类及其他化学品和各种油类接触，以免受腐蚀后老化、龟裂或变黏，降低绝缘性能。

② 避免与热源直接接触使用，应在空气温度为 20～40℃ 的环境中使用。

③ 绝缘垫定期每 2 年试验一次。

（6）绝缘台是在任何等级的电气设备上带电工作时的辅助安全用具。其台面用干燥的、漆过绝缘漆的木板或木条做成，四角用绝缘瓷瓶作台角，如图 7-16 所示。绝缘台面的最小尺寸为 800mm×800mm。为便于移动、清扫和检查，台面不宜做得太大，一般不超过 1500mm×1000mm。绝缘台必须放在干燥的地方。绝缘台的定期试验为每 3 年一次。

（7）携带型接地线。可用来防止设备因突然来电，如错误合闸送电而带电、消除临近感应电压或放尽已断开电源的电气设备上的剩余电荷。其结构如图 7-17 所示。短路软导线与接地软导线应采用多股裸软铜线，其截面不小于 25mm²。

• 使用携带型接地线应注意以下事项：

① 电气设备上需安装接地线时，应安装在导电部分的规定位置，并保证接触良好。

② 装设携带型接地线必须 2 人进行。装设时应先接接地端，后接导体端。拆接地线的顺序与此相反。装设时应使用绝缘杆并戴绝缘手套。

③ 凡是可能送电至停电设备，或停电设备上有感应电压时，都应装设接地线；检修设备若分散在电气连接的几个部分时，则应分别验电并装设接地线。

④ 接地线和工作设备之间不允许连接刀闸或熔断器，以防它们断开时设备失去接地，使检修人员触电。

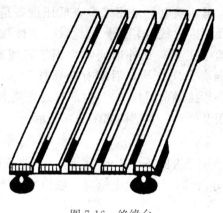

图 7-16 绝缘台

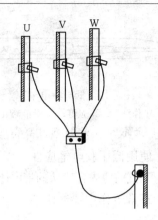

图 7-17 携带型接地线

⑤ 装设时严禁用缠绕的方法进行接地或短路。这是由于缠绕接触不良，通过短路电流时容易产生过热而烧坏，同时还会产生较大的电压降作用于停电设备上。

⑥ 禁止用普通导线作为接地线或短路线。

为了保存和使用好接地线，所有接地线都应编号，放置的处所亦应编号，以便对号存放。每次使用要做记录，交接班时要交接清楚。

(8) 验电笔有高压验电笔和低压验电笔两类。它们都是用来检验设备是否带电的工具。当设备断开电源、装设携带型接地线之前，必须用验电笔验明设备是否确已无电。

高压验电笔是一个绝缘材料的空心管，管上装有金属制成的工作触头，触头里装有氖光灯和电容器。绝缘部分和握柄用胶木或硬橡胶制成。其结构如图 7-18 所示。

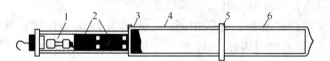

图 7-18 高压验电笔

1. 氖光灯；2. 电容器；3. 接地螺丝；4. 绝缘部分；5. 护环；6. 握柄

• 使用高压验电笔应注意以下事项：

① 必须使用额定电压和被检验设备电压等级一致的合格验电笔。验电前应将验电笔在带电的设备上验电，证实验电笔良好时，再在设备进出线两侧逐相进行验电（不能只验一相，因在实际工作中曾发生过开关故障跳闸后某一相仍然有电压的情况）。验明无电后再把验电笔在带电设备上复核它是否良好。上述操作顺序称为"验电三步骤"。

② 反复验证验电笔的目的是防止使用中验电笔突然失灵而把有电设备判断为无电设备，以致发生触电事故。

③ 在没有验电笔的情况下，可用合格的绝缘杆进行验电。验电时要将绝缘杆缓慢地接近导体（但不准接触），以形成间隙放电并根据有无放电火花和劈啪声判断有无电压。

④ 在高压设备上进行验电工作时，工作人员必须戴绝缘手套。

⑤ 高压验电笔每 6 个月要定期试验一次。

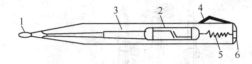

图 7-19　低压验电笔

1. 工作触头；2. 氖灯；3. 炭精电阻；
4. 金属夹；5. 弹簧；6. 中心螺钉

低压验电笔是用来检查低压设备是否有电以及区别火线（相线）与地线（中性线）的一种验电工具。其外形通常为钢笔式或旋凿式，前端有金属探头，后端有金属挂钩（使用时，手必须接触金属挂钩），内部有发光氖泡、降压电阻及弹簧，其结构如图 7-19 所示。

• 使用低压验电笔应注意以下事项：

① 测试前应先在确认的带电体上试验以证明是否良好，防止因氖泡损坏而造成误判断。

② 日常工作中要养成使用验电笔的良好习惯，使用验电笔时一般应穿绝缘鞋（俗称电工鞋）。

③ 在明亮光线下测试时，往往不容易看清楚氖泡的辉光，此时，应采用避光观察并注意仔细测试。

④ 有些设备特别是测试仪表，其外壳常会因感应而带电，验电时氖泡也会发亮，但不一定构成触电危险。此时，可用万用表测量或用其他方法以判断是否真正带电。

三、触电急救

1. 触电急救的要点与原则

触电急救的要点是抢救迅速与救护得法。发现有人触电后，首先要尽快使其脱离电源；然后根据触电者的具体情况，迅速对症救护。现场常用的主要救护方法是心肺复苏法，它包括口对口人工呼吸和胸外心脏按压法。

人触电后会出现神经麻痹、呼吸中断、心脏停止跳动等症状，外表呈现昏迷不醒状，即"假死状态"，有触电者经过 4h 甚至更长时间的连续抢救而获得成功的先例。据资料统计，从触电后 1min 开始救治的约 90％有良好效果；从触电后 6min 开始救治的约 10％有良好效果；从触电后 12min 开始救治的，则救活的可能性就很小了。所以，抢救及时并坚持救护是非常重要的。

对触电人（除触电情况轻者外）都应进行现场救治。在医务人员接替救治前，切不能放弃现场抢救，更不能只根据触电人当时已没有呼吸或心跳，便擅自判定伤员为死亡，从而放弃抢救。

触电急救的基本原则是：应在现场对症地采取积极措施保护触电者生命，并使其能减轻伤情、减少痛苦。具体而言就是应遵循迅速（脱离电源）、就地（进行抢救）、准确（姿势）、坚持（抢救）的"八字原则"。同时应根据伤情的需要，迅速联系医疗部门救治。尤其对于触电后果严重的人员，急救成功的必要条件是动作迅速、操作正确。任何迟疑拖延和操作错误都会导致触电者伤情加重或造成死亡。此外，急救过程中要认真观察触电者的全身情况，以防止伤情恶化。

2. 解救触电者脱离电源的方法

使触电者脱离电源，就是要把触电者接触的那一部分带电设备的开关或其他断路设备断开，或设法将触电者与带电设备脱离接触。

• 使触电者脱离电源的安全注意事项：

（1）救护人员不得采用金属和其他潮湿的物品作为救护工具。

（2）在未采取任何绝缘措施前，救护人员不得直接触及触电者的皮肤和潮湿衣服。

（3）在使触电者脱离电源的过程中，救护人员最好用一只手操作，以防再次发生触电事故。

（4）当触电者站立或位于高处时，应采取措施防止脱离电源后触电者的跌倒或坠落。

（5）夜晚发生触电事故时，应考虑切断电源后的事故照明或临时照明，以利于救护。

• 使触电者脱离电源的具体方法：

① 触电者若是触及低压带电设备，救护人员应设法迅速切断电源，如拉开电源开关，拔出电源插头等；或使用绝缘工具、干燥的木棒、绳索等不导电的物品解脱触电者；也可抓住触电者干燥而不贴身的衣服将其脱离开（切记要避免碰到金属物体和触电者的裸露身躯）；也可戴绝缘手套或将手用干燥衣物等包起来去拉触电者，或者站在绝缘垫等绝缘物体上拉触电者使其脱离电源。

② 低压触电时，如果电流通过触电者入地，且触电者紧握电线，可设法用干木板塞进其身下，使触电者与地面隔开；也可用干木把斧子或有绝缘柄的钳子等将电线剪断（剪电线时要一根一根地剪，并尽可能站在绝缘物或干木板上）。

③ 触电者若是触及高压带电设备，救护人员应迅速切断电源；或用适合该电压等级的绝缘工具（戴绝缘手套、穿绝缘靴并用绝缘棒）去解脱触电者（抢救过程中应注意保持自身与周围带电部分必要的安全距离）。

④ 如果触电发生在杆塔上，若是低压线路，凡能切断电源的应迅速切断电源；不能立即切断时，救护人员应立即登杆（系好安全带），用戴绝缘胶柄的钢丝钳或其他绝缘物使触电者脱离电源。如是高压线路且又不可能迅速切断电源时，可用抛铁丝等办法使线路短路，从而导致电源开关跳闸。抛挂前要先将短路线固定在接地体，另一段系重物（抛掷时应注意防止电弧伤人或因其断线危及人员安全）。

⑤ 不论是高压或低压线路上发生的触电，救护人员在使触电者脱离电源时，均要预先注意防止发生高处坠落和再次触及其他有电线路的可能。

⑥ 若触电者触及了断落在地面上的带电高压线，在未确认线路无电或未做好安全措施（如穿绝缘靴等）之前，救护人员不得接近断线落地点8～12m范围内，以防止跨步电压伤人（但可临时将双脚并拢蹦跳地接近触电者）。在使触电者脱离带电导线后，亦应迅速将其带至8～12m外并立即开始紧急救护。只有在确认线路已经无电的情况下，方可在触电者倒地现场就地立即进行对症救护。

3. 脱离电源后的现场救护

抢救触电者使其脱离电源后，应立即就近移至干燥与通风场所，且勿慌乱和围观，首先应进行情况判别，再根据不同情况进行对症救护。

1）情况判别

（1）触电者若出现闭目不语、神志不清情况，应让其就地仰卧平躺，且确保气道通畅。可迅速呼叫其名字或轻拍其肩部（时间不超过 5s），以判断触电者是否丧失意识。但禁止摇动触电者头部进行呼叫。

（2）触电者若神志昏迷、意识丧失，应立即检查是否有呼吸、心跳，具体可用"看、听、试"的方法尽快(不超过 10s)进行判定：所谓看，即仔细观看触电者的胸部和腹部是否还有起伏动作；所谓听，即用耳朵贴近触电者的口鼻与心房处，细听有无微弱呼吸声和心跳音；所谓试，即用手指或小纸条测试触电者口鼻处有无呼吸气流，再用手指轻按触电者左侧或右侧喉结凹陷处的颈动脉有无搏动，以判定是否还有心跳。

2）对症救护

触电者除出现明显的死亡症状外，一般均可按以下三种情况分别进行对症处理：

（1）伤势不重、神志清醒，但有点心慌、四肢发麻、全身无力；或触电过程中曾一度昏迷、但已清醒过来。此时应让触电者安静休息，不要走动，并严密观察。也可请医生前来诊治，或必要时送往医院。

（2）伤势较重、已失去知觉，但心脏跳动和呼吸存在，应使触电者舒适、安静地平卧。不要围观，让空气流通，同时解开其衣服包括领口与裤带以利于呼吸。若天气寒冷则还应注意保暖，并速请医生诊治或送往医院。若出现呼吸停止或心跳停止，应随即分别施行口对口人工呼吸法或胸外心脏按压法进行抢救。

（3）伤势严重、呼吸或心跳停止，甚至都已停止，即处于所谓"假死状态"。则应立即施行口对口人工呼吸及胸外心脏按压进行抢救，同时速请医生或送往医院。应特别注意，急救要尽早进行，切不能消极地等待医生到来；在送往医院途中，也不应停止抢救。

4. 心肺复苏法简介

心肺复苏法包括人工呼吸法与胸外按压法两种急救方法。对于抢救触电者生命来说，既至关重要又相辅相成。所以，一般情况下该两法要同时施行。因为心跳和呼吸相互联系，心跳停止了，呼吸很快就会停止；呼吸停止了，心脏跳动也维持不了多久。所以，呼吸和心脏跳动是人体存活的基本特征。

采用心肺复苏法进行抢救，以维持触电者生命的三项基本措施是：通畅气道、口对口人工呼吸和胸外心脏按压。

1）通畅气道

触电者呼吸停止时，最主要的是要始终确保其气道通畅；若发现触电者口内有异物，则应清理口腔阻塞。即将其身体及头部同时侧转，并迅速用一个或两个手指从口角处插入以取出异物。操作中要防止将异物推向咽喉深处。

采用使触电者鼻孔朝天头后仰的"仰头抬颌法"（图 7-20）通畅气道。具体做法是用一只手放在触电者前额，另一只手的手指将触电者下颌骨向上抬起，两手协同将头部推向后仰，此时舌根随之抬起，气道即可通畅（图 7-21）。禁止用枕头或其他物品垫在触电者头下，因为头部太高更会加重气道阻塞，且使胸外按压时流向脑部的血流减少。

2）口对口人工呼吸

正常的呼吸是由呼吸中枢神经支配的，由肺的扩张与缩小排出二氧化碳，维持人体的正常生理功能。一旦呼吸停止，机体不能建立正常的气体交换，最后便导致人的死

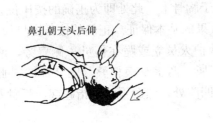

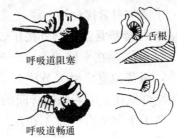

图 7-20　仰头抬颌法　　　　　　　图 7-21　气道阻塞与通畅

亡。口对口人工呼吸就是采用人工机械的强制作用维持气体交换，并使其逐步地恢复正常呼吸。具体操作方法如下：

（1）在保持气道畅通的同时，救护人员在用放在触电者额上那只手捏住其鼻翼，深深地吸足气后，与触电者口对口接合并贴近吹气，然后放松换气，如此反复进行（图 7-22）。开始时（均在不漏气情况下）可先快速连续而大口地吹气 4 次（每次用 1~1.5s）。经 4 次吹气后观察触电者胸部有无起伏状，同时测试其颈动脉，若仍无搏动，便可判断为心跳已停止，此时应立即同时施行胸外按压。

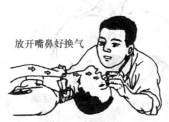

图 7-22　口对口人工呼吸法

（2）除开始施行时的 4 次大口吹气外。此后正常的口对口吹气量均不需过大（但应达 800~1200mL），以免引起胃膨胀。施行速度为每分钟 12~16 次；对儿童为每分钟 20 次。吐气和放松时，应注意触电者胸部要有起伏状呼吸动作。吹气中如遇有较大阻力，便可能是头部后仰不够，气道不畅，要及时纠正。

（3）触电者如牙关紧闭且无法弄开时，可改为口对鼻人工呼吸。口对鼻人工呼吸时，要将触电者嘴唇紧闭以防止漏气。

3）胸外心脏按压（人工循环）

心脏是血液循环的"发动机"。正常的心脏跳动是一种自主行为，同时受交感神经、副交感神经及体液的调节。由于心脏的收缩与舒张，把氧气和养料输送给机体，并把机体的二氧化碳和废料带回。一旦心脏停止跳动，机体因血液循环中止，将缺乏供氧和养料而丧失正常功能，最后导致死亡。胸外心脏按压法就是采用人工机械的强制作用维持血液循环，并使其逐步过渡到正常的心脏跳动。

• 正确的按压位置（称"压区"）是保证胸外按压效果的重要前提。确定正确按压位置的步骤（图 7-23a）如下：

（1）右手食指和中指沿触电者右侧肋弓下缘向上，找到肋骨和胸骨结合处的中点。

（2）两手指并齐，中指放在切迹中点（剑突底部），食指平放在胸骨下部。

（3）另一手的掌根紧挨食指上缘，置于胸骨上，此处即为正确的按压位置。

• 正确的按压姿势是达到胸外按压效果的基本保证。正确的按压姿势如下：

① 使触电者仰面躺在平硬的地方，救护人员立或跪在伤员一侧肩旁，两肩位于伤员胸骨正上方，两臂伸直，肘关节固定不屈，两手掌根相叠（图 7-23b）。此时，贴胸手掌的中指尖刚好抵在触电者两锁骨间的凹陷处，然后再将手指翘起，不触及触电者胸壁，或者采用两手指交叉抬起法（图 7-24）。

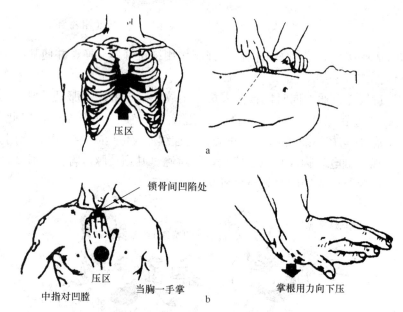

图 7-23　胸外按压的准备工作
a. 确定正确的按压位置；b. 压区和叠掌

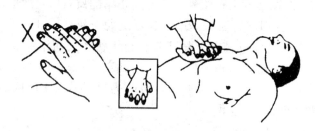

图 7-24　两手指交叉抬起法

② 以髋关节为支点，利用上身的重力，垂直地将成人的胸骨压陷 4～5cm（儿童和瘦弱者酌减，为 2.5～4cm，对婴儿则为 1.5～2.5cm）。

③ 按压至要求程度后，要立即全部放松，但放松时救护人员的掌根不应离开胸壁，以免改变正确的按压位置（图 7-25）。

按压时正确地操作是关键。尤应注意，抢救者双臂应绷直，双肩在患者胸骨上方正中，垂直向下用力按压，按压时应利用上半身的体重和肩、臂部肌肉力量（图 7-26），避免不正确的按压（图 7-27）。

按压救护是否有效的标志，是在施行按压急救过程中再次测试触电者的颈动脉，看

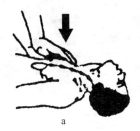 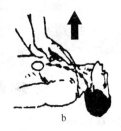

图 7-25　胸外心脏按压法

a. 下压；b. 放松

 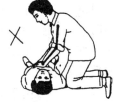

图 7-26　正确的按压姿势　　　　图 7-27　不正确的按压姿势

其有无搏动。由于颈动脉位置靠近心脏，容易反映心跳的情况。此外，因颈部暴露，便于迅速触摸，且易于学会与记牢。

• 胸外按压的方法：

① 胸外按压的动作要平稳，不能冲击式地猛压。而应以均匀速度有规律地进行，每分钟 80～100 次，每次按压和放松的时间要相等（各用约 0.4s）。

② 胸外按压与口对口人工呼吸两法同时进行时，其节奏为：单人抢救时，按压 15 次，吹气 2 次，如此反复进行；双人抢救时，每按压 5 次，由另一人吹气 1 次，可轮流反复进行（图 7-28）。

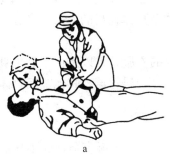 

图 7-28　胸外按压与口对口人工呼吸同时进行

a. 单人操作；b. 双人操作

任务二

静电防护技术

一、静电危害及特性

1. 静电的产生与危害

静电通常是指静止的电荷，它是由物体间的相互摩擦或感应而产生的。静电现象是一种常见的带电现象。在干燥的天气中用塑料梳子梳头，可以听到清晰的劈啪声；夜晚脱衣服时，还能够看见明亮的蓝色小火花；冬、春季节的北方或西北地区，有时会在客人握手寒暄之际，出现双方骤然缩手或几乎跳起的喜剧场面。这是由于客人在干燥的地毯或木质地板上走动，电荷积累又无法泄漏，握手时发生了轻微电击的缘故。这些生活中静电现象，一般由于电量有限，尚不致造成多大危害。

在工业生产中，静电现象也是很常见的。特别是石油化工部门，塑料、化纤等合成材料生产部门、橡胶制品生产部门、印刷和造纸部门、纺织部门以及其他制造、加工、运输高电阻材料的部门，都会经常遇到有害的静电。

化工生产中，静电的危害主要有三个方面，即引起火灾和爆炸、静电电击和引起生产中各种困难而妨碍生产。

1）静电引起爆炸和火灾

静电放电可引起可燃、易燃液体蒸气、可燃气体以及可燃件粉尘的着火、爆炸。在化工生产中，由静电火花引起爆炸和火灾事故是静电最为严重的危害。从已发生的事故实例中，由静电引起的火灾、爆炸事故见于苯、甲苯、汽油等有机溶剂的运输；见于易燃液体的灌注、取样、过滤过程，见于一些可产生静电的原料、成品、半成品的包装、称重过程；见于物料泄漏喷出、摩擦搅拌、液体及粉体物料的输送、橡胶和塑料制品的剥离等。

在化工操作过程中，操作人员在活动时，穿的衣服、鞋以及携带的工具与其他物体摩擦时，就可能产生静电。当携带静电荷的人走近金属管道和其他金属物体时，人的手指或脚趾会释放出电火花，往往酿成静电灾害。

2）静电电击

橡胶和塑料制品等高分子材料与金属摩擦时，产生的静电荷往往不易泄漏。当人体接近这些带电体时，就会受到意外的电击。这种电击是由于从带电体向人体发生放电，电流流向人体而产生的。同样，当人体带有较多静电电荷时，电流流向接地体，也会发生电击现象。

静电电击不是电流持续通过人体的电击，而且由静电放电造成的瞬间冲击性电击。这种瞬间冲击性电击不至于直接使人死亡，人大多数只是产生痛感和震颤。但是，在生产现场却可造成指尖负伤，或因为屡遭电击后产生恐惧心理，从而使工作效率下降。上海某轮胎厂的卧式裁断机上，测得橡胶布静电的电位是 $20\sim28kV$，当操作人员接近橡胶布时，头发会竖立起来。当手靠近时，会受到强烈的电击。人体受到静电电击时的反应见表 7-6。

表 7-6　静电电击时人体的反应

静电电压/kV	人 体 反 应	备 注
1.0	无任何感觉	—
2.0	手指外侧有感觉但不痛	发生微弱的放电响声
2.5	放电部分有针刺感，有些微颤样的感觉，但不痛	—
3.0	有像针刺样的同感	可看到放电时的发光
4.0	手指有微痛感，好像用针深深地刺一下的痛感	—
5.0	手掌至前腕有电击痛感	—
6.0	感到手指强烈疼痛，受电击后手腕有沉重感	—
7.0	手指、手掌感到强烈疼痛，有麻木感	—
8.0	手掌至前腕有麻木感	—
9.0	手腕感到强烈疼痛，手麻木而沉重	—
10.0	全手感到疼痛和电流流过感	—
11.0	手指感到剧烈麻木，全手有强烈的触电感	—
12.0	有较强的触电感，全手有被狠打的感觉	—

3）静电妨碍生产

静电对化工生产的影响，主要表现在粉料加工、塑料、橡胶和感光胶片加工工艺过程中。

（1）在粉体筛分时，由于静电电场力的作用，筛网吸附了细微的粉末，使筛孔变小降低生产效率；在气流输送工序，管道的某些部位由于静电作用，积存一些被输送物料，减小了管道的流通面积，使输送效率降低；在球磨工序中，因为钢球带电而吸附了一层粉末，这不但会降低球磨的粉碎效果，而且这一层粉末脱落下来混进产品中，不仅影响产品的细度，还会降低产品质量；在计量粉体时，由于计量器具吸附粉体，造成计量误差，即会影响投料或包装重量的正确性；粉体装袋时，因为静电斥力的作用，使粉体四散飞扬，既损失了物料，又污染了环境。

（2）在塑料和橡胶行业，由于制品与辊轴的摩擦或制品的挤压或拉伸，会产生较多的静电。因为静电不能迅速消失，会吸附大量灰尘，而为了清扫灰尘要花费很多时间，浪费大量工时。塑料薄膜还会因静电作用而缠卷不紧。

（3）在感光胶片行业，由于胶片与辊轴的高速摩擦，胶片静电电压可高至数千至数万伏。如果在暗室发生静电放电的话，胶片将因感光而报废；同时，静电使胶卷基片吸附灰尘或纤维，降低了胶片质量，还会造成涂膜不均匀等。

随着科学技术的现代化，化工生产普遍采用电子计算机。由于静电的存在可能会影响到电子计算机的正常运行，致使系统发生错误动作而影响生产。但静电也有其可被利用的一面。静电技术作为一项先进技术，在工业生产中已得到了越来越广泛的应用。如静电除尘、静电喷漆、静电植绒、静电选矿、静电复印等都是利用静电的特点来进行工作的。它们是利用外加能源来产生高压静电场，与生产工艺过程中产生的有害静电不尽相同。

2. 静电的特性

（1）化工生产过程中产生的静电电量都很小，但电压却很高，其放电火花的能量大大超过某些物质的最小点火能，所以易引起着火爆炸，因此是很危险的。

（2）在绝缘体上静电泄漏很慢，这样就使带电体保留危险状态的时间也长，危险程度相应增加。

（3）绝缘的静电导体所带的电荷平时无法导走，一有放电机会，全部自由电荷将一次经放电点放掉，因此带有相同数量静电荷和表观电压的绝缘的导体要比非导体危险性大。

（4）远端放电（静电于远处放电）。若厂房中一条管道或部件产生了静电，其周围与地绝缘的金属设备就会在感应下将静电扩散到远处，并可在预想不到的地方放电，或使人受到电击，它的放电是发生在与地绝缘的导体上，自由电荷可一次全部放掉，因此危害性很大。

（5）尖端放电。静电电荷密度随表面曲率增大而升高，因此在导体尖端部分电荷密度最大，电场最强，能够产生尖端放电。尖端放电可导致火灾、爆炸事故的发生，还可使产品质量受损。

（6）静电屏蔽。静电场可以用导体的金属元件加以屏蔽。如可以用接地的金属网、容器等将带静电的物体屏蔽起来，不使外界遭受静电危害。相反，使被屏蔽的物体不受外电场感应起电，也是一种"静电屏蔽"。静电屏蔽在安全生产上被广为利用。

二、静电防护技术

防止静电引起火灾爆炸事故是化工静电安全的主要内容。为防止静电引起火灾爆炸所采取的安全防护措施，对防止其他静电危害也同样有效。

静电引起燃烧爆炸的基本条件有四个，一是有产生静电的来源；二是静电得以积累，并达到足以引起火花放电的静电电压；三是静电放电的火花能量达到爆炸性混合物的最小点燃能量；四是静电火花周围有可燃性气体、蒸气和空气形成的可燃性气体混合物。因此，只要采取适当的措施，消除以上四个基本条件中的任何一个，就能防止静电引起的火灾爆炸。防止静电危害主要有七个措施。

1. 场所危险程度的控制

为了防止静电危害，可以采取减轻或消除所在场所周围环境火灾、爆炸危险性的间接措施。加用不燃介质代替易燃介质，通风、惰性气体保护、负压操作等。在工艺允许的情况下，采用较大颗粒的粉体代替较小颗粒粉体，也是减轻场所危险性的一个措施。

2. 工艺控制

工艺控制是从工艺上采取措施，以限制和避免静电的产生和积累，是消除静电危害的主要手段之一。

1）应控制的输送物料流速以限制静电的产生

输送液体物料时允许流速与液体电阻率有着十分密切的关系，当电阻率小于 $10^7\Omega\cdot cm$ 时，允许流速不超过 10m/s；当电阻率 $10^7\sim10^{11}\Omega\cdot cm$ 时，允许流速不超过 5m/s；当电阻率大于 $10^{11}\Omega\cdot cm$ 时，允许流速取决于液体的性质、管道直径和管道内壁光滑程度等条件。例如，烃类燃料油在管内输送，管道直径为 50mm 时，流速不得超过 3.6m/s；直径 100mm 时，流速不得超过 2.5m/s。但是当燃料油带有水分时，必须将流速限制在 1m/s 以下。输送管道应尽量减少转弯和变径。操作人员必须严格执行工艺规定的流速，不能擅自提高流速。

2）选用合适的材料

一种材料与不同种类的其他材料摩擦时，所带的静电电荷数量及极性随其材料的不同而不同。可以根据静电起电序列选用适当的材料匹配，使生产过程中产生的静电互相抵消，从而达到减少或消除静电危险的目的。如氧化铝粉经过不锈钢漏斗时，静电电压为 -100V，经过虫胶漆漏斗时，静电电压为 +500V。采用适当选配，由这两种材料制成的漏斗，静电电压可以降低为零。

同样，在工艺允许的前提下，适当安排加料顺序，也可降低静电的危险性。例如，某搅拌作业中，最后加入汽油时，液浆表面的静电电压高达 11～13kV。后来改变加料顺序，先加入部分汽油，后加入氧化锌和氧化铁，进行搅拌后加入石棉等填料及剩余少量的汽油，能使液浆表面的静电电压降至 400V 以下。这一类措施的关键在于确定了加料顺序或器具使用的顺序后，操作人员不可任意改动。否则，会适得其反，静电电位不仅不会降低，相反还会增加。

3）增加静止时间

化工生产中将苯、二硫化碳等液体注入容器、贮罐时，都会产生一定的静电荷。液体内的电荷将向器壁及液面集中并可慢慢泄漏消散，完成这个过程需要一定的时间。如向燃料罐注入重柴油，装到 90% 时停泵，液面静电位的峰值常常出现在停泵后的 5～10s 内，然后电荷就很快衰减掉，这个过程持续时间为 70～80s。由此可知，刚停泵就进行检测或采样是危险的，容易发生事故。应该静止一定的时间，待静电基本消散后再进行有关的操作。操作人员懂得这个道理后，就应自觉遵守安全规定，千万不能操之过急。

静止时间应根据物料的电阻率、槽罐容积、气象条件等具体情况决定，也可参考表 7-7 的经验数据。

表 7-7 静电消散静止时间/min

物料电阻率/($\Omega\cdot cm$)		$10^8\sim10^{12}$	$10^{12}\sim10^{14}$	$>10^{14}$
物料容积	$<10m^3$	2	4	10
	$10\sim50m^3$	3	5	15

4）改变灌注方式

为了减少从贮罐顶部灌注液体时的冲击而产生的静电，要改变灌注管头的形状和灌注方式。经验表明，T 形、锥形、45°斜口形和人字形灌注管头，有利于降低贮罐液面的最高静电电位。为了避免液体的冲击、喷射和溅射，应将进液管延伸至近底部位。

3. 接地

接地是消除静电危害最常见的措施。在化工生产中，以下工艺设备应采取接地措施：

（1）凡用来加工、输送、贮存各种易燃液体、气体和粉体的设备必须接地。如过滤器、升华器、吸附器、反应、贮槽、贮罐、传送胶带、液体和气体等物料管道、取样器等应该接地。输送可燃物料的管道要连成一个整体，并予以接地。管道的两端和每隔 200～300m 处，均应接地。平行管道相距 10cm 以内时，每隔 20m 应用连接线连接起来；管道与管道、管道与其他金属构件交叉时，若间距小于 10cm，也应互相连接起来。

（2）倾注溶剂漏斗、浮动罐顶、工作站台、磅秤等辅助设备，均应接地。

（3）在装卸汽车槽车之前，应与贮存设备跨接并接地；装卸完毕，应先拆除装卸管道，静置一段时间后，然后拆除跨接线和接地线。

油轮的船壳应与水保持良好的导电性连接，装卸油时也要遵循先接地后接油管、先拆油管后拆接地线的原则。

（4）可能产生和积累静电的固体和粉体作业设备，如压延机、上光机、砂磨机、球磨机、筛分机、捏合机等，均应接地。

静电接地的连接线应保证足够的机械强度和化学稳定性，连接应当可靠，操作人员在巡回检查中，经常检查接地系统是否良好，不得有中断处。接地电阻不超过规定值（现行有关规定为 100Ω）。

4. 增湿

存在静电危险的场所，在工艺条件许可时，宜采用安装空调设备、喷雾器等办法，以提高场所环境相对湿度，消除静电危害。用增湿法消除静电危害的效果显著。例如，某粉体筛选过程中，相对湿度低于 50% 时，测得容器内静电电压为 40kV；相对湿度为 60%～70% 时，静电电压为 18kV；相对湿度为 80% 时，电压为 11kV。从消除静电危害的角度考虑，相对湿度在 70% 以上较为适宜。

5. 抗静电剂

抗静电剂具有较好的导电性能或较强的吸湿性。因此，在易产生静电的高绝缘材料中，加入抗静电剂，可使材料的电阻率下降，加快静电泄漏，从而消除静电危险。

抗静电的种类很多，有无机盐类，如氯化钾、硝酸钾等；有表面活性剂类，如脂肪族磺酸盐、季铵盐、聚乙二醇等；有无机半导体类，如亚铜、银、铝等的卤化物；有高分子聚合物类等。

在塑料行业，为了长期保持静电性能，一般采用内加型表面活性剂。在橡胶行业，一般采用炭黑、金属粉等添加剂。在石油行业，采用油酸盐、环烷酸盐、合成脂肪酸盐作为抗静电剂。

6. 静电消除器

静电消除器是一种产生电子或离子的装置，借助于产生的电子或离子中和物体上的静电，从而达到消除静电的目的。静电消除器具有不影响产品质量、使用比较方便等优点。常用的静电消除器有以下几种：

（1）感应式消除器。这是一种没有外加电源、最简便的静电消除器，可用于石油、化工、橡胶等行业。它由若干只放电针、放电刷或放电线及其支架等附件组成。生产物料上的静电在放电针上感应出极性相反的电荷，针尖附近形成很强的电场，当局部场强超过 35kV/cm 时，空气被电离，产生正负离子，与物料电荷中和，达到消除静电的目的。

（2）高压静电消除器。这是一种带有高压电源和多支放电针的静电消除器，可用于橡胶、塑料行业。它是利用高电压使放电针尖端附近形成强电场，将空气电离以达到消除静电的目的。使用较多的是交流电压消除器。直流电压消除器由于会产生火花放电，不能用于有爆炸危险的场所。

在使用高压静电消除器时，要十分注意绝缘是否良好，要保持绝缘表面的洁净，定期清扫和维护保养，防止发生触电事故。

（3）高压离子流静电消除器。这种消除器是在高压电源作用下，将经电离后的空气输送到较远的需要消除静电的场所。它的作用距离大，距放电器 30～100cm，有满意的消电效能，一般取 60cm 比较合适。使用时，空气要经过净化和干燥，不应有可见的灰尘和油雾，相对湿度应控制在 70% 以下，放电器的压缩空气进口处的正压不能低于 0.049～0.098MPa。这种静电消除器，采用了防爆型结构，安全性能良好，可用于爆炸危险场所。如果加上挡光装置，还可以用于严格防光的场所。

（4）放射性辐射消除器。这是利用放射性同位素使空气电离，产生正负离子去中和生产物料上的静电。放射性辐射消除器距离带电体越近，消电效应就越好。距离一般取 10～20cm，其中采用 α 射线不应大于 4～5cm；采用 β 射线不宜大于 40～60cm。

放射线辐射消除器结构简单，不要求外接电源，工作时不会产生火花，适用于有火灾和爆炸危险的场所。使用时要有专人负责保养和定期维修，避免撞击，防止射线的危害。静电消除器的选择应根据工艺条件和现场环境等具体情况而定。操作人员要做好消除器的管理工作，不能借口生产操作不便而自行拆除或挪动其位置。

7. 人体的防静电措施

人体的防静电主要是防止带电体向人体放电或人体带静电所造成的危害，具体有以下几个措施：

（1）采用金属网或金属板等导电材料遮蔽带电体，以防止带电体向人体放电。操作人员在接触静电带电体时，宜戴用金属线和导电性纤维做的混纺手套，穿防静电工作服。

（2）穿防静电工作鞋。防静电工作鞋的电阻为 $10^5 \sim 10^7 \Omega$，穿着后人体所带静电荷可通过防静电工作鞋及时泄漏掉。

（3）在易燃场所入口处，安装硬铝或铜等导电金属的接地通道，操作人员从通道经过后，可以导除人体静电。同时，入口门的扶手也可以采用金属结构并接地，当手触门扶手时可导除静电。

（4）采用导电性地面是一种接地措施，不但能导走设备上的静电，而且有利于导除积累在人体上的静电。导电性地面是指用电阻率 $10^6 \Omega \cdot cm$ 以下的材料制成的地面。

任务三

防雷技术

一、雷电的形成、分类及危害

1. 雷电的形成

地面蒸发的水蒸气在上升过程中遇到上部冷空气凝成小水滴而形成积云，此外，水平移动的冷气团或热气团在其前锋交界面上也会形成积云。云中水滴受强气流吹袭时，通常会分成较小和较大的部分，在此过程中发生了电荷的转移，形成带相反电荷的雷云。随着电荷的增加，雷云的电位逐渐升高。当带有不同电荷的雷云或积云与大地凸出物相互接近到一定程度时，将会发生激烈的放电，同时出现强烈闪光。由于放电时温度可高达 20000℃，空气受热急剧膨胀，随之发生爆炸的轰鸣声，这就是电闪与雷鸣。

2. 雷电的分类

如前所述，雷电实质上就是大气中的放电现象，最常见的是线形雷，有时也能见到片形雷，个别情况下还会出现球形雷。雷电通常可分为直击雷和感应雷两种。

1）直击雷

大气中带有电荷的雷云对地电压可高达几十万千伏。当雷云同地面凸出物之间的电场强度达到该空间的击穿强度时所产生的放电现象，就是通常所说的雷击。这种对地面凸出物直接的雷击称为直击雷。雷云接近地面时，地面感应出异性电荷，两者组成巨大的电容器。雷云中的电荷分布很不均匀，地面又是起伏不平，故其间的电场强度也是很不均匀的。当电场强度达到 25～30kV/cm 时，即发生由雷云向大地发展的跳跃式"先驱放电"，到达大地时，便发生大地向雷云发展的极明亮的"主放电"，其放电电流可达数十至数百千安，放电时间仅 50～100s，放电速度为（6～10）×10⁴km/s。主放电再向上发展，到达云端即告结束。主放电结束后继续有微弱的余光，大约 50％ 的直击雷具有重复放电性质，平均每次雷击含 3～4 个冲击。全部放电时间一般不超过 0.5s。

2）感应雷

感应雷也称雷电感应，分为静电感应和电磁感应两种。静电感应是在雷云接近地面，在架空线路或其他凸出物顶部感应出大量电荷引起的。在雷云与其他部位放电后，架空线路或凸出物顶部的电荷失去束缚，以雷电波的形式，沿线路或凸出物极快地传播。电磁感应是由雷击后伴随的巨大雷电流在周围空间产生迅速变化的强磁场引起的。这种磁场能使附近金属导体或金属结构感应出很高的电压。

3. 雷电的危害

雷击时，雷电流很大，其值可达数十至数百千安培，由于放电时间极短，故放电陡度甚高，每秒达 50kA；同时雷电压也极高。因此雷电有很大的破坏力，它会造成设备或设施的损坏，造成大面积停电及生命财产损失。其危害主要有以下几个方面：

（1）电性质破坏。雷电放电产生极高的冲击电压，可击穿电气设备的绝缘，损坏电气设备和线路，造成大面积停电。由于绝缘损坏还会引起短路，导致火灾或爆炸事故。绝缘的损坏为高压窜入低压、设备漏电创造了危险条件，并可能造成严重的触电事故。巨大的雷电流流入地下，会在雷击点及其连接的金属部分产生极大的对地电压。也可直接导致因接触电压或跨步电压而产生的触电事故。

（2）热性质破坏。强大雷电流通过导体时，在极短的时间将转换为大量热量，产生的高温会造成易燃物燃烧，或金属熔化飞溅，而引起火灾、爆炸。

（3）机械性质破坏。由于热效应使雷电通道中木材纤维缝隙或其他结构中缝隙里的空气剧烈膨胀，同时使水分及其他物质分解为气体，因而在被雷击物体内部出现强大的机械压力，使被击物体遭受严重破坏或造成爆裂。

（4）电磁感应。雷电的强大电流所产生的强大交变电磁场会使导体感应出较大的电动势，并且还会在构成闭合回路的金属物中感应出电流，这时如果回路中有的地方接触电阻较大，就会发生局部发热或发生火花放电，这对于存放易燃、易爆物品的场所是非常危险的。

（5）雷电波入侵。雷电在架空线路、金属管道上会产生冲击电压，使雷电波沿线路或管道迅速传播。若侵入建筑物内，可造成配电装置和电气线路绝缘层击穿，产生短路，或使建筑物内易燃、易爆品燃烧和爆炸。

（6）防雷装置上的高电压对建筑物的反击作用。当防雷装置受雷击时，在接闪器、引下线和接地体上均具有很高的电压。如果防雷装置与建筑物内、外的电气设备、电气线路或其他金属管道的相隔距离很近，它们之间就会产生放电，这种现象称为反击。反击可能引起电气设备绝缘破坏，金属管道烧穿，甚至造成易燃、易爆品着火和爆炸。

（7）雷电对人的危害。雷击电流若迅速通过人体，可立即使人的呼吸中枢麻痹、心室颤动、心跳骤停，以致使脑组织及一些主要脏器受到严重损坏，出现休克甚至突然死亡。雷击时产生的火花、电弧，还会使人遭到不同程度的灼伤。

二、常用防雷装置的种类与作用

常用防雷装置主要包括避雷针、避雷线、避雷网、避雷带、保护间隙及避雷器。完整的防雷装置包括接闪器、引下线和接地装置。而上述避雷针、避雷线、避雷网、避雷带及避雷器实际上都只是接闪器。除避雷器外，它们都是利用其高出被保护物的突出地位，把雷电引向自身，然后通过引下线和接地装置把雷电流泄入大地，使被保护物免受雷击。各种防雷装置的具体作用如下：

（1）避雷针。主要用来保护露天变配电设备及比较高大的建（构）筑物。它是利用尖端放电原理，避免设置处所遭受直接雷击。

（2）避雷线。主要用来保护输电线路，线路上的避雷线也称为架空地线。避雷线可以限制沿线路侵入变电所的雷电冲击波幅值及陡度。

（3）避雷网。主要用来保护建（构）筑物。分为明装避雷网和笼式避雷网两大类。沿建筑物上部明装金属网格作为接闪器，沿外墙装引下线接到接地装置上，称为明装避雷网，一般建筑物中常采用这种方法。而把整个建筑物中的钢筋结构连成一体，构成一个大型金属网笼，称为笼式避雷网。笼式避雷网又分为全部明装避雷网、全部暗装避雷网和部分明装部分暗装避雷网等几种。如高层建筑中都用现浇的大模板和预制装配式壁板，结构中钢筋较多，把它们从上到下与室内的上下水管、热力管网、煤气管道、电气管道、电气设备及变压器中性点等连接起来，形成一个等电位的整体，叫做笼式暗装避雷网。

（4）避雷带。主要用来保护建（构）筑物。该装置包括沿建筑物屋顶凹周易受雷击部位明设的金属带、沿外墙安装的引下线及接地装置构成。多用在民用建筑，特别是山区的建筑。一般而言，使用避雷带或避雷网的保护性能比避雷针的要好。

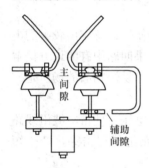

图 7-29　保护间隙的
原理结构

（5）保护间隙。是一种最简单的避雷器。将它与被保护的设备并联，当雷电波袭来时，间隙先行被击穿，把雷电流引入大地，从而避免被保护设备因高幅值的过电压而被击穿。保护间隙的原理结构如图 7-29 所示。

保护间隙主要由直径 6～9mm 的镀锌圆钢制成的主间隙和辅助间隙组成。主间隙做成羊角型，以便其间产生电弧时，因空气受热上升，被推移到间隙的上方，拉长而熄灭。因为主间隙暴露在空气中，比较容易短接，所以加上辅助间隙，防止意外短路。保护间隙的击穿电压应低于被保护设备所能承受的最高电压。

用于 3、6、19kV 电网的保护间隙分别为 8、15、25mm，辅助间隙分别为 5、10、10mm。保护间隙的灭弧能力有限，主要用于缺乏其他避雷器的场合。为了提高供电可靠性，送电端应装设自动重合闸，以弥补保护间隙不能熄灭电弧而形成相间短路的缺点；保护变压器的保护间隙宜装在高压熔断器里侧，以缩小停电范围。

（6）避雷器。主要用来保护电力设备，是一种专用的防雷设备。分为管型和阀型两类，它可进一步防止沿线路侵入变电所或变压器的雷电冲击波对电气设备的破坏。防雷电波的接地电阻一般不得大于 5～30Ω，其中阀型避雷器的接地电阻不得大于 5～10Ω。

三、建（构）筑物、化工设备及人体的防雷

1. 建（构）筑物的防雷

建（构）筑物的防雷保护按各类建（构）筑物对防雷的不同要求，可将它们分为三类：

1）第一类建筑物及其防雷保护

凡在建筑物中存放爆炸物品或正常情况下能形成爆炸性混合物，因电火花而会发生爆炸，致使房屋毁坏和造成人身伤亡者，这类建筑物应装设独立避雷针防止直击雷；对非金属屋面应敷设避雷网，室内一切金属设备和管道，均应良好接地并不得有开口环路，以防止感应过电压。采用低压避雷器和电缆进线，以防雷击时高电压沿低压架空线侵入建筑物内。采用低压电缆与避雷器防止高电位侵入时，电缆首端设低压 FS 型阀型避

雷器，与电缆外皮及绝缘子铁脚共同接地；电缆末端外皮一般须与建筑物防感应雷接地电阻相连。当高电位到达电缆首端时，避雷器击穿，电缆外皮与电缆芯连通，由于肌肤效应及芯线与外皮的互感作用，便限制了芯线上的电流通过。当电缆长度在50m以上、接地电阻不超过10Ω的，绝大部分电流将经电缆外皮及首端接地电阻入地。残余电流经电缆末端电阻入地，其上压降即为侵入建筑物的电位，通常可降低到原值的1%以下。

2）第二类建筑物及其防雷保护

划分条件同第一类，但在因电火花而发生爆炸时，不致引起巨大破坏或人身事故，或政治、经济及文化艺术上具有重大意义的建筑物。这类建筑物可在建筑物上装避雷针或采用避雷针和避雷带混合保护，以防直击雷。室内一切金属设备和管道均应良好接地并不得有开口环路，以防感应雷；采用低压避雷器和架空进线，以防高电位沿低压架空线侵入建筑物内。采用低压避雷器与架空进线防止高电位侵入时，必须将150m内进线段所有电杆上的绝缘子铁脚都接地；低压避雷器装在入户墙上。当高电位沿架空线侵入时，由于绝缘子表面发生闪络及避雷器击穿，便降低了架空线上的高电位，限制了高电位的侵入。

3）第三类建筑物及其防雷保护

凡不属第一、二类建筑物但需实施防雷保护者。这类建筑物防止直击雷可在建筑物最易遭受雷击的部位（如屋脊、屋角、山墙等）装设避雷带或避雷针，进行重点保护。若为钢筋混凝土屋面，则可利用其钢筋作为防雷装置；为防止高电位侵入，可在进户线上安装放电间隙或将其绝缘子铁脚接地。

对建（构）筑物防雷装置的要求如下：

（1）建（构）筑物接地的导体截面不应小于表7-8中所列数值。

表 7-8 建（构）筑物防雷接地装置的导体截面

防雷装置		钢管直径/mm	扁钢截面/mm²	角钢厚度/mm	钢绞线面/mm²	备 注
接闪器	避雷针在1m及以下时	φ12	—	—	—	镀锌活涂漆，在腐蚀性较大的场所，应增大一级或采取其他防腐蚀措施
	避雷针在1～2m时	φ16	—	—	—	
	避雷针装在烟囱顶端	φ20	—	—	—	
	避雷带（网）	φ8	48，厚4mm	—	—	
	避雷带装在烟囱顶端	φ12	100，厚4mm	—	—	
	避雷网	—	—	—	35	
引下线	明设	φ8	48，厚4mm	—	—	镀锌活涂漆，在腐蚀性较大的场所，应增大一级或采取其他防腐蚀措施
	暗设	φ10	60，厚5mm	—	—	
	装在烟囱上时	φ12	100，厚4mm	—	—	
接地线	水平埋设	φ12	100，厚4mm	—	—	在腐蚀性土壤中应镀锌或加大截面
	垂直埋设	φ50，壁厚3.5	—	4.0	—	

（2）引下线要沿建筑物外墙以最短路径敷设，不应构成环套或锐角，引下线的一般弯曲点为软弯，且不小于90°；弯曲过大时，必须 $D \geqslant L/10$ 的要求。D 指弯曲时开口点

的垂直长度（m）；L 为弯曲部分的实际长度（m）。若因建筑艺术有专门要求时，也可采取暗敷设方式，但其截面要加大一级。

（3）建（构）筑物的金属构件（如消防梯）等可作为引下线，但所有金属部件之间均应连接成良好的电气通路。

（4）采取多根引下线时，为便于检查接地电阻及检查引下线与接地线的连接状况，宜在各引下线距地面 18m 处设置断续卡。

（5）易受机械损伤的地方，在地面上约 17m 至地下 0.3m 的一段应加保护管。保护管可为竹管、角钢或塑料管。如用钢管则应顺其长度方向开一豁口，以免高频雷电流产生的磁场在其中引起涡流而导致电感量增大，加大了接地阻抗，不利于雷电流入地。建（构）筑物过电压保护的接地电阻值应能符合要求，具体规定可见表 7-9。

表 7-9 建（构）筑物过电压保护的接地电阻值

建（构）筑物类型		直击雷冲击接地电阻/Ω	感应雷工频接地电阻/Ω	利用基地钢筋工频接地电阻/Ω	电器设备与避雷器的共同工频接地电阻/Ω	架空引入线间隙及金属管道的冲击接地电阻/Ω
工业建筑	第一类	≤10	≤10	—	≤10	≤20
	第二类	≤10	与直击雷共同接地≤10	—	≤5	入户处 10 第一根杆 10 第二根杆 20 架空管道 10
	第三类	20～30	—	≤5	—	≤30
	烟囱	20～30	—	—	—	—
	水塔	≤30	—	—	—	—
民用建筑	第一类	5～40	—	1～5	≤10	第一根杆 10 第二根杆 30
	第二类	20～30	—	≤5	20～30	≤30

（6）对垂直接地体的长度、极间距离等要求，与接地或接零中的要求相同，而防止跨步电压的具体措施，则和对独立避雷针时的要求一样。

2. 化工设备的防雷

（1）当罐顶钢板厚度大于 4mm，且装有呼吸阀时，可不装设防雷装置。但油罐体应做良好的接地，接地点不少于两处，间距不大于 30m，其接地装置的冲击接地电阻不大于 30Ω。

（2）当罐顶钢板厚度小于 4mm 时，虽装有呼吸阀，也应在罐顶装设避雷针，且避雷针与呼吸阀的水平距离不应小于 3m，保护范围高出呼吸阀不小于 2m。

（3）浮顶油罐（包括内浮顶油罐）可不设防雷装置，但浮顶与罐体应有可靠的电气连接。

（4）非金属易燃液体的贮罐应采用独立的避雷针，以防止直接雷击。同时还应有感应雷措施。避雷针冲击接地电阻不大于 30Ω。

（5）覆土厚度大于 0.5m 的地下油罐，可不考虑防雷措施，但呼吸阀、量油孔、采气孔应做良好接地。接地点不少于两处，冲击接地电阻不大于 10Ω。

（6）易燃液体的敞开贮罐应设独立避雷针，其冲击接地电阻不大于 5Ω。

（7）户外架空管道的防雷：

① 户外输送可燃气体、易燃或可燃体的管道，可在管道的始端、终端、分支处、转角处以及直线部分每隔 100m 处接地，每处接地电阻不大于 30Ω。

② 当上述管道与爆炸危险厂房平行敷设而间距小于 10m 时，在接近厂房的一段，其两端及每隔 30～40m 应接地，接地电阻不大于 20Ω。

③ 当上述管道连接点（弯头、阀门、法兰盘等），不能保持良好的电气接触时，应用金属线跨接。

④ 接地引下线可利用金属支架，若是活动金属支架，在管道与支持物之间必须增设跨接线；若是非金属支架，必须另作引下线。

⑤ 接地装置可利用电气设备保护接地的装置。

3. 人体的防雷

雷电活动时，由于雷云直接对人体放电，产生对地电压或二次反击放电，都可能对人造成电击。因此，应注意必要的安全要求：

（1）雷电活动时，非工作需要，应尽量少在户外或旷野逗留。在户外或野外最好穿塑料等不浸水的雨衣；如有条件，可进入有宽大金属构架或有防雷设施的建筑物、汽车或船只内；如依靠建筑物屏蔽的街道或高大树木屏蔽的街道躲避时，要注意离开墙壁和树干距离 8m 以上。

（2）雷电活动时，应尽量离开小山、小丘或隆起的小道，应尽量离开海滨、湖滨、河边、池旁，应尽量离开铁丝网、金属晾衣绳以及旗杆、烟囱、高塔、孤独的树木附近，还应尽量离开没有防雷保护的小建筑物或其他设施。

（3）雷电活动时，在户内应注意雷电侵入波的危险，应离开照明线、动力线、电话线、广播线、收音机电源线、收音机和电视机天线以及与其相连的各种设备，以防止这些线路或设备对人体的二次放电。调查资料说明，户内 70% 以上的人体二次放电事故发生在相距 1m 以内的场合，相距 1.5m 以上的尚未发现死亡事故。由此可见，在发生雷电时，人体最好离开可能传来雷电侵入波的线路和设备 1.5m 以上。应当注意，仅仅拉开开关防止雷击是不起作用的。雷电活动时，还应注意关闭门窗，防止球形雷进入室内造成危害。

（4）防雷装置在接受雷击时，雷电流通过会产生很高电位，可引起人身伤亡事故。为防止反击发生，应使防雷装置与建筑物金属导体间的绝缘介质网络电压大于反击电压，并划出一定的危险区，人员不得接近。

（5）当雷电流经地面雷击电的接地体流入周围土壤时，会在它周围形成很高的电位，如有人站在接地体附近，就会受到雷电流所造成的跨步电压的危害。

（6）当雷电流经引下线接地装置时，由于引下线本身和接地装置都有阻抗，因而会产生较高的电压降，这时人若接触，就会受接触电压危害。

（7）为了防止跨步电压伤人，防直击雷接地装置距建筑物、构筑物出入口和人行道的距离不应少于 3m。当小于 3m 时，应采取接地体局部深埋、隔以沥青绝缘层、敷设地下均压条等安全措施。

4. 防雷装置的检查

为了使防雷装置具有可靠的保护效果，不仅要有合理的设计和正确的施工，还要建立必要的维护保养制度，进行定期和特殊情况下的检查。

（1）对于重要设施，应在每年雷雨季节以前做定期检查。对于一般性设施，应每 2～3 年在雷雨季节前做定期检查。如有特殊情况，还要做临时性的检查。

（2）检查是否由于维修建筑物或建筑物本身变形，使防雷装置的保护情况发生变化。

（3）检查各处明装导体有无因锈蚀或机械损伤而折断的情况，如发现锈蚀在 30% 以上，则必须及时更换。

（4）检查接闪器有无因遭受雷击后而发生熔化或折断。避雷器瓷套有无裂纹、碰伤的情况，并应定期进行预防性试验。

（5）检查接地线在距地面 2m 至地下 0.3m 的保护处有无被破坏的情况。

（6）检查接地装置周围的土壤有无沉陷现象。

（7）测量全部接地装置的接地电阻，如发现接地电阻有很大变化，应对接地系统进行全面检查，必要时设法降低接地电阻。

（8）检查有无因施工挖土、敷设其他管道或种植树木而损坏接地装置的情况。

任务四

典型事故案例分析及对策

【案例 7.1】 某化工公司触电事故

2004 年 2 月 2 日上午，某化工公司为避高峰停电，按常规 3 台电炉都进入了正常生产状态。值班电工李某在巡岗检查时发现，距地面 2.5m 高处的 2♯电炉高压室 35kV 相电流互感器上有异常声音，从高压室返回后便将此情况向班长王某作了汇报，班长王某没有作任何安排，便自己一人拿了手套去了 2 号炉，李某见班长王某前去 2 号炉，随即也跟了上去。王某经过变压器房顺便停了变压器排风扇，就径直走向高压室，爬上支撑互感器的铁架第二层（距地面 1.7m），左手抓在支架的顶层角铁上，就用右手试探互感器。因室内光线较暗，王某叫李某把灯拉开，李某转身开灯时，忽然听到王某的叫喊声，李某发现王某已被吸上了 35kV 的互感器铝排并产生了弧光。李某见状急喊该电炉配电工停电，配电工听到喊声后立即停了电，此时王某刚从支架上坠落下来，着地时头部撞在墙角一水泥盖板上，致伤。现场发现王某的右手背及双脚有被电击的伤痕。见伤势较重，该公司当即将王某送往县医疗中心。

事故原因分析：

从调查事故发生经过和了解有关现场情况分析，这是一起典型的违章操作事故，其原因有以下两个方面：

（1）个人安全意识差和专业技术素质低，是导致本次事故发生的主要原因。从事故发生的经过来看，操作者自始至终没有一点安全意识，整个操作过程实属一起严重的违章操作。操作者是一名经过了劳动部专业电工培训并从事了 5 年工作的电工，竟然连 35kV 的高压都敢用手触摸，实在是太"大胆"了。

（2）从本次事故的调查中发现，该公司在用电管理上自始至终未按用电安全操作规程办事，是酿成本次违章操作事故发生的重要原因。

防范措施：

（1）该化工公司应认真吸取因管理不到位而酿成发生本次事故的惨痛教训，切实从管理入手，严格按章操作，杜绝违章现象。

（2）强化职工专业技术培训和安全教育，提高职工操作知识水平和自我安全防护意识。

【案例 7.2】　河北某县化工厂雷击火灾事故

2003 年 7 月 30 日晚 20 点左右，河北某县上空阴云密布，雷声轰鸣，大雨如注。据化工厂值班人员讲：一个接一个的闪电照得厂区通明，雷特别响，好像就在头顶。我们刚换过班正在厂区巡视，突然发现西配料区中间一个罐顶有火光出现，我们一面拉闸停了设备并派消防人员上前灭火，一面动员有关工作人员撤离现场。

起火燃烧的是一个乙醇罐，大火将罐顶上人孔盖掀开（发生事故前，上人孔盖的螺丝只有一个），火是从此处冒出的。工作人员扑救没多久火灭。另据该厂负责人介绍，事故发生前罐内只有 $1m^3$ 的乙醇原料，该罐容积大约 $5m^3$，扑救时原料可能即将烧尽，因此没有发生爆炸。

事故原因分析：

专家们首先通过县气象站了解到当天的天气实况：7 月 30 日 20 点，有雷暴，北风，风力 5m/s，温度 23.7℃，湿度 97%，气压 993.9kPa，19 点 23 分开始降雨，降雨越下越大；30 日最高气温 30.6℃。从资料上可以看出，当时确有雷暴发生，气温比较高，湿度很大。

其后技术人员又对雷击现场防雷设施进行了细致的检查测试，检测结果如下：

（1）厂房防直击雷设施完备，楼顶四角装有 8m 高的避雷针，四周敷设避雷带，接地电阻为 0.6Ω。各项指标均符合《建筑物防雷设计规范》（GB 50057—2000）要求。

（2）厂房内各设备等电位连接良好，接地电阻为 0.6Ω。

（3）配料西区各罐体距离高 20m 的厂房只有 5m，完全处于其保护范围内。罐体壁厚 8mm，各罐体工频接地电阻如下：醋酸 0.7Ω，法兰过渡电阻 12Ω；乙酯 0.9Ω，法兰过渡电阻 420n；丁酯 8.2Ω，法兰过渡电阻 48Ω；丁醇 0.6Ω，法兰过渡电阻 0.6Ω；乙醇 0.7Ω，（顶）法兰过渡电阻 420Ω，（底）法兰过渡电阻 50Ω。各法兰均采用 4 个螺栓，连接处腐蚀严重．未做任何跨接处理。

（4）配料罐顶均有架空管道与厂房内设备相连，配料罐与厂房地网共用。

（5）配料罐顶的照明灯采用了防爆设施，引线穿铁管屏蔽处理，接地 0.6Ω。

通过现场检测情况可以看到：雷击现场防直击雷设施完备，电力线路屏蔽等电位设施良好，不存在直击雷和雷电波侵入的可能。唯一疑点就是各罐体法兰、阀门的电气连接。

由物理电磁学有关理论可知，在瞬变的强电磁场中，金属导线或金属构件短路会产生感应电流，开路时会产生感应电动势。由于配料罐与厂房内设备通过架空管道相连，法兰连接不良，即相当于一个大约 $8m \times 8m$ 连接不良的金属环。

根据值班人员反映，当时响雷不断，就像在头顶。假设有 5～6 次落地雷。其中最大一次雷电流峰值为 100kA，如果雷电流波前沿为 $2.5\mu s$，距罐区 300m 左右发生，由公式计算可知，法兰处感应电势可达 1.68kV。

这样高的感应电压在闷热潮湿的雷雨天气下，法兰盘间即使有 1mm 左右间隙就会产生火花，从前面的检测报告看，420Ω 的法兰过渡电阻足会有这样大的间隙，这就具备了产生起火燃烧的一大要素——火源。

要发生起火燃烧还应有可燃物质存在，在现场看到有大量化学危险品原料（乙醇、丁醇、冰醋酸、丁酯、乙酯等）存在，这样就有了下面的情况发生：由于这些化学原料具有很强的挥发性且均为易燃物质。在潮湿高温天气，罐内液体上部充溢着大量的可燃性气体与空气的混合物，法兰盘因有间隙，有可燃性气体溢出，且其闪点很低，遇到因雷击在间隙中产生的火花就会发生起火燃烧。如达到爆炸极限还有爆炸危险。

通过本次雷击火灾事故的发生说明：石油化工场所的防雷是非常重要的，应严格按照国家标准，根据爆炸和火灾危险环境划分等级，做好等电位跨接措施，防止雷电火花在可燃气体聚集的地方产生。任何单位和个人不能存在侥幸和疏忽心理，同时对于这些场所还要做好防雷年检工作。重要场所、部位要半年检测一次，企业内部也要设专人负责防雷。夏季空气潮湿雨水较多，很多地方氧化很快，要及时发现及时处理，才能保证防雷设施的安全运行。

随着《中华人民共和国气象法》、《中华人民共和国安全生产法》的颁布实施，避雷检测机构也应加强自身业务学习，提高业务素质。检测中一定要牢固树立认真负责的态度，严格按照程序检测，不能出现一点漏洞，否则将会给人民生命财产造成不必要的损失。

【案例 7.3】 广西雷击事故

2005 年 7 月 21 日下午，广西某县黎村镇狂风暴雨、雷电交加，下午 2 时 45 分，该镇同心村四官庙遭到雷击，在庙内躲雨的 7 名村民 3 人当场死亡，1 人重伤，3 人轻伤。

据这起重大气象灾害中幸存者之一的女村民何美芳回忆，7 月 21 日下午，她和同村的几位村民都在四官庙附近的地里干农活，下午 2 时多，天空突然乌云密布，刮起了大风，雷电、大雨紧接而来。因来不及赶回家，她和其他几个村民便不约而同地跑到四官庙避雨。当时庙里有 1 男 6 女共 7 个人，都穿着拖鞋，有几个人的衣服已被雨淋湿了。庙外的风雨越来越大，他们一起闲聊着。下午 2 时 45 分，一道刺眼的闪电过后，"轰隆"一声巨响，几乎在同一时间，坐在庙里板凳上的 7 个村民全部被击中，翻倒在地。"巨响过后我就什么都不记得了，过了很久只隐隐约约听到有人喊救命，后来又有很多人跑进了庙里，清醒过来时自己已经躺在医院。"何美芳说。

何美芳的大嫂是第一个听到呼救后赶到现场的人。据何的大嫂介绍，走回村里求救的是当时在庙里躲雨的一名女村民，这位女村民回村里时脚上还在流血，走路一拐一拐的，因此她求救时已经是事发半个小时以后了。"地上到处都躺着人，有些鼻孔流血，有些头部流血，有几个肤色都变黑变紫了，个个面相十分恐怖。"何的大嫂说，看到庙里的惨状，吓得她和其他去救助的村民浑身打哆嗦。10多分钟后，黎村卫生院的急救车赶到了现场，经医生现场极力采取急救措施，躺在地上6人中有3人不治身亡。雷击事件发生后，县政府及民政等部门的领导也赶到了事故现场调查，并及时为伤者及死者家属送上了慰问金。7月22日，当地市、县两级气象和防雷减灾方面的领导和专家也赶到黎村镇，深入事发现场开展对此次重大气象灾害事故的调查工作。

事件原因分析：

7月22日下午4时许，市、县两级气象局的工作人员来到了同心村的四官庙。走进庙里，看到面积不宽的庙内一片狼藉，原先挂在庙堂内墙上的一面电子钟也掉在地上，钟外壳已经粉碎，钟面一侧有明显被烧焦的痕迹，已停止走动的指针停留在2时45分的位置上。庙堂内一角的墙面多处石灰块脱落，有明显的被猛烈撞击的迹象，庙顶泥瓦也有一个拳头大的穿孔，现场的各种迹象表明当时雷击一瞬间的猛烈程度。在场的市防雷减灾管理中心的专业人士说，四官庙的地理位置相当特殊，可能是引雷造成此气象灾害事故的主要原因。该庙上方的电线、庙周围的高大树木，以及庙顶屋脊上的"无脚"铁丝也都可能是引雷的元凶。而当时在庙里躲雨的人衣服被淋湿，有的可能背靠墙，这些都可能是雷击导致3死4伤的直接原因。但由于调查工作还不够全面，因此此次气象灾害事故的原因目前尚不能下结论。但像这次死3人、伤4人的重大事故极为罕见。

被雷击烧伤或严重休克的人，其身体并不带电，施救者应马上让被救者躺下，若伤者虽失去意识但仍有呼吸和心跳，则自行恢复的可能性很大，应让伤者舒适平卧，安静休息后，再送医院治疗。若伤者已停止呼吸或心脏跳动，应迅速对其进行口对口人工呼吸和心脏按摩。要注意的是，在送往医院的途中也不要中止对被施救者心肺复苏的急救。

【案例7.4】 1982年7月，吉林省某有机化工厂从国外引进的乙醇装置中，乙烯压缩机的公称直径150mm的二段缸出口管道上，因设计时考虑不周，在离机体2.1m处焊有一根公称直径25mm立管，在长284mm的端部焊有一个重18.5kg的截止阀，在试车时由于压缩机开车震动，导致焊缝开裂。管内压力高速0.75MPa，使浓度为80%的乙烯气体冲出，由于高速气流产生静电引起火灾。

【案例7.5】 1986年3月，北京某电石厂溶解乙炔装置，乙炔压缩机设计上没有把安全阀的引出口接至室外，当压缩机超压时安全阀动作，乙炔排放在室内，形成爆炸性混合气，遇点火源发生爆炸。经分析，点火源可能是乙炔排放时产生的静电火花，或是现场非防爆电机产生的电火花。

【案例7.6】 1985年12月，江苏省某化工厂聚氯乙烯车间共聚工段11号聚合釜（7m³）在升温过程中超温、超压，致使人孔垫片破裂，氯己烯外泄，导致氯乙烯在车间空间爆炸，使860m² 两层（局部三层）混合结构的厂房粉碎性倒塌，当场死亡5人，重伤1人，轻伤6人（其中1人中毒）。造成全厂停产，直接损失12.15万元。

现场勘察证明，此次爆炸是11号釜人孔铰链部位的密封垫片冲开65mm和75mm，氯乙烯大量泄漏而引起的。升温过程中，看釜工未在岗位监护，以致漏气后误判断为10号釜漏气，导致处理失误。漏气时因摩擦产生静电而构成这次爆炸的点火源。该装置安装在旧厂房，厂房为砖木混合结构，不符合防爆要求，大部分伤亡者是因建筑物倒塌砸伤所致。

 思考与练习

一、简答题

1. 简述电流对人体的作用。

2. 化工生产中应采用哪些防触电措施？

3. 化工企业职工应如何进行触电急救？

4. 静电具有哪些特性？

5. 在化工生产中的静电危害主要发生在哪些环节？

6. 防止静电危害可采取哪些措施？

7. 雷电有哪些危害？

8. 化工生产中应采取哪些防雷措施？

二、选择题

1. 遇有雷雨天气时，下列哪种做法是比较危险的？（　　）

　　A. 关闭手机　　　　B. 躲在树下　　　　C. 呆在汽车里

2. （　　）是电流对人体内部组织造成的伤害，是最危险的一种伤害。

　　A. 电伤　　　　　　B. 电磁辐射　　　　C. 电击

3. 发现人员触电，应（　　），使之脱离电源。

　　A. 立即用手拉开触电人员　　　　　　B. 用绝缘物体拉开电源或触电者

　　C. 去找专业电工进行处理　　　　　　D. 喊叫

4. 在防静电场所，下列哪种行为是正确的？（　　）

　　A. 在易燃易爆场所穿脱防静电服

　　B. 在防静电服上附加或佩戴金属物件

　　C. 穿防静电服时，必须与防静电鞋配套使用

5. 在潮湿的工作场地上使用手持电动工具时，为避免触电，应（　　）。

　　A. 站立在绝缘胶板上操作　　　　　　B. 站在铁板上操作

　　C. 不穿任何鞋具

6. 静电电压可高达（　　），发生放电时的静电火花可引起爆炸或火灾。

　　A. 50V　　　　　　B. 220V　　　　　　C. 数万伏

7. 漏电保护器的主要作用是防止（　　）。

　　A. 电压波动　　　　B. 触电事故和电气火灾　　　C. 超负荷

8. 为消除静电危害，可采取的有效措施是（　　　）。

　　A. 保护接零　　　　　　B. 绝缘　　　　　　　　C. 接地

9. 任何电气设备在未验明无电之前，一律应该认为（　　　）。

　　A. 无电　　　　　　　　B. 也许有电　　　　　　C. 有电

10. 雷电放电具有（　　　）的特点。

　　A. 电流大，电压高　　B. 电流小，电压高　　　C. 电流大，电压低

11. 贮存危险化学品的建筑物或场所应安装（　　　）。

　　A. 电表　　　　　　　　B. 指示灯　　　　　　　C. 避雷装置

12. 装设避雷针、避雷线、避雷网、避雷带都是防护（　　　）的主要措施。

　　A. 雷电侵入波　　　　B. 直击雷

　　C. 反击　　　　　　　D. 二次放电

13. 被电击的人能否获救，关键在于（　　　）。

　　A. 触电方式　　　　　B. 人体电阻大小　　　　C. 触电电压高低

　　D. 能否尽快脱离电源和施行紧急救护

14. 电器着火时宜使用（　　　）灭火器。

　　A. 清水　　　B. 酸碱　　　C. 泡沫　　　D. 干粉　　　E. 二氧化碳

模块八　化工设备安装及检修安全技术

（1）知晓化工企业检修安全管理知识；

（2）熟知化工装置安全停车及处理操作；

（3）掌握化工检修安全技术——动火作业、动土作业、高处作业、进入设备内作业等；

（4）掌握化工装置检修后开车的安全检查及安全制度。

（1）具备化工装置安全停车的操作能力；

（2）具备化工装置检修过程中安全管理能力；

（3）具备化工装置检修后开车前安全检查及操作能力。

任务一

化工检修的安全管理

一、化工检修的特点

化工生产具有高温、高压、腐蚀性强等特点，因而化工设备、管道、阀件、仪表等在运行中易于受到腐蚀和磨损。为了维持正常生产，尽量减少非正常停车给生产造成损失，必须加强对化工设备的维护、保养、检测和维修。

1. 计划检修与计划外检修

（1）计划检修。按计划对设备进行的检修，叫做计划检修。例如，通过备用设备的更替，来实现对故障设备的维修；或根据设备的管理、使用的经验和生产规律，制定设备的检修计划，按计划进行检修。根据检修内容、周期和要求的不同，计划检修可以分为小修、中修和大修。

（2）计划外检修。在生产过程中设备突然发生故障或事故，必须进行不停车或停车检修。

这种检修事先难以预料，无法安排检修计划，而且要求检修时间短，检修质量高，检修的环境及工况复杂，其难度相当大。在目前的化工生产中，仍然是不可避免的。

2. 化工检修的特点

化工检修具有频繁、复杂、危险性大的特点。

（1）化工检修的频繁性。所谓频繁是指计划检修、计划外检修次数多；化工生产的复杂性，决定了化工设备及管道的故障和事故的频繁性，因而也决定了检修的复杂性。

（2）化工检修的复杂性。生产中使用的设备、机械、仪表、管道、阀门等，种类多，数量大，结构和性能各异，要求从事检修的人员具有丰富的知识和熟练的技术，熟悉和掌握不同设备的结构、性能和特点。检修中由于受到环境、气候、场地的限制，有些要在露天作业，有些要在地坑或井下作业，有时还要上、中、下立体交叉作业，这些因素都增加了化工检修的复杂性。

（3）化工检修的危险性。化工生产的危险性决定了化工检修的危险性。化工设备和管道中有很多残存的易燃易爆、有毒有害、有腐蚀性的物质，而检修又离不开动火、进罐作业，稍有疏忽就会发生火灾爆炸、中毒和灼伤等事故。统计资料表明，国内外化工企业发生的事故中，停车检修作业或在运行中抢修作业中发生的事故占有相当大的比例。

二、安全检修的管理

1. 组织领导

大修和中修应成立检修指挥系统，负责检修工作的筹划、调度，安排人力、物力、运输及安全工作。在各级检修指挥机构中要设立安全组，各车间的安全负责人及安全员与厂指挥部安全组构成安全联络网。

各级安全机构负责对安全规章制度的宣传、教育、监督、检查，并办理动火、动土及检修许可证。

化工检修的安全管理工作要贯穿检修的全过程，包括检修前的准备、装置的停车、检修，直至开车的全过程。

2. 制定检修计划

在化工生产中，各个生产装置之间，或厂与厂之间，是一个有机整体，它们相互制约、紧密联系。一个装置的不正常状态必然会影响到其他装置的正常操作，因此大检修必须要有一个全盘的计划。在检修计划中，根据生产工艺过程及公用工程之间的相互关系，确定各装置先后停车的顺序，停水、停气、停电的具体时间，灭火炬、点火炬的具体时间。还要明确规定各个装置的检修时间，检修项目的进度，以及开车顺序。一般都要画出检修计划图（鱼翅图）。在计划图中标明检修期间的各项作业内容，便于对检修工作进行管理。

3. 安全教育

化工装置的检修不但有化工操作人员参加，还有大量的检修人员参加，同时有多个专业施工单位进行检修作业，有时还有临时工人进厂作业。安全教育不仅包括对本单位参加检修人员的教育，也包括对其他单位参加检修人员的教育。对各类参加检修的人员都必须进行安全教育，并经考试合格后才能准许参加检修。安全教育的内容包括化工厂检修的安全制度和检修现场必须遵守的有关规定。

停工检修的有关规定有以下两个方面：

（1）进入设备作业的有关规定；动火的有关规定；动土的有关规定；科学文明检修的有关规定。

（2）检修现场的十大禁令：不戴安全帽、不穿工作服者禁止进入现场；穿凉鞋、高跟鞋者禁止进入现场；上班前饮酒者禁止进入现场；在作业中禁止打闹或其他有碍作业的行为；检修现场禁止吸烟；禁止用汽油或其他化工溶剂冲洗设备、机具和衣物；禁止随意泼洒油品、化学危险品、电石废渣等；禁止堵塞消防通道；禁止挪用或损坏消防工具和设备；禁止将现场器材挪作他用。

4. 安全检查

安全检查包括对检修项目的检查、检修机具的检查和检修现场的巡回检查。

检修项目，特别是重要的检修项目，在制定检修方案时，需同时制定安全技术措施。没有安全技术措施的项目，不准检修。

检修所用的机具，检查合格后由安全主管部门审查并发给合格证。贴在设备醒目处，以便安全检查人员现场检查。没有检查合格证的设备、机具不准进入检修现场和使用。

在检修过程中，要组织安全检查人员到现场巡回检查，检查各检修现场是否认真执行安全检修的各项规定，发现问题及时纠正、解决。如有严重违章者，安全检查员有权令其停止作业。

任务二

化工装置的安全停车与处理

一、停车前的准备工作

1. 制定停车方案和检修方案

在装置停车过程中，操作人员要在较短的时间内完成许多操作，因此劳动强度大，精神紧张。虽然各车间存有早已编制好的操作规程，但为了避免差错，还应当结合本次停车检修的特点和要求，制定出具体的停车方案，其主要内容应包括：停车时间、步骤、设备管线倒空及吹扫流程、抽堵盲板系统图。还要根据具体情况制定防堵、防冻措施。对每一个步骤都要有时间要求、达到的指标，并有专人负责。制定检修方案，明确检修项目，做到"五定"，即定检修方案、定检修人员及职责、定安全措施、定检修质量、定检修进度。

2. 做好检修期间的劳动组织及分工

根据每次检修工作的内容，合理调配人员，分工明确。在检修期间，除派专人与施工单位配合检修外，各岗位、控制室均应有人坚守岗位。

3. 进行安全检查

停车检修前的安全检查，主要包括以下内容：

（1）作业用的脚手架、起重机械、电气焊用具、手持电动工具、扳手、管钳、锤子等各种工器具认真进行检查或检验，不符合安全作业要求的工器具一律不得使用。

（2）作业用的气体防护器材、消防器材、通信设备、照明设备等器材设备应专人检查，保证完好可靠，并合理放置。

（3）现场的固定式钢直梯、固定式钢斜梯、固定式防护栏杆、固定式钢平台、箅子板、盖板等进行检查，确保安全可靠。

（4）用的盲板应按规定逐个进行检查，高压盲板必须经探伤合格后方可使用。

（5）现场的坑、井、洼、陡坡等应填平或铺设与地面平齐的盖板，也可设置围栏和警告标志，夜间应设警示红灯。

（6）对有化学腐蚀性介质或对人员有伤害介质的设备检修作业现场，应该有作业人员在沾染污染物后的冲洗水源。

（7）需夜间检修的作业现场，应设有足够亮度的照明装置。

（8）需断电的设备，在检修前应切断电源，并经启动复查，确定无电后，在电源开关处挂上"禁止启动，有人作业"的安全标志及锁定。

4. 进行检修动员和安全教育

在停车检修前要进行一次检修的动员，使每个职工都明确检修的任务、进度，熟悉停开车方案，重温有关安全制度和规定，以提高认识，为安全检修打下扎实的思想基础。

安全教育内容主要包括：

（1）检修作业现场和特殊作用环境下劳动保护用品的穿戴要求。

（2）明确检修动火前周边环境的要求（易燃物的清除、灭火器材的准备、必备的标识等）。

（3）明确贮存、输送可燃气体及易燃液体的罐点、容器及设备检修动火前浓度检测和检修动火作业的要求。

（4）明确装置检修完毕后与生产开车前的交接程序作业的要求等。

二、停车操作

按照停车方案确定的时间、步骤、工艺参数变化的幅度进行有秩序的停车。在停车操作中应注意以下事项：

（1）系统卸压要缓慢，由高压降至低压，应注意压力不得降至零，更不能造成负压，一般要求系统内保持轻微正压，未做好卸压前不得拆动设备。

（2）降温应按规定降温速度进行，保证达到规定要求。高温设备不能急剧降温，以免造成设备损伤，以切断热源后强制通风或自然冷却为宜，一般要求设备内介质温度降到 60℃ 以下。

（3）排净生产系统内贮存的气、液、固体物料。设备及管道内的液体物料应尽可能倒空，送出装置。可燃、有毒气体应排至火炬烧掉。如果物料不能被完全排净，应在"安全检修交接书"中详细记录，并进一步采取安全措施，排放残留物必须严格按规定地点和方法进行，不得随意放空或排入下水道，以免污染环境或发生事故。

停车操作期间，装置周围应杜绝一切火源。停车过程中，对发生的异常情况和处理方法，要随时做好记录。

（4）在停车过程中，把握好减量的速度，减量的速度不宜过快。

（5）加热炉的停炉操作，应按工艺规程中规定的降温曲线逐渐减少火嘴，并考虑到各部位火嘴对炉膛降温的均匀性。

（6）高温真空设备的停车，必须待设备内的介质温度降到自燃点以下，方可与大气相通，以防空气进入引起介质的燃爆。

三、停车后的安全处理

化工安全检修开始前，一般都需要做好可靠隔离、中和置换、吹扫等工作。这些作业不仅本身具有危险性，而且作业质量的好坏直接影响到检修的安全与否，因此必须高度重视、认真对待、周密考虑，制定相应方案，组织力量落实安全措施，确保作业安全，为检修作业中动火、罐内作业等创造一个安全、卫生的工作环境。

1. 抽堵盲板

停车检修的设备必须与运行系统或有物料系统进行隔离，这是化工安全检修必须遵循的安全规定之一。检修中由于没有隔离措施或隔离措施不符合安全要求，致使运行系统内的有毒、易燃、腐蚀、高温等介质进入检修设备造成的重大事故屡见不鲜，教训十分深刻。

检修设备和运行系统隔离的最保险的办法是将与检修设备相连的管道、管道上的阀门、伸缩接头等可拆部分拆下，然后在管路侧的法兰上装置盲板。如果无可拆卸部分或拆卸十分困难，则应在和检修设备相连的管道法兰接头之间插入盲板。有些管道短时间（不超过 8h）的检修动火可用水封切断可燃气体气源，但必须有专人在现场监视水封溢流管的溢流情况，防止水封中断。

抽堵盲板属于危险作业，应办理作业许可证的审批手续，并指定专人负责制定作业方案和检查落实相应的安全措施。作业前安全负责人应带领操作、监护等人员察看现场，交代作业程序和安全事项，除此以外，抽堵盲板从安全上应做好以下几项工作：

（1）制作盲板。根据阀门或管道的口径制作合适的盲板，盲板必须保证能承受运行系统管路的工作压力。介质为易燃易爆时，盲板不得用破裂时会产生火花的材料制作。

盲板应有大的突耳，并涂上特别的色彩，使插入的盲板一看就明了。按管道内介质的腐蚀特性、压力、温度选用合适的材料做垫片。

（2）现场管理。介质为易燃易爆物质时，抽堵盲板作业点周围25m范围内不准用火，作业过程中指派专人巡回检查，必要时应当停止下风侧的其他工作；与作业无关的人员必须离开作业现场；室内进行抽堵盲板作业时，必须打开门窗或用符合安全要求的通风设备强制通风；作业现场应有足够的照明，管内是易燃、易爆介质，采用行灯照明时，则必须采用电压小于36V的防爆灯；在高空从事抽堵盲板作业，事前应搭好脚手架，并经专人检查，确认安全可靠方可登高抽堵。

（3）泄压排尽。抽堵盲板前应仔细检查管道和检修设备内的压力是否已经降下，余液（如酸、碱、热水等）是否已经排净。一般要求管道内介质温度小于60℃；介质的压力，煤气类＜200mmHg（1mmHg＝133.32Pa），氨气等刺激性物质压力＜50mmHg，符合上述要求进行抽堵盲板作业。若温度、压力超过上述规定时，应有特殊的安全措施，并办理特殊的审批手续。

（4）器具和监护。抽堵可燃介质的盲板时，应使用铜质或其他撞击时不产生火花的工具。若必须用铁质工具时，应在其接触面上涂以石墨、黄油等不产生火花的介质。高处抽堵盲板，作业人员应戴安全帽，系安全带；参加抽堵盲板作业的人员必须是经过专门训练，持有《安全技术合格证》的人员；作业时一般应戴好隔离式防毒面具，并应站在上风向；抽堵盲板作业应有专人监护，危险性大的作业，应有气体防护站或安全技术部门派两人以上负责监护，设有气体防护站或保健站的企业，应有医务人员、救护车等在现场；抽堵盲板时连续作业时间不宜过长，一般控制在30min之内，超过30min应轮换休息一次。

（5）登记核查。抽堵盲板应有专人负责做好登记核查工作。堵上的盲板一一登记，记录地点、时间、作业人员姓名、数量；抽去盲板时，也应逐一记录，对照抽堵盲板方案核查，防止漏堵；检修结束时，对照方案核查，防止漏抽。漏堵导致检修作业中发生事故，漏抽将造成试车或投产时发生事故。

2. 置换和中和

为保证检修动火和罐内作业的安全，设备检修前内部的易燃、有毒气体应进行置换，酸、碱等腐蚀性液体应该中和，经酸洗或碱洗后的设备为保证罐内作业安全和防止设备腐蚀也应进行中和处理。

易燃、有毒、有害气体的置换大多采用蒸汽、氮气等惰性气体作为置换介质，也可采用"注水排气"法将易燃、有毒气体压出，达到置换要求。设备经惰性气体置换后，若需要进入其内部工作，则事先必须用空气置换惰性气体，以防窒息。置换作业的安全注意事项如下：

（1）可靠隔离。被置换的设备、管道与运行系统相连处，除了关紧连接阀门外还应加上盲板，达到可靠隔离要求，并泄压和排放余液。置换作业一般应在抽堵盲板之后进行。

（2）制定方案。置换前应制定置换方案，绘制置换流程图。根据置换和被置换介质密度不同，选择置换介质进入点和被置换介质的排出点，确定取样分析部位，以免遗漏，防止出现死角。若置换介质的密度大于被置换介质的密度时，应由设备或管道的最低点送入置换介质，由最高点排出被置换介质，取样点宜放在顶部位置及易产生死角的部位；反之，置换介质的密度比被置换介质小时，从设备最高点送入置换介质，由最低点排出被置换介质，取样点应放在设备的底部位置和可能成为死角的位置。

（3）置换要求。用注水排气法置换气体时，一定要保证设备内被水充满，所有易燃气体被全部排出。故一般应在设备顶部最高位置的接管口有水溢出，并外溢一段时间后，方可动火。严禁注水未满的情况下动火，否则注水未满，使设备顶部聚集了可燃性混合气体，一遇火种便会发生爆炸事故，造成重大伤亡。

用惰性气体置换时，设备内部易燃、有毒气体的排出除合理选择排出点位置外，还应将排出气体引至安全的场所。所需的惰性气体量一般为被置换介质容积的 3 倍以上。对被置换介质有滞留的性质或者其密度和置换介质相近时，还应注意防止置换的不彻底或者两种介质相混合的可能。因此，置换作业是否符合安全要求，不能根据置换时间的长短或置换介质用量，而是应根据气体分析化验是否合格为准。

（4）取样分析。在置换过程中应按照置换流程图上标明的取样分析点取样分析，一般取置换系统的终点和易形成死角的部位附近。

3. 吹扫和清洗

对可能积附易燃、有毒介质残渣、油垢或沉积物的设备，这些杂质用置换方法一般是清除不尽的，故经气体置换后还应进行吹扫和清洗。因为这些杂质在冷态时可能不分解、不挥发，在取样分析时符合动火要求或符合卫生要求。但当动火时，遇到高温，这些杂质或迅速分解或很快挥发，使空气中可燃物质或有毒物质浓度大大增加而发生爆炸燃烧事故或中毒事故。

（1）扫线。检修设备和管道内的易燃、有毒的液体一般是用扫线的方法来清除，扫线的介质通常用蒸汽。但对有些介质的扫线，如液氯系统中含有三氯化氮残渣是不准用蒸汽扫洗的。

扫线作业和置换一样，事先应制定扫线方案，绘制扫线流程图，填写扫线登记表，在流程图和登记表中标注和写明扫线的简要流程、管号、设备编号、吹汽压力、起止时间、进汽点、排放点、排污去路、扫线负责人和安全事项，并办理审批手续。进行扫线作业，注意以下几点：

① 扫线时要集中用汽，一根管道、一根管道地清扫，扫线时间到了规定要求时，先关阀后停汽，防止管路系统介质倒回。

② 塔、釜、热交换器及其他设备，在吹汽扫线时，要选择最低部位排放，防止出现死角和吹扫不清。

③ 设备和管线扫线结束并分析合格后，有的应加盲板和运行系统隔离。

④ 扫线结束应对下水道、阴井、地沟等进行清洗。对阴井的处理应从靠近扫线排放点处开始逐个顺序清洗，全部清洗合格后，采取措施密封。地面、设备表面或操作平台上积有的油垢和易燃物也应清洗干净。

⑤ 经扫线后的设备或管道内若仍留有残渣、油垢时，则还应清洗或清扫。

（2）清扫和清洗。置换和扫线无法清除的沉积物，应用蒸汽、热水或碱液等进行蒸煮、溶解、中和等方法将沉积的可燃、有毒物质清除干净。清扫和清洗的方法及安全注意事项如下：

① 人工揩擦或铲刮。对某些设备内部的沉积物可用人工揩擦或铲刮的方法予以清除。进行此项作业时，设备应符合罐内作业安全规定。若沉积物是可燃物或是酸性容器壁上的污物和残酸，则应用木质、铜质、铝质等不产生火花的铲、刷、钩等工具；若是有毒的沉积物，应做好个人防护，必要时戴好防毒面具后作业。铲刮下来的沉积物及时清扫并妥善处理。

② 用蒸汽或高压热水清扫。油罐的清扫通常用蒸汽或高压热水喷射的方法清洗掉罐壁上的沉积物，但必须防止静电火花引起燃烧、爆炸。采用的蒸汽一般宜用低压饱和蒸汽，蒸汽和高压热水管道应用导线和槽罐连接起来并接地。用蒸汽或热水清扫后，入罐前应让其充分冷却，防止烫伤。油类设备管道的清洗可以用氢氧化钠溶液，用量为 1kg 水加入 80～120g 氢氧化钠，用此浓度的碱液清洗几遍或通入蒸汽煮沸，然后将碱液放去，用清水洗涤。溶解固体氢氧化钠时，应将碱片或碱碎块分批多次逐渐加入清水中，同时缓慢搅动，待全部碱块均加入溶解后，方可通蒸汽煮沸。绝不能先将碎碱块放入设备或管道内，然后加入清水，尤其是温水或热水。这是因为碱块在溶解时会释放大量热量，使碱液涌出或溅出设备、管道外，易造成灼伤事故。通蒸汽煮沸时，出汽管端应伸至液体的底部，防止通入蒸汽时将碱液吹溅出来。对汽油一类的油类容器，可以用蒸汽吹洗，2000L 以内的汽油容器，其吹洗时间不得少于 2h。没有蒸汽源时，容量小的汽油桶可以用水煮沸的方法清洗，即注入相当于容积的 80%～90% 的水，开启盖子，煮沸 3h。

③ 化学清洗。为检修安全和防止设备的腐蚀、过热，设备或管道内的泥垢、油罐、水垢和铁锈等沉积物、附着物可用化学清洗的方法除去。

常用的有碱洗法，如上述油类容器用氢氧化钠溶液清洗，除用氢氧化钠溶液外，还有用磷酸苏打、碳酸苏打内加入适量的表面活性剂，并在适当温度下进行打循环处理。酸洗法，如盐酸加抑制剂（缓蚀剂），对奥氏体不锈钢或其他合金钢，往往采用柠檬酸等有机酸清洗。采用柠檬酸清洗，其优点是对氧化铁鳞片的溶解力大，不含氯离子，不会产生应力腐蚀，对材料无危害性，即使残留在设备内，高温下也会分解为二氧化碳和水；还有碱洗和酸洗交替使用等方法。

采用化学清洗后的废液应予以处理后方可排放。一般把废液进行稀释沉淀、过滤等，使污染物浓度降低到允许的排放标准后排放；或采用化学药品，通过中和、氧化、还原、凝聚、吸附以及离子交换等方法把酸性或碱性废液处理至符合排放标准后排放，或排入全厂性的污水处理系统，统一处理后排放。

4. 其他安全注意事项

按停车方案完成装置的停车、倒空物料、中和、置换、清洗和可靠的隔离等工作后，装置停车即告完成。在转入装置检修之前，还应对地面、明沟内的油垢进行处理，封闭整套装置的下水井盖和地漏。既防止下水道系统有易燃、易爆气体外逸，也防止检修中有火花落入下水道中。

有传动设备或其他有电源的设备，检修前必须切断一切电源，并在开关处挂上标志牌，以防有人将其启动，造成检修人员伤亡。

对要实施检修的区域或重要部位，应设置安全界标或栅栏，并有专人负责监护。

操作人员与检修人员要做好交接和配合。设备停车并经操作人员进行物料倒空、吹扫等处理，经分析合格后方可交检修人员进行检修。在检修过程中，检修人员进行动火、动土、罐内作业时操作人员要积极配合。

任务三

化工检修安全技术

1999 年 9 月 29 日，原国家石油和化学工业局以国石化政发（1999）407 号文件批准了八项检修作业化工行业标准。分别为：《厂区动火作业安全规程》（HG23011—1999）、《厂区设备内作业安全规程》（HG23012—1999）、《厂区盲板抽堵作业安全规程》（HG23013—1999）、《厂区高处作业安全规程》（HG23014—1999）、《厂区吊装作业安全规程》（HG23015—1999）、《厂区断路作业安全规程》（HG23016—1999）、《厂区动土作业安全规程》（HG23017—1999）、《厂区设备检修作业安全规程》（HG23018—1999），这些标准为化工厂的安全作业提供了切实可行的技术程序。

一、动火作业

加强火种管理是化工企业防火防爆的一个重要环节。化工生产设备和管道中的介质大多是易燃、易爆的物质，设备检修时又离不开切割、焊接等作业，而助燃物——空气中的氧又是检修人员作业场所不可缺少的。对检修动火来说，燃烧三要素随时可能具备，因此，检修动火具有很大危险性。多年来，由于一些企业的检修人员缺乏安全常识，或违反动火安全制度而发生的重大火灾、爆炸事故接连不断，重复发生，教训深刻。所以，检修动火已普遍引起了化工企业的重视，一般都制定了动火制度，严格动火的安全规定，这是十分必要的。

1. 定义

（1）动火区。在化工企业中，凡是动用明火或可能产生火种的作业都属于动火的范围，例如，熬沥青、烘炒砂石、喷灯等明火作业；打墙眼、凿水泥基础、电气设备的耐压试验、电烙铁锡焊、凿键槽、开坡口等易产生火花或高温的作业。在禁火区内从事上述作业都应和焊、割一样对待，办理动火证审批手续，落实安全动火的措施。

固定动火区的条件如下：

① 固定动火区距。可燃易爆物质的设备、仓库、贮罐、堆场的距离应符合国家有

关防火规范的防火间距要求，距易燃易爆介质的管道最好在15m以上。

② 在任何气象条件下，固定动火区域内的可燃气体含量都在允许范围以下。设备装置在正常放空时的可燃气体扩散不到动火区内。

③ 动火区若设在室内，应与防爆生产现场隔开，不准有门窗串通。允许开的门窗都要向外开，各种通道必须畅通。

④ 固定动火区周围10m以内不得存放易燃、易爆及其他可燃物质。少量的有盖桶装电石、乙炔气瓶等在采取可靠措施后，妥善保管的情况下，允许存放。

⑤ 固定动火区应备有适用的、足够数量的灭火器材。

⑥ 动火区要设置有"动火区"字样一类的明显标志。

（2）禁火区。在生产正常或不正常情况下有可能形成爆炸性混合物的场所，以及存在易燃、可燃物质的场所都应划为禁火区。在禁火区内，根据发生火灾、固定动火区、爆炸危险性的大小、所在场所的重要性，以及一旦发生火灾爆炸事故可能造成的危害大小，划分为一般危险区和危险区两类。

（3）特殊危险动火作业。在生产运行状态下的易燃、易爆物品生产装置、输送管道、贮罐、容器等部位上及其他特殊危险场所的动火作业。

（4）一级动火作业。在易燃、易爆场所进行的动火作业。

（5）二级动火作业。除特殊危险动火作业和一级动火作业以外的动火作业。

凡厂、车间或单独厂房全部停车，装置经清洗置换、取样分析合格，并采取安全隔离措施后，可根据其火灾、爆炸危险性大小，经厂安全防火部门批准，动火作业可按二级动火作业处理。遇节日、假日或其他特殊情况时，动火作业应升级管理。

2. 动火作业安全防火要求

（1）一级和二级动火作业安全防火要求，主要包括以下几个方面：

① 动火作业必须办理动火安全作业证。进入设备内、高处等进行动火作业，还须执行HG23012—1999、HG23014—1999的规定。

② 厂区管廊上的动火作业按一级动火作业管理；带压不置换动火作业按特殊危险动火作业管理。

③ 凡盛有或盛过化学危险物品的容器、设备、管道等生产、贮存装置，必须在动火作业前进行清洗置换，经分析合格后，方可动火作业。

④ 凡在处于GBJ16—1987规定的甲、乙类区域的管道、容器、塔罐等生产设施上动火作业，必须将其与生产系统彻底隔离，并进行清洗置换，取样分析合格。

⑤ 高空进行动火作业，其下部地面如有可燃物、空洞、阴井、地沟、水封等，应检查分析，并采取措施，以防火花溅落引起火灾爆炸事故。

⑥ 拆除管线的动火作业，必须先查明其内部介质及其走向，并制定相应的安全防火措施。在地面进行动火作业，周围有可燃物，应采取防火措施。动火点附近如有阴井、地沟、水封等，应进行检查、分析，并根据现场的具体情况采取相应的安全防火措施。

⑦ 在生产、使用、贮存氧气的设备上进行动火作业，其氧含量不得超过20%。

⑧ 五级风以上（含五级风）天气，禁止露天动火作业。因生产需要确需动火作业时，动火作业应升级管理。

⑨ 动火作业应有专人监火。动火作业前应清除动火现场及周围的易燃物品，或采取其他有效的安全防火措施，配备足够适用的消防器材。

⑩ 动火作业前，应检查电、气焊工具，保证安全可靠，不准带病使用。

⑪ 使用气焊割动火作业时，氧气瓶与乙炔气瓶间距不小于 5m，两者与动火作业地点均不小于 10m，并不准在烈日下曝晒。

⑫ 在铁路沿线（25m 以内）的动火作业，遇装有化学危险物品的火车通过或停留时，必须立即停止作业。

⑬ 凡在有可燃物或易燃物构件的凉水塔、脱气塔、水洗塔等内部进行动火作业时，必须采取防火隔离措施，以防火花溅落引起火灾。

⑭ 动火作业完毕，应清理现场，确认无残留火种后，方可离开。

（2）特殊危险动火作业的安全防火要求。特殊危险动火作业在符合一、二级防火规定的同时，还必须符合以下规定：

① 在生产不稳定，设备、管道等腐蚀严重情况下不准进行带压不置换动火作业。

② 必须制定施工安全方案，落实安全防火措施。动火作业时，车间主管领导、动火作业与被动火作业单位的安全员、厂主管安全防火部门人员、主管厂长或总工程师必须到现场，必要时可请专职消防队到现场监护。

③ 动火作业前，生产单位要通知工厂生产调度部门及有关单位，使之在异常情况下能及时采取相应的应急措施。

④ 动火作业过程中，必须设专人负责监视生产系统内压力变化情况，使系统保持低于 $100mmH_2O$（$1mmH_2O=9.80665Pa$）正压。低于 $100mmH_2O$ 压力应停止动火作业，查明原因并采取措施后，方可继续动火作业。严禁负压动火作业。

⑤ 动火作业现场的通排风要良好，以保证泄漏的气体能顺畅排走。

3. 动火分析及合格标准

（1）动火分析应由动火分析人员进行。凡是在易燃易爆装置、管道、贮罐、阴井等部位及其他认为应进行分析的部位动火时，动火作业前必须进行动火分析。

（2）动火分析的取样点，应由动火所在单位的专（兼）职安全员或当班班长负责提出。

（3）动火分析的取样点，要有代表性。特殊动火的分析样品应保留到动火结束。

（4）取样与动火间隔不得超过 30min，如超过此间隔或动火作业中断时间超过 30min，必须重新取样分析。如现场分析手段无法实现上述要求者，应由主管厂长或总工程师签字同意，另做具体处理。

（5）使用测爆仪或其他类似手段进行分析时，监测设备必须经被测对象的标准气体样品标定合格。

（6）遵守动火分析合格判断标准。包括：如使用测爆仪或其他类似手段进行分析时，被测的气体或蒸气浓度应小于或等于爆炸下限的 20%；使用其他分析手段时，当被测的气体或蒸气的爆炸下限大于等于 4% 时，其被测浓度小于等于 0.5%；被测的气体或蒸气的爆炸下限小于 4% 时，其被测浓度小于等于 0.2%。

4. 《动火安全作业证》的管理

(1) 形式。《动火安全作业证》为两联。特殊危险动火、一级动火、二级动火安全作业证分别以三道、二道、一道斜红杠加以区分。

(2) 办理程序和使用要求。《动火安全作业证》的办理程序和使用要求如下：

① 《动火安全作业证》由申请动火单位指定动火项目负责人办理。办证人须按《动火安全作业证》的项目逐项填写，不得空项；然后根据动火等级，按规定的审批权限办理审批手续；最后将办理好的《动火安全作业证》交动火项目负责人。

② 动火项目负责人持办理好的《动火安全作业证》到现场，检查动火作业安全措施落实情况，确认安全措施可靠并向动火人和监火人交代安全注意事项后，将《动火安全作业证》交给动火人。

③ 一份《动火安全作业证》只准在一个动火点使用。动火后，由动火人在《动火安全作业证》上签字。如果在同一动火点多人同时动火作业，可使用一份《动火安全作业证》，但参加动火作业的所有动火人应分别在《动火安全作业证》上签字。

④ 《动火安全作业证》不准转让、涂改，不准异地使用或扩大使用范围。

⑤ 《动火安全作业证》一式 2 份，终审批准人和动火人各持一份存查；特殊危险《动火安全作业证》由主管安全防火部门存查。

(3) 有效期限。《动火安全作业证》的有效期限是：特殊危险动火作业的《动火安全作业证》和一级动火作业的《动火安全作业证》的有效期为 24h；二级动火作业的《动火安全作业证》的有效期为 120h。

动火作业超过有效期限，应重新办理《动火安全作业证》。

(4) 审批。《动火安全作业证》的审批程序是：特殊危险动火作业的《动火安全作业证》由动火地点所在单位主管领导初审签字，经主管安全防火部门复检签字后，报主管厂长或总工程师终审批准；一级动火作业的《动火安全作业证》由动火地点所在单位主管领导初审签字后，报主管安全防火部门终审批准；二级动火作业的《动火安全作业证》由动火地点所在单位主管领导终审批准。

5. 职责要求

(1) 动火项目负责人对动火作业负全面责任。必须在动火作业前详细了解作业内容和动火部位及周围情况，参与动火安全措施的制定、落实，向作业人员交代作业任务和防火安全注意事项。作业完成后，组织检查现场，确认无遗留火种，方可离开现场。

(2) 独立承担动火作业的动火人，必须持有特殊工种作业证，并在《动火安全作业证》上签字。若带徒弟作业时，动火人必须在场监护。动火人接到《动火安全作业证》后，要核对证上各项内容是否落实，审批手续是否完备，若发现不具备条件时，有权拒绝动火，并向单位主管安全防火部门报告。动火人必须随身携带《动火安全作业证》，严禁无证作业及审批手续不完备的动火作业。动火前（包括动火停歇期超过 30min 再次动火），动火人应主动向动火点所在单位当班班长呈验《动火安全作业证》，经其签字后方可进行动火作业。

（3）监护人由动火点所在单位指定责任心强、有经验、熟悉现场、掌握消防知识的人员担任。必要时，也可由动火单位和动火点所在单位共同指派。新项目施工动火，由施工单位指派监火人。监火人所在位置应便于观察动火和火化溅落，必要时可增设监火人。

监火人负责动火现场的监护和检查，随时扑灭动火飞溅的火化，发现异常情况应立即通知动火人停止动火作业，及时联系有关人员采取措施。监火人必须坚守岗位，不准脱岗。

在动火期间，不准兼作其他工作。在动火作业完成后，要会同有关人员清理现场，清除残火，确认无遗留火种后方可离开现场。

（4）被动火单位班组长（值班长、工段长）为动火部位的负责人，对所属生产系统在动火过程中的安全负责。参与制定、负责落实动火安全措施，负责生产与动火作业的衔接，检查《动火安全作业证》。对审批手续不完备的《动火安全作业证》，有制止动火作业的权力。在动火作业中，生产系统如有紧急情况或异常情况，应立即通知停止动火作业。

（5）动火分析人对动火分析手段和分析结果负责。根据动火地点所在单位的要求，亲自到现场取样分析，在《动火安全作业证》上填写取样时间和分析数据并签字。

（6）执行动火单位和动火点所在单位的安全员负责检查本标准执行情况和安全措施落实情况，随时纠正违章作业。特殊危险动火、一级动火，安全员必须到现场。

各级动火作业的审查批准人审批动火作业时必须亲自到现场，了解动火部位及周围情况，确定是否需作动火分析，审查并明确动火等级，检查、完善防火安全措施，审查《动火安全作业证》的办理是否符合要求。在确认准确无误后，方可签字审批动火作业。

6. 动火作业的六大禁令

原化学工业部颁布安全生产禁令中关于动火作业的六大禁令：

（1）动火证未经批准，禁止动火。

（2）不与生产系统可靠隔绝，禁止动火。

（3）不清洗、置换不合格，禁止动火。

（4）不清除周围易燃物，禁止动火。

（5）不按时作动火分析，禁止动火。

（6）没有消防措施，禁止动火。

7. 油罐带油动火

由于各种原因，罐内油品无法抽空只得带油动火时，除了上述检修动火应做到的安全要求外，还应注意以下几点：

（1）在油面以上不准带油动火。

（2）补焊前应先进行壁厚测定，补焊处的壁厚应满足焊时不被烧穿的要求（一般应≥3mm）。根据测得的壁厚确定合适的焊接电流值，防止因电流过大而烧穿补焊处造成冒油着火；电焊机的接地线尽可能靠近被焊钢板。

（3）动火前用铅或石棉绳等将裂缝塞严，外面用钢板补焊。

罐内带油，油面下动火补焊作业危险性很大，只是万不得已的情况下才采用，动火前一定要有周密的方案、可靠的安全措施，并选派经验丰富的人员担任，现场监护和扑救措施比一般检修动火更应该加强。

油管带油动火，同油罐带油动火处理的原则是相同的。只是在油管破裂、生产系统无法停下来的情况下，抢修堵漏才用。带油管路动火应做好以下几项工作：

（1）测定焊补处管壁厚度，决定焊接电流及焊接方案，防止烧穿。

（2）清理周围环境，移去一切可燃物。

（3）准备好消防器材，做好扑救准备，并利用难燃或不燃挡板严格控制火星飞溅方向。

（4）邻近油罐、油管等做好防范措施。

（5）降低管内油压，但需保持管内油品的不停流动。

（6）用铅或石棉绳等堵塞漏处，然后打卡子。应根据泄漏处的部位、形状确定卡子的形状和胶垫的厚度、卡子板的厚度。胶垫不能太厚，太厚了卡子与管子的间隙过大，焊接时局部温度太高，胶垫溶化油大量漏出，就无法施焊。若泄漏处管壁腐蚀较薄则卡子要宽些，使它焊在管壁较厚部位上。

（7）对泄漏处周围的空气要进行分析，要合乎动火安全要求。

（8）挑选经验丰富、技术高的焊工承担焊接。施焊要稳、准、快，焊接顺序应当是先下后上，焊点对称。焊接过程中监护人、扑救人员等都不得离开现场。

（9）若是高压油管，要降压后再打卡子焊补。

（10）动火前与生产部门联系，在动火期间不得泄放易燃物质。

8. 带压不置换动火

带压不置换动火是指可燃气体设备、管道在一定的条件下未经置换直接动火焊补。在理论上是可行的，只要严格控制焊补设备内介质中的含氧量，不能形成达到爆炸范围的混合气，在正压条件下外泄可燃气只烧不炸，即点燃外泄可燃气体，并保持稳定的燃烧，控制可燃气体的燃烧过程不致发生爆炸。在实践上，一些企业带压安全焊补了大型煤气柜，取得了一定的经验。但是，带压不置换动火的危险性极大，一般情况下不主张采用。必须采用带压不置换动火时，应注意以下环节：

（1）正压操作。焊补前和整个动火作业过程中，焊补设备或管道必须保持稳定的正压，这是确保带压不置换动火安全的关键。一旦出现负压，空气进入焊补设备、管道，就将发生爆炸。

压力的大小以不喷火太猛和不易发生回火为原则。压力太高，可燃气流速大，火焰大而猛，焊条熔滴易被气流吹走，作业人员难以靠近，施焊困难，而且穿孔部位的钢板在火焰高温作用下易变形和裂口扩张，从而喷出更大的火焰，酿成事故；压力太小，气体流速也小，压力稍波动即可能出现负压而发生爆炸事故，因此，选择压力时要留有较大的安全裕度。一般为 $1.999 \times 10^4 \sim 7.846 \times 10^5$ Pa。在这个范围内，根据设备损坏的程度、介质性质、压力可能降低的程度等来选定。带压不置换动火一般宜控制在 $(1.999 \sim 7.236) \times 10^4$ Pa 之间。穿孔裂缝越小，压力选择的范围越大，可选用的压力可高一点；反之，应选择较低的压力。但是，任何情况下，绝对不允许出现负压。作业过程中必须指定专人监视系统压力。

（2）含氧量确定。带压不置换动火必须保证系统内的含氧量低于安全标准。不同的可燃气体或同一种可燃气体在不同的溶剂、不同的压力或温度下，有不同的爆炸极限。根据生产实践经验，一般规定可燃气体中含氧量不得超过 1%，作为安全标准（环氧乙烷例外）。焊补前和整个动火作业中，都必须始终保证系统内氧含量 $\leqslant$ 1%。这就要求生产负荷平衡，前后工段加强统一调度，关键岗位指派专人把关，并指定专人负责系统内介质成分的分析，掌握含氧量的情况。若发现含氧量增高，要增加分析次数，并尽快查明原因，及时排除使含氧量增加的一切因素；若含氧量达到或超过 1% 时，应立即停止焊补工作。

（3）焊前准备。首先测定壁厚，裂缝处和其他部位的最小壁厚应大于强度计算所确定的最小壁厚，并能保证焊时不烧穿，不满足上述条件，不准焊补；壁厚满足上述要求，根据裂缝的位置、形状、裂口大小、焊补范围、壁厚大小、母材材质等制定焊补方案；组织得力的抢修班子，挑选合适的焊工；现场要事先准备一台或数台轴流风机，几套长管式面具（若介质是煤气一类有毒气体）和灭火器材；若是高处作业，应搭好不燃的脚手架或作业平台，并能满足作业人员在短时间内迅速撤离危险区域的要求；准备好焊补覆盖的钢板及辅助工具等。

（4）动火焊补。动火前应分析泄漏处周围空气中可燃气体的浓度，若是有毒气体还应分析有毒物质的含量，防止动火时发生空间爆炸和中毒；焊补人员和辅助人员进入作业地点前要穿戴好防护用品和器具，由辅助人员把覆盖的钢板依预先画好的范围复合上去，用工具紧紧抵住，焊工引燃外泄可燃气体，开始焊补。凡压力、含氧量超过规定范围都应停止焊补作业，人员离开现场。焊接过程中可用轴流风扇吹风以控制火焰喷燃方向，为焊工和辅助工创造较好的工作条件。除了防爆、防中毒、防高处坠落外，作业人员应选择合适的位置，防止火焰外喷烧伤。整个作业过程中，监护人、扑救人员、医务人员及现场指挥都不得离开，直至焊补工作结束。

二、动土作业

化工企业内外的地下有动力、通信和仪表等不同用途、不同规格的电缆，有上水、下水、循环水、冷却水、软水（soft water 含或含较少可溶性钙、镁化合物的水）、除盐水（desalted water 除盐水含很少或不含矿物质）和消防用水等口径不一、材料各异的生产、生活用水管，还有煤气管、蒸汽管、各种化学物料管。电缆、管道纵横交错，编织成网。以往由于动土没有一套完善的安全管理制度，不明地下设施情况而进行动土作业，结果曾挖断了电缆，击穿了管道，土石塌方，人员坠落，造成人员伤亡或全厂停电等重大事故。因此,动土作业应该是化工检修安全技术管理的一个内容。

1. 定义

凡是影响到地下电缆、管道等设施安全的地上作业都包括在动土作业的范围之内。如挖土、打桩、埋设接地极等入地超过一定深度的作业(入土深度以多少为界,视各企业地下设施深度而定,有的规定 0.5m,有的可能 0.6m,以可能危及地下设施的原则确定);绿化植树、设置大型标语牌、宣传画廊以及排放大量污水等影响地下设施的作业;用推土机、压路机等施工机械进行填土或平整场地;除正规道路以外的厂内界区,物料堆放的荷重在 5t/m² 以上或者包括运输工具在内物件运载总重在 3t 以上的都应作为动土作业。堆物荷重和运载总重的限定值应根据土质而定。

2. 动土作业的安全要求

(1) 动土作业前的准备工作。动土作业前必须办理《动土安全作业证》,没有《动土安全作业证》不准动土作业。

动土作业前,项目负责人应对施工人员进行安全教育;施工负责人对安全措施进行现场交底,并督促落实。

作业前必须检查工具、现场支护是否牢固、完好,发现问题应及时处理。

(2) 动土作业过程中的安全要求。主要有以下几个方面:

① 防止损坏地下设施和地面建筑。动土作业中在接近地下电缆、管道及埋设物的地方施工时,不准用铁镐、铁撬棍或铁楔子等工具进行作业,也不准使用机械挖土;在挖掘地区内发现事先未预料到的地下设备、管道或其他不可辨别的物质时,应立即停止工作,报告有关部门处理,严禁随意敲击;挖土机在建筑物附近工作时,与墙柱、台阶等建筑物的距离至少应在 1m 以上,以免碰撞等。

② 防止坍塌。开挖没有边坡的沟、坑、池等必须根据挖掘深度装设支撑。开始装设支撑的深度根据土壤性质和湿度决定。如果挖掘深度不超过 1.5m,可将坑壁挖成小于自然坍落角的边坡而不设支撑。一般情况下深度超过 1.5m 应设支撑;冬季挖土在冻层深度范围内,可不设支撑,但超过此范围时必须做适当的固壁支撑;施工中应经常检查支撑的安全状况,有危险征兆时应及时加固。拆除支柱、木板的顺序应从下而上,一般的土壤同一时间拆下的木板不得超过 3 块;松散和不稳定的土壤一次不超过 1 块。更换横支撑时,必须先安上新的,然后拆下旧的。

挖出的泥土堆放处所和堆放的材料至少要距离坑、槽、井、沟边沿 0.8m,高度不得超过 1.5m。开始挖土前应排除地面水并采取措施防止地面水的侵入,当沟、坑、池挖至地下水位以下时应采取排水措施;已挖的沟槽、基坑等遇到雨雪浸湿时应经常检查土壤变化情况,如有滑动、裂缝等现象时,应先将其消除方可继续工作。土方有坍塌危险时应暂时停止工作,将积水排出。局部放宽土坡边坡或加固边坡,以保持稳定,坡顶附近禁止行人或车辆通过。禁止一切人员在基坑内休息;工人上下基坑不准攀登水平支撑或撑杆;当发现土壤有可能坍塌或滑动裂缝时,所有在下面工作的人员必须离开工作面,然后组织工人将滑动部分先挖去或采取防护措施再进行工作,尤其雨季和化冻期间更应注意，防止坍落；在铁塔、电杆、地下埋设物及铁道附近进行挖土时，必须在周围加固后，方准进行工作。

③ 防止机器工具伤害。人工挖土的各种工具必须坚实，把柄应用坚硬的木料制成，外表要刨光。在挖土的工作面工作人员应保持适当的间隔距离。使用挖土机或推土机进行机械挖土时，开动机器前应发出规定的音响信号；挖土机械工作或行走时，禁止在举重臂或吊斗下面有人逗留或通过，禁止任何人员上下挖土机，禁止进行各种辅助工作和在回转半径内平整地面。挖土机暂时停止工作时，应将吊斗放在地面上，不准使其悬空；清除吊斗内的泥土或卡住的石块，应在挖土机停止并经司机许可后，才可进行工作；夜间作业必须有足够的照明。

④ 防止坠落。挖掘的沟、坑、池等应在其周围设置围栏和警告标志，夜间设红灯警示；工人下沟、坑、池等时应铺设钉有防滑条的跳板。挖土坑中留作人行道的土堤应保持有足够稳定的边坡，或加适当的支撑，顶宽至少要大于70cm。

此外，动土作业必须按《动土安全作业证》的内容进行，不得擅自变更动土作业内容、扩大作业范围或转移作业地点。在可能出现煤气等有毒、有害气体的地点工作时，应预先通知工作人员，并做好防毒准备。在化工危险场所动土作业时，要与有关操作人员建立联系，当化工生产突然排放有毒、有害气体时，应立即停止工作，撤离全部人员并报告有关部门处理，在有毒有害气体未彻底清除前不准恢复工作。

3. 《动土安全作业证》的管理

《动土安全作业证》由机动部门负责管理。

动土申请单位在机动部门领取《动土安全作业证》，填写有关内容后交施工单位。

施工单位接到《动土安全作业证》，填写有关内容后将《动土安全作业证》交动土申请单位。

动土申请单位从施工单位收到《动土安全作业证》后，交厂总图及有关水、电、汽、工艺、设备、消防、安全等部门审核，由厂机动部门审批。

动土作业审批人员应到现场核对图纸，查验标志，检查确认安全措施，方可签发《动土安全作业证》。

动土申请单位将办理好的《动土安全作业证》留存后，分别送总图室、机动部门、施工单位各一份。

三、高处作业

有关资料统计，化工企业高处坠落事故造成的伤亡人数仅次于火灾爆炸和中毒事故。发生高处坠落事故的主要原因是：洞、坑无盖板，平台、扶梯的栏杆不符合安全要求，或检修中移去盖板，临时拆除栏杆后不设警告标志，没有防护措施；高处作业不挂安全网、不戴安全帽、不系安全带；梯子使用不当或梯子不符合安全要求；不采取任何安全措施在石棉瓦之类不坚固的结构上作业；脚手架有缺陷；高处作业用力不当，重心失稳等。化工企业在检修作业中，除了做好防火、防爆、防中毒工作外，做好防高处坠落事故对大幅度减少化工重大伤亡事故有很大作用。

1. 定义

凡距坠落高度基准面（指从作业位置到最低坠落着落点的水平面）2m 及其以上，有可能坠落的高处进行的作业，称为高处作业。

在高温或低温情况下进行的高处作业，称为"异温高处作业"。高温是指工作地点具有生产性热源，其气温高于本地区夏季室外通风设计计算温度的气温 2℃ 及以上时的温度。低温是指作业地点的气温低于 5℃。

作业人员在电力生产和供、用电设备的维修采取地（零）电位或等（同）电位作业方式，接近或接触带电体对带电设备和线路进行的高处作业，称为"带电高处作业"。

2. 高处作业的分级

高处作业的分级如表 8-1 所示。

表 8-1　高处作业分级

级　别	一	二	三	特　级
高度 H/m	$2<H\leqslant5$	$5<H\leqslant15$	$15<H\leqslant30$	$H\geqslant30$

3. 高处作业的分类

高处作业分为特殊高处作业、化工工况高处作业和一般高处作业。

（1）特殊高处作业，包括：

① 在阵风风力为 6 级（风速 10.8m/s）及以上情况下进行的强风高处作业。

② 在高温或低温环境下进行的异常温度高处作业。

③ 在降雪时进行的雪天高处作业。

④ 在降雨时进行的雨天高处作业。

⑤ 在室外完全采用人工照明进行的夜间高处作业。

⑥ 在接近或接触带电体条件下进行的带电高处作业。

⑦ 在无立足点或无牢靠立足点的条件下进行的悬空高处作业等属于特殊高处作业。

（2）化工工况高处作业，包括：

① 在坡度大于 45° 的斜坡上面进行的高处作业。

② 在升降（吊装）口、坑、井、池、沟、洞等上面或附近进行的高处作业。

③ 在易燃、易爆、易中毒、易灼伤的区域或转动设备附近进行的高处作业。

④ 在无平台、无护栏的塔、釜、炉、罐等化工容器、设备及架空管道上进行的高处作业。

⑤ 在塔、釜、炉、罐等设备内进行的高处作业属于化工工况高处作业。

（3）一般高处作业。除特殊高处作业和化工工况高处作业以外的高处作业。

4.《高处安全作业证》的管理

一级高处作业及化工工况①、②类高处作业由车间负责审批；二级、三级高处作业及化工工况③、④类高处作业由车间审核后，报厂安全管理部门审批；特级、特殊高处作业及化工工况⑤类高处作业由厂安全部门审核后报主管厂长或总工程师审批。

施工负责人必须根据高处作业的分级和类别向审批单位提出申请，办理《高处安全作业证》。《高处安全作业证》一式三份，一份交作业人员，一份交施工负责人，一份交安全管理部门留存。

对施工期较长的项目，施工负责人应经常深入现场检查，发现隐患及时整改，并做好记录。若施工条件发生重大变化，应重新办理《高处安全作业证》。

5. 高处作业的安全要求

（1）作业人员。患有精神病、癫痫病、高血压、心脏病等疾病的人不准参加高处作业。工作人员饮酒、精神不振时禁止登高作业，患深度近视眼病的人员也不宜从事高处作业。

（2）作业条件。高处作业均需先搭脚手架或采取其他防止坠落措施后，方可进行；在没有脚手架或者没有栏杆的脚手架上工作，高度超过 1.5m 时，必须使用安全带或采取其他可靠的安全措施。

（3）现场管理。高处作业现场应设有围栏或其他明显的安全界标，除有关人员外，不准其他人在作业地点的下面通行或逗留；进入高处作业现场的所有工作人员必须戴好安全帽。

（4）防止工具材料坠落。高处作业应一律使用工具袋。较大的工具应用绳拴牢在坚固的构件上，不准随便乱放；在格栅式平台上工作，为防物体掉落，应铺设木板；递送工具、材料不准上下投掷，应用绳系牢后上下吊送；上下层同时进行作业时，中间必须搭设严密牢固的防护隔板、罩棚或其他隔离设施；工作过程中除指定的、已采取防护围栏处或落料管槽可以倾倒废料外，任何作业人员严禁向下抛掷物料。

（5）防止触电和中毒。脚手架搭建时应避开高压线。实在无法避开时应保证高处作业中电线不带电或作业人员在脚手架上活动范围及其所携带的工具、材料等与带电导线的最短距离大于安全距离（电压等级≤110kV，安全距离为 2m；电压等级≤220kV，安全距离为 3m；电压等级≤330kV，安全距离为 4m）。高处作业地点如靠近放空管，则作业安全负责人事先与有关生产部门联系，保证高处作业期间生产装置不向外排放有毒、有害的气体，并事先向高处作业全体人员交代明白，一旦有毒、有害气体排放应如何迅速撤离现场，并根据可能出现的意外情况采取应急的安全措施，指定专人落实。

（6）气象条件。暴雨、打雷、大雾等恶劣天气，应停止露天高处作业。

（7）注意结构的牢固性和可靠性。在槽顶、罐顶、屋顶等设备或建筑物、构筑物上作业时，除了临空一面应装设安全网或栏杆等防护措施外，事先应检查其牢固可靠程度，防止失稳或破裂等可能出现的危险；严禁不采取任何安全措施，直接站在石棉瓦、油毛毡等易碎裂材料的屋顶上作业。为了防止误登，应在这类结构的显眼地点挂上警告牌。若必须在此类结构上作业时，应架设人字梯或铺上木板以防止坠落。

除上述要求外，登高作业人员的鞋子不宜穿塑料底等易滑的或硬性厚底的鞋子；冬季在−10℃从事露天高处作业应注意防止冻伤，必要时应该在施工地附近设有取暖的休息所。取暖地点的选择和取暖方式应符合化工企业有关防火、防爆和防中毒窒息的要求。

6. 脚手架的安全要求

高处作业时用的脚手架和吊架必须能足够承受站在上面的人员及材料等的重量。使用时禁止在脚手架和脚手板上超重聚集人员或放置超过计算荷重的材料。一般脚手架的荷重量不得超过 $270kg/m^2$。

（1）脚手架材料。脚手架杆柱可采用竹、木或金属管，根据化工检修作业的要求和就地取材的原则选用。

（2）脚手架的连接与固定。脚手架要同建筑物连接牢固。禁止将脚手架直接搭靠在楼板的木棱上及未经计算过补加荷重的结构部分上，也不得将脚手架和脚手板固定在栏杆、管子等不十分牢固的结构上；立杆或支杆的底端要埋入地下，深度根据土壤性质而定。在埋入杆子时要先将土夯实，如果是竹竿必须在基坑内垫以砖石，以防下沉。遇松土或者无法挖坑时，必须绑设地杆子；金属管脚手架的立杆，应垂直地稳放在垫板上，垫板安置前把地面夯实、整平。立杆应套上由支柱底板及焊在底板上管子组成的柱座，连接各个构件间的铰链螺栓，一定要拧紧。

四、进入设备内作业

1. 定义

进入化工生产区域内的各类塔、球、釜、槽、罐、炉膛、锅筒、管道、容器以及地下室、阴井、地坑、下水道或其他封闭场所内进行的作业均为进入设备作业。

2. 进入设备作业证制度

进入设备作业前，必须办理进入设备作业证。进入设备作业证由生产单位签发，由该单位的主要负责人签署。

生产单位在对设备进行置换、清洗并进行可靠的隔离后，事先应进行设备内可燃气体分析和氧含量分析。有电动和照明设备时必须切断电源，并挂上"有人检修，禁止合闸"的牌子，以防止有人误操作伤人。

检修人员凭有负责人签字的"进入设备作业证"及"分析合格单"，才能进入设备内作业。在进入设备内作业期间，生产单位和施工单位应有专人进行监护和救护，并在该设备外明显部位挂上"设备内有人作业"的牌子。

3.《设备内安全作业证》的管理

（1）设备内作业必须办理《设备内安全作业证》。

（2）《设备内安全作业证》由施工单位或交出设备单位负责办理。

（3）作业单位接到《设备内安全作业证》后，由该项目的负责人填写作业证上作业单位应填写的各项内容。

（4）《设备内安全作业证》安全措施栏要填写具体的安全措施。

（5）《设备内安全作业证》由交出单位和作业单位的领导共同确认，审批签字后方为有效。

（6）在设备内进行高处作业应按 HG23014—1999 办理《高处安全作业证》。

（7）在设备内进行动火作业应按 HG23011—1999 办理《动火安全许可证》。

（8）《设备内安全作业证》须经作业人员确认无误，并由车间值班长或工段长再次确认无误后，方准许作业人员进入设备内作业。

（9）设备内作业如果遇到工艺条件、作业环境条件改变，需重新办理《设备内安全作业证》，方准许继续作业。

（10）设备内作业结束后，需认真检查设备内外，确认无问题，方可封闭设备。

4. 设备内作业安全要求

（1）安全隔离。设备上所有与外界连通的管道、孔洞均应与外界有效隔绝。设备上与外界连接的电源应有效切断。

管道安全隔绝可采用插入盲板或拆除一段管道进行隔绝，不能用水封或阀门等代替盲板或拆除管道。

电源有效切断可采用取下电源保险熔丝或将电源开关拉下后上锁等措施，并加挂警示牌。

（2）空气置换。凡用惰性气体置换过的设备，在进入之前必须用空气置换出惰性气体，并对设备内空气中的氧含量进行测定。设备内动火作业除了其中空气中的可燃物含量符合动火规定外，氧含量应在 18%～21%的范围。若设备内介质有毒，还应测定设备内空气中有毒物质的浓度。有毒气体和可燃气体浓度符合《化工企业安全管理制度》的规定。

（3）通风。要采取措施，保持设备内空气良好流通。打开所有人孔、手孔、料孔等进行自然通风。必要时，可采取机械通风。采用管道空气送风时，通风前必须对管道内介质和风源进行分析确认。不准向设备内充氧气或富氧空气。

（4）定时监测。作业前 30min 内，必须对设备内气体采样分析，分析合格后办理《设备内安全作业证》，方可进入设备。

采样点要有代表性。

作业中要加强定时监测，情况异常立即停止作业，并撤离人员。作业现场经处理后，取样分析合格方可继续作业。

涂刷具有挥发性溶剂的涂料时，应做连续分析，并采取可靠通风措施。

（5）用电安全。设备内作业照明、使用的电动工具必须使用安全电压，在干燥的设备内电压≤36V，在潮湿环境或密闭性好的金属容器内电压≤12V；若有可燃物质存在时，还应符合防爆要求。悬吊行灯时不能使导线承受张力，必须用附属的吊具来悬吊；行灯的防护装置和电动工具的机架等金属部分应该预先可靠接地。

设备内焊接应准备橡胶板，穿戴其他电气防护工具，焊机托架应采用绝缘的托架，最好在电焊机上装上防止电击的装置而使用。

（6）设备外监护。设备内作业一般应指派两人以上做设备外监护。监护人应了解介质的理化性能、毒性、中毒症状和火灾、爆炸性；监护人应位于能经常看见设备内全部操作人员的位置，眼光不得离开操作人员；监护人除了向设备内作业人员递送工具、材料外，不得从事其他工作，更不准擅离岗位；发现设备内有异常时，应立即召集急救人员，设法将设备内受害人员救出，监护人应从事设备外的急救工作；如果没有代理监护人，即使在非常时候，监护人也不得自己进入设备内；凡进入设备内抢救的人员，必须根据现场的情况穿戴防毒面具或氧气呼吸器、安全带等防护器具。决不允许不采取任何个人防护而冒险进入设备救人。

(7) 个人防护。设备内作业应使设备内及其周围环境符合安全卫生的要求。在不得已的情况下才戴防毒面具进入设备作业，这时防毒面具务必事先做严格检查，确保完好，并规定在设备内的停留时间，严密监护，轮换作业；在设备内空气中氧含量和有毒有害物质均符合安全规定时进行作业，还应该正确使用劳动保护用品。设备内作业人员必须穿戴好工作帽、工作服、工作鞋；衣袖、裤子不得卷起，作业人员的皮肤不要露在外面；不得穿戴沾附着油脂的工作服；有可能落下工具、材料及其他物体或漏滴液体等的场合，要戴安全帽；有可能接触酸、碱、苯酚之类腐蚀性液体的场合，应戴防护眼镜、面罩、毛巾等保护整个面部和颈部；设备内作业一般穿中筒或高筒橡皮靴，为了防止脚部伤害也可以穿反牛皮靴等工作鞋。

(8) 急救措施。根据设备的容积和形状，作业危险性大小和介质性质，作业前要做好相应的急救准备工作。对直径较小、通道狭窄，一旦发生事故进入设备内抢救困难的作业，进入设备前作业人员就应系好安全带。操作人员在设备内作业时，监护人应据住安全带的一端，随时准备好可把操作人员拉上来；设备外至少准备好一组急救防护用具，以便在缺氧或有毒的环境中使用；设备内从事清扫作业，有可能接触酸、碱等物质时，设备外预先准备好大量的清水，以供急救使用。

(9) 升降机具。设备内作业用升降机具必须安全可靠。使用的吊车或卷扬机应严格检查，安全装置齐全、完好，并指定有经验的人员负责操作；在设备内使用梯子时，最好将其上端固定在设备壁上，下端应有防滑措施，根据情况也可采用吊梯。

5. 进入容器、设备的八个"必须"

原化学工业部颁布的安全生产禁令中有关进入容器、设备的八个"必须"是：

(1) 必须申请、办证，并得到批准。
(2) 必须进行安全隔绝。
(3) 必须切断动力电，并使用安全灯具。
(4) 必须进行置换、通风。
(5) 必须按时间要求进行安全分析。
(6) 必须佩戴规定的防护用具。
(7) 必须有人在器外监护，并坚守岗位。
(8) 必须有抢救后备措施。

五、盲板抽堵作业

1. 定义

盲板抽堵作业指在检修中，设备、管道内存有物料（气、液、固态）及一定温度、压力情况下的盲板抽堵作业。

　　2. 对盲板的技术要求

　　(1) 盲板选材要适宜、平整、光滑，经检查无裂纹和孔洞。高压盲板应经探伤合格。

　　(2) 盲板的直径应依据管道法兰密封面直径制作，厚度要经强度计算。

　　(3) 盲板应有一个或两个手柄，便于辨识、抽堵。

　　(4) 应按管道内介质性质、压力、温度选用合适的材料作盲板垫片。

　　3. 盲板抽堵作业的安全要求

　　(1) 盲板抽堵作业必须办理《盲板抽堵安全作业证》，没有《盲板抽堵安全作业证》不准进行盲板抽堵作业。

　　(2) 严禁涂改、转借《盲板抽堵安全作业证》。变更作业内容、扩大作业范围或转移作业部位时，必须重新办理《盲板抽堵安全作业证》。

　　(3) 对作业审批手续不全、安全措施不落实、作业环境不符合安全要求的，作业人员有权拒绝作业。

　　(4) 在有毒气体的管道、设备上抽堵盲板时，非刺激性气体的压力应小于200mmHg；刺激性气体的压力应小于 50mmHg；气体温度应小于 60℃。

　　(5) 生产单位负责绘制盲板位置图，对盲板进行编号，施工单位按图作业。盲板位置图由生产单位存档备查。

　　(6) 作业人员应经过个体防护训练，并做好个体防护。

　　(7) 作业需专人监护，作业结束前监护人不得离开作业现场。

　　(8) 作业复杂、危险性大的场所，除监护人外，还需消防队、医务人员等到场。如涉及整个生产系统，生产调度人员和厂生产部门负责人必须在场。

　　(9) 在易燃易爆场所作业时，作业地点 30m 内不得有动火作业。工作照明应使用防爆灯具，并应使用防爆工具。禁止用铁器敲打管线、法兰等。

　　(10) 高处抽堵盲板作业应按 HG23014—1999 的规定办理《高处安全作业证》。

　　(11) 施工单位要按《盲板抽堵安全作业证》的要求，落实安全措施后方可进行作业。

　　(12) 严禁在同一管道上同时进行两处及两处以上抽堵盲板作业。

　　(13) 抽堵多个盲板时，要按盲板位置图及盲板编号，由施工总负责人统一指挥作业。

　　(14) 每个抽堵盲板处设标牌表明盲板位置。

　　4.《盲板抽堵安全作业证》的管理

　　(1)《盲板抽堵安全作业证》由生产部门或安全防火部门管理。

　　(2)《盲板抽堵安全作业证》由生产单位办理。

　　(3) 生产单位负责填写《盲板抽堵安全作业证》表格、盲板位置图、安全措施，交施工单位确认，经厂安全防火部门审核，由主管厂长或总工程师审批。

（4）审批好的《盲板抽堵安全作业证》交施工单位、生产部门、安全防火部门各一份，生产部门负责存档。

（5）作业结束后，经施工单位、生产部门、安全防火部门检查无误，施工单位将盲板位置图交生产部门。

六、厂区吊装作业

1. 定义

吊装作业是利用各种机具将重物吊起，并使重物发生位置变化的作业过程。

2. 吊装作业的分级

（1）按吊装重物的重量分级。

吊装重物的重量大于 80t 时，为一级吊装作业。

吊装重物的重量在 40~80t 时，为二级吊装作业。

吊装重物的重量小于 40t 时，为三级吊装作业。

（2）按吊装作业级别分类。

一级吊装作业为大型吊装作业。

二级吊装作业为中型吊装作业。

三级吊装作业为一般吊装作业。

3. 吊装作业的安全要求

（1）吊装作业人员必须持有特殊工种作业证。吊装重量大于 10t 的物体必须办理《吊装安全作业证》。

（2）吊装重量大于等于 40t 的物体和土建工程主体结构，应编制吊装施工方案。吊装物体质量虽不足 40t，但形状复杂、刚性小、长径比大、精密贵重，或施工条件特殊的情况下，也应编制吊装施工方案。吊装施工方案经施工主管部门和安全技术部门审查，报主管厂长或总工程师批准后方可实施。

（3）各种吊装作业前，应预先在吊装现场设置安全警戒标志，并设专人监护，非施工人员禁止入内。

（4）吊装作业中，夜间应有足够的照明。室外作业遇到大雪、暴雨、大雾及六级以上大风时，应停止作业。

（5）吊装作业人员必须佩戴安全帽，安全帽应符合 GB2811—1989 的规定。高处作业时必须遵守 HG23014—1999 的规定。

（6）吊装作业前，应对起重吊装设备、钢丝绳、揽风绳、链条、吊钩等各种机具进行检查，必须保证安全可靠，不准带病使用。

（7）吊装作业时，必须分工明确、坚守岗位，并按 GB5082—1985 规定的联络信号，统一指挥。

（8）严禁利用管道、管架、电杆、机电设备等做吊装锚点。未经机动、建筑部门审查核算，不得将建筑物、构筑物作为锚点。

（9）吊装作业前必须对各种起重吊装机械的运行部位，安全装置以及吊具等进行详细的安全检查，吊装设备的安全装置要灵敏可靠。吊装前必须试吊，确认无误后方可作业。

（10）任何人不得随同吊装重物或吊装机械升降。在特殊情况下，必须随之升降的，应采取可靠的安全措施，并经过现场指挥人员批准。

（11）吊装作业现场如需动火，应遵守 HG23011—1999 的规定。吊装作业现场的吊绳索、揽风绳、拖拉绳等要避免同带电线路接触，并保持安全距离。

（12）用定型起重吊装机械进行吊装作业时，除遵守本标准外，还应遵守该定型机械的操作规程。

（13）吊装作业时，必须按规定负荷进行吊装，吊具、索具经计算选择使用，严禁超负荷运行。所吊重物接近或达到额定起重吊装能力时，应检查制动器，用低高度、短行程试吊后，再平稳吊起。

（14）悬吊重物下方严禁站人、通行和工作。

（15）在吊装作业中，有下列情况之一者不准吊装：指挥信号不明；超负荷或物体重量不明；斜拉重物；光线不足、看不清重物；重物下站人；重物埋在地下；重物紧固不牢，绳打结、绳不齐；棱刃物体没有衬垫措施；重物越人头；安全装置失灵。

（16）必须按《吊装安全作业证》上填报的内容进行作业，严禁涂改、转借《吊装安全作业证》，变更作业内容，扩大作业范围或转移作业部位。

（17）对吊装作业审批手续不全，安全措施不落实，作业环境不符合安全要求的，作业人员有权拒绝作业。

4. 《吊装安全作业证》的管理

《吊装安全作业证》由机动部门负责管理。

项目单位负责人从机动部门领取《吊装安全作业证》后，要认真填写各项内容，交施工单位负责人批准。对于"吊装重量大于等于 40t 的物体和土建工程主体结构，或虽不足 40t，但吊物形状复杂、刚性小、长径比大、精密贵重，施工条件特殊的情况"，必须编制吊装方案，并将填好的《吊装安全作业证》与吊装方案一并报机动部门负责人批准。

《吊装安全作业证》批准后，项目负责人应将《吊装安全作业证》交作业人员。作业人员应检查《吊装安全作业证》，确认无误后方可作业。

七、断路作业

1. 定义

断路作业指的是在化工企业生产区域内的交通道路上进行施工及吊装吊运物体等影响正常交通的作业。

2. 断路作业的安全要求

（1）凡在厂区内进行断路作业必须办理《断路安全作业证》。

（2）断路申请单位负责管理施工现场。企业要在断路路口设立断路标志，为来往的车辆提示绕行路线。

（3）厂区交通管理部门审批《断路安全作业证》后，要立即书面通知调度、生产、消防、医务等有关部门。

（4）施工作业人员接到《断路安全作业证》确认无误后，即可进行断路作业。

（5）断路时，施工单位负责在路口设置交通栏杆、断路标志。

（6）断路后，施工单位负责在施工现场设置围栏、交通警告牌，夜间要悬挂红灯。

（7）断路作业结束后，施工单位负责清理现场，撤除现场、路口设置的挡杆、断路标识、围栏、警告牌、红灯。申请断路单位检查核实后，负责报告厂区交通管理部门，然后由厂区交通管理部门通知各有关单位断路工作结束恢复交通。

（8）断路作业应按《断路安全作业证》的内容进行，严禁涂改、转借《断路安全作业证》、变更作业内容、扩大作业范围或转移作业部位。

（9）对《断路安全作业证》审批手续不全、安全措施不落实、作业环境不符合安全要求的，作业人员有权拒绝作业。

（10）在《断路安全作业证》规定的时间内未完成断路作业时，由断路申请单位重新办理《断路安全作业证》。

3.《断路安全作业证》的管理

《断路安全作业证》由申请断路作业的单位指定专人办理。

《断路安全作业证》由厂区交通管理部门审批。申请断路作业的单位在厂区交通管理部门领取《断路安全作业证》，逐项填写后交施工单位。

施工单位接到《断路安全作业证》后，填写《断路安全作业证》中施工单位应填写的内容，填写后将《断路安全作业证》交断路申请单位。

断路申请单位从施工单位收到《断路安全作业证》后，交厂区交通管理部门审批。将办理好的《断路安全作业证》留存，并分别送交厂区交通管理部门、施工单位各一份。

任务四

化工装置检修后的开车

在检修结束时，必须进行全面的检查和验收。对设备管道装置的安全评价主要体现在安全质量上。整个检修能否抓住关键，把好关，做到安全检修，同时实现科学检修、文明施工，做到安全交接，达到一次开车成功。在检修质量上，必须树立下一道工序就是用户的观念。检修要认真负责，保证质量。

一、现场清理

检修完毕，检修人员要检查自己的工作有无遗漏，要清理现场，将火种、油渍垃圾、边角废料等全部清除，不得在现场遗留任何材料、器具和废料。

大修结束后，施工单位撤离现场前，要做到"三清"：

（1）清查设备内有无遗忘的工具和零件。

（2）清扫管路通道，查看有无应拆除的盲板等。

（3）清除设备、屋顶、地面上的杂物垃圾。

撤离现场应有计划进行，所在单位要配合协助。凡先完工的工种，应先将工具、机具搬走，然后拆除临时支架，拆除时要自上而下，下方要有人监护，禁止行人逗留；拆除工程禁止数层同时进行；拆下的材料物体要用绳子系下，或采用吊运和顺槽流放的方法，及时清理运出，不能乱抛掷，要随拆随运，不可堆积；电工临时电线要拆除彻底，如属永久性电气装置，检修完毕，要先检查作业人员是否全部撤离，标志是否全部取下，然后拆除临时接地线、遮拦、棚罩等，要检修绝缘，恢复原有的安全防护；在清理现场过程中，应遵守有关安全规定，防止物体打击等事故发生。

检修完工后，应认真进行检查，确认无误后对设备装置等进行试压、试漏、调校安全阀、调校仪表和连锁装置等，对检修的设备装置进行单体试车和联动试车，经检修和生产部门验收合格后进行交接。

检修竣工后，要仔细检查安全装置和安全措施，如护栏、防护罩、设备孔盖板、安全阀、减压阀、各种计量表、信号灯、报警装置、连锁装置、自控设备、刹车、行程开关、阻火器、防爆膜、接地、接零线等，经过校验使其全部恢复好，并经各级验收合格后方可投入运行。检修移交验收前，不得拆除悬挂的警告牌和开启切断的管道阀门。

检修作业结束后，要对检修项目进行彻底检查，确认没有问题，进行妥善的安全交接后，才能进行试车或开车。总之，每一个项目检修完成后，都要进行自检，在自检合格基础上进行互检和专业检查，不合格要及时返修。

二、试车验收

试车就是对检修过的设备装置进行验证，必须经验收合格后才能进行。试车的规模有单机试车、分段试车和联动试车。主要内容如下：

（1）试温。试温指高温设备，按工艺要求升温至最高温度，验证其放热、耐火、保温的功能是否符合要求。

（2）试压。试压包括水压实验、气压实验、气密性实验和耐压实验。目的是检验压力容器是否符合生产和安全要求。试压非常重要，必须严格按规定进行。

（3）试速。试速指对转动设备的验证，以规定的速度运转，观察其摩擦、振动情况，是否有松动。

（4）试漏。试漏指检验常压设备、管道的连接部位是否紧密，是否有跑、冒、滴、漏的现象。

（5）安全装置和安全附件的校验。安全阀按规定进行检验、定压、铅封；爆破片进行更换；压力表按规定校验、铅封。

（6）各种仪表进行校验、调试，达到灵敏可靠。

（7）化工联动试车。首先要制定试车方案，明确试车负责人和指挥者。试车中发现异常现象，应及时停车，查明原因妥善处理后再继续试车。

三、开车前的安全检验

试车合格后，按规定办理验收、移交手续，正式移交生产。在设备正式投产前，检验单位拆去临时电、临时防火墙、安全标界、栅栏及各种检修用的临时设施。移交后方可解除检修时采取的安全措施。生产车间要全面检查工艺管线和设备，拆除检修时立、挂的警告牌，并开启切断的物料管线阀门，检查各坑道的排水和清扫状况。应特别注意是否有妨碍运转的情况，临近高温处是否有易燃物的情况。在确认试车完全符合工艺要求的情况下，打扫好卫生，做开车投料准备，绝不可盲目开车。

开车前，还要对操作人员进行必要的安全教育，使他们清楚设备、管线、阀门、开关等在检修中做了变动的情况，以确保开车后的正常生产。

四、开车安全技术

检修后生产装置的开车过程，是保证装置正常运行非常关键的一步。为保证开车成功，在进行开车操作时必须遵循以下安全制度：

（1）生产辅助部门和公用工程部门在开车前必须符合开车要求，投料前要严格检查各种原材料的供应及公用工程设施是否齐全、合格。

（2）开车前要严格检查阀门开闭情况，盲板抽加情况，要保证装置流程通畅。

（3）开车前要严格检查各种机电设备及电器仪表等，保证处于完好状态。

（4）开车前要检查落实安全、消防措施是否完好，要保证开车过程中的通信联络畅通，危险性较大的生产装置及开车过程，应通知安全、消防等相关部门到现场。

（5）开车过程中应停止一切不相关作业和检修作业。禁止一切无关人员进入现场。

（6）开车过程中各岗位要严格按开车方案的步骤进行操作，要严格遵守升降温、升降压、投料等速度与幅度的要求。

（7）开车过程中要严密注意工艺条件的变化和设备运行情况，发现异常要及时处理，情况紧急时应停止开车，严禁强行开车。

任务五

典型事故案例分析及对策

【案例8.1】　1980年9月，山西省某氮肥厂煤气洗气塔发生爆炸，死亡1人。

事故原因分析：停车检修时未对设备进行置换，就派人带着长管式防毒面具进塔清理水垢，在用铁器敲击水垢时，撞击产生火花，引起塔内残留煤气爆炸，塔内作业人员当场炸死。

【案例 8.2】 1981 年 3 月，湖南省某化肥厂检修锅炉系统煤磨机时，煤磨机启动，2 名进入作业的人员死亡。

事故原因分析：发现设备出现问题，检修班长和检修主任进入煤磨机查看，没有其他人在场监护，也没有切断电源，没有挂警示牌，其他操作人员不知里面有人，就启动了煤磨机，准备卸钢球，结果 2 人被碾死。

【案例 8.3】 1982 年 1 月，陕西省某化肥厂造气车间检修过程中发生一起多人中毒事故，11 人中毒，死亡 3 人。

事故原因分析：在对一台造气炉检修中，车间主任为图省事，决定对炉内灰渣不全部清除，只用水将火熄灭，由于炉火并未完全熄灭，将炉底圆门打开时，空气进入炉内，使得灰渣复燃，产生大量一氧化碳，引起中毒事故。

【案例 8.4】 1983 年 11 月，吉林省某化工厂萘酚贮罐着火，死亡 2 人，伤 3 人。

事故原因分析：萘酚贮罐放散管蒸汽夹套漏气，岗检人员发现后，未经车间领导及相关部门同意，就通知进行补焊作业，并停止了蒸汽，系统温度降低，压力也降低，最后呈负压，进行焊接作业时，引起放散管管口着火，火焰迅速向萘酚贮罐内蔓延，造成萘酚燃烧，压力骤然升高，发生爆炸，并引起火灾，酿成大祸。

【案例 8.5】 1985 年元月 4 日 14 时 20 分，南京钢铁厂焦化厂回收车间硫铵班副班长发现连通饱和器的加酸管有一段腐蚀裂缝，决定动用明火更换被腐蚀的加酸管道。在切割加酸管道时，引起爆炸。1 号除酸器顶部被炸坏，掀翻相连的 $\phi 900mm$ 煤气出口阀门，造成大量煤气外逸着火，经消防人员抢救，于下午 16 时 30 分将火扑灭，设备损失近万元。

事故原因分析：不办动火签证，又无有效措施，在禁火区动火；动火时，未将管内残余的煤气吹扫干净。

【案例 8.6】 1986 年 5 月，湖北省某化肥厂炭化车间清洗塔检修，发生爆炸，死亡 1 人。

事故原因分析：检修前没有对要检修的清洗塔进行置换，直接戴长管式防毒面具进入作业，整理瓷环时，作业人员用钢管撬时产生火花，引起塔内残留气体爆炸。

【案例 8.7】 1995 年 1 月，福建省某县合成氨厂发生爆炸事故，死亡 1 人。

事故原因分析：该厂炭化工段炭化塔水箱发生泄漏。在对水箱进行检修时，检修前没有对设备进行清洗、置换，拆卸法兰时，因使用撬棍和錾子，致使水箱发生爆炸。

【案例 8.8】 1995 年 2 月，山东济宁市某公司化工三厂精萘包装车间发生火灾，损失约 169 万元，一人轻度烧伤。

事故原因分析：精萘包装车间的 1 号、2 号转鼓结晶机，在同一系统并联使用，1 号转鼓因有两处漏水停用待修。厂领导决定对 1 号机组进行检修。为不影响生产，商定在 2 号机不停运的情况下，对 1 号机组转鼓进行焊补的维修方案。在焊补焊完第二个砂眼的瞬间，引燃输料管系统内粉尘、气化混合物造成爆燃，随即火势迅速蔓延至相邻原料、成品库，造成了这起特大火灾事故的发生。

【案例 8.9】 1996 年 2 月，北京某化工厂有机硅分厂一车间发生罐内作业中毒事故，死亡 2 人，轻伤 2 人。

事故原因分析：该厂有机硅分厂一车间停工检修期间，在清理氯甲烷缓冲罐内水解物料时，在没有办理入罐手续，没有对罐内进行空气置换、未做气体分析、没有专人监护的情况下，操作人员戴着防毒面具擅自进入罐内作业，车间主任到现场发现没人，感觉不妙，发现一人倒在罐内，在没有采取进一步防护措施的情况下，进入罐内施救，结果也中毒倒下，闻讯赶来的另一名操作工也未采取有效防护措施就进入罐内施救，在将主任救出罐时，自己倒在罐内，后经分厂领导带人进行急救，车间主任被救活，另 2 人经抢救无效死亡。

【案例 8.10】 2003 年 5 月，江西省景德镇市某技术监督局的 2 名高工和 1 名工程师，在检查一电子公司准备重新启用的液化气充气罐时，第一位高工进入充气罐内的，很快发生窒息。感到情况不妙，第二位高工立即进入罐体搭救，同样一去不回。紧接着，工程师，甚至在场的一位司机也进去了，结果 4 个人中，仅有一人侥幸生还。

事故原因分析：没有按照有关规定，对罐未进行排放和清洗处理。进入罐内未采取任何个人防护措施。

【案例 8.11】 2009 年 7 月 21 日，河南省某化肥有限公司尿素和合成氨系统计划检修。尿素装置停产过程中，由于系统清洗置换不够，致使系统内高浓度氨气从放空总管放空，造成厂外 80 余亩玉米和部分树叶枯萎；2009 年 10 月 20 日，该公司二分公司选择无施工资质的新乡县诚信防腐工程有限公司，对正常生产运行中的一脱富液槽进行防腐施工，施工人员在富液槽顶部进行除锈作业时产生火花，引起槽内可燃气体爆炸，造成施工人员 2 人死亡，1 人受伤；2009 年 11 月 4 日 17 时 43 分，该公司合成氨系统设备检修维护后，在开车过程中由三机加四机生产时，合成放氨压力波动，导致液氨输送管道上的安全阀起跳，其前截止阀与接管连接处法兰密封失效，外泄液氨约 12t，造成9 人不同程度的中毒。2010 年 1 月 15 日 14 时 45 分，该公司在对合成车间备用的 6 号低压机四段阀门例行检修时，维修工违规作业，致使管道内余压将阀盖和阀芯冲出，撞击操作人员，造成检修人员 1 人死亡、3 人受伤。

事故原因分析：上述四起事故均发生在化工装置开车、停车和设备检修、维修期间，充分暴露出该公司在安全生产方面存在的管理体制不科学、管理制度不落实，职工安全教育不够、安全意识不强，安全操作规程不完善、操作工操作技能不强，安全设施有缺陷、应急处置设施不健全等问题。

【案例 8.12】 1990 年 6 月，燕山石化公司合成橡胶厂抽提车间发生一起氮气窒息死人事故。

事故原因分析：抽提车间在实施隔离措施时，忽视了该塔主塔蒸汽线在再沸器恢复后应及时追加盲板，致使氮气串入塔内，导致工人进塔工作窒息死亡。

【案例 8.13】 1988 年 5 月，燕山石化公司炼油厂水净化车间安装第一污水处理场隔油池上油气集中排放脱臭设施的排气管道时，气焊火花由未堵好的孔洞落入密封的油池内，发生爆燃。

事故原因分析：严重违反用火管理制度，与安全部门审批签发的《动火安全作业证》等级不同。未亲临现场检查防火措施的可靠性。施工单位未认真执行用火管理制度，动火地点与《动火安全作业证》上的地点不符。

【案例 8.14】　2009 年 11 月 28 日，中平能化某化工公司电除尘器进行检修作业，工序停车后，工艺人员对电除尘器进行氮气置换，先开氮气阀对电除尘器进行充氮作业，然后开顶部放空阀进行放空置换，由于工艺人员操作不到位，顶部放空阀并未真正打开，充氮后进行可燃气体取样分析，经分析合格，通知检修人员进行拆人孔作业。此时现场，氮气进口阀未关闭、出口阀也未真正打开，电除尘器处于正压状态；检修人员只接到工艺人员的电话通知，没有接到检修工作票，依照习惯认识，在作业前也没有进行再确认，直接进行拆盲板作业，除尘器中的氮气大量涌出，造成该检修工当场窒息晕倒。险情发生后，该车间 2 名作业人员在没有采取有效防护措施的情况下，盲目登上电除尘器进行施救，施救过程中 2 名施救人员同时窒息晕倒。加上电除尘器作业平台面积狭小，后续施救人员也没有效措施使 3 名员工迅速脱离危险境地，最后通过紧急动用吊车，用将近 30min 时间才将晕倒的 3 名员工从检修平台上吊出，终因窒息时间过长，失去最佳的抢救时机，检修工因抢救无效死亡，此次事件最终造成 1 死 2 伤的惨痛事故。

事故原因分析：

（1）检修人员违章作业，检修前没有严格按照作业票证管理规定办理作业票证是本次事故的直接原因。

（2）工艺人员业务技术不熟练，操作不到位也是本次的事故主要原因。

（3）施救人员安全意识不强，未采取有效安全防范措施冒然施救也是本次事故的主要原因。

（4）该公司安全管理不严格，安全教育不足，安全管理制度和票证制度落实不到位是本次事故的间接原因。

【案例 8.15】　2004 年 6 月 15 日 11 时 40 分左右，某化工厂合成车间加氨阀填料压盖破裂，有少量的液氨滴漏。维修工徐某遵照车间指令，对加氨阀门进行填料更换。徐某没敢大意，首先找来操作工，关闭了加氨阀门前后两道阀；并牵来一根水管浇在阀门填料上，稀释和吸收氨味，消除氨液释放出的氨雾；又从厂安全室借来一套防化服和一套过滤式防毒面具，佩戴整齐后即投入阀门检修。当他卸掉阀门压盖时，阀门填料跟着冲了出来，瞬间一股液氨猛然喷出，并释放出大片氨雾，包围了整个检修作业点，临近的甲醇岗位和铜洗岗位也笼罩在浓烈的氨味中，情况十分紧急危险。临近岗位的操作人员和安全环保部的安全员发现险情后，纷纷从各处提着消防、防护器材赶来。有的接通了消防水带，打开了消火栓，大量喷水压制和稀释氨雾；有的穿上防化服，戴好防毒面具，冲进氨雾中协助险情处理。闻讯后赶到的厂领导协助指挥，生产调度抓紧指挥操作人员减量调整生产负荷，关闭远距离的相关阀门，停止系统加氨，事故很快得到有效控制和妥善处理，并快速更换了阀门填料，堵住了漏点。一起因严重氨泄漏而即将发生的中毒、着火、有可能爆炸的重特大事故避免了。

事故原因分析：

（1）合成车间在检修处理加氨阀填料漏点过程中，未制定周密完整的检修方案，未制定和认真落实必要的安全措施，维修工盲目地接受任务，不加思考地就投入检修。

（2）合成车间领导在获知加氨阀门填料泄漏后，没有引起足够重视，没有向生产、设备、安全环保部门按程序汇报，自作主张，草率行事，擅自处理。

（3）当加氨阀门填料冲出有大量氨液泄漏时，合成车间组织不力，指挥不统一，手忙脚乱，延误了事故处置的最佳有效时间。

（4）加氨阀门前后备用阀关不死内漏，合成车间对危险化学品事故处置思想上麻痹重视不够，安全意识严重不足。人员组织不力，只指派一名维修工去处理；物质准备不充分，现场现找、现领阀门；检修作业未做到"七个对待"中的"无压当有压、无液当有液、无险当有险"对待。

【**案例 8.16**】 某公司技术发展部 9 月 28 日发出节日期间检修工作通知，其中一项任务就是要求污水处理站宋某和周某，再配一名小工于 10 月 1～3 日进行清水池清理，并明确宋某全面负责监护。10 月 1 日上午宋某等 3 人完成清理汽浮池后，下午 13 时左右就开始清理清水池。其中一名外来临时杂工徐某头戴防毒面具（滤毒罐）下池清理。约在下午 13 时 45 分，周某发现徐某没有上来，预感情况不好，当即喊叫"救命"。这时 2 名租用该集团公司厂房的个体业主施某、邵某闻声赶到现场。周某即下池营救，施某与邵某在洞口接应，在此同时，污水处理站站长宋某赶到，听说周某下池后也没有上来，随即下池营救，并嘱咐施某与邵某在洞口接应。宋某下洞后，邵某跟随下洞，站在下洞的梯子上，上身在洞外，下身在洞口内，当宋某挟起周某约离池底 50cm 高处，叫上面的人接应时，因洞口直径小（0.6m×0.6m），邵某身体较胖，一时下不去，接不到，随即宋某也倒下，邵某闻到一股臭鸡蛋味，意识到可能有毒气。在洞口边的施某拉邵某一把说："宋刚下去，又倒下，不好，快起来！"邵某当即起来，随后报警"110"。刚赶到现场的公司保卫科长沈某见状后即报警"119"，请求营救，并吩咐带氧气呼吸器。4～5min 后，消防人员赶到，救出三名中毒人员，急送市第二人民医院抢救。结果，抢救无效，于当天下午 14 时 50 分 3 人全部死亡。

事故原因分析：

（1）直接原因。在清水池内积聚大量超标的硫化氢气体而又未做排放处理的情况下，清理工未采取切实有效的防护用具，贸然进入池内作业，引起硫化氢气体中毒，是事故发生的直接原因。

（2）间接原因。一是清洗清水池的人员缺乏安全意识，对池内散发出来的有害气体危害的严重性认识不足，违反公司制定的清洗清水池的作业计划和操作规程，在未经多次冲水排污，没有确认有无有害气体的情况下，人员就下池清洗，结果造成中毒；二是职工缺乏救护知识，当第一个人下池后发生异常时，第二个人未采取有效个体防护措施贸然下池救人，更为突出的是，当 2 人已倒在池内，并已闻到强烈的臭鸡蛋味时，作为从事多年清理工作的污水处理站站长，竟然也未采取有效个体防护措施，跟着盲目下池救人，使事态进一步扩大，造成 3 人死亡；三是公司和设备维修工程部领导对清水池中散发出来气体的性质认识不足，不知其危害的严重性，同时对职工节日加班可能会出现违章作业，贪省求快的情况估计不足，更没有意识到违章清池可能造成的严重后果，放松了教育和现场监督；四是出事故当天，气温较高（31℃），加速池内硫化氢挥发，加之池子结构不合理（长 8.3m，宽 2.2m，深 2m，且封闭型，上面只留有 0.6m×0.6m

的洞口和在边上留有的进出口管道），硫化氢气体无法散发，造成大量积聚。

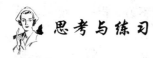 思考与练习

一、思考题

1. 化工装置的检修特点有哪些？

2. 简述动火作业的安全要点。

3. 入罐作业的基本要求是什么？

4. 简述高处作业的安全要点。

5. 停车检修应做哪些安全准备工作？

6. 检修作业期间如何加强自我保护？

7. 如何保证检修后安全开车？

8. 检修现场的十大禁令是什么？

9. 动火作业的六大禁令是什么？

10. 吊装作业的十不吊指什么？

11. 化工检修的管理工作包含哪几方面的内容？

12. 检修时，票证制度的重要性是什么？

二、判断题

1. 企业生产效益的好坏与生产设备的状况有着密切的关系。（　　）

2. 化工企业中机械设备的检修具有频繁性、复杂性和危险性的特点，决定了化工安全检修的重要地位。（　　）

3. 在化工企业中，不论大、中、小修，都必须集中指挥。（　　）

4. 建立罐内作业许可证制度进入罐内作业，必须申请办证，并得到批准。（　　）

5. 试车就是对检修过的设备装置进行验证，必须经检查验收合格后才能进行。（　　）

6. 任何电气设备在未验明无电之前，一律认为有电。（　　）

7. 从业人员发现直接危及人身安全的紧急情况时，可以边作业边报告本单位负责人。（　　）

8. 禁止生产经营单位使用国家明令淘汰、禁止使用的危及生产安全的工艺、设备。（　　）

9. 生产作业场所加强通风、隔离，可降低有毒有害气体的浓度。（　　）

10. 在工作现场动用明火，须报主管部门批准，并做好安全防范工作。（　　）

三、选择题

1. 根据化工生产中机械设备的实际运转和使用情况，化工检修可分为（　　）。

　　A. 计划检修和计划外检修　　B. 大修和小修　　　C. 大修和中修

2. 与其他行业检修相比，化工检修具有（　　）的特点。

　　A. 频繁、复杂和危险性大　　B. 复杂和危险性大　　C. 频繁、复杂

3. 化工生产的（　　）决定了化工检修的危险性。

    A. 频繁性　　　　　　　　B. 危险性　　　　　　C. 复杂性

4. 做好检修前的（　　）是化工安全检修的一个重要环节。

    A. 技术工作　　　　　　　B. 准备工作　　　　　C. 思想工作

5. 化工检修中罐内作业非常频繁，与动火作业一样，是（　　）很大的作业。

    A. 频繁性　　　　　　　　B. 危险性　　　　　　C. 复杂性

6. 锅炉安全阀的检验周期为（　　）。

    A. 半年　　　　　　　　　B. 1 年　　　　　　　C. 2 年

7. 对操作者本人，尤其对他人和周围设施的安全有重大危害因素的作业，称（　　）。

    A. 危险作业　　　　　　　B. 高难度作业　　　　C. 特种作业

8. （　　）工作环境是不适合进行电焊的。

    A. 空气流通　　　　　　　B. 干燥寒冷　　　　　C. 炎热而潮湿

9. 离开特种作业岗位达（　　）个月以上的特种作业人员应当重新进行实际操作考核，经确认合格后方可上岗作业。

    A. 6　　　　　　　　　　　B. 9　　　　　　　　　C. 12

10. 机器防护罩的主要作用是（　　）。

    A. 使机器表面美观　　　　　　　　　　　B. 防止发生人身伤害事故

    C. 防止机器积尘

11. 氯气泄漏时，抢修人员必须穿戴防毒面具和防护服，进入现场首先要（　　）。

    A. 加强通风　　　　　　　B. 切断气源　　　　　C. 切断电源

12. 警告标志的含义是提醒人们对周围环境引起注意，以避免可能发生危险的图形标志。其基本外形是（　　）。

    A. 带斜杠的圆形框　　　　B. 圆形边框　　　　　C. 正三角形边框

13. 安全帽应保证人的头部和帽体内顶部的间隔至少应保持（　　）mm 空间才能使用。

    A. 20　　　　　　　　　　B. 2　　　　　　　　　C. 32

14. 工人如必须在 100℃ 以上的高温环境下作业，应严格控制作业时间，一次作业不得超过（　　）。

    A. 5min　　　　　　　　　B. 10mm　　　　　　　C. 15min

15. 安全防护装置如发现损坏，应（　　）。

    A. 将它拆除　　　　　　　　　　　　　　B. 立即通知有关部门修理

    C. 不予理会

16. 新、改、扩建项目的安全设施投资应当纳入（　　）。

    A. 企业成本　　　　　　　B. 安措经费　　　　　C. 建设项目概算

17. 机械在运转状态下，操作人员（　　）。

    A. 对机械进行加油清扫　　B. 可与旁人聊天　　　C. 严禁拆除安全装置

18. 国家对严重危及生产安全的工艺、设备实行（　　）制度。

    A. 淘汰　　　　　　　　　B. 改造　　　　　　　C. 封存

19. 生产经营单位必须为从业人员提供符合国家标准或者（　　）标准的劳动防护用品。

　　A. 当地　　　　　　　　B. 本单位　　　　　　C. 行业

20. 生产经营单位采用新工艺、新材料或者使用新设备，必须了解、掌握其安全技术特征，采取有效的安全防护措施，并对从业人员进行专门的安全生产（　　）。

　　A. 教育和考核　　　　　B. 教育和培训　　　　C. 培训和考核

模块九　化工装置运行安全技术

应知

(1) 熟知化工装置开车前安全检查工作；

(2) 描述耐压试验的方法和要求；

(3) 知晓化工装置开车安全程序、试车安全程序；

(4) 知晓化工装置开停车安全管理、安全检查要求。

应会

(1) 掌握化工装置开车前耐压试验方法；

(2) 具备化工装置开停车安全管理的能力。

任务一

化工装置开车前安全检查

化工生产工艺过程复杂，涉及的危险物质多且工艺参数常选择高温高压，过程安全控制难度大，容易存在安全控制盲点，如生产装置设计施工完成后，新生产线开车运行前，化工装置检修前后，应进行化工生产装置的安全检查验收，以确认生产装置是否达到安全运行的条件，并通过安全试运行、生产安全控制技术，化工企业生产才能够安全有序地进行。

化工生产具有涉及的危险品多、工艺条件苛刻、生产规模大型化、生产控制自动化等特点，装置开车危险性大，应充分做好开车前的安全检查准备工作，如编写操作规程、安全规程，制定可行的开车运转方案等。

一、新装置开车前的安全检查

装置开车前检查施工的完成情况，确认生产装置的施工是否符合安全试运行的要求。主要检查以下几方面：

(1) 检查施工设计的图样、施工记录、施工质量控制等资料是否齐全。

(2) 检查施工的完成情况，装置施工是否已全部完工，施工现场是否清理完毕，无明显的现场安全施工隐患。

（3）对照工艺完成施工情况的预检查，根据工艺要求，设计安全预检查表，按表 9-1 进行检查。

表 9-1　装置运行安全预检查项目

项　　目	设计要求	安全检查内容	检查情况
平面布置	平面布置图	厂区平面 车间平面 主要设备布置	是否相符
工艺流程	工艺流程图	设备配置 主要设备安装 配管 工艺条件 操作条件	是否相符
机械设备	设备装配图	容器 反应设备 辅助机械	是否相符
电气设备	电气设计图	照明 动力系统 电气设备	是否相符
消防安全	消防设计图	消防设施 报警设施 防火防爆	是否相符
环保及劳动保护	三废处理要求	处理设施 劳动保护设施	是否一致

二、检修后装置开车前的安全检查

化工装置投产后，由于长期运行，受化学腐蚀、运行疲劳、自然侵蚀等因素影响，出现隐患和缺陷，需及时检修。有时检修后因生产任务紧张，亟须马上投产，时间紧，任务重，安全工作责任大。

1. 清理检修施工现场

化工装置检修施工单位在撤离现场前，要做到"三清"，即清查设备内部有无以往工具和零件；清扫管线通路，检查有无拆除的盲板或垫圈阻塞；清除设备、房屋顶上、地面上的杂物垃圾。凡先完工的工种，应先将工具、机具搬走，然后拆除临时支架、临时电气装置等。拆除脚手架时，要自上而下，下方要派专人照看，禁止行人逗留，上方要注意电线仪表等装置。拆下的材料要用绳子吊下，不得扔下，拆木模板等也应如此，要随拆随运，不可堆积。电工拆临时线要拆干净。对于永久性电气装置，在检修完毕后应先检查工作人员是否已全部防护，最后由所在车间与检修人员共同检查现场清理是否达到规定标准。

2. 试车以检验装置检修的可靠性

试车就是对检修过的设备加以检验，必须在完工、净料、清理现场后才能进行。试车的方式有单体试车、分段试车和化工联动试车。内容有试温、试压、试漏、试真空度、试安全阀、试仪表灵敏度等。

3．做好安全检查工作

试车合格后，按规定办理验收移交手续，正式移交生产。验收是一项细致的工作，必须一丝不苟，确保安全。特别是易燃、易爆生产车间，必须进行防爆测试验收，并符合标准。验收由检修部门会同设备使用部门双方，并有安全管理部门参加，内容是根据检修任务书，或以检修施工方案所规定的项目、要求及记录为标准，逐项复核验收。

三、安全运行的准备工作

生产装置安全运行是一项系统工程，涉及部门广，人员多，应充分做好前期的准备工作，并制定详细可行的方案，以确保试运行的安全。

1．建立组织保证体系

成立安全运行的领导机构，工厂分管领导要全面负责，安全、设备、生产、技术、环保及后勤保障等部门的主要负责人要参加，并明确分工，各司其职，各负其责。

2．制定翔实的运行方案

安全运行方案至少包括以下内容。

（1）工艺过程的说明；具体工艺条件说明，如温度、压力等；工艺的组成内容，如原辅料、中间体、产品的性质等。

（2）运转操作程序及时间安排。

（3）运转操作的重点环节。如明确主要设备运转及控制参数，发生误操作的应急措施等。

（4）试运转的准备，如运转前的最后检查、公用工程设备的启动、转动机械类的试运转、有关安全设备的试操作和性能检验、紧急切断回路的动作确认等。

（5）模拟运转，包括试压、检漏及单机空运转以及联动试车方案。

（6）装置性能确认和投料。包括运行各阶段中的操作方法以及中间产品、不合格产品的处理方法，记录保持正常运转的操作方法，记录项目有各单元装置开始运转的顺序及运转变更条件、运转的问题及特殊注意事项等。

（7）停车安全。

（8）安全管理，有关试运转时的安全应记述下列事项：

① 生产岗位防火、防爆、防毒、防腐蚀的重点部位及预防措施。

② 所用防毒设施、个人防护用品的使用方法。

③ 特殊工作服等劳保用品及其他安全用具的数量、设置及保管场所。

④ 运行出现异常情况时的处置要领。

⑤ 需要部位的事故处理方法、疏散方法及其他应急救援措施。

（9）其他需说明的事项。

　　3. 化工装置的置换、吹扫与清洗等准备工作

　　1）置换

　　为保证检修及生产运行安全，对易燃、有毒气体的置换大多采用蒸汽、氮气等惰性气体为置换介质，也可采用注水排气法。设备经置换后，若再用空气置换惰性气体以满足生产工艺要求的，应置换至氧含量符合生产工艺要求。置换作业安全注意事项如下：

　　（1）置换前应制定置换方案，绘制置换流程图，根据置换和被置换介质的密度不同，合理选择置换介质入口、被置换介质排出口及取样部位，防止出现死角。若置换介质的密度比被置换介质小时，应从设备最高点送入置换介质，由最低点排出被置换介质，取样分析点宜放在设备的底部位置和可能成为死角的位置；反之，置换介质的密度大于被置换介质的密度时，应由设备或管道最低点送入置换介质，由最高点排出被置换介质，取样点宜在顶部位置及产生死角的部位，保证置换彻底。

　　（2）被置换的设备、管道等必须与系统进行可靠隔绝。

　　（3）置换要求用水作为置换介质时，一定要保证设备内注满水，且在设备顶部最高处溢流口有水溢出，并持续一段时间，严禁注水未满。用惰性气体作置换介质时，必须保证惰性气体用量（一般为被置换介质容积的 3 倍以上），置换作业排出的气体应引入安全场所。如需检修动火，置换用惰性气体中氧的体积分数一般小于 1％。置换是否彻底，置换作业是否已符合安全要求，不能只根据置换时间的长短或置换介质的用量，而应以取样分析是否合格为准。

　　（4）按置换流程图规定的取样点取样分析达到合格。

　　2）吹扫

　　对设备和管道内没有排净的易燃、有毒液体，一般采用以蒸汽或惰性气体进行吹扫的方法清除。吹扫作业安全注意事项如下：

　　（1）吹扫作业应当根据停车方案中规定的吹扫流程图，按管段号和设备位号逐一进行，并填写登记表。

　　（2）在登记表上注明管段号、设备位号、吹扫压力、进气点、排气点、负责人等。

　　（3）吹扫结束应取样分析，吹扫结束时应先关闭物料闸再停气，以防管路系统介质倒流。

　　3）清洗

　　对置换和吹扫都无法清除的黏结在设备内壁的易燃、有毒物质的沉积物及结垢等，必须采用清洗铲除的办法进行处理，以避免沉积物或结垢遇高温迅速分解或挥发，使空气中可燃物质或有毒有害物质浓度大大增加而发生燃烧、爆炸或中毒事故。清洗一般有蒸煮和化学清洗两种。

　　（1）蒸煮。一般来说，较大的设备和容器在清除物料后，都应用蒸汽、高压热水喷扫或用碱液（氢氧化钠溶液）通入蒸汽煮沸，采用蒸汽宜用低压饱和蒸汽；被喷扫设备应有静电接地，防止产生静电火花引起燃烧、爆炸事故，防止烫伤及碱液灼伤。

　　（2）化学清洗。常用碱洗法、酸洗法、碱洗与酸洗交替使用等方法进行化学清洗。碱洗和酸洗交替使用法适于单纯对设备内氧化铁沉积物的清洗，若设备内有油垢，应先

用碱洗去油垢，然后清水洗涤，接着进行酸洗，氧化铁沉积即溶解。若沉积物中除氧化铁外还有铜、氧化铜等物质，仅用酸洗法不能清除，应先用氨溶液除去沉积物中的铜，然后进行酸洗。因为铜和铜的氧化物污垢和铁的氧化物大都呈现叠状积附，故交替使用双氧水和酸类进行清洗；如果铜及铜的氧化物污垢附着较多，在酸洗时一定要添加铜离子封闭剂，以防因铜离子的电极沉积引起腐蚀。对某些设备内的沉积物，也可用人工铲刮的方法予以清除。进行此项作业时，应符合进入设备作业安全规定，设备内氧及可燃气体、有毒气体含量必须符合要求。特别应注意的是，对于可燃物沉积物的铲刮应使用铜质、木质等不产生火花的工具，并对铲刮下来的沉积物妥善处理。

采用化学清洗后的废液处理后方可排放。一般将废液进行稀释沉淀、过滤等，或采用化学药品中和、氧化、还原、凝聚、吸附，以离子交换等方法处理，使之符合排放标准后再排放。

4. 安全操作规程的编写

新装置开工生产前应编制安全操作规程。由于生产装置的岗位特点各不相同，无论是原料助剂、工艺流程、自动化程度、产品工艺生产特点，还是易燃、易爆、易中毒的特点，都有很大的差异。所以安全操作规程的编制，一定要从本岗位实际出发，结合工艺技术、自控条件以及同类事故经验，总结、归纳、学习和理解各岗位的安全操作要求。

1）岗位开车的安全操作规程要点

岗位开停车是事故发生概率较大的一个环节，无论是正常的装置开车还是检修改扩建后的装置开车都是如此。事故发生往往是因为某一块盲板未抽或未加，或某个阀门开关不正确而引起的。所以按规定程序认真仔细地进行开车前的准备和操作，是安全开车的重要保证。开车过程中的安全操作规程编制包括以下内容：

（1）核准安全开车的流程和开车步骤，认真核准自控仪表设定值和控制指令。

（2）认真进行设备、系统的检查。包括阀门的开关状态，盲板加堵与抽除状况，水、电、汽、气、冷剂、燃料气、燃料油等公用工程的供给量和接受状况，安全检测仪表及安全设施的投用情况，原材料、助剂的准备情况等。

（3）按规定进行手动盘车和电动盘车。

（4）原料、助剂的配制分析和合格备用情况。

（5）原料、助剂贮槽的排水（排液），加热、冷凝（却）系统排水（排液）。

（6）阀门的开、关不能用力过猛，特别是高压、高温、深冷、急冷系统和蒸汽管网及其他有冷凝液积存的系统。其进料阀门的开启一定要缓慢操作，必要时要按规定认真进行系统的预热和预冷。

（7）所有密闭的贮槽、反应器、塔器等，检修后开车投料（接料）前必须先分析氧含量，其低于2%方能开车。

2）化工设备的安全操作规程要点

化工生产装置中塔器、贮槽、反应器、换热器、锅炉等设备一般都是压力容器。压力容器的安全管理要认真执行《压力容器安全技术监察规程》等规定。岗位操作过程的设备安全操作规程编制应包括以下内容。

（1）操作人员要在企业生产技术和安全技术培训合格的基础上接受地方特种设备安全监督管理部门压力容器操作培训，并取得合格证书。

（2）要认真落实岗位压力容器使用维护专责制，加强日常巡检和维护，保护压力容器及附件如安全阀、液位计、压力表等安全装置完好。

（3）检修更换压力容器阀门时，要严把阀门的材质和质量关，特别是贮槽类压力容器进出口第一道切断阀不能使用铸铁阀门，且阀门的公称压力要比压力容器的压力上限高一个压力等级。

（4）压力容器检修完毕后必须经过严格定压查漏试验（压力容器的定期水压试验和气压试验由安全和机动部门的专业人员进行）。定压查漏合格之后方可投入使用。定压查漏工作要特别注意以下问题：

① 压力容器安全阀前一般不装阀门，如装阀门，必须保证阀门全开并加铅封，操作人员交接班时要注意检查安全阀前阀门的开启和铅封情况。

② 在正常生产状况下，安全阀前后禁止加堵盲板，不能为了图省事（特别是当安全阀有故障而时常小漏的时候）在安全阀前、后加堵盲板。

③ 对容易挂胶堵塞介质的设备，为了防止安全阀在正常状况下未超压起跳就被介质堵塞，影响正常动作，设计时可在安全阀前增设一块爆破板。

（5）压力容器安全操作的根本保证是严格执行工艺条件。不超温、不超压、不超贮，及时排水（排液），消除假液面和设备阀门、管线的冻堵。认真执行岗位巡回检查，及时消除跑、冒、滴、漏和其他工艺异常及安全隐患，保证压力容器的安全运行。

（6）对超期服役和降级使用的压力容器，要有重点监护使用责任书。在工艺允许的范围内尽可能降压、降温、降低贮存液面进行控制。加强巡回检查和设备维护保养。加强设备监测和测试，加强日常安全检查，确保落实各项保护措施。

3）化工单元反应的安全操作规程要点

氧化反应在化工操作中十分常见，操作规程以氧化反应为例。有的化工生产过程利用氧化反应制取化工产品，有的化工生产过程也因为不良氧化反应而产生人们所不希望的副产物，甚至会产生危及安全生产的过氧化物。无论是何种氧化反应，都有独特的安全要求。

例如，异丙苯氧化生产过氧化氢异丙苯，过氧化氢异丙苯工业上主要用作高分子聚合反应的激发剂。过氧化氢异丙苯的工业生产采用空气氧化生产。由于过氧化氢异丙苯性质活泼，在 80℃ 以上开始分解，在 135℃ 以上会剧烈分解爆炸，遇酸、碱也可以分解，剧烈振动会引起爆炸。因此操作中应特别注意以下几点：

（1）严格控制氧化塔及系统的操作温度。氧化塔的反应温度不仅影响反应速度和收率，也直接影响装置的安全生产。氧化反应在 80℃ 以上进行，一般控制在 110～120℃。如果反应温度降低，氧化反应速度变慢，反应温度过高，则氧化速度加快，过氧化氢异丙苯的分解过程也相应加快。特别在系统中过氧化物浓度较高时，超温引起过氧化物剧烈分解会着火爆炸。

（2）精心控制氧化塔操作压力，防止超压引起防爆板破裂。氧化塔反应温度超过

145℃，就会因过氧化氢异丙苯分解反应放出的热量使塔内物料温度急剧上升，产生高压造成防爆板爆破以至爆炸。另外，防爆板腐蚀或仪表控制失灵使塔顶压力控制过高，会造成氧化塔顶超压防爆板爆破。处理时一是停止通空气，停止加异丙苯，降温，更换防爆板；二是要在停车更换防爆板后检查检修仪表。

（3）要注意氧化和提浓系统的连锁、报警装置，定期校验，确保正常投用。

（4）防止过氧化氢异丙苯在管道内分解。管道内分解会引起整个系统的剧烈振动，甚至发生爆炸。其原因一是循环分解液中酸浓度太高，二是过氧化氢异丙苯在分解器上的加料管线止逆阀失效。处理时要降低分解反应温度和分解器加料量。

4）生产岗位安全操作要求

（1）必须严格执行工艺技术规程，遵守工艺纪律，做到平稳运行。

（2）必须严格执行安全操作规程。

（3）严格安全纪律，禁止无关人员进入操作岗位和动用生产设备、设施和工具。

（4）不得随便拆除安全附件和安全连锁装置，不准随意切断声、光报警等信号。

（5）控制溢料和漏料，严防"跑、冒、滴、漏"。

（6）正确穿戴和使用个体防护用品。

（7）正确判断和处理异常情况，紧急情况下，应先处理后报告（包括停止一切检修作业，通知无关人员撤离现场等）。

做好安全教育，结合试运转、安全生产的方案，对参加试运转的有关人员进行一次装置试运转前的安全操作规程、安全管理的培训，以提高参与人员执行各种规章制度的自觉性和落实安全责任重要性的认识，使其从思想上、组织上、制度上进一步落实安全措施，从而为生产安全措施的落实创造必要的条件。

任务二

耐压试验技术

耐压试验，指压力容器停机检验时，所进行超过最高工作压力的液压试验或气压试验。对固定式压力容器，每 2 次内外部检验期间，至少进行一次耐压试验。对移动式压力容器，每 6 年至少进行一次耐压试验。

化工生产装置中大量使用压力容器、压力管道，耐压容器是化工生产中的关键设备之一，反应过程中工艺参数的失控等是造成压力设备意外事故的主要原因。通过耐压试验可以消除压力容器本身及压力容器安全附件存在的一些安全隐患。

一、耐压试验的应用

压力容器的检验或使用必须遵照国家质量技术监督管理局颁发的《压力容器安全技术监察规程》。容器的压力试验是在超过设计压力的压力下，对容器进行试运行的过程。通过压力试验使容器的不安全因素在正式使用前充分暴露出来，防患于未然。压力试验的目的是检查容器的宏观强度、焊接的致密性及密封结构的可靠性，及时发现容器钢材、制造及检修过程中存在的缺陷，是对材料、设计、制造及检修等环节的综合性检查。所以压力试验是保证设备安全运行的重要措施，必须严格执行，下列容器应进行压力试验：

（1）新制造的压力容器、压力管道。

（2）停止使用 2 年后重新启用的容器。

（3）使用条件改变，且超过原设计参数并经过强度校核合格的容器。

（4）用焊接方法修理改造、更换主要受压元件的容器。

（5）需要更换衬里的容器。

（6）使用单位从外单位拆来新安装的或本单位内部移装的容器。

（7）使用单位对容器的安全性能有怀疑的容器。

二、耐压试验的压力及合格判定条件

1. 压力容器的试验压力

压力容器液压试验压力应按图样的规定，当图样无规定时，可按如下方法计算确定。

1）内压容器的计算

$$p_T = 1.25p \times ([\sigma]/[\sigma]') \tag{9-1}$$

或
$$p_T = p + 0.1 \tag{9-2}$$

取两式计算值较大者。当 $[\sigma]/[\sigma]'$ 的比值大于 1.8 时，按 1.8 计算。

式中　p_T——试验压力，MPa；

　　　p——设计压力，MPa；

　　　$[\sigma]$——试验温度下的材料许用应力，MPa；

　　　$[\sigma]'$——设计温度下的材料许用应力，MPa。

2）外压容器和真空容器的计算

$$p_T = 1.25p \tag{9-3}$$

式中　p——设计外压力，MPa。

3）夹套容器的计算

（1）内筒。当内筒设计压力为正值时，则 $p_T = 1.25p \times ([\sigma]/[\sigma]')$ 或 $p_T = p + 0.1$，取两者中较大值。当内筒设计压力为负值时，则 $p_T = 1.25\text{MPa}$。

（2）夹套。夹套的试验压力为 $p_T = 1.25p \times ([\sigma]/[\sigma]')$ 或 $p_T = p + 0.1$，取两者中较大值。

4）压力容器气压试验的试验压力计算

（1）内压容器试验压力的计算。

$$p_T = \begin{cases} 1.25p \times ([\sigma]/[\sigma]') \\ p + 0.1 \end{cases} \tag{9-4}$$

取两式较大值。

（2）外压容器和真空容器试验压力的计算。

$$p_{\mathrm{T}} = 1.25p \tag{9-5}$$

2. 耐压试验合格判定条件

1) 液压试验后的压力容器合格的标准

（1）无渗漏。

（2）无可见的变形。

（3）试验过程中无异常的响声。

（4）对抗拉强度规定值下限大于或等于 510MPa 的材料，表面经无损检测抽查未发现裂纹。

2) 气压试验合格的标准

气压试验过程中，压力容器无异常响声，经肥皂液或其他检漏液检查无漏气，无可见的变形即为合格。

3) 压力容器气密性试验合格的标准

（1）经检查无泄漏，保压不少于 30min 即为合格。

（2）非铁金属制压力容器的耐压试验和气密性试验，应符合相应标准规定或设计图样的要求。

压力容器气密性试验压力和合格标准如下。

（1）试验压力。气密性试验压力为设计压力的 1.05 倍。

（2）合格规定。试验压力达到规定试验压力后保压 10min，然后降至设计压力，将所有焊缝及连接部位，涂刷肥皂液或其他检漏液，用肉眼仔细观察，无泄漏即为合格；若为小型容器，也可全部浸入水中检查，无气泡即为合格。

三、耐压试验的方法及要求

压力试验有液压试验和气压试验两种，一般情况都采用液压试验，因为液体的压缩性很小，所以液压试验比较安全。对压力容器有特殊要求时才进行气压（气密性）试验，如内衬耐火材料不易烘干的容器、生产时装有催化剂、不允许有微量残液的反应器壳体等。

如果试验不合格需要补焊或补焊后又经热处理的，必须重新进行压力试验，对需要进行热处理的容器，必须将所有焊接工作完成并经热处理后方可进行液压试验。对剧毒介质和设计要求不允许有微量介质泄漏的容器，在进行液压试验后还需做气密性试验。压力表的量程应在试验压力的 2 倍左右，不低于 1.5 倍或高于 4 倍的试验压力。

1. 液压试验

凡是在压力试验时不会导致发生危险的液体，在低于其沸点温度下都可作为液压试验的介质，一般用清洁水作为试压液体。液压试验装置如图 9-1 所示，液压试验应按下列方法和要求进行。

（1）液压试验时应先打开放空口，充液至放空口有液体溢出时，表明容器内空气已

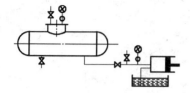

图 9-1　液压试验的装置

排尽，再关闭放空口的排气阀，试验过程中应保持容器表面干燥。待容器壁温与液体温度接近时开始缓慢升压至设计压力，确认无泄漏后继续升压到规定的试验压力，保压 30min，然后将压力降至规定试验压力的 80%，并保持足够长的时间（一般不少于 30min），以便对所有的焊接接头及连接部位进行检查，如发现有泄漏应进行标记，卸压修补后重新试压，直至合格为止。在保压期间不得采用连续加压的做法维持压力不变，也不得带压紧固螺栓或向受压元件施加外力。

（2）按液压试验合格标准判定，对抗拉强度 σ_b＞510MPa 的钢材，经表面无损检测抽查未发现裂纹即为合格。

（3）液压试验完毕后，应将液体排尽并用压缩空气将内部吹干。对奥氏体不锈钢制造的容器用水进行试验后，应除去水渍，防止氯离子腐蚀；无法达到这一要求时，应控制水中氯离子不超过 25mg/L。

2. 气压试验

气体的可压缩性很大，因此气压试验比较危险，气压试验时必须有可靠的安全措施，该措施需试验单位技术总负责人批准，并经本单位安全部门现场检查监督。对高压容器和超高压容器不宜做气压试验。气压试验应按下列方法和要求进行。

（1）气压试验所用气体应为干燥、清洁的空气、氮气或其他惰性气体。容器做定期检查时，若其内有残留易燃气体存在将导致爆炸时，不得使用空气作为试验介质。对碳素钢和低合金钢容器，试验用气体温度不得低于 15℃，其他钢种的容器按图样规定。

（2）气压试验时应缓慢升压至规定试验压力的 10% 且不超过 0.05MPa，保压 5min 后对容器的所有焊接接头和连接部位进行初步泄漏检查，合格后继续缓慢升压至规定试验压力的 50%，然后按每级为规定试验压力 10% 的级差逐步升到规定的试验压力。保压 10min 后将压力降至规定试验压力的 87%，并保压不少于 30min，进行全面的检查，如有泄漏则卸压修补后再按上述规定重新试验。在保压期间不得采用连续加压的做法维持压力不变，也不得带压紧固螺栓或向受压元件施加外力。

（3）按气压试验合格的标准判定。试验过程中若发现有不正常现象，应立即停止试验，待查明原因后方可继续进行。

3. 气密性试验

对剧毒介质和设计要求不允许有介质微量泄漏的容器，在液压试验后还要做气密性试验，气压试验合格的容器不必再做气密性试验。进行气密性试验时，一般应将容器的安全附件装配齐全，投用前如需在现场装配安全附件的，应在压力容器的质量证明书中注明装配安全附件后需再次进行现场气密性试验。气密性试验的试验压力一般取容器设计压力的 1.05 倍，试验时缓慢升压至规定的试验压力，保压 10min 后降至设计压力。对所有的焊接接头及连接部位进行泄漏检查，对小型容器亦可浸入水中检查，如有泄漏则卸压修补后重新进行液压试验和气密性试验。

4. 塔体的试压条件

对塔体进行压力试验前，首先要进行外部检查，要检查几何形状、焊缝、连接件及密封垫等是否符合要求，管件及附属装置是否齐备，螺栓等紧固件是否已紧固完毕。还应进行内部检查，要检查内部是否清洁，有无异物，如有不耐试验压力的部件，应拆除或用盲板隔离。

试压时，要检查各部位紧固螺栓是否安装齐全。充液时塔内空气是否排尽。试压时应装 2 只压力表；压力表须经校验，其精度对低压塔不得低于 2.5 级，中压塔不得低于 1.5 级。量程为最大被测压力的 1.5~4 倍，最好为 2 倍，表盘直径为 100mm。压力表应装在塔的最高处与最低处，避免安设在加压装置出口管路附近，读数以最高处压力表数据为准。同时还应检查安全防护措施及试验准备工作，并要保持塔的外表面干燥。上述各种检查合格后，方可进行升压工作。当塔不能进行水压试验时，可以进行气压试验。

（1）对接焊缝要进行 100% 无损探伤，合格标准与该塔原要求相同，要全面复查技术文件，制定出可靠的安全防护措施并经制造安装单位技术负责人和安全部门检查，批准后方可进行。

（2）所用气体应为干燥与洁净的空气、氮气或其他惰性气体。对要求脱脂的塔，应用无油气体，气温不低于 15℃。

（3）要控制升压幅度。先缓慢升压到规定试验压力的 10%，保压 10min，然后对所有焊缝和连接部位进行初次检查。合格后继续升压到规定试验压力的 50%，其后按每级为规定的试验压力 10% 的级差逐渐升压到试验压力，保持 10~30min，再降到设计压力，保压不少于 30min 并进行检查。

（4）全面检验。全面检验包括内外部检验的全部项目，还应做焊缝无损探伤。压力容器经过检验，发现缺陷就应做相应的处理。

四、耐压试验的安全管理

化工生产企业中，容器试压是现场安全管理的重要内容，如果管理不善将成为重大安全隐患。

1. 耐压试验的安全要求

为保证在用压力容器的耐压（气密性）试验的安全性，除应符合耐压试验的有关技术规定外，还应满足下列要求。

（1）耐压试验前，压力容器各连接部位的紧固螺栓必须装配齐全，紧固妥当。试验用压力表除应符合有关规定外，至少采用 2 个量程相同且经校验的压力表，并应安装在被试验容器顶部便于观察的位置。

（2）以水为介质进行液压试验，其所用的水必须是洁净水。奥氏体不锈钢压力容器用水进行液压试验时，应严格控制水中的氯离子不超过 25mg/L。试验合格后，应立即将水渍去除干净。

（3）凡在试验时不会导致发生危险的液体，在低于其沸点的温度下，都可用作液压试验介质。一般采用水，当采用可燃性液体进行液压试验时，试验温度必须低于可燃性液体的闪点，试验场地附近不得有火源，且应配备适用的消防器材。

（4）压力容器中应充满液体，滞留在压力容器内的气体必须排净。压力容器外表面应保持干燥，压力容器壁温与液体温度接近时，才能缓慢升压至设计压力，压力容器液压试验过程中不得带压紧固螺栓或向受压元件施加外力。

（5）碳素钢、16MnR 和正火 15MnVR 制压力容器在液压试验时，液体温度不得低于 5℃；其他低合金钢制压力容器，液体温度不得低于 15℃。如果由于板厚等因素造成材料无延性转变温度升高，则需相应提高液体温度。其他材料制压力容器液压试验温度按设计图样规定。

（6）新制造的压力容器液压试验完毕后，应用压缩空气将其内部吹干。

2. 气压试验安全要求

压力容器气压试验的安全要求如下：

（1）气压试验时，试验单位的安全部门应进行现场监督。

（2）由于结构或支承原因，不能向压力容器内充灌液体，以及运行条件不允许残留试验液体的压力容器，可按设计图样规定采用气压试验。试验所用气体应为干燥洁净的空气、氮气或其他惰性气体。

（3）碳素钢和低合金钢制压力容器的试验用气体温度不得低于 15℃，其他材料制压力容器试验用气体温度应符合设计图样规定。

（4）应先缓慢升压至规定试验压力的 10%，保压 5~10min，并对所有焊缝和连接部位进行初次检查。如无泄漏可继续升压到规定试验压力的 50%，如无异常现象，其后按规定试验压力的 10% 逐渐升压，直到试验压力，保压 30min。然后降到规定试验压力的 87%，保压足够时间进行检查，检查期间压力应保持不变。不得采用连续加压来维持试验压力不变。气压试验过程中严禁带压紧固螺栓。

3. 试压现场风险的消除措施

（1）试压区域应设置警戒线，安全管理人员应进行现场监督。参加试运转人员应熟悉本岗安全技术操作规程、设备性能和工艺流程、试运转操作程序。

（2）试压前应详细检查设备、机具、仪表等设施的完好性，应对容器和管道各连接部位的紧固螺栓进行检查，应装配齐全、紧固适当，确定具备条件时方可试压。

（3）进行气压试验及中压（含中压）以上管道试压时应制定安全技术措施。

（4）压力表有出厂合格证并有铅封，铭牌压力为试验压力的 1.5~2.5 倍为宜。压力表应选用 2 块，并垂直安装在最易观察到的地方。水压试验时，设备和管道的最高点设置放空阀，以便上水时将空气排净；最低点应装设排水阀。试压后将水放净，冬季试压要采取防冻措施。

（5）气压试验时气压应稳定。管道吹扫及气压试验时，试压现场采取隔离措施，输入端的管道上应装入安全阀。

（6）试压时，临时采用法兰盖、盲板的厚度应满足设计要求。盲板的加入处应做明显标记，试压后应及时拆除。试压过程中检查密封面是否渗漏时，脸部不宜正对法兰侧面。试压时，盲板对面不许站人。

（7）现场所有人员都应严格遵守试压操作标准，服从统一指挥。

4.无法进行内外部检验或耐压试验压力容器的处理

设计图样注明无法进行内外部检验或耐压试验的压力容器，由使用单位提出申请，办理审批手续。因情况特殊不能按期进行内外部检验或耐压试验的压力容器，由使用单位提出申请并经使用单位技术负责人批准，征得原设计单位和检验单位同意，报使用单位上级主管部门审批，向发放《压力容器使用证》的安全监察机构备案后，方可推迟或免除耐压试验。对无法进行内外部检验和耐压试验或不能按期进行内外部检验和耐压试验的压力容器，均应制定可靠的监护和抢险措施，如因监护措施不落实出现问题，应由使用单位负责。

任务三

化工装置预试车安全技术

模拟运转也称预备运转。新装置在进行运转之前，在确认设备设计、施工正常的情况下，可以用水、空气等进行模拟性运转。模拟运转采用比较容易使用的水等，尽量在接近实际运转的状态下进行运转，启动所有要开动的设备，对于清洗、吹扫等远比用实际原料开始运转后的维护容易而且安全，有利于缩短试运转时间、班组内部的协调、操作人员实践操作技能的训练，使每个班组积累启动及停车操作经验。

一、设备的单机试车

从试车生产的安全事故中吸取教训，在装置试运转之前，应先启动公用工程设备以及进行单机试运转，确认这些设备运行稳定，确认操作工能熟练掌握设备操作技能。

（1）启动水、电、汽等公用工程设备。包括：

① 启动受电、变电、配电、自用发电机等有关电气设备。

② 运行有关用水设备，启动冷却塔、循环冷却水，接受工业用水等。

③ 启动空气压缩机，向系统开启压缩空气，检查仪表等控制系统。

④ 向系统输送蒸汽，检验蒸汽疏水器功能等。

⑤ 启动氮气等惰性气体保护设备，确认其运行状况。

（2）启动制冷系统、送排风系统，确认其运行是否正常。

（3）启动排水设备及环保设施，确认装置区内三废处理设施的功能符合设计要求，环境保护设施有效。

（4）单机反应设备试运转的准备以及有关安全设备的检验、试运转，如确认消防设备及其他设备的功能等。包括以下几点：

①试运转前的安全检查、检验，塔、槽、换热器等容器设备检查内部的清扫状况，确认无残留杂质并确认安装无异常；配管类检查确认配管及附件是否按图样安装，材质的选择能否满足工艺条件；泵、压缩机等转动类机械，按各自的特点确定检查要点，如泵应用手转动联轴节，转子应无异常状态，驱动机采用电动机时，核对电动机的转动方向等；仪表通常在施工结束、装置启动前进行仪表检验，使其指示值可靠。

②施工质量的检查，凡化工装置使用易燃、易爆、剧毒介质以及特殊工艺条件的设备、管线经过焊接等施工的部位，应按相应规程要求进行探伤检查和残余应力处理，如发现焊缝有问题，必须重焊，直到验收合格，否则将导致严重后果。

③试压和气密性试验，任何设备、管线在安装施工后，应严格按规定进行试压和气密性试验，以检验施工质量，防止生产时"跑、冒、滴、漏"，造成事故。

④启动单机设备，确认其运行是否正常，并确认压缩空气等公用系统的情况，检查每台设备配置仪表等控制系统是否正常。

二、化工单元操作试运转

化工生产线由不同单元组成，每个单元内又分容器设备、传动设备，在联动试车前，应对单体设备的运行状况进行检验，并且要预先做好试压、试漏等准备工作。

1. 单元试运转要领

（1）塔、槽、换热器、反应罐类按工艺条件装一定量的水，实际使用泵并尽量按工艺的系统使水循环，反应罐等进行热交换等性能试验。对再沸器等如果可能则通入热源，进行塔内的蒸发操作。

（2）转动机械类试运转每个班组员工最好至少进行启动及停车3次以上，使员工熟练掌握设备的操作要领。压缩机尽量用空气、泵用水进行试验，并稳定运转一定时间，但是不要使出口压力和出口温度过大。

（3）试运转时通水量等尽量接近实际运转，调节与流量及液位有关的仪表，在此期间试验自动动作回路和调节阀的动作状况。

（4）需要预处理的设备等应按要求操作，如烘炉等。

（5）单元操作试运转由生产主管统一负责指挥，试车现场要整洁、干净，并有明显的警戒线和警示标志。

2. 单元试运转注意事项

（1）设备试运转前润滑、液压、冷却、气、汽等附属装置均应按系统进行检验，并符合试运转的要求。

（2）电气设备及系统的安装调试工作全部结束，并符合标准及设计要求。

（3）试运转送电启动前所有开关设备均处于断开位置；所有人员均已离开即将带电的设备及系统；配电室、仪表箱上锁，同时设置警示牌；通信联络设施齐全、可靠。

（4）试运转区域应设置围栏和警告牌，无关人员不得入内。

（5）不应对运转中机器的旋转部分进行清扫、擦抹和加注润滑油。在擦抹运转中机器的固定部分时，不应将棉纱、抹布缠在手上；检查轴封、填料函的温度时应用仪器，不准用手触摸。

（6）试运转中对管道系统进行吹扫时，检查人员应站在被吹扫管道、设备的两侧，用靶板进行检查吹扫情况。

（7）试运转现场存放的施工时或生产后余留的各种可燃物和边角余料应彻底清理。

（8）试运转现场各种防火等应急急救器材齐全，性能完好。

三、系统联动试车

化工装置一般由贮存设备部分、反应部分、回收部分、产品精制部分等组成。为使各部分能协同运行，在单元设备运行正常后进行各部分联动运行。确认整个反应装置的安全性。

1. 确定联动试车的程序，编制试车方案

在产品部分能同反应部分分开的装置中，联动试车的程序为：最初启动产品精制部分，然后启动原料准备调整部分，最后启动反应部分；不能分开的按工艺顺序试车。各个部分以冷循环、热循环的顺序进行，先按经审定的操作程序进入运转。运转初期，以较小容量、较低温度的状态进行运转。如果运转趋于稳定，则慢慢接近运转条件进行运转。期间需定时进行检验，检查实际值同设计值的差异，并认真进行数据分析。特别对新工艺，必须可靠并安全地调整运转条件，并决定以后的运转方案。

2. 确保联动试车的运行安全

联动试车时，要进行以下措施确保试车安全运行。

（1）联动试车要有计划、有组织地进行，明确各自的操作任务，防止工作遗漏。

（2）关键操作按运转指挥人员的指示进行，不得自行改变操作方案，如转动机械的启动和停车以及变更运转条件等。

（3）如果所指示的操作结束，应立即向指挥人员报告结果。

（4）在启动的运转操作中，每项操作都要有人进行复核，确认正确后再进行下一项操作。不能不按顺序和不确认操作就往下进行。

（5）发现异常时，即使是小异常，操作人员也应立即向指挥人员报告，并听从指示。

（6）操作工做好运行的交接班，并记好记录。

3. 强化运转安全检查

在联动模拟运转过程中，由于温度、压力、流量、振动等比正常运转时变化大，容易因膨胀、收缩、破损、磨损及杂物引起堵塞现象，因此应加强安全检查，注意配管和设备的动作情况，如有异常立即进行应急处理，重点关注以下情况。

（1）运行中可能由于管子的膨胀和收缩等，法兰等连接部位易产生泄漏，发现泄漏

应停车检修。

（2）仪表的工作是否正常，按规定读取记录液位、温度、压力、真空等各种数据。

（3）根据试运转的情况，有计划地对重点工段、重要部位进行巡回检查，及时发现异常情况，有关巡回检查的要领如间隔时间等，根据运转进展和状况来决定，对于高温、高压等条件苛刻或者条件变动较大时，应缩短巡检的间隔，加强监视，发现的问题及应急处理事项，应做好记录，如果是倒班试车的还应做详细的交接班工作。

任务四

化工装置试车安全技术

在模拟试车正常稳定后，按生产工艺要求和安全生产操作规程，进行装置性能试车，进行装置投料运行，检验化工生产装置的安全运行效果。

一、装置性能试验

装置性能测定是化学投料中所要确认的目标之一，一般在联动模拟试运转稳定后，在化学投料过程中，根据规定的分析方法和测定方法所得的数据，确认装置的性能，主要确认项目为：

（1）确定生产装置的运行安全可靠性。

（2）确认产品的性质和生产工艺条件的适应性。

（3）确定公用工程的运行情况及运行成本。

（4）确认装置的生产能力。

（5）确认"三废"排放是否合格。

（6）其他特殊规定的事项。

二、装置化工投料

按照性能试验确定的目标，在联动试车贯通流程后，进行装置进料运行。注意以下几点：

（1）装置开车要按预先制定的方案统一安排，统一领导，车间领导负责现场指挥，岗位操作工按要求和操作规程操作，并且安全生产措施一定要到位，如有有毒、有害物质的岗位、密闭化生产岗位应备有防毒面具等。

（2）装置进料前，要关闭所有的放空、排污等阀门，然后按规定流程，经班长检查复核，确认安全后，操作工启动机泵进料；进料过程中，操作工沿管线进行检查，防止物料泄漏或物料走错流程；装置开车过程中，严禁乱排乱放各种物料；装置升温、升压、加量按规定进行；操作调整阶段，应注意检查阀门开度是否合适，逐步提高处理量，使达到正常生产为止。

（3）对于生产装置，即便是安全设计认真详细，进料启动计划周密，生产中也可能发生故障，特别是新的工艺，要预防事故发生，需要有设计及装置运转的丰富经验。

三、试运转操作安全

1. 反应器、反应管操作

仔细检查反应器、反应管的异常反应、反应的运行状态以及压力损失的状况。另外，在开始运转时虽然有利用喷射泵进行减压后再进行氮置换，但对反应器内部的衬里需充分注意，以防该衬里剥离，搪瓷反应罐防止内搪瓷破损。有关蒸汽重整炉等的外热式催化剂反应器，除监视内部温度外，还要认真监视外面的热点等现象。

2. 换热器、冷却器操作

（1）对于釜式蒸发器和再沸器应先引入被蒸发液（冷液）。在被蒸发液侧的出口、入口阀关闭状态下引入高温侧的流体是发生事故的原因。

（2）将换热器、冷却器内的空气置换成工艺流体时，如果流体是易燃性的则用惰性气体置换，如果没有危险则用蒸汽置换。由于外头盖部分容易留有气泡，所以要利用放空口和排液口完全清除。

（3）对冷却器、冷凝器不能忘记先通冷却水等冷介质。这时应打开管箱的放空口，完全排出内部的空气。

（4）换热器等引入流体时应慢慢地进行，以防引起急剧的温度上升和下降。不均匀的膨胀收缩会对管子的胀管部位、焊接部位以及法兰的螺栓等带来不良影响，造成泄漏。

（5）并列设置的换热器在开始通流体时，应仔细检查壳体侧、管箱侧的出口温度，检验流量的不平衡情况。另外，调节流量时，要用出口侧的阀进行调节。

3. 蒸馏塔、槽类操作

（1）吹扫。运转之前置换内部的空气时，在即使进入水分也没影响的情况下可用蒸汽置换，其他情况用氮气等惰性气体进行置换。大型或内部结构复杂时，有时在局部有较多的残留氧气，对此需要注意。不管哪种情况都必须使塔内残留气体中的氧在2%以下。另外，在进行蒸汽吹扫以后，如果温度降低，塔内就会变为真空，所以应充分注意一点一点地连续加入蒸汽或加入惰性气体等。

（2）残留水引起的事故。在上述蒸汽吹扫之后，冷凝的水必定残留在塔盘和底部。在启动蒸馏塔时，若不事先排出这些冷凝水，仍然不加考虑地装入热油，残留水就会急剧沸腾而变成蒸汽，会伴随很大的体积膨胀而产生振动和冲击，有时会使内部的塔盘破损或因所连接配管接头松动而使内部流体泄漏，这种现象称为突沸，突沸在真空蒸馏时就更危险。

（3）塔内喷入过热蒸汽。在向蒸馏塔内部喷入汽提用的过热蒸汽时，先检验蒸汽疏水器的动作，完全排除蒸汽管线的冷凝水后，注意打开阀。如果向正在操作的塔内部错误地送入冷凝水，就会引起前面提到的突沸现象而使蒸馏塔损坏。

4. 阀操作

（1）开阀时，必须从配管上游侧的阀开始。同仪表有关的阀应一边注意仪表的动作一边慢慢地开阀。

（2）开阀时要慢，如果是液体则平均每次转动 1/4 圈，如果是气体则平均每次转动 1/10 圈。转动了 3 圈后，就可以全部打开，在开始打开阀时应注意有少许的"空转"，全部打开后将手轮退回一圈，使手轮成自由状态。

（3）开闭阀时用力要适当。如果阀盘及阀座的配合有伤痕，就必然产生泄漏。另外，野蛮操作会产生接头部位泄漏或引起锤击振动。特别是蒸汽管线，如果不缓慢地打开就会引起汽锤现象，产生较大的冲击和振动。

（4）除球形阀等以调节流量为目的的阀外，闸板阀类的一般使用状态为全闭或全开。

（5）安全阀安装首阀时，在运转中必须绝对打开，并加强安全检查和管理，原则上应上锁并加封。

5. 转动机械设备操作

1）离心泵

（1）轴密封是压盖密封垫时，启动时应稍微松动密封垫，以防密封垫烧结在轴上。

（2）确认确实通了冷却水，并且水量适当。另外，冷却水使用热水时，其给水温度应适宜。

（3）在启动泵而且转速达到规定值以后，如果打开排泄阀，要马上检查下列情况：

① 转向、电流是否超过额定值。

② 轴承箱及泵壳内有无异常声音及振动。

③ 润滑油是否从轴承箱泄漏。

④ 轴承及电动机定子的温度（启动后在 30min 内应多次检查）是否正常。

⑤ 机械密封有无泄漏等。

（4）轴承及泵壳的振动，全振幅在任何状态下都应为 0.05mm 以上。轴承温度一般在大气温度＋40℃以下，每 30min 检查一次，直到运转达到设计条件为止。轴承箱的漏油最好为零，可能漏油时，由于漏油量因润滑油的密封结构而异，所以应根据泵的结构、用途、操作工的检查次数等来判断是否需要修理。泄漏达到每天需补充 2 次以上时应进行修理。

（5）有关压盖密封垫的泄漏如前所述，由于在最初启动时密封垫处于稍微松动的状态，所以启动之后泄漏稍多，但要一边磨合密封垫和轴套，一边紧固密封压盖，使泄漏减少。如果这时急剧地进行紧固，密封垫就会发热，有因使用流体而发生火灾的危险。因此，要经过几次充分慎重地紧固，而且还要防止紧固不均匀。

（6）为了节省运转费用，应注意尽量减少冷却水的通水量。如果高温用泵的球轴承冷却水量过多，即使轴承的内圈膨胀，轴承的外圈膨胀也不足，则有可能烧损轴承，所以轴承部分出口冷却水温度要保持在 50～70℃。

（7）泵吸入口的过滤器由于在试运转的初期容易塞满杂质，所以最好进行定期消除。另外，清洗管线的过滤器必须和泵的吸入口过滤器同时进行清扫。

2）容积式旋转泵、电动机驱动往复泵

除下列事项外，其余注意事项和离心泵操作一样。

（1）由于往复泵和离心泵一样，要尽量减小启动转矩，所以应将流量或出口压力调到最小后再启动。因此，在泵停车时应将泵行程调到最小。

（2）打开泵的所有阀门（包括吸入阀、排出阀以及安全阀的主阀和排泄阀）之后再启动。

3）蒸汽驱动往复泵

（1）启动时用手转动加油器，卸下供油管末端的接头，确认润滑油充满各加油部位。

（2）启动后的行程速度为 5 次/min 左右，慢慢地上升到规定速度。达到正常速度时检验行程的长度。

4）压缩机

由于压缩机的运转方法因其形式及工艺过程的种类而异，所以在进入运转之前需先同工艺工程师、机械工程师进行充分协商。启动时应设定吸入阀、排出阀的开度，使启动电流和启动时间最小，对于往复压缩机要用卸载器进行空启动。在运转中，在减少排出风量进行减负荷运转的同时注意是否发生以下问题：

（1）往复压缩机汽缸的加油量在试运转初期为规定加油量的150％，进行磨合运转之后慢慢地减少其加油量，直至达到规定油量。附属配管在内的配管系统不应有泄漏和异常振动。

（2）对于离心压缩机，应给定流量、压力，以防在升速过程中及升速后引起喘振，确认喘振阀的动作。

（3）仪表风、润滑油、密封油及冷却水等压缩机用的安全设备，在启动压缩机之前有意识地造成异常现象并进行观察，确认调节阀和报警动作以及备用泵自动启动的动作情况。另外，在工艺上如有可能，还要确认紧急自动停车设备的动作状况。

（4）应注意所处理气体的吸入、排出温度及压力，特别是对处理冷凝温度高的气体的往复压缩机应注意温度，其温度不应在冷凝温度以下。

（5）由于运转后的振动和声音因压缩机的制造厂家、形式或使用条件的不同而不同，所以判断其状态是正常还是异常比较困难。因此，最好尊重、采纳制造厂家和转动机械有关专业工程师的意见，将其作为正常、异常的依据。像往复压缩机的吸入阀和排出阀那样在同一机械上有几个阀时，可根据各个阀的声音大小来发现异常，对于是否需要修理，最好靠专业工程师的判断来决定。

6. 加热炉操作

1）被加热流体的循环和炉内的吹扫

打开烧嘴的通风装置后，如果炉底内存有易燃性气体，向炉内喷射蒸气或惰性气体进行吹扫，在进行这些吹扫时，当然要全部打开烟囱的挡板。附有鼓风机时，启动鼓风机可对炉内进行吹扫。在烧嘴点火前对炉管先通被加热流体，流量要尽量接近设计值。另外，各通路的流量应尽量均等。流体通过换热器被预热时，炉内被温度加热而产生气流。

2）点火和升温

烧嘴点火应注意回火，要在考虑烧嘴常常发生的问题的基础上点火，升温速度虽然还要根据烧嘴的种类而定，但一般要使出口温度的升温速度控制在 50℃/min 左右。

点火后立即检查各通路的出口温度，如果有温度不上升的通路则马上灭火并调查其原因。另外，对流体在管内蒸发的加热炉，由于通路之间容易产生流量不均匀现象，所以要注意出口温度，使流量保持均等。其中一个通路过热和产生气阻时，暂时增加流量直到流量稳定为止。

3）检查热膨胀

从开始运转到正常运转这段期间对炉管、联轴箱、输送管等因热膨胀产生的移动和它们的支承物要注意监视。另外，对终端的螺栓也要同样注意是否完全紧固。

4）气体烧嘴出现的问题

如果燃烧用空气不足，火焰就会变长，不规则，而且火焰不旺。火焰偏向有氧气的方向，趋向漏空气的观察孔和邻接烧嘴一侧，都不是正常形状，所以要调节通风装置，直到火焰稳定为止。呼吸状的燃烧是由于通风不足引起的，应马上减少燃烧量，检查挡板；二次燃烧，如果在燃烧用空气不足的状态下继续运转加热炉就会产生一氧化碳。烧油时，观察火焰即可容易辨别是否燃烧用空气不足，但燃烧气体时，即使是空气不足，火焰也是清澈的颜色，所以难以判断。在烟道内及有时在烟囱的顶部、空气预热器中引起二次燃烧时，应立即打开烧嘴的通风装置；打开通风装置仍不足时应减少燃烧量。

5）油烧嘴

一般油烧嘴比气体烧嘴容易引起故障。油烧嘴经常发生问题，应采取必要措施处理。

6）调整通风

运转时必须使加热炉内任何部分都保持负压。运转中容易产生正压的地方，在低负荷运转时是烟囱挡板的下侧，在最大负荷运转时是对流段的下部。因此，运转中必须检查这两处的通风情况，使其保持负压。如果观察孔的封闭状况差，就会进入多余的空气，热效率也差，所以应保持完全封闭。在开始运转时由于加热炉的负荷发生变动，所以要全部打开烟囱的挡板进行运转。

7. 仪表设备操作

1）仪表设备使用注意事项

（1）差压式流量计及差压式液位计。差压式流量计及差压式液位计在仪表设备检测结束即可使用。充入隔离液或者对湿管型差压式液位计检验仪表的零点或 100%点时，如果不关闭截止阀，打开平衡阀，就会使隔离液进入工艺侧，所以必须关闭截止阀，打开平衡阀。差压式流量计即使流入过大的流量也只是发生过刻度现象，不会造成较大影响。

（2）容积式流量计、涡轮流量计、面积式流量计及电磁流量计。这几种流量计打开截止阀就可以使用，对容积式流量计及涡轮流量计应特别注意不要流过比设计值大的流量。面积式流量计及电磁流量计即使流过过大的流量也只是发生过刻度现象，不会使仪表破损。玻璃转子流量计由于耐冲击性能差，所以要慢慢地打开阀。

（3）浮筒式液位计。使用浮筒式液位计时，容器中的液体如果因喷入蒸气等发生较激烈的振动，此振动就会传给浮筒室内的液体，使浮筒剧烈地振动，明显缩短扭力管的寿命。

（4）压力表。虽然压力表在预料发生脉动流的部位设置有脉动阻尼器，但是如果装置开始运转，在预想不到的部位也会发生振动，所以应巡视现场，如果发现这种现象则关小手阀。

（5）测温元件。试运转中处理量的变化较大，有时会随着发生卡门涡旋而使测温元件发生共振。虽然保护管能在相当长的时期内承受小的振动，但是，在引起共振时，测温元件可能几秒钟内就会破损。对流速大的管线，例如蒸汽管线、加热炉的出口管线等，所设置的保护管应注意有无振动。

2）仪表设备的指示不良及其原因

装置开始运转，仪表设备会产生各种指示不良的情况。其原因分为仪表本身、仪表施工及其他情况三种。按各仪表说明书的故障解决方法处理。

四、试运转事故的预防

对于化工生产装置，即使是详细认真地进行设计，精心细致地进行安装，周密地计划启动，试运转中也会发生各种故障。特别是新开发的工艺，其故障较多。一般来说，试运转事故的原因比例如下：机械故障引起的事故占75%，设备操作不当引起的事故占20%，由工艺本身引起的事故占5%。因此要重点预防机械故障，从下列事项中检查原因：有关仪表部分的温度、压力和流量，有关设备部分的泵、压缩机、电动机等的负荷状态，公用工程运行状态等。试运转的组织者及操作人员要正确掌握和分析各种现象。可采取下列方法减少试运转事故。

（1）正确分析运行中的各种现象，如比较设计条件与生产运转的数据，或比较发生故障之前的数据和正常时的数据，再稍微调整运转条件，消除可能引起事故的因素。

（2）对于蒸馏来说，会引起液泛、雾沫夹带及其他阻碍正常蒸馏操作的现象，要查明其原因。

（3）要特别注意冷却、加热介质及工艺流体的出、入口温度和压力的变化，对加热器未按设计量供给热能，又没有污染时，是蒸汽加热的，检查疏水器效果及加热器内是否积存冷凝水；是蒸汽以外的热介质加热的，检查热介质本身的温度及加热管内的液体流动是否畅通。

（4）换热器的故障，因启动时运转不恰当引起污染（污垢）时，要特别注意冷却、加热介质及工艺流体的出、入口温度和压力的变化。对加热器没有按设计供给热量，但没有污染时，如果是蒸汽加热，就会因疏水器效果不好而使加热器积存冷凝水。蒸汽以外的热介质虽然温度够，但没有热传递时，应考虑管内液体是否完全停止流动或流动不通畅。

（5）在装填催化剂的反应器中，运转条件正常，可是得不到所要求的反应生成物时，应考虑反应器内部的格子板及分布器等在结构上有缺陷，有关仪表有错误，反应器内发生偏流，反应系统的清洗或干燥不足等。如果没有这些问题，就需研究是否是催化剂的活性及本身缺陷，是否是活化不恰当。

任务五

化工装置安全生产

化工产品常常可以用不同的原料加工合成，一般化工原料都是易燃、易爆、有毒等有害物质，原料不同其加工工艺就会随之改变；即使使用相同的原料生产同一种产品也可采用不的工艺路线，生产工艺有的简单，有的复杂。一般的化工产品生产工艺涉及的危险介质多、控制参数苛刻，生产过程安全控制难度大，容易存在安全控制盲点。

一、生产开停车安全

生产开停车安全是生产过程中的重要步骤，无论是正常停车、紧急停车，开停车都按方案确定的时间、步骤、工艺变化幅度以及确认的开停车操作顺序图有秩序地进行。

1. 开车安全操作及管理

开车前应严格进行下列各项检查。
（1）确认水、电、汽（气）符合开车要求，各种原料、材料、辅助材料的供应齐备。
（2）检查阀门开闭状态及盲板抽堵情况，保证装置流程畅通，各种机电设备及电器仪表等均处在完好状态。
（3）保温、保压及清洗的设备要符合开车要求，必要时应重新置换、清洗和分析，使之合格。
（4）确保安全、消防设施完好，通信联络畅通，并通知消防、医疗卫生等有关部门。
（5）危险性较大的生产装置开车，相关部门人员应到现场。开车过程中应保持与有关岗位和部门之间的联络。消防车、救护车处于备防状态。
（6）开车过程中应严格按开车方案中的步骤进行，严格遵守升降温、升降压和加减负荷的幅度（速率）要求。
（7）开车过程中要严密注意工艺的变化和设备的运行情况，发现异常现象应及时处理，情况紧急时应停止开车，严禁强行开车。
（8）必要时停止一切检修作业，无关人员不准进入开车现场。

2. 停车安全操作及管理

1）正常停车
正常停车情况要有详细记录，如果停车后装置要维修的还要考虑维修和再启动情况。停车操作应注意以下事项：

（1）停车过程中的操作应准确无误，关键操作采用监护复核制度，操作时都要注意观察是否符合操作要求，如开关动作的快慢等。

（2）降温降压的速度应严格按照工艺规定进行，防止温度变化过大，使易燃、易爆、有毒及腐蚀性介质产生泄漏。

（3）装置停车时，所有的转动机械、容器设备、管线中的物料要处理干净，对残留物料排放时，应采取相应的安全措施。

2）紧急停车

紧急停车是因某些原因不能继续运转的情况下，为了装置的安全，使装置的一部分或全部在尽量短的时间内安全地停车。

紧急停车的原因有内部原因和外部原因之分。

（1）装置外部原因：

① 电力、蒸汽、压缩空气、工业用水、冷却水、净化水等公用工程停止供给或供给不足。

② 地震、雷击、水灾、相邻区域发生火灾和爆炸等灾害。

③ 原料供给发生问题。

（2）装置内部原因：设备发生重大故障、泄漏严重，不能应急处理及装置内发生火灾、爆炸事故等。

对化工装置来说，反复停车或开车会损害催化剂，降低设备的机械强度，而且也是引起二次事故的原因，所以这样做不妥。发生紧急情况时，运转指挥人员必须针对不同情况判断，另外，如果是下列状态，就不得不立即进行紧急停车：

① 是否可以暂降运转负荷。

② 是否仅需局部停车。

③ 是否马上全面停车。

如果是遇到下列严重情况，必须立即停车：

① 运转异常，出现故障，且情况复杂，难以调整恢复好。

② 发生重大有毒有害物质泄漏及火灾爆炸事故。

③ 紧急报警检测装置出现故障且短时间难以修理恢复正常状态。

紧急状态的事前处理应做到慎重、稳妥，要做到：

① 再次确认紧急状态，但要做到迅速及时。

② 及时通知相关部门、工段。

③ 确定停车的方式、顺序、快慢等。

即使是发生紧急情况，必须选择最好的停车方法。可选择的紧急停车的基本操作方法有：

① 紧急处理物料，停止供应物料和尽快排放反应物料。

② 尽快减少引起事故的能量，如降低温度、泄放压力等。

要对员工进行紧急停车操作训练，利用装置模型进行演习，使员工掌握实际操作技能。在试运转之前，需进行因停电等假设原因引起的紧急停车训练。其方法叙述如下：

① 制定各种紧急状况下的训练计划，制定详细的顺序书。

② 进行图上演习。

③ 利用装置的模型进行演习。

④ 进行实际的操作训练。对于各种情况，最好每个倒班班组至少进行 2 次以上训练。

正常停车按岗位操作法执行以下事项：

① 较大系统停车必须编制停车方案，并严格按照停车方案中的步骤进行。

② 系统降压、降温必须按照要求的幅度（速率）并按先高压后低压的顺序进行，凡须保温、保压的设备（容器），停车后要按时记录压力、温度的变化。

③ 大型传动设备的停车，必须先停主机、后停辅机。

④ 设备（容器）卸压时，应对周围环境进行检查确认，要注意易燃、易爆、有毒等危险化学物品的排放和扩散，防止造成事故。

⑤ 冬季停车后，要采取防冻保温措施，注意低位、死角及水、蒸汽管线、阀门、疏水器和保温伴管的情况，防止冻坏设备。

二、安全生产隐患的检查和事故的控制

1. 安全生产检查

安全生产检查对象的确定应本着突出重点的原则，对于危险性大、易发事故、事故危害大的生产系统、部位、装置、设备等应加强检查。一般应重点检查：

① 易造成重大损失的易燃易爆危险物品，剧毒物，锅炉压力容器，起重、运输、冶炼设备，冲压机械，高处作业和本企业易发生伤亡、火灾、爆炸等事故的设备、工种、场所及其作业人员。

② 造成职业中毒或职业病的尘毒点及其作业人员。

③ 直接管理重要危险点和有害点的部门及其负责人。

安全检查的内容包括软件系统和硬件系统的检查，具体主要是查思想、查管理、查隐患、查整改和查事故处理。具体检查内容及整改要求如下：

（1）日常检查分岗位工人检查和管理人员巡回检查。生产工人上岗应认真履行岗位安全生产责任制、进行交接班检查和班中巡回检查；各级管理人员应在各自的业务范围内进行检查。

（2）季节性检查分别由各业务部门的主管领导，根据当地的地理和气候特点组织本系统人员，对防火防爆、防雨防洪、防雷电、防暑降温、防风及防冻保暖工作等，进行预防性季节检查。

（3）专业检查应分别由各专业部门的主管领导组织本系统人员进行，每年至少进行2 次，内容主要是对锅炉及压力容器等特种设备、危险物品、电气装置、机械设备、厂房建筑、运输车辆、安全装置以及防火防爆、防尘防毒等进行专业检查。

（4）综合检查分厂、车间、班组三级，分别由企业主管领导、车间主任、班组长组织有关科室、车间及班组人员进行，以查领导、查纪律、查制度、查隐患为中心内容的

检查。企业级（包括节假日检查）检查每年不少于 2 次；其他检查频次企业根据自身情况而定。

（5）各种检查均应编制相应的安全检查表，并按检查表内容逐项检查。各级检查组织和人员，对查出的隐患都要逐项分析研究，并落实整改措施。按四定原则（定时间、定负责人、定资金来源、定完成期限）按期完成整改任务。

（6）各级检查组织和人员都应将检查出的隐患和整改情况分别建立安全检查和隐患整改台账。对重大隐患及整改情况应由安全技术部门汇总并存档。

（7）专业检查应分别由各专业部门的主管领导组织本系统人员进行，每年至少进行 2 次，内容主要是对锅炉及压力容器等特种设备、危险物品、电气装置、机械设备、厂房建筑、运输车辆、安全装置以及防火防爆、防尘防毒等进行专业检查。

（8）对严重威胁安全生产的隐患项目，应下达《隐患整改通知书》，由主管安全的厂长签署后发出，隐患所在部门负责人签收后按期实施整改。

（9）对物质技术条件暂时不具备整改的重大隐患，必须采取应急的防范措施，并纳入计划，限期解决或停产。

2. 泄漏处理

（1）泄漏源控制。利用截止阀切断泄漏源，在线堵漏减少泄漏量或利用备用泄料装置使其安全释放。

（2）泄漏物处理。现场泄漏物要及时地进行覆盖、收容、稀释、处理。在处理时，还应按照危险化学品特性，采用合适的方法处理。

3. 火灾控制

（1）正确选择灭火剂并充分发挥其效能。常用的灭火剂有水、蒸汽、二氧化碳、干粉和泡沫等。由于灭火剂的种类较多，效能各不相同，所以在扑救火灾时，一定要根据燃烧物料的性质、设备设施的特点、火源点部位（高、低）及其火势等情况，要选择冷却、灭火效能特别高的灭火剂扑救火灾，充分发挥灭火剂各自的冷却与灭火的最大效能。

（2）注意保护重点部位。例如，当某个区域内有大量易燃、易爆或毒性化学物质时，就应该把这个部位作为重点保护对象，在实施冷却保护的同时，要尽快地组织力量消灭其周围的火源点，以防灾情扩大。

（3）易燃固体、自燃物品火灾一般可用水和泡沫扑救，只要控制住燃烧范围，逐步扑灭即可。但有少数易燃固体、自燃物品的扑救方法比较特殊。如二硝基苯甲醚、二硝基萘、萘等是易升华的易燃固体，受热放出易燃蒸气，能与空气形成爆炸性混合物，尤其是在室内，易发生爆炸。在扑救过程中应不时向燃烧区域上空及周围喷射雾状水，并消除周围一切点火源。

（4）防止高温危害。火场上高温的存在不仅造成火势蔓延扩大，也会威胁灭火人员安全。可以使用喷水降温、利用掩体保护、穿隔热服装保护、定时组织换班等方法避免高温危害。

（5）防止复燃复爆。将火灾消灭后，要留有必要数量的灭火力量继续冷却燃烧区内的设备、设施、建（构）筑物等，消除点火源，同时将泄漏出的危险化学品及时处理。对可以用水灭火的场所要尽量使用蒸汽或喷雾水流稀释，排除空间内残存的可燃气体或蒸气，以防止复燃复爆。

（6）防止毒害危害。发生火灾时，可能出现一氧化碳、二氧化碳、二氧化硫、光气等有毒物质。在扑救时，应当设置警戒区，进入警戒区的抢险人员应当佩戴个体防护装备，并采取适当的手段消除毒物。

任务六

化工装置验收

一、装置验收的标准规范

化工和石油化学工程及其他流水工业建设中的安全规范、规程和标准是一个庞大的系统，涉及建设和运行中的各个方面。在一个石油化工建设项目被批准后，确定设计基础条件时就应该确定该项目要执行的各种设计标准和规范。装置按以下这些标准和规范进行验收。

（1）建筑设计防火规范（GB50016—2006）。

（2）石油化工企业职业安全卫生设计规范（SH3047—1996）。

（3）工业与民用电力装置接地技术设计规范（GBJ65—1983）。

（4）石油化工企业设计防火规范及1999年局部修订条文版（GB50160—1992）。

（5）工业企业总平面设计规范（GB50187—1993）。

（6）爆炸性环境用防爆电气设备（GB3836.5～8—1987）。

（7）火灾自动报警系统设计规范（GBJ116—1988）。

（8）化工企业静电接地设计规定（HgJ28—1990）。

（9）爆炸和火灾危险环境电力装置设计规范（GB50058—1994）。

（10）石油化工企业燃料气系统和可燃性气体排放系统设计规范（SHJ9—1989）。

（11）化工装置工艺系统工程设计规定（Hg/T20570—1995）。

（12）石油化工企业自动化仪表选型设计规范（SHJ5—1988）。

（13）化工管道设计规范（HgJ8—1987）。

（14）钢制压力容器（GB150—1998）。

（15）压力容器安全技术监察规程（质技监局锅发〔1999〕54号）。

（16）工业企业噪声控制设计规范（GBJ87—1985）。

（17）大气环境质量标准（GB3095—1982）。

（18）石油化工剧毒、易燃、可燃介质管道施工及验收规范（SHJ501—1985）。

（19）拱形金属爆破片技术条件（GB567—1989）。

（20）爆破片的设置和选用（Hg/T2057.3—1995）。

（21）建筑物防雷设计规范（GB50057—1997）（2000年版）。

二、装置设计施工、生产维护过程的质量控制

质量保证与控制以及完整的质量管理体系是建设项目能够保证安全生产的最基础、最有效的条件。质量管理并非只是指检查要采购的设备、材料，而且还包含安全设计质量以及建设中的采购、现场建设所有阶段中的管理。

质量保证通过审查、评价这种质量管理计划是否稳妥并确认其完成情况，以保证所完成装置能顺利运转。因此，质量保证与质量管理的所有阶段都有关，对于确实能发挥质量保证作用的组织、程序、准备及部署状况、文件等也要全面监督。

对于特定的设备、机器或材料，从更具体的专业角度出发，在其设计及采购阶段，确认设计的稳妥性或审查设计及检查采购文件，或者对特定的试验、检查进行汇检，或实行再试验、再检查方式。根据需要，质量保证还可附加监察工作，再确认业务的完成情况。进行质量控制时要做到以下几点：

（1）明确适当的组织、责任、权限以及符合所要求工序的人员，如新装置验收、停产大修领导小组的人员组成和职责应当明确。

（2）全部专业技术有关的人员都要参加此项工作。例如，决定设计图时，有关的全部专业技术部门必须派代表参加，提出意见，项目经理或项目工程师根据意见调整后征得全体人员同意。装置检修时，生产人员与维护人员要密切配合。

（3）设计中的各项目，例如在土木工程基础的设计中，有关的全部专业技术部门，即土木、配管、容器、机械、电气、仪表等技术人员应将各自的检验表分发给有关人员，请有关技术人员检验。特别是设计基础、地下管道、地下电缆等地下埋设物时，有关的专业技术人员应相互充分协商，决定埋设物的位置，而且在施工计划之前还要在协商的基础上进行设计。

（4）化工装置设计、试运行、投料运行、停产维修等各环节中，都要加强检查和现场管理，遇到重大问题要强化部门间的沟通，确定科学合理的解决方案，即使是与建设、采购有关的事项也要详细无遗漏地通知给有关人员。为此，应规定文件的交流制度，或者定期地或在工程的每个重要环节召开会议。

三、装置安全验收的内容

安全设计的验收，体现在化工企业建设工作的设计制造、施工、安装、试车、性能确认等各个环节中，其中设计是主要环节，安全性能的确认是验收的关键，主要从以下几个方面验收：

（1）安全设计资料齐全，设计符合法律、法规及行业标准要求。

（2）安全设施设计审查，建设单位向安监部门申请安全设计的审查并提交有关资料，如安全预评价报告等，取得相关的行政许可。

（3）施工情况是否符合安全设计文件和施工技术标准规范施工，施工单位资质是否符合要求。

（4）经试生产确认装置的性能，装置是否符合设计要求，试生产过程出现的问题及对策措施的有效性、设备操作安全等。

（5）试生产的产能和产品质量是否符合要求。

（6）生产设计安全验收评价，经专家咨询，安全评价机构出具安全验收评价报告。

任务七

典型事故案例分析及对策

【案例 9.1】 1994 年 2 月 17 日，湖南省岳阳市氮肥厂因金属垫片选型不符合规范、法兰螺栓紧固不均匀，投入使用前未按要求进行试压及气密性试验。在检修完甲胺分厂合成低温 U 形管换热器，重新开车后，封头法兰处的金属垫片被冲开，发生泄漏，大量液氨并带有部分甲醇、甲胺喷出，造成 3 人中毒死亡。

新装置投产、检修过程及恢复生产时，发生事故频率高，开车前必须切实做好安全检查工作。

【案例 9.2】 1998 年 8 月 23 日，某石化厂 F11 号反应釜在聚合反应过程中超温超压，而 2 只安全阀失去自动泄压作用，釜内压力急剧上升，导致反应釜釜盖严重变形，螺栓弯曲，观察孔视镜炸裂。大量可燃性物料从法兰缝隙处观察孔喷出，散发在车间空气中与空气形成爆炸性混合气体，遇明火引起二次爆炸燃烧，造成直接经济损失 6.4 万元，被迫停产 8 个月，间接经济损失数百万元，死亡 3 人。

事故原因分析：设备的安全装置残缺不齐。反应釜上没有爆破片装置，也没有采取防止二次爆炸的措施，没有温度或压力的报警信号装置及自动化紧急泄压排放设施。由于 2 只安全阀均泄漏，在 8 月 22 日晚上被挂上了泄漏牌，因此关闭了容器与安全阀之间的截止阀，致使当反应釜超温超压时无法泄压。

【案例 9.3】 2005 年 10 月 13 日上午，浙江巍华化工有限公司对氟化反应釜进行试压，当第一次压力升至 1.7MPa 时发现有几处泄漏，即通过氟化反应釜底阀泄掉压力后进行补漏处理，补漏后重新给氟化反应釜升压至 1.8MPa，保压 2h。13 时许，具体负责实施更换冷凝器（9 日公司发现氟化氢回收的水冷凝器渗漏，11～12 日冷凝器更换时，在吊装冷凝器时因旋风除雾器顶部连接管道妨碍施工，即将旋风除雾器顶部的管道从法兰处拆开并临时密封，且旋风分离器未吹扫清理反应物料。更换完成后，未将临时密封板拆除，也未将管道接回）的车间副主任何某安排嘉兴某保温材料厂孔某、顾某到现场给旋风除雾器的外壳做保温材料施工。13 时 35 分，何某走到氟化反应釜连接旋风分离器的管道阀门处开启阀门。瞬间，一声巨响后，从旋风除雾器顶部冲出水雾状物料和烟雾，继而发生燃烧，事故现场的何某、金某等 6 人都被喷出的化学物料灼伤，并不同程度地吸入了喷出的气体。何某等人立即跑出并用自来水冲洗。后经送医院全力抢救，事故还是造成何某、金某 2 人死亡，孔某、顾某等 4 人受轻伤。

【案例 9.4】 某年 10 月 22 日 20 时 15 分，某助剂厂酒精蒸馏釜因超压发生爆炸，造成 4 人死亡，3 人重伤。

事故原因分析：该厂某车间的酒精蒸馏的生产工艺是把生产过程中产生的废酒精（主要是水、乙醇和少量氯化苄等混合物）回收，再用于生产。其工艺过程：将母液贮罐中母液抽到酒精蒸馏釜，关闭真空阀并打开蒸馏釜出料阀，使釜内呈常压状，然后开启蒸汽升温，并将冷凝塔塔下冷却水打开。待釜内母液沸腾时及时控制进气量，保持母液处于沸腾状态。馏出的酒精蒸气经冷凝塔凝结为液态经出料阀流出，通过釜上的视镜观察母液是否蒸完。10 月 22 日夜班当班的 10 名工人，于 18 时 45 分别在各自的岗位上与前一班的工人交接班，酒精蒸馏工做完准备工作后开始抽料、升温，出料阀处于关闭状态。20 时 15 分酒精蒸馏釜突然发生爆炸并燃起大火。酒精蒸馏釜的容积为 20000L，夹套加热工作压力为 0.25MPa，额定压力为 0.6MPa，事故前夹套蒸汽压力估算为 0.5MPa 左右，当时釜内有 1m³、合计 789kg 的酒精，当夹套蒸汽压力达 0.5MPa、釜内酒精蒸气的作用力为 172×10^6 N 时，便可把釜盖炸开，查当班锅炉送汽压力为 0.85MPa。

　　【案例 9.5】　2007 年 8 月，某化工厂现场班长苏某带领现场操作人员进行压缩机切换工作，切换任务完成后，苏某带领几名新进员工打扫卫生，新进员工蒋某在打扫责任区地面卫生时，不小心将扫帚端部碰到正在运行的压缩机"OFF"按钮，致使压缩机停车，造成加氢反应器氢气中断，引起连锁动作，造成加氢反应工段连锁停车。

　　事故原因分析：该厂没有严格对新进员工进行安全生产教育，致使新进员工缺乏应有的安全意识；同时在清扫关键部位地面卫生时对新进员工安全提示度不够；新进员工蒋某对自身要求不严，对化工生产知识理解不够，没有足够的安全意识。

　　【案例 9.6】　1999 年 9 月 2 日，中国兵器工业集团公司某厂 TDI（民用）生产线，在停产检修期间，光气室发生爆炸事故。与之相邻的已完成 75% 工程量的新建 TDI 双线改造工程框架及其设备被推倒，遭到严重破坏。该事故造成 3 人死亡，5 人重伤，8 人轻伤，直接经济损失达 4821 万元。

　　事故原因分析：这是一起在设计上存在严重缺陷的责任事故，原设计方案为吸取印度帕尔农药厂毒气泄漏事故的教训，防止有毒的光气外逸、污染环境，将光气室设计为密封式结构，但未预料到密闭光气室会导致增加腐蚀性和可燃气体聚集等问题，给生产过程带来诸多不安全如因素，埋下事故隐患。设计运行验收时也未发现隐患，故造成了如此惨重的事故。

　　为检查化工装置设计、施工的隐患，纠正存在的问题，确保安全生产，必须严格按标准进行化工装置的验收。

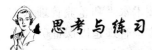 思考与练习

　　1. 简述制定化工装置安全试运转方案的意义和方案的具体内容。

　　2. 简述化工装置安全试运转的事故预防措施。

　　3. 简述停车安全的具体操作要求。

　　4. 压力容器做液压试验和气压试验的目的是什么？

　　5. 化工装置安全操作规程编制要点有哪些？请根据学校实训设备或顶岗实习的设备编制某具体的设备安全操作规程。

　　6. 简述液压试验的试验方法及判定标准。

模块十　化工安全管理技术

 应 知

(1) 概述化工企业安全管理概念及基本内容；
(2) 概述化工企业安全生产管理制度；
(3) 知晓安全生产责任制及安全目标管理；
(4) 知晓化工企业安全文化建设。

 应 会

(1) 掌握化工企业安全管理基本内容及特征；
(2) 熟知化工企业安全生产管理制度及禁令。

任务一

安全管理概述

一、安全管理的定义

生产活动是人类认识自然、改造自然过程中最基本的实践活动，它为人类创造了巨大的社会财富，是人类赖以生存和发展的必要条件。然而，生产活动过程中总是伴随着各种各样的危险有害因素，如果不能够采取有效的预防措施和保护措施，所造成危害的后果是很严重的，有时甚至是灾难性的。

安全管理是在人类社会的生产实践中产生的，并随着生产技术水平和企业管理水平的发展，特别是安全科学技术及管理学的发展而不断发展的。安全管理是以保证劳动者的安全健康和生产的顺利进行为目的，运用管理学、行为科学等相关科学的知识和理论进行的安全生产管理。因此，有必要首先了解管理学、行为科学等相关科学的基本观点。

科学管理学派的泰罗、法约尔等人认为，管理就是计划、组织、指挥、协调和控制等职能活动。

行为科学学派的梅奥等人认为，管理就是做人的工作，是以研究人的心理、生理、社会环境影响为中心，研究制定激励人的行为动机、调动人的积极性的过程。

现代管理学派的西蒙等人认为，管理的重点是决策，决策贯穿于管理的全过程。

目前，管理学者比较一致地认为，管理就是为实现预定目标而组织和使用人力、物力、财力等各种物质资源的过程。

安全管理作为企业管理的组成部分，体现了管理的职能，管理控制的主要内容是人的不安全行为和物的不安全状态，并以预防伤亡事故的发生，保证生产顺利进行，使劳动者处于一种安全的工作状态为主要目标。

综上所述，我们可以认为，安全管理是为实现安全生产而组织和使用人力、物力和财力等各种物质资源的过程。利用计划、组织、指挥、协调、控制等管理机能，控制各种物的不安全因素和人的不安全行为，避免发生伤亡事故，保证劳动者的生命安全和健康，保证生产顺利进行。

二、安全管理与企业管理

如上所述，安全管理是企业管理的一个重要组成部分。而生产事故是人们在有目的的行动过程中，突然出现的违反人的意志的、致使原有行动暂时或永久停止的事件。生产过程中发生的伤亡事故，一方面给受伤害者本人及其亲友带来痛苦和不幸，另一方面也会给生产单位带来巨大的损失。因此，安全与生产的关系可以表述为"安全寓于生产之中，安全与生产密不可分；安全促进生产，生产必须安全。"安全性是企业生产系统的主要特性之一。安全寓于生产之中，安全与生产密不可分。

企业安全管理与企业的生产管理、质量管理等各项管理工作密切关联、互相渗透。企业的安全生产状况是整个企业综合管理水平的重要反映之一，企业的安全状况是整个企业综合管理水平的反映。一般而言，在企业其他各项管理工作中行之有效的管理理论、原则、方法，也基本上适用于企业安全管理工作。

然而，企业安全管理除了具有企业其他各项管理的共同特征之外，由它自身的目的决定了它还具有独自的特征，即安全管理的根本目的在于防止伤亡事故的发生，因此它还必须遵从于伤亡事故预防的基本原理和基本原则。

三、安全管理的基本内容

安全管理主要包括对人的安全管理和对物的安全管理两个主要方面。

对人的安全管理占有特殊的位置。人是工业伤害事故的受害者，保护生产中人的安全是安全管理的主要目的。同时，人又往往是伤害事故的肇事者，在事故致因中，人的不安全行为占有很大相对密度，即使是来自物的方面的原因，在物的不安全状态的背后也隐藏着人的行为失误。因此控制人的行为就成为安全管理的重要任务之一。在安全管理工作中，注重发挥人对安全生产的积极性、创造性，对于做好安全生产工作而言既是重要方法，又是重要保证。

对物的安全管理就是不断改善劳动条件，防止或控制物的不安全状态。采取有效的安全技术措施是实现对物的安全管理的重要手段。

四、现代安全管理的基本特征

现代安全管理的第一个重要特征，就是强调以人为中心的安全管理，体现以人为本的科学的安全价值观。安全生产的管理者必须时刻牢记保障劳动者的生命安全是安全生产管理工作的首要任务。人是生产力诸要素中最活跃、起决定性作用的因素。在实践中，要把安全管理的重点放在激发和激励劳动者对安全的关注度、充分发挥其主观能动性和创造性上面来，形成让所有劳动者主动参与安全管理的局面。

现代安全管理的第二个基本特征，就是强调系统的安全管理。也就是要从企业的整体出发，实行全过程、全方位的安全管理，使企业整体的安全生产水平持续提高。

1. 全员参加安全管理

实现安全生产必须坚持群众路线，切实做到专业管理与群众管理相结合，在充分发挥专业安全管理人员作用的同时，运用各种管理方法吸引全体职工参加安全管理，充分调动和发挥全体职工的安全生产积极性。安全生产责任制的实施为企业全员参加安全生产管理提供了制度上的保证。

2. 全过程实施安全管理

系统安全的基本原则就是从一个新系统的规划、设计阶段起，就要涉及安全问题，并且一直贯穿于整个系统寿命期间，直至系统的终结。因此，在企业生产经营活动的全过程都要实施全寿命周期安全管理，识别、评价、控制可能出现的危险因素。

3. 全方位实施安全管理

任何有生产劳动的地方，都会存在不安全因素，都有发生伤亡事故的危险性。因此，在任何时段，开展任何工作，都要考虑安全问题，都要实施安全管理。企业的安全管理，不仅仅是专业安全管理部门的专有责任，企业内的党、政、工团各部门都对安全生产负有各自的职责，要做到分工明确、齐抓共管。

现代安全管理的第三个基本特征就是计算机的应用。计算机的普及与应用，加速了安全信息管理的处理和流通速度，并使管理逐渐由定性走向定量，使先进的安全管理的经验、方法得以迅速推广。

任务二

化工企业安全生产管理制度及禁令

化工企业要做好安全生产工作，首先要建立、健全安全生产管理制度，并在生产过程中严格执行。此外，还要严格执行化学工业部颁布的安全生产禁令。

一、安全生产责任制

《中华人民共和国安全生产法》第四条明确规定："生产经营单位必须遵守本法和其他有关安全生产的法律、法规，加强安全生产管理，建立、健全安全生产责任制度。完善安全生产条件，确保安全生产。"

安全生产责任制是企业中最基本的一项安全制度，是企业安全生产管理规章制度的核心。企业内各级各类部门、岗位均要制定安全生产责任制，做到职责明确，责任到人。

二、安全教育

《中华人民共和国安全生产法》第二十一条规定："生产经营单位应当对从业人员进行安全生产教育和培训，保证从业人员具备必要的安全生产知识，熟悉有关的安全生产规章制度和安全操作规程，掌握本岗位的安全操作技能。未经安全生产教育和培训合格的从业人员，不得上岗作业。"第二十二条规定："生产经营单位采用新工艺、新技术、新材料或者使用新设备，必须了解、掌握其安全技术特性，采取有效的安全防护措施，并对从业人员进行专门的安全生产教育和培训。"第五十条规定："从业人员应当接受安全生产教育和培训，掌握本职工作所需的安全生产知识，提高安全生产技能，增强事故预防和应急处理能力。"

目前我国化工企业中开展的安全教育的主要形式包括入厂教育（三级安全教育）、日常教育和特殊教育等三种形式。

1. 入厂教育

新入厂人员（包括新工人、合同工、临时工、外包工和培训、实习、外单位调入本厂人员等），均须经过厂、车间（科）、班组（工段）三级安全教育。

（1）厂级教育（一级），由劳资部门组织，安全技术、工业卫生与防火（保卫）由部门负责，教育内容包括：党和国家有关安全生产的方针、政策、法规、制度及安全生产重要意义，一般安全知识，本厂生产特点，重大事故案例，厂规厂纪以及入厂后的安全注意事项，工业卫生和职业病预防等知识，经考试合格，方准分配车间及单位。

（2）车间级教育（二级），由车间主任负责，教育内容包括：车间生产特点、工艺及流程、主要设备的性能、安全技术规程和制度、事故教训、防尘防毒设施的使用及安全注意事项等，经考试合格，方准分配到工段、班组。

（3）班组（工段）级教育（三级），由班组（工段）长负责，教育内容包括：岗位生产任务、特点、主要设备结构原理、操作注意事项、岗位责任制、岗位安全技术规程、事故安全及预防措施、安全装置和工（器）具、个人防护用品、防护器具和消防器材的使用方法等。

每一级的教育时间，均应按化学工业部颁发的《关于加强对新入厂职工进行三级安全教育的要求》中的规定执行。厂内调动（包括车间内调动）及脱岗半年以上的职工，必须对其再进行二级或三级安全教育，其后进行岗位培训，考试合格，成绩记入"安全作业证"内，方准上岗作业。

2. 日常教育（即经常性的安全教育）

安全教育不能一劳永逸，必须经常不断地进行。各级领导和各部门要对职工进行经常性的安全思想、安全技术和遵章守纪教育，增强职工的安全意识和法制观念。定期研究职工安全教育中的有关问题。

企业内的经常性安全教育可按下列形式实施：

（1）可通过举办安全技术和工业卫生学习班，充分利用安全教育室，采用展览、宣传画、安全专栏、报纸杂志等多种形式，以及先进的电化教育手段，开展对职工的安全和工业卫生教育。

（2）企业应定期开展安全活动，班组安全活动确保每周一次。

（3）在大修或重点项目检修，以及重大危险性作业（含重点施工项目）时，安全技术部门应督促指导各检修（施工）单位进行检修（施工）前的安全教育。

（4）总结发生事故的规律，有针对性地进行安全教育。

（5）对于违章及重大事故责任者和工伤复工人员，应由所属单位领导或安全技术部门进行安全教育。

3. 特殊教育

GB5306—1985《特种作业人员安全技术考核管理规则》规定，对操作者本人，尤其对他人和周围设施的安全有重大危害因素的作业，称特种作业。直接从事特种作业者，称为特种作业人员。特种作业范围包括电工作业；锅炉司炉；压力容器操作；起重机械作业；爆破作业；金属焊接（气割）作业；煤矿井下瓦斯检验；机动车辆驾驶；机动船舶驾驶、轮机操作；建筑登高架设作业以及符合特种作业基本定义的其他作业。

标准规定从事特种作业的人员，必须进行安全教育和安全技术培训。经安全技术培训后，必须进行考核；经考核合格取得操作证者，方准独立作业。特种作业人员在进行作业时，必须随身携带"特种作业人员操作证"。

对特种作业人员，按各业务主管部门的有关规定的期限组织复审。取得操作证的特种作业人员，必须定期进行复审。复审期限，除机动车辆驾驶和机动船舶驾驶、轮机操作人员，按国家有关规定执行外，其他特种作业人员 2 年进行一次。

三、安全检查

安全检查是搞好企业安全生产的重要手段，其基本任务是：发现和查明各种危险的隐患，督促整改；监督各项安全规章制度的实施；制止违章指挥、违章作业。

《中华人民共和国安全生产法》对安全检查工作提出了明确要求和基本原则，其中第三十八条规定：生产经营单位的安全生产管理人员应当根据本单位的生产经营特点，对安全生产状况进行经常性检查；对检查中发现的安全问题，应当立即处理；不能处理的，应当及时报告本单位有关负责人。检查及处理情况应当记录在案。

因此必须建立由企业领导负责和有关职能人员参加的安全检查组织，做到边检查、边整改，及时总结和推广先进经验。

1. 安全检查的形式与内容

安全检查应贯彻领导与群众相结合的原则，除进行经常性的检查外，每年还应进行群众性的综合检查、专业检查、季节性检查和日常检查。

（1）综合检查分厂、车间、班组三级，分别由主管厂长、车间主任、班组长组织有关科室、车间以及班组人员进行以查思想、查领导、查纪律、查制度、查隐患为中心内容的检查。厂级（包括节假日检查）每年不少于 4 次；车间级每月不少于 1 次；班组（工段）级每周 1 次。

（2）专业检查应分别由各专业部门的主管领导组织本系统人员进行，每年至少进行 2 次，内容主要是对锅炉及压力容器、危险物品、电气装置、机械设备、厂房建筑、运输车辆、安全装置以及防火防爆、防尘防毒等进行专业检查。

（3）季节性检查分别由各业务部门的主管领导，根据当地的地理和气候特点组织本系统人员对防火防爆、防雨防洪、防雷电、防暑降温、防风及防冻保暖工作等进行预防性季节检查。

（4）日常检查分岗位工人检查和管理人员巡回检查。生产工人上岗应认真履行岗位安全生产责任制、进行交接班检查和班中巡回检查；各级管理人员应在各自的业务范围内进行检查。

各种安全检查均应编制相应的安全检查表，并按检查表的内容逐项检查。

2. 安全检查后的整改

（1）各级检查组织和人员，对查出的隐患都要逐项分析研究，并落实整改措施。

（2）对严重威胁安全生产但有整改条件的隐患项目，应下达《隐患整改通知书》，做到"三定"、"四不推"（即定项目、定时间、定人员；凡班组能整改的不推给工段；凡工段能整改的不推给车间；凡车间能整改的不推给厂部；凡厂部能整改的不推给上级主管部门）限期整改。

（3）企业无力解决的重大事故隐患，除采取有效防范措施外，应书面向企业隶属的直接主管部门和当地政府报告，并抄报上一级行业主管部门。

（4）对物质技术条件暂时不具备整改的重大隐患，必须采取应急的防范措施，并纳入计划，限期解决或停产。

（5）各级检查组织和人员都应将检查出的隐患和整改情况报告上一级主管部门，重大隐患及整改情况应由安全技术部门汇总并存档。

四、安全技术措施计划

1. 编制安全技术措施计划的依据

（1）国家发布有关劳动保护方面的法律、法规和行业主管部门发布的劳动保护制度及标准。

（2）影响安全生产的重大隐患。

（3）预防火灾、爆炸、工伤、职业病及职业中毒需采取的技术措施。

（4）发展生产所需采取的安全技术措施，以及职工提出的有利安全生产的合理化建议。

2. 编制安全技术措施计划的原则

编制安全技术措施计划要进行可行性分析论证，编制时应从以下几个方面考虑：

（1）当前的科学技术水平。

（2）本单位生产技术、设备及发展远景。

（3）本单位人力、物力、财力。

（4）安全技术措施产生的安全效果和经济效益。

3. 安全技术措施计划的范围

安全技术措施计划范围主要包括：

（1）以防止火灾、爆炸、工伤事故为目的的一切安全技术措施。

（2）以改善劳动条件、预防职业病和职业中毒为目的的一切工业卫生技术措施。

（3）安全宣传教育计划及费用。如购置和编印安全图书资料、录像资料和教材，举办安全技术训练班，布置安全技术展览室等所需经费。

（4）安全科学技术研究与试验、安全卫生检测等。

4. 安全技术措施计划的资金来源及物资供应

企业应在当年留用的设备更新改造资金中提取 20％以上的费用于安全技术措施项目，不符需要的可从税后留利或利润留成等自有资金中补充，亦可向银行申请贷款解决。综合利用的产品，可按照国家有关规定，向上级有关部门，申请减免税。

对不符合安全要求的生产设备进行改装或重大修复而不增加固定资产的费用，由大修理费开支。凡不增加固定资产的安全技术措施，由生产维修费开支，摊入生产成本。安全技术措施项目所需设备、材料，统一由供应（设备动力）部门按计划供应。

5. 安全技术措施的计划编制及审批

由车间或职能部门提出车间年度安全技术措施项目，指定专人编制计划、方案报安全技术部门审查汇总。安全技术部门负责编制企业年度安全技术措施计划，报总工程师或主管厂长审核。

主管安全生产的厂长或经理（总工程师），应召开工会、有关部门及车间负责人会议，研究确定以下事项：

（1）年度安全技术措施项目。

（2）各个项目的资金来源。

（3）计划单位及负责人。

（4）施工单位及负责人。

（5）竣工或投产使用日期。

经审核批准的安全技术措施项目，由生产计划部门在下达年度计划时一并下达。车间每年应在第三季度开始着手编制出下一年度的安全技术措施计划，报企业上级主管部门审核。

6. 安全技术措施项目的验收

安全技术措施项目竣工后，经试运行3个月，使用正常后，在生产厂长或总工程师领导下，由计划、技术、设备、安全、防火、工业卫生、工会等部门会同所在车间或部门，按设计要求组织验收，并报告上级主管部门，必要时，邀请上级有关部门参加验收。

使用单位应对安全技术措施项目的运行情况写出技术总结报告，对其安全技术及其经济技术效果和存在问题做出评价。安全技术措施项目经验收合格投入使用后，应纳入正常管理。

五、生产安全事故的调查与处理

1. 生产安全事故的等级划分

根据《生产安全事故报告和调查处理条例》（中华人民共和国国务院令第493号，自2007年6月1日起施行），生产安全事故一般分为以下等级：

（1）特别重大事故，是指造成30人以上死亡，或者100人以上重伤（包括急性工业中毒，下同），或者1亿元以上直接经济损失的事故。

（2）重大事故，是指造成10人以上30人以下死亡，或者50人以上100人以下重伤，或者5000万元以上1亿元以下直接经济损失的事故。

（3）较大事故，是指造成3人以上10人以下死亡，或者10人以上50人以下重伤，或者1000万元以上5000万元以下直接经济损失的事故。

（4）一般事故，是指造成3人以下死亡，或者10人以下重伤，或者1000万元以下直接经济损失的事故。

上述分级中所称的"以上"包括本数，所称的"以下"不包括本数。

2. 事故报告

事故发生后，事故现场有关人员应当立即向本单位负责人报告，单位负责人接到报告后，应当于1h内向事故发生地县级以上人民政府安全生产监督管理部门和负有安全生产监督管理职责的有关部门报告。

情况紧急时，事故现场有关人员可以直接向事故发生地县级以上人民政府安全生产监督管理部门和负有安全生产监督管理职责的有关部门报告。

事故报告应当及时、准确、完整，任何单位和个人对事故不得迟报、漏报、谎报或者瞒报。

3. 事故现场处理

事故发生后，有关单位和人员应当妥善保护事故现场以及相关证据，任何单位和个人不得破坏事故现场、毁灭相关证据。因抢救人员、防止事故扩大以及疏通交通等原因，需要移动事故现场物件的，应当做出标志，绘制现场简图并做出书面记录，妥善保存现场重要痕迹、物证。

4. 事故报告与调查处理的相关法律责任

根据《生产安全事故报告和调查处理条例》第三十六条的规定：事故发生单位及其有关人员有下列行为之一的，对事故发生单位处 100 万元以上 500 万元以下的罚款；对主要负责人、直接负责的主管人员和其他直接责任人员处上 1 年年收入 60%～100% 的罚款；属于国家工作人员的，并依法给予处分；构成违反治安管理行为的，由公安机关依法给予治安管理处罚；构成犯罪的，依法追究刑事责任：

（1）谎报或者瞒报事故的。

（2）伪造或者故意破坏事故现场的。

（3）转移、隐匿资金或财产，或者销毁有关证据、资料的。

（4）拒绝接受调查或者拒绝提供有关情况和资料的。

（5）在事故调查中作伪证或者指使他人作伪证的。

（6）事故发生后逃匿的。

六、化工企业安全生产禁令

1. 生产厂区十四个不准

（1）加强明火管理，厂区内不准吸烟。

（2）生产区内，未成年人不准进入。

（3）上班时间，不准睡觉、干私活、离岗和干与生产无关的事情。

（4）在班前、班上不准喝酒。

（5）不准使用汽油等易燃液体擦洗设备、用具和衣物。

（6）不按规定穿戴劳动保护用品不准进入生产岗位。

（7）安全装置不齐全的设备不准使用。

（8）不是自己分管的设备、工具，不准动用。

（9）检修设备时安全措施不落实，不准开始检修。

（10）停机检修后的设备，未经彻底检查，不准启用。

（11）未办理高处作业证，不系安全带，脚手架、跳板不牢，不准登高作业。

（12）不准违规使用压力容器等特种设备。

（13）未安装触电保安器的移动式电动工具不准使用。

（14）未取得安全作业证的职工不准独立作业；特殊工种职工未经取证不准作业。

2. 操作工的六严格

（1）严格执行交接班制。

（2）严格进行巡回检查。

（3）严格控制工艺指标。

（4）严格执行操作法（票）。

（5）严格遵守劳动纪律。

（6）严格执行安全规定。

3. 动火作业六大禁令

（1）动火证未经批准，禁止动火。

（2）不与生产系统可靠隔绝，禁止动火。

（3）不清洗，置换不合格，禁止动火。

（4）不消除周围易燃物，禁止动火。

（5）不按时作动火分析，禁止动火。

（6）没有消防措施，禁止动火。

4. 进入容器、设备的八个必须

（1）必须申请、办证，并取得批准。

（2）必须进行安全隔绝。

（3）必须切断动力电，并使用安全灯具。

（4）必须进行置换、通风。

（5）必须按时间要求进行安全分析。

（6）必须佩戴规定的防护用具。

（7）必须有人在器外监护，并坚守岗位。

（8）必须有抢救后备措施。

5. 机动车辆七大禁令

（1）严禁无证、无令开车。

（2）严禁酒后开车。

（3）严禁超速行车和空挡溜车。

（4）严禁带病行车。

（5）严禁人货混载行车。

（6）严禁超标装载行车。

（7）严禁无阻火器车辆进入禁火区。

任务三

安全生产责任制

为实施安全对策，必须首先明确由谁来实施的问题。在我国，推行全员安全管理的同时。实行安全生产责任制。所谓安全生产责任制就是各级领导应对本单位安全工作负总的领导责任，以及各级工程技术人员、职能科室和生产工人在各自的职责范围内，对安全工作应负的责任。

安全生产责任是根据"管生产的必须管安全"的原则，对企业各级领导和各类人员明确地规定了在生产中应负的安全责任。这是企业岗位责任制的一个组成部分，是企业中最基本的一项安全制度，是安全管理规章制度的核心。

一、企业各级领导的责任

企业安全生产责任制的核心是实现安全生产的"五同时"。企业管理生产的同时，必须负责管理安全工作。在计划、布置、检查、总结、评比生产的时候，同时计划、布置、检查、总结、评比安全工作。安全工作必须由行政第一把手负责，厂、车间、班、工段、小组的各级第一把手都应负第一位责任。各级的副职根据各自分管业务工作范围负相应的责任。他们的任务是贯彻执行国家有关安全生产的法令、制度和保持管辖范围内的职工的安全和健康。凡是严格认真地贯彻了"五同时"，就是尽了责任，反之就是失职。如果因此而造成事故，那就要视事故后果的严重程度和失职程度，由行政机关进行行政处理、以至司法机关追究法律责任。

1. 厂长的安全生产职责

厂长是企业安全生产的第一责任者，对本单位的安全生产负总的责任。即要支持分管安全工作的副厂长做好分管范围的安全工作。

（1）贯彻执行安全生产方针、政策、法规和标准；审定、颁发本单位的安全生产管理制度；提出本单位安全生产目标并组织实施；定期或不定期召开会议，研究、部署安全生产工作。

（2）牢固树立"安全第一"的思想，在计划、布置、检查、总结、评比生产时，同时计划、布置、检查、总结、评比安全工作；对重要的经济技术决策，负责确定保证职工安全、健康的措施。

（3）审定本单位改善劳动条件的规划和年度安全技术措施计划，及时解决重大隐患，对本单位无力解决的重大隐患，应按规定权限向上级有关部门提出报告。

（4）在安排和审批生产建设计划时，将安全技术、劳动保护措施纳入计划，按规定提取和使用劳动保护措施经费；审定新的建设项目(包括挖潜、革新、改造项目)时，遵守和执行安全卫生设施与主体工程同时设计、同时施工和同时验收、投产的"三同时"规定。

（5）组织对重大伤亡事故的调查分析，按"四不放过"，即事故原因分析不清不放过、事故责任者和群众没有受到教育不放过、没有制定出防范措施不放过、事故责任者没有受到处理不放过的原则严肃处理；并对所发生的伤亡事故调查、登记、统计和报告的正确性、及时性负责。

（6）组织有关部门对职工进行安全技术培训和考核。坚持新工人入厂后的厂、车间、班组三级安全教育和特种作业人员持证上岗作业。

（7）组织开展安全生产竞赛、评比活动，对安全生产的先进集体和先进个人予以表彰或奖励。

（8）接到劳动行政部门发出的《劳动保护监察指令书》后，在限期内妥善解决问题。

（9）有权拒绝和停止执行上级违反安全生产法规、政策的指令，并及时提出不能执行的理由和意见。

（10）主持召开安全生产例会，定期向职工代表大会报告安全生产工作情况，认真听取意见和建议，接受职工群众监督。

（11）搞好女工和未成年工的特殊保护工作，抓好职工个人防护用品的使用和管理。

2. 分管生产、安全工作的副厂长的安全生产职责

（1）协助厂长做好本单位安全工作，对分管范围内的安全工作负直接领导责任；支持安全技术部门开展工作。

（2）组织干部学习安全生产法规、标准及有关文件，结合本单位安全生产情况，制定保证安全生产的具体方案，并组织实施。

（3）协助厂长召开安全生产例会，对例会决定的事项负责组织贯彻落实。主持召开生产调度会，同时部署安全生产的有关事项。

（4）主持编制、审查年度安全技术措施计划，并组织实施。

（5）组织车间和有关部门定期开展专业性安全生产检查、季节性安全检查、安全操作检查。对重大隐患，组织有关人员到现场确定解决，或按规定权限向上级有关部门提出报告。在上报的同时，应制定可靠的临时安全措施。

（6）主持制定安全生产管理制度和安全技术操作规程，并组织实施，定期检查执行情况；负责推广安全生产先进经验。

（7）发生重伤及死亡事故后，应迅速察看现场，及时准确的向上级报告。同时主持事故调查，确定事故责任，提出对事故责任者的处理意见。

3. 其他副厂长的安全生产职责

分管计划、财务、设备、福利等工作的副厂长应对分管范围内的安全工作负直接领导责任。

（1）督促所管辖部门的负责人落实安全生产职责。

（2）主持分管部门会议，确定、解决安全生产方面存在的问题。

（3）参加分管部门重伤及死亡事故的调查处理。

4. 总工程师的安全生产职责

总工程师负责具体领导本单位的安全技术工作，对本单位的安全生产负技术领导责任。副总工程师在总工程师领导下，对其分管工作范围内的安全生产工作负责。

（1）贯彻上级有关安全生产方针、政策、法令和规章制度，负责组织制定本单位安全技术规程并认真执行。

（2）定期主持召开车间、科室领导干部会议，分析本单位的安全生产形势，研究解决安全技术问题。

（3）在采用新技术、新工艺时，研究和采取安全防护措施；设计、制造新的生产设备，要有符合要求的安全防护措施；新建工程项目，要做到安全措施与主体工程同时设计、同时施工、同时验收投产，把好设计审查和竣工验收关。

（4）督促技术部门对新产品、新材料的使用、贮存、运输等环节提出安全技术要求；组织有关部门研究解决生产过程中出现的安全技术问题。

（5）定期布置和检查安技部门的工作。协助厂长组织安全大检查，对检查中发现的重大隐患，负责制定整改计划，组织有关部门实施。

（6）参加重大事故调查，并做出技术鉴定。

（7）对职工进行经常性的安全技术教育。

（8）有权拒绝执行上级安排的严重危及安全生产的指令和意见。

5. 车间主任的安全生产职责

车间主任负责领导和组织本车间的安全工作，对本车间的安全生产负总的责任。

（1）在组织管理本车间生产过程中，具体贯彻执行安全生产方针、政策、法令和本单位的规章制度。切实贯彻安全生产"五同时"，对本车间职工在生产中的安全健康负全面责任。

（2）在总工程师领导下，制定各工种安全操作规程；检查安全规章制度的执行情况，保证工艺文件、技术资料和工具等符合安全方面的要求。

（3）在进行生产、施工作业前，制定和贯彻作业规程、操作规程的安全措施，并经常检查执行情况。组织制定临时任务和大、中、小修的安全措施，经主管部门审查后执行，并负责现场指挥。

（4）经常检查车间内生产建筑物、设备、工具和安全设施，组织整理工作场所，及时排除隐患。发现危及人身安全的紧急情况，立即下令停止作业，撤出人员。

（5）经常向职工进行劳动纪律、规章制度和安全知识、操作技术教育。对特种作业人员要经考试合格，领取操作证后，方准独立操作；对新工人、调换工种人员在其上岗工作之前进行安全教育。

（6）发生重伤、死亡事故，立即报告厂长，组织抢救，保护现场，参加事故调查。对轻伤事故，负责查清原因和制定改进措施。

（7）召开安全生产例会，对所提出的问题应及时解决，或按规定权限向有关领导和部门提出报告。组织班组安全活动，支持车间安全员工作。

（8）做好女工和未成年工特殊保护的具体工作。

（9）教育职工正确使用个人劳动防护用品。

6. 工段长的安全生产职责

（1）认真执行上级有关安全技术、工业卫生工作的各项规定，对本工段工人的安全、健康负责。

（2）把安全工作贯穿到生产的每个具体环节中去，保证在安全的条件下进行生产。

（3）组织工人学习安全操作规程，检查执行情况，对严格遵守安全规章制度、避免事故者，提出奖励意见；对违章蛮干造成事故的，提出惩罚意见。

（4）领导本工段班组开展安全活动，经常对工人进行安全生产教育，推广安全生产经验。

（5）发生重伤、死亡事故后，保护现场，立即上报，积极组织抢救，参加事故调查，提出防范措施。

（6）监督检查工人正确使用个体防护用品情况。

7. 班组长的安全生产职责

（1）认真执行有关安全生产的各项规定，模范遵守安全操作规程，对本班组工人在生产中的安全和健康负责。

（2）根据生产任务、生产环境和工人思想状况等特点，开展安全工作。对新调入的工人进行岗位安全教育，并在熟悉工作前指定专人负责其安全。

（3）组织本班组工人学习安全生产规程，检查执行情况，教育工人在任何情况下不违章蛮干。发现违章作业，立即制止。

（4）经常进行安全检查，发现问题及时解决。对根本不能解决的问题，要采取临时控制措施，并及时上报。

（5）认真执行交接班制度。遇有不安全问题，在未排除之前或责任未分清之前不交接。

（6）发生工伤事故，要保护现场，立即上报，详细记录，并组织全班组工人认真分析，吸取教训，提出防范措施。

（7）对安全工作中的好人好事及时表扬。

二、各业务部门的职责

企业单位中的生产、技术、设计、供销、运输、教育、卫生、基建、机动、情报、科研、质量检查、劳动工资、环保、人事组织、宣传、外办、企业管理、财务等有关专职机构，都应在各自工作业务范围内，对实现安全生产的要求负责。

1. 安全技术部门的安全生产职责

安全技术部门是企业领导在安全工作方面的助手，负责组织、推动和检查督促本企业安全生产工作的开展。

（1）监督检查本企业贯彻执行安全生产政策、法规、制度和开展安全工作的情况，定期研究分析伤亡事故、职业危害趋势和重大事故隐患，提出改进安全工作的意见。

（2）制定本企业安全生产目标管理计划和安全生产目标值。安全生产目标值包括：千人重伤率；千人死亡率；尘、毒合格率；噪声合格率等。

（3）了解现场安全情况，定期进行安全生产检查，提出整改意见，督促有关部门及时解决不安全问题，有权制止违章指挥、违章作业。

（4）督促有关部门制定和贯彻安全技术规程和安全管理制度，检查各级干部、工程技术人员和工人对安全技术规程的熟悉情况。

（5）参与审查和汇总安全技术措施计划，监督检查安全技术措施经费使用和安全措施项目完成情况。

（6）参与审查新建、改建、扩建工程的设计、工程的验收和试运转工作。发现不符合安全规定的问题有权要求解决；有权提请安全监察机构和主管部门制止其施工和生产。

（7）组织安全生产竞赛，总结、推广安全生产经验。树立安全生产典型。

（8）组织三级安全教育和职工安全教育。配合安全监察机构进行特种作业人员的安全技术培训、考核、发证工作。

（9）制定年、季、月安全工作计划，并负责贯彻实施。

（10）负责伤亡事故统计、分析，参加事故调查，对造成伤亡事故的责任者提出处理意见。

（11）督促有关部门做好女职工和未成年工的劳动保护工作；对防护用品的质量和使用进行监督检查。

（12）组织开展科学研究，总结、推广安全生产科研成果和先进经验。

（13）在业务上接受地方劳动行政部门和上级安全机构的指导。在向行政领导报告工作的同时，向当地劳动行政部门和上级劳动机构如实反映情况。

2. 生产计划部门的安全生产职责

（1）组织生产调度人员学习安全生产法规和安全生产管理制度。在召开生产调度会以及组织经济活动分析等项工作中，应同时研究安全生产问题。

（2）编制生产计划的同时，编制安全技术措施计划。在实施、检查生产计划时，应同时实施、检查安全技术措施计划完成情况。

（3）安排生产任务时，要考虑生产设备的承受能力，有节奏地均衡生产，控制加班加点。

（4）做好企业领导交办的有关安全生产工作。

3. 技术部门的安全生产职责

（1）负责安全技术措施的设计。

（2）在推广新技术、新材料、新工艺时，考虑可能出现的不安全因素和尘、毒、物理因素危害等问题；在组织试验过程中，制定相应的安全操作规程；在正式投入生产前，做出安全技术鉴定。

（3）在产品设计、工艺布置、工艺规程、工艺装备设计时，严格执行有关的安全标准和规程，充分考虑到操作人员的安全和健康。

（4）负责编制、审查安全技术规程、作业规程和操作规程，并监督检查实施情况。

（5）承担劳动安全科研任务，提供安全技术信息、资料，审查和采纳安全生产技术方面的合理化建议。

（6）协同有关部门加强对职工的技术教育与考核，推广安全技术方面的先进经验。

（7）参加重大伤亡事故的调查分析，从技术方面找出事故原因和防范措施。

4. 设备动力部门的安全生产职责

设备动力部门是企业领导在设备安全运行工作方面的参谋和助手，对全企业设备安全运行负有具体指导、检查责任。

（1）负责本企业各种机械、起重、压力容器、锅炉、电气和动力等设备的管理，加强设备检查和定期保养，使之保持良好状态。

（2）制定有关设备维修、保养的安全管理制度及安全操作规程，并负责贯彻实施。

（3）执行上级部门有关自制、改造设备的规定，对自制和改造设备的安全性能负责。

（4）确保机器设备的安全防护装置齐全、灵敏、有效。凡安装、改装、修理、搬迁机器设备时，安全防护装置必须完整有效，方可移交运行。

（5）负责安全技术措施项目所需的设备制造和安装。列入固定资产的设备，应按固定设备进行管理。

（6）参与重大伤亡事故的调查、分析、做出因设备缺陷或故障而造成事故的鉴定意见。

5. 劳动工资部门的安全生产职责

（1）把安全技术作为对职工考核的内容之一，列入职工上岗、转正、定级、评奖、晋升的考核条件。在工资和奖金分配方案中，包含安全生产方面的要求。

（2）做好特种作业人员的选拔及人员调动工作。

（3）参与重大伤亡事故调查，参加因工丧失劳动能力的人员的医务鉴定工作。

（4）关心职工身心健康，注意劳逸结合，严格审批加班加点。

（5）组织新录用职工进行体格检查；通知安全技术部门教育新职工，经"三级"安全教育后，方可分配上岗。

三、生产操作工人的安全生产职责

（1）遵守劳动纪律，执行安全规章制度和安全操作规程，听从指挥，和一切违章作业的现象做斗争。

（2）保证本岗位工作地点和设备、工具的安全、整洁，不随便拆除安全防护装置，不使用自己不该使用的机械和设备，正确使用保护用品。

（3）学习安全知识，提高操作技术水平，积极开展技术革新，提合理化建议，改善作业环境和劳动条件。

（4）及时反映、处理不安全问题，积极参加事故抢救工作。

（5）有权拒绝接受违章指挥，并对上级单位和领导人忽视工人安全、健康的错误决定和行为提出批评或控告。

任务四

安全目标管理

目标管理是让企业管理人员和工人参与制定工作目标，并在工作中实行自我控制，努力完成工作目标的管理方法。目标管理的目的，是通过目标的激励作用调动广大职工的积极性，从而保证实现总目标；目标管理的核心是强调工作成果，重视成果评价，提倡个人能力的自我提高。目标管理以目标作为各项管理工作的指南，并以实现目标的成果来评价贡献的大小。

美国的杜拉克首先提出了目标管理和自我控制的主张。他认为，一个组织的目的和任务，必须转化为目标，如果一个领域没有特定的目标，则这个领域必然会被忽视；各级管理人员只有通过这些目标对下级进行领导，并以目标来衡量每个人的贡献大小，才能保证一个组织总目标的实现；如果没有一定的目标来指导每个人的工作，则组织的规模越大，人员越多，发生冲突及浪费的可能性越大。

杜拉克的主张重点放在了各级管理人员身上。奥迪恩则把参与目标管理的范围扩大到整个企业的全体职工。他认为只有每个职工都完成了自己的工作目标，整个企业的总目标才能完成。因此，他提出，让每个职工根据总目标的要求制定个人目标，并努力达到个人目标；在实施目标管理过程中，应该充分信任职工，实行权限下放和民主协商，使职工实行自我控制，独立自主地完成自己的任务；严格按照每个职工完成个人目标情况进行考核和奖惩。这样，可以进一步激发每个职工的工作热情，发挥每个职工的主动性和创造性。

安全目标管理是目标管理在安全管理方面的应用，是企业确定在一定时期内应该达到的安全生产总目标，并分解展开、落实措施、严格考核，通过组织内部自我控制达到安全生产目的的一种安全管理方法。它以企业总的安全管理目标为基础，逐级向下分解，使各级安全目标明确、具体，各方面关系协调、融洽，把企业的全体职工都科学地组织在目标之内，使每个人都明确自己在目标体系中所处的地位和作用，通过每个人的积极努力来实现企业安全生产目标。

一、目标设置理论

安全目标管理的理论依据是目标设置理论。根据目标设置理论，人的行为的一个重要特征是有目的的行为。目标是一种刺激，合适的目标能够诱发人的动机，规定行为的方向。通过目标管理，可"把目标这种外界的刺激转化为个人的内在动力，形成从组织到个人的目标体系（图 10-1）。

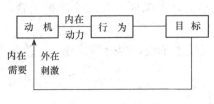

图 10-1　目标与动机

安全目标管理既是一种激励机制，也是广大职工参与管理的形式。

1. 高效的组织必然是一个有明确目标的组织

根据管理理论中的定义，组织是一个有意识地协调两个人以上的活动或力量的合作关系，是为达到共同目标的人所组成的形式。组织的主要特征是，大家为了达到某一特定目标，各自分担明确的任务，在不同的权力分配下，扮演不同的角色。

（1）组织必须有一个明确的共同目标，组织中每个成员都是为了达到这个特定的目标而协同劳动。

（2）组织的功能在于协调人们为达到共同目标而进行的活动，包括各层次内部和各层次之间的协调。

（3）达到组织目标要讲求效益和效率，要正确处理人、财、物之间的关系，使所有成员的思想、意志和行动一致，以最经济有效的方式去达到目标。

（4）顺利达到组织目标的关键，是充分调动组织中各层次及其每个人的积极性。如果一个组织不能调动人们的积极性，它必然是一个工作效率低下的组织。

2. 期望的满足是调动职工积极性的重要因素

目标是期望达到的成果。如果一个人通过努力达到自己的目标，取得了预期的成果，那么他就期望得到某种"奖赏"。这种"奖赏"不光是物质上的，更重要的是精神方面的激励。因此，为了激励职工持续的发挥主动性和创造性，应该在每个职工经过努力取得了某些成就之后，及时地以物质鼓励和精神鼓励形式加以"认可"，使他的期望得到满足。这种"认可"会反馈地作用于职工，使之产生积极的情绪反应，激励其持续不断地、以更高涨的热情投入工作。当一个人经努力达到目标后而得不到组织的"认可"时，就会产生一种负反馈，导致职工的工作热情越来越低，工作效率也越来越差。目标管理强调个人目标、部门目标与整个组织的一致性，必须重视对每个人工作成绩的评定，并把这种成果评价同物质鼓励和精神鼓励挂起钩来，这就会极大地提高组织的工作效率，增强广大职工责任感和满意感。

3. 追求较高的目标是职工的工作动力

现代管理理论认为，追求较高目标是每个人的理想和抱负，是每个人的工作动力。因此，只要正确引导，真正把每个人的工作热情充分调动起来，每个职工都会尽自己的努力向高标准看齐，向高目标努力。

概括地说，目标具有以下几种作用：

（1）指明方向。目标是管理工作的终点或追求的宗旨。目标体系促使各方面的努力能够互相协调，团结一致，为追求一个共同的目标而奋斗。

（2）具有激励作用。把目标与物质或精神的奖赏挂起钩来，可以使目标转化为激励因素，以此调动职工的积极性。

（3）可促进管理过程。目标的实现成为控制过程，并可据此确定组织的规模和结构，以及相应的领导作风及类型。尤其是计划的制定，不能没有一个预先确定的目标。

（4）是管理的基础。目标管理不同于头疼医头、脚痛医脚的"应急管理"，它可以克服"短期行为"，实行科学的、计划的管理。

二、安全目标管理的内容

安全目标管理的基本内容是，动员全体职工参加制定安全生产目标，并保证目标的实现。具体而言，就是企业领导根据上级要求和本单位具体情况，在充分听取广大职工意见的基础上，制定出企业的安全生产总目标，即组织目标，然后层层展开、层层落实，下属各部门乃至每个职工根据安全生产总目标，分别制定部门及个人安全生产目标和保证措施，形成一个全过程、多层次的安全目标管理体系。安全目标管理的基本内容如图 10-2 所示。

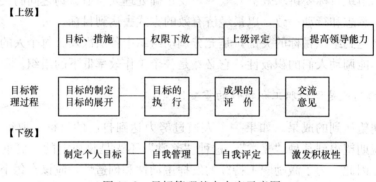

图 10-2　目标管理基本内容示意图

1. 安全管理目标的制定

安全管理目标对企业的安全管理方向有指引作用，正确的安全管理目标能把企业的安全管理活动引向正确的方向，从而取得较好的效果。正因为目标有指引方向的作用，所以目标是否正确，是衡量企业安全工作的首要标准。制定安全管理目标时要特别慎重，如果目标不正确，则工作效率再高，也不会得到满意效果。

目标对人有激励和推动作用，合适的目标能激发人们的动机，调动人们的积极性。根据弗罗姆的期望理论，目标的效价越大，越能激励人心；经过努力实现目标的可能性越大，越感到有奔头。这二者结合得好，目标激励作用就越大。因此，为充分发挥目标的激励作用应该提出合理的奋斗目标，使广大职工既认识目标的价值，又认识到实现目标的可能性，从而激发大家的信心和决心，为争取目标的圆满实现而共同奋斗。

制定安全管理目标要有广大职工参与，领导与群众共同商定切实可行的工作目标。安全目标要具体，根据实际情况可以设置若干个，例如事故发生率指标，伤害严重度指标、事故损失指标或安全技术措施项目完成率等。但是，目标不宜太多，以免力量过于分散。应将重点工作首先列入目标，并将各项目标按其重要性分成等级或序列。各项目标应能数量化，以便考核和衡量。

企业制定安全管理目标的主要依据：

（1）国家的方针、政策、法令。

（2）上级主管部门下达的指标或要求。

（3）同类兄弟厂的安全情况和计划动向。

（4）本厂情况的评价。如设备、厂房、人员、环境等。

（5）历年本厂工伤事故情况。

（6）企业的长远安全规划。

安全管理目标确定之后，还要把它变成各科室、车间、工段、班组和每个职工的分目标。这一点是非常重要的。否则，安全管理目标只能压在少数领导人和安全干部身上，无法变成广大职工的奋斗目标和实际行动。因此，企业领导应把安全管理目标的展开过程组织成为动员各部门和全体职工为实现工厂的安全目标而集中力量和献计献策的过程。因此，安全管理目标的展开是非常重要的环节。

安全管理目标分解过程中，应注意下面几个问题：

（1）要把每个分目标与总目标密切配合，直接或间接地有利于总目标的实现。

（2）各部门或个人的分目标之间要协调平衡，避免相互牵制或脱节。

（3）各分目标要能够激发下级部门和职工的工作欲望和充分发挥其工作能力，应兼顾目标的先进性和实现的可能性。

系统图法是一种常用的安全管理目标展开法，它是将价值工程中进行机能分析所用的机能系统图的思想和方法应用于安全目标管理的一种图法。

为了达到某种目标，需选择某种措施。为了采用这种措施，又必须考虑其下一水平上应采用的措施。这样，上一层的措施，对于下一层来说，就成了目标。利用这一概念，把达到某一目标所需的措施层层展开成图形，就可对全部问题有一全面的认识。对于重点问题也可以明确并加以掌握，从而能合理地寻求达到预定目的的最佳手段或策略。

应用系统图法展开安全管理目标的方法是，下一级为了保证上一级目标的实现，需要运用一定的手段和方法，找出本部门为实现目标必须解决的关键问题，并针对这个关键问题制定相应的措施，从而确定本部门的目标以及措施，这样逐级的向下展开，直到能够进行考核的一层，车间一般展开到生产班组，科室展开到个人，从而形成目标管理体系（图 10-3）。

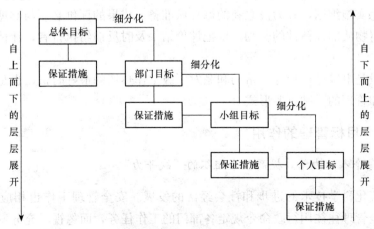

图 10-3　目标体系示意图

安全管理目标展开后，实施目标的部分应该对目标中各重点问题编制一个"实施计划表"。实施计划表中，应包括实施该目标时存在的问题和关键，必须采取的措施项目、要达到的目标值、完成时间、负责执行的部门和人员，以及项目的重要程度等。编制实施计划表是实行安全目标管理的一项重要内容。

安全管理目标确定之后，为了使每个部门的职工明确工厂为实现安全目标需要采取的措施，明确在进行时部门之间的配合关系，厂部、车间、工段和班组都要绘制安全管理目标展开图，以及班组安全目标图。

2. 目标的实施

目标实施阶段是完成预定安全管理目标的阶段，其主要工作内容包括以下三个部分：

（1）根据目标展开情况相应地对下级人员授权，使每个人都明确在实现总目标的过程中自己应负的责任，行使这些权力，发挥主动性和积极性去实现自己的工作目标。

（2）加强领导和管理，主要是加强与下级的意见交流以及进行必要的指导等。实施过程中的管理，一方面需要控制、协调，另一方面需要及时反馈。在目标完成以前，上级对下级或职工完成目标计划的进度进行检查，就是为了控制、协调、取得信息并传递反馈。

（3）严格按照实施计划表上的要求来进行工作，目的是为了在整个目标实施阶段，使每一个工作岗位都能有条不紊、忙而不乱地开展工作，从而保证完成预期的各项目标值。实践证明，实施计划表编制得越细，问题分析得越透，保证措施越具体、明确，工作的主动性就越强，实施的过程就越顺利，目标实现的把握就越大，取得的目标效果也就越好。

3. 成果的评价

在达到预定期望或目标完成后，上下级一起对完成情况进行考核，总结经验和教训，确定奖惩实施细则，并为设立新的循环做准备。成果的评价必须与奖惩挂钩，使达到目标者获得物质的或精神的奖励。要把评价结果及时反馈给执行者，让他们总结经验教训。

评价阶段是上级进行指导、帮助和激发下级工作热情的最好时机，也是发扬民主管理、群众参加管理的一种重要形式。

三、安全目标管理的作用

1. 发挥每个人的力量，提高整个组织的"战斗力"

随着现代化科学技术的进步和社会经济的发展。安全管理工作也相应地复杂起来了。传统安全管理往往用行政命令规定各部门的工作任务，而忽视了充分发挥人的积极性和创造性这一关键问题，致使每个职工或部门看不清为整个组织做出更大贡献的努力方向，从而削弱了部门或个人工作同完成整个组织任务之间的有机联系。在这种情况下，尽管每个人都极其认真地进行工作，但由于在一些无关紧要的工作上花费了过多的力量，或由于力量分散，或由于力量互相排斥，结果对完成目标任务没有多大的推动力。安全目标管理可以集中发挥职工的全部力量，提高整个组织的"战斗力"，把企业的安全工作做好。

2. 提高管理组织的应变能力

安全管理工作必须随着工作环境与条件的变化及时调整管理组织和工作方法，以迅速适应变化了的工作环境和工作条件。安全目标管理是一个不间断的、反复的循环过程，其循环周期可以是一年、半年、三个月或更短些。这样就能根据变化了的环境，适时地、正确地制定安全目标，动员全体职工去实现目标；安全目标管理在实施过程中，上级必须下放适当的权限，让每个职工实行自我管理，充分发挥每个人的智慧和力量，使每一个职工面对变化了的工作条件，适时地、合理地做出判断和决定，并积极采取必要的措施，以适应复杂多变的工作环境。实行目标管理，迫使各部门加强基础工作，如规章制度、事故统计分析、事故档案及信息工作等，使安全管理基础工作得到改善。因此，安全目标管理能增强管理组织的应变能力。

3. 提高各级管理人员的领导能力

实行目标管理，能创造一个培养和锻炼管理人员领导能力的管理环境，使他们逐渐具备真正的领导能力，不是单凭职务、权威和地位、尊严去领导下级，而是相信群众、领先群众来实现领导，也就是采用"信任型"的领导方式。因此目标管理在管理方式上实现了从"命令型"向"信任型"的过渡，也就是从以往的由上级发布命令，下级只是服从的传统管理方法，转移到下级自己制定与上级目标紧密联系的个人目标，并由自己来实施和评价目标的现代管理方法上来。

4. 促进职工素质的提高

实行目标管理，能促进职工素质的提高。一方面，职工为实现既定的安全目标，乐于主动识别本岗位的危险因素，并加以消除、控制、改进工作方法，逐步向规范操作、标准操作前进。另一方面，企业为保证总目标的实现，又把职工安全技术水平的提高作为目标纳入目标体系，从而促进了职工素质的改善。

5. 利于企业的长远发展

目标管理是通过目标的体系化，把企业各方面的工作合理地组织起来，把企业的上下力量充分地调动起来，形成一个实现总目标而协同工作的群体活动。这就能有效地解决企业各个时期存在的主要问题，使企业朝着长远安全目标顺利发展。

当然，安全目标管理也有其局限性。例如，有些工作很难设置具体的、定量的目标；由于伤亡事故发生的随机性质，以伤亡人数为基础的安全目标值很难合理的确定等。这些问题需要在今后的安全管理实践中研究解决。

任务五

企业安全文化建设

20世纪90年代以来，我国企业的安全生产状况不断恶化，事故率持续居高不下，形成建国以来第四次事故高峰，特别是其间连续发生的一些特大恶性事故，影响深远，教训惨痛，引起社会各界人士的普遍关注。如何把事故控制住，把事故率降下来，更是成为安全科学界研讨的热点。我们认为，此种情况的出现与我国当时正在进行的由社会主义计划经济体制向社会主义市场经济体制的转变有着必然的联系。因为在企业转轨的同时，相应地适合社会主义市场经济体制的安全管理体制并未真正地建立起来，且人们的安全意识水平还远未达到市场经济的要求。然而，我国经济体制改革的步伐必将不可逆转的继续下去，正是在这一特定背景、特殊时期，我国的安全科学领域开展了关于"安全文化"的大研讨，并期望通过倡导企业安全文化建设遏制企业事故率的增长势头。倡导企业安全文化建设对于从根本上提高我国企业的安全水平，无疑具有深远意义，但是保证企业安全文化建设能够收到实效，首先要正确认识以下问题。

一、企业安全文化建设的内涵

安全文化作为一个概念是在1986年国际原子能机构，在总结切尔诺贝利事故中人为因素的基础上提出的，定义为"存在于单位和个人的种种特性和态度的总和"。"安全文化"概念的提出及被认同标志着安全科学已发展到一个新的阶段，同时又说明安全问题正受到越来越多的人的关注和认识。而倡导和推进企业安全文化建设的主要目的是提高企业全员对企业安全生产问题的认识程度及提高企业全员的安全意识水平。而目前在推进企业安全文化建设中有一种倾向，即把搞好企业安全生产的所有工作都称之为企业安全文化建设，将"企业安全文化建设"这一概念的内涵无限扩大化。我们认为，如果"企业安全文化"没有特定的内涵，则"企业安全文化"这一提法也就大大降低了它的存在意义。在汉语辞海中对"文化"的诠释有广义和狭义之分，广义指人类社会历史实践过程中所创造的物质财富和精神财富的总和；狭义指社会的意识形态以及与之相应的制度和组织机构。我们认为，"企业安全文化"中之"文化"取其狭义为妥，因而"企业安全文化建设"的落脚点应是"人的安全意识以及与之相应的安全生产制度和安全组织机构的建设"。

二、企业安全文化建设的必要性和重要性

1. 正确认识开展企业安全文化建设的必要性

开展企业安全文化建设的最终目的是实现企业安全生产，降低事故率。应当承认，在我国安全法制尚不健全的今天，企业安全管理仍脱离不了"人治"的阴影。因而企业安全生产状况的好坏，与企业负责人的重视程度有密切关系。企业负责人对安全生产重

视，必然会在各个方面重视安全投入。可以说，目前相当数量撤、并、减企业安全部门及安技人员的现象决不会发生在企业负责人对安全生产认识深刻的企业上。而开展企业安全文化建设对企业而言最重要的意义就在于将企业安全生产问题提高到一个新的认识程度，而这一点恰恰是企业搞好自身安全生产的内在动力。搞好企业安全文化建设也是贯彻"安全第一，预防为主"方针的重要途径。在以上两层意义的基础上可以说企业安全文化建设是提高企业安全生产水平的基础工程。搞好企业安全文化建设的必要性显而易见。在此基础上，随着我国安全生产法规的不断完善，即企业安全的外部约束力的不断增强，我国企业安全生产水平必将更上一层楼。

2. 正确认识倡导企业安全文化建设的重要性

如前所述，企业安全文化建设的一个重要任务就是要提高企业全员的安全意识，形成正确的企业安全价值观。事实上，安全意识薄弱可以说是我国企业安全生产水平持续在低水平徘徊的一个重要的原因。安全意识支配着人们在企业中的安全行为，由于人们实践活动经验的不同和自身素质的差异，对安全的认识程度就有不同，安全意识就会出现差别。安全意识的高低将直接影响安全的效果。安全意识好的人往往具有较强的安全自觉性，就会积极地、主动地对各种不安全因素和恶劣的工作环境进行改造；反之，安全意识差的人则对所从事的工作领域中的各种危险认识不足或察觉不到，当出现各种灾害时就反应迟钝。如 20 世纪 80 年代我国哈尔滨市一著名宾馆发生特大火灾时，多数日本人却能死里逃生，而与其同住的其他国家的人包括很多中国人却多数遇难。这正是日本人从小接受防火教育，安全意识强，逃生能力强的结果。因此，只有充分认识到安全意识的重要性，才能充分理解企业安全文化建设的重要性。

三、企业安全文化建设过程中应注意的问题

1. 企业安全文化建设应该因地制宜、因人制宜、因时制宜

企业安全文化建设的内容是非常丰富的，由于不同的企业各具特点，即企业生产的安全状况不同，全员素质不同，并且企业安全文化建设中不同企业所提供的人力、物力不同，因而在进行企业安全文化建设时，首先应正确认识本企业的特点，确定企业安全文化建设的重点，具有针对性，以形成星火燎原之势。如企业的安全组织机构不健全的首先要健全安全组织机构，安全生产责任制不明确的要进一步明确，做到各司其职，这些都是搞好企业安全生产及企业安全文化建设的不可或缺的基础；企业安全管理的内容、方法不适应现阶段特点的要重新修订，要体现与时俱进的精神；安全教育效果不佳的要开动脑筋，在计划翔实的基础上开展形式多样的教育等。总之，要找出本企业在安全生产上的薄弱环节，因势利导的推动企业安全文化建设，才能取得事半功倍的效果。

2. 正确认识开展企业安全文化建设对解决企业事故高发问题的作用

造成我国企业事故高发的原因是多方面的。事实上，我国的安全生产水平与发达国家相比一直存在着很大的差距。之所以造成这种差距是与我国国情密切相关联的。在我

国，不论是人的安全素质，设备的安全状况，还是安全法规的建设、安全管理体制的完善程度均与国外工业先进国家有较大的差距。我们知道，造成企业事故的原因是多方面的，如人的因素、物的因素、环境的因素，其中最主要的原因是人的原因。而开展企业事故安全文化建设最直接的作用是提高企业全员的安全素质、安全意识水平。领导者安全意识的提高有助于加大安全投入的力度，一线工人安全意识的提高有助于人为失误率的降低，这些对降低企业事故率无疑是非常重要的。然而人的安全素质、安全意识的提高绝不是一朝一夕的事情，这需要经历一个潜移默化的过程，对此，我们必须要有一个清醒的认识，那种认为"只要进行企业安全文化教育就能迅速扼制企业事故高发势头"的想法是不现实的。因此，必须在紧抓企业安全文化建设的同时，努力做好加快安全法规建设的力度和步伐，完善宏观管理体制，提高生产设备的安全水平，健全社会对企业安全生产的监督机制等工作，只有这样，才能改变我国企业目前的安全生产状况。此外，在推进企业安全文化建设的过程中还需注意解决好以下几个问题。

（1）真正树立"安全第一"意识，必须确立"人是最宝贵的财富"、"人的安全第一"的思想，这是提高企业全员安全意识的思想基础，是最为关键的问题。只有对这一问题有了统一正确的认识，在组织生产时，才能把安全生产作为企业生存与发展的第一因素和保证条件；当生产与安全发生矛盾时，才能做到生产服从安全。

（2）树立"全员参与"意识，尤其是使一线工人真正关注并积极参与其中。要做到这一点，仅靠政治思想工作是不够的，而必须采取实际措施，如定期召开有一线工人参加的安全会议；通过多种渠道使工人随时了解企业当时的安全状况；定期更换安全宣传主题以吸引职工对安全的注意力；定期进行有奖竞猜活动以提高职工的参与积极性等。

（3）进一步强化安全教育。回顾以往企业内部的安全教育，我们认为，不是太多了，而是太少了，安全教育应该是年年讲、月月讲、天天讲，应该向知名企业宣传其产品的广告一样不厌其烦，形象生动，从而使安全知识在职工的记忆中不断被强化，才能收到良好的效果。如在1994年新疆克拉玛依友谊宾馆特大火灾中，一名10岁的小学生拉着他的表妹一起跑进厕所避难并得以生还，他的这一急中生智的逃生方法，就是在一次看电影时得知的。安全教育的作用由此可见一斑。

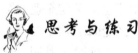 思考与练习

1. 如何理解企业安全管理的重要性？
2. 如何理解安全生产责任制的内涵？
3. 如何实施安全目标管理？
4. 在实施企业安全文化建设过程中应注意哪些问题？

主要参考文献

陈宝智，王金波. 2003. 安全管理 [M]. 天津：天津大学出版社.

崔克清. 2005. 危险化学品安全总论 [M]. 北京：化学工业出版社.

崔克清. 2006. 化工单元运行安全技术 [M]. 北京：化学工业出版社.

崔克清，陶刚. 2004. 化工工艺及安全 [M]. 北京：化学工业出版社.

冯肇瑞. 2003. 化工安全技术手册 [M]. 北京：化学工业出版社.

关荐伊. 2008. 化工安全技术 [M]. 北京：化学工业出版社.

何际泽，张瑞明. 2008. 安全生产技术 [M]. 北京：化学工业出版社.

蒋军成. 2008. 化工安全 [M]. 北京：中国劳动社会保障出版社.

蒋军成，虞汉华. 2005. 危险化学品安全技术与管理 [M]. 北京：化学工业出版社.

刘景良. 2008. 化工安全技术 [M]. 北京：化学工业出版社.

苏华龙. 2010. 危险化学品安全管理 [M]. 北京：化学工业出版社.

隋鹏程，陈宝智，隋旭. 2005. 安全原理 [M]. 北京：化学工业出版社.

田震. 2007. 化工过程安全 [M]. 北京：国防工业出版社.

王德堂，孙玉叶. 2009. 化工安全生产技术 [M]. 天津：天津大学出版社.

王凯全. 2007. 化工安全工程学 [M]. 北京：中国石化出版社.

魏振枢. 2011. 化工安全技术概论 [M]. 北京：化学工业出版社.

许文. 2002. 化工安全工程概论 [M]. 北京：化学工业出版社.

杨永杰，康彦芳. 2008. 化工工艺安全技术 [M]. 北京：化学工业出版社.

张荣，张晓东. 2009. 危险化学品安全技术 [M]. 北京：化学工业出版社.

朱宝轩. 2008. 化工安全技术基础 [M]. 北京：化学工业出版社.